Räume des Wissens

Räume des Wissens

Repräsentation, Codierung, Spur

Herausgegeben von Hans-Jörg Rheinberger,
Michael Hagner
und Bettina Wahrig-Schmidt

Akademie Verlag

Gedruckt mit Unterstützung der Fritz Thyssen Stiftung und des Ministeriums für Wissenschaft, Forschung und Kultur des Landes Schleswig-Holstein

Die Deutsche Bibliothek – CIP-Einheitsaufnahme

Räume des Wissens : Repräsentation, Codierung, Spur / hrsg. von Hans-Jörg Rheinberger ... – Berlin : Akad. Verl., 1997
ISBN 3-05-002781-9
NE: Rheinberger, Hans-Jörg [Hrsg.]

Der Akademie Verlag ist ein Unternehmen der VCH-Verlagsgruppe.

Gedruckt auf chlorfrei gebleichtem Papier.
Das eingesetzte Papier entspricht der amerikanischen Norm ANSI Z.39.48 – 1984 bzw. der europäischen Norm ISO TC 46.

Lektorat: Peter Heyl
Satz: Werksatz J. Schmidt, Gräfenhainichen
Druck und Bindung: Druckhaus „Thomas Müntzer" Bad Langensalza
Einbandgestaltung: Ralf Michaelis

Printed in the Federal Republic of Germany

Inhaltsverzeichnis

Hans-Jörg Rheinberger, Bettina Wahrig-Schmidt, Michael Hagner

Räume des Wissens: Repräsentation, Codierung, Spur

Mit dem vorliegenden Buch wird der abschließende Teil einer Trilogie vorgelegt, die verschiedenen Aspekten einer *Experimentalgeschichte der Wissenschaften* gewidmet ist. Die ersten beiden Bände befaßten sich mit der Rolle von Experimentalsystemen in den biologisch-medizinischen Wissenschaften von der Mitte des 19. Jahrhunderts bis zur Gegenwart. Zunächst ging es um einen allgemeinen Aufriß der diesen Zeitraum bestimmenden „Experimentalisierung des Lebens", sodann folgte eine genauere historische und systematische Analyse von Experimentalsystemen, die sich an den Leitbegriffen „Objekte, Differenzen, Konjunkturen" orientierte.[1] „Räume des Wissens" bildet in mehrfacher Hinsicht eine Überschreitung des bislang gesetzten Rahmens. Dieser Band weitet den Blick von den Formen der Repräsentation auf die Codierung und die Erzeugung von Spuren in einem breit gefächerten Spektrum kultureller Formationen und Epochen, das von der Renaissance bis zur Gegenwart, von den Wissenschaften über die Musik bis zur Politik reicht. Die zeitlich-historische, disziplinäre und methodische Ausweitung bedeutet keinen Knick für die bisherige Strategie. Wenn die Lebenswissenschaften oder – kruder gesagt – der bio-medizinische Komplex als ein System zur Erzeugung kultureller Bedeutungen ernst genommen werden will, und zwar *auch* jenseits der ihm eigenen wirkungsvollen Rhetoriken und Absichtserklärungen, dann müssen die ihn auszeichnenden epistemischen und sozialen Aktivitäten einem Vergleich mit anderen kulturellen Bedeutungssystemen unterzogen werden.[2]

1 Rheinberger/Hagner 1993; Hagner/Rheinberger/Wahrig-Schmidt 1994.

2 Siehe hierzu auch die von Michael Heydt und Hans-Jörg Rheinberger herausgegebene Sammlung von Studien unter dem Titel *Medicine as a Cultural System* in Heft 1 von Science in Context 8, 1995 sowie Borck 1996.

Räume des Wissens

Seit gut fünfzehn Jahren hat das Verhältnis von Repräsentation und Intervention in der Wissenschaftspraxis begonnen, verstärkt die Aufmerksamkeit von Philosophen, Soziologen, Historikern und Ethnologen der Wissenschaft auf sich zu ziehen. Das hängt nur zum einen Teil mit jener Bewegung zusammen, die man rückblickend bisweilen auf den Nenner einer semiologischen Revolution gebracht hat. Zum anderen kommt in der Fokussierung auf Labor-Inskriptionen und auf eine Material-Semantik die Tendenz rezenter Wissenschaftsstudien zum Ausdruck, wissenschaftliches Wissen nicht mehr im abstrakten Raum von Begriffs- und Ideengeschichte zu thematisieren, sondern es in seiner Kontingenz und lokalen Situiertheit, im historischen Kontext seiner *Produktion* darzustellen. Die Wissenschaft, so die gemeinsame Prämisse, darf dem Vergleich mit anderen Formen des Wissens und Bedeutens nicht länger entzogen werden. Sowohl die semiologische Bewegung als auch die kulturell orientierten Wissenschaftsstudien implizieren – von ganz unterschiedlichen methodischen Prämissen ausgehend – eine zunehmende Sensibilität für das Hergestelltsein und damit die Historizität kultureller Symbolräume und Bedeutungssysteme. Es ist kein Zufall, daß der Bereich der Naturwissenschaften diesem Typus historischer und diskurstheoretischer Analyse am stärksten und am längsten widerstanden hat, rührt sie doch an das tief verankerte neuzeitliche Selbstverständnis von Wissenschaft als demjenigen kulturellen Leitsystem, das Wahrheit offenbart und sich damit gewissermaßen zum Fluchtpunkt der Moderne schlechthin entwickelt hat.

Der Vergleich zwischen Semiologie und Wissenschaftsstudien ist so reizvoll wie problematisch, zumindest aus der Perspektive ihrer jeweiligen Vertreter. Während beispielsweise der hartnäckige Diskurs über die *Unhintergehbarkeit der Schrift* zur Dauerkrise eines Schlüsselkonzeptes der traditionellen Metaphysik geführt hat, nämlich der säuberlichen epistemologischen Trennung von Repräsentation und Repräsentiertem, kann von einer auch nur ansatzweise vergleichbaren Krise in den Wissenschaften und ihrer Erforschung jedenfalls keine Rede sein. Dementsprechend wäre es ein Trugschluß anzunehmen, daß es mit Bezug auf die Repräsentationsformen und Darstellungsräume in den Wissenschaften nur noch ein beispielsweise kunsthistorisch oder literaturkritisch längst vollzogenes Testament zu befolgen gäbe. Vielmehr geht es zunächst einmal darum, das Feld zu sondieren. Noch unterhalb der Schwelle, wo sich die Frage nach der Verfassung von Wissenschaft stellt, ist zu konstatieren, daß sich die Kulturwissenschaften erst ansatzweise an das – aus ihrer Sicht – *Andere der Kultur* heranmachen. Aber auch umgekehrt ist das Problemfeld in der wissenschaftshistorischen Literatur bislang nur unzureichend beleuchtet worden;[3] dabei tun sich eine ganze Reihe unvorhergesehener Möglichkeiten auf. Die genannten Wandlungen spielen dem Phänomen der Repräsentation von den genuinen Gegenständen der Wissenschaft her neue Frag-Würdigkeiten zu. Nicht, daß wir den Wissenschaftsstudien den Schlüssel für eine Beendigung der *crise de la représentation* zuspielen wollten, doch wenn eine Reformulierung des Repräsentationsproblems gelingen soll, scheint uns die bisherige Beschäftigung mit den Formen der Darstellung in den Wissenschaften in zweierlei Hinsicht einer Revision zu bedürfen: Der erste Punkt betrifft die Ausrichtung am Modell der Sprache, der zweite zielt auf den Sachverhalt der Repräsentation selbst.

Solange die kritisch-historische Reflexion die paradigmatische Rolle sprachlicher Strukturen nicht in Frage stellt, bleibt Repräsentation unweigerlich auf der theoretischen Seite von Wissenschaft verortet, heißt dann nach wie vor Analyse und historische Rekonstruktion von Zeichensystemen. Die Zeichen der Wissenschaftssprachen sind in diesem Verständnis Elemente einer Konstruktion, in der sich die vereinzelten Vorstellungen von der Welt „da draußen" zusammenfügen. Einer praxisorientierten Repräsentationsanalyse hingegen geht es vor allem um die experimentellen und instrumentellen, die pragmatischen und diskursiven Aspekte wissenschaftlicher Symbolproduktion, um Repräsentation als eine kulturelle Tätigkeit. Bevor man diese Wende als Abkehr von theoretischen Problemstellungen verbucht, sollte in Erwägung gezogen werden, daß spätestens seit den Umwälzungen in der subatomaren Physik dieses Jahrhunderts und seit der Einführung des Informationsbegriffs in die kybernetischen und medientechnischen Wissenschaften mit guten Gründen gefragt werden kann, ob die wissenschaftliche Aktivität überhaupt auf so etwas hinausläuft wie ein „Bild der Welt" (Wittgenstein) oder nicht vielmehr auf ein „Im-Bild-Sein" im Sinne eines vorstellenden Bildens (Heidegger). Und die molekulare Wende in der Biologie seit der Jahrhundertmitte scheint zu implizieren, daß hier vielleicht das traditionelle Verhältnis von Repräsentation und Referenz geradezu umgestülpt wird, indem die molekulare *Schrift* selbst gar nicht mehr als Darstellung von *etwas* gedacht werden kann, sondern zu dem primordialen Vorgang wird, der Repräsentanten überhaupt erst erzeugt. Was aber könnte dann Repräsentation (noch) heißen? Daß sich „Repräsentation" als eine – vielschichtige – Metapher erweist, sollte der Verwendung des Ausdrucks zwar keinen Abbruch tun, aber doch dazu anregen, die Brüchigkeit seiner Bedeutung im Auge zu behalten.

Während auf dieser Ebene die Frage zur Disposition steht, was überhaupt

3 Interessante Ansätze zu einer Kulturgeschichte des wissenschaftlichen Wissens werden entwickelt von Rouse 1993 und 1996.

Materie, Botschaft oder Leben als Repräsentationen bedeuten, geht es in einer weiteren Schicht des Begriffs um die epistemische und soziale Dimension der Wissenschaften *im Machen*. Repräsentation realisiert sich in ganz unterschiedlichen Formen von Experimentalanordnungen, Daten, Symbolen, Graphen, Formeln, sogenannten Abbildern von der Zeichnung bis zum Röntgenbild, Schemata, Statistiken, simulierten Datenkomplexen, Hologrammen, um nur einige unter den möglichen Repräsentanten zu nennen. Die diese Darstellungen erzeugende wissenschaftliche Tätigkeit hat ganz allgemein etwas zu tun mit der Produktion von Spuren, und sie ist gebunden an eine Art Codierung. Aber wovon ist ein Repräsentant eine Spur? Wem gilt der Code? Und was macht die Spur zu einer Spur mit der für sie charakteristischen Nachträglichkeit? Zweifelsohne geht es hier auch um das immer wieder in Angriff genommene, bislang ungelöste Verweisungsverhältnis von Text und Kontext. Da sowohl die Natur-da-draußen als auch die Gesellschaft-da-draußen als Verweisungspunkte zur Genüge durchbuchstabiert worden sind, muß die Frage erlaubt sein: Was liegt dazwischen? Sind es vielleicht unsere begrifflichen Distinktionen selbst – Urbild und Abbild, Natur und Gesellschaft, Text und Kontext –, die es erfolgreich verhindern, zu verstehen, was man nicht erst mit Latour, sondern bereits mit Hegel die „Arbeit der Vermittlung“ nennen könnte?

Der Umgang mit wissenschaftserzeugten Repräsentationen und den sie bestimmenden Formen der Darstellung, Übersetzung und Vermittlung ist auf Vergleich angewiesen: auf Vergleich mit anderen Formen der Produktion von Spuren und Ausdrucksformen, in der Kunst, der Literatur, dem Druck, der Architektur, der Musik, den Medien. Folgende, mit den vorliegenden Beiträgen keineswegs definitiv beantwortete Frage tritt damit in den Vordergrund: Hat die Produktion epistemischer Spuren, unbeschadet ihrer kulturellen und damit technischen wie sozialen Verfaßtheit, die sie mit anderen Produktionen von der Ökonomie bis zur Musik teilt, als Machwerk *epistemischer* Spuren dennoch eine Ausrichtung, die irreduzibel und für sie charakteristisch ist? Und was könnte gegebenenfalls ihre Abgrenzung markieren? Oder unterscheidet sich das Unternehmen Wissenschaft letztlich nicht von, sagen wir, der Seifenherstellung, einer Parlamentswahl oder der Komposition einer Symphonie? Sind die Darstellungsformen, mit denen die Wissenschaften umgehen, Ausdruck einer historischen Kontinuität oder gar Gesetzmäßigkeit? Sind die Prozeduren, die die alltägliche Forschungspraxis ausmachen, nach den gleichen Kriterien zu beurteilen wie die fertigen Resultate, die nach wie vor auf Zauberbegriffe wie Objektivität, Rationalität und logische Stringenz reduziert werden? Nichts zwingt zum vorhinein zu dieser Annahme, und nichts spricht dafür, daß Wissenschaft in diesem Koordinatensystem tatsächlich auf ihre Wirkmächtigkeit hin befragt werden kann. Deswegen ist eine vergleichende Analyse der Repräsentationsweisen verschiedener Epochen der Wissenschaftsgeschichte unverzichtbar. Ebenso notwendig muß die Frage nach der Besonderheit epistemischer Repräsentation anhand komparatistischer Analysen von Repräsentationsformen verfolgt werden, die außerhalb des Wissenschaftsbereiches im engeren Sinne angesiedelt sind. Implizit ist eine *Vorschule des Sehens* – als Krise und als Apotheose der Repräsentation – schon lange als Bestandteil wissenschaftlicher Kultur und Praxis ins Werk gesetzt. Die Mikroskopierliteratur des 19. Jahrhunderts etwa legt davon ein beredtes Zeugnis ab. Doch erst die neuen Medien und ihre Auswirkungen, die Kommunikationskanäle, Visualisierungen und materiellen Verankerungen der Information haben dazu geführt, daß dieses Thema auch explizit zum Gegenstand der Reflexion in den und über die Wissenschaften geworden ist.

Die Beiträge dieses Buches tragen Schichten der Repräsentation ab, die auf den ersten Blick unproblematisch erscheinen; sie fragen weiter in Richtung auf die Formen und Techniken der Spurenerzeugung, Spurensicherung und Spurenverarbeitung. Als kleinster gemeinsamer Nenner für die Formen epistemischer Praxis hätte diese Formulierung den Vorzug, dem Positivismus der Repräsentation zumindest mit dem Hinweis zu begegnen, daß nichts in der Wissenschaft Sinn ergibt ohne eine Rekonstruktion der Geschichten, die sie erzählt. Im Kern wissenschaftshistorisch ausgerichtet, soll der Band gleichzeitig den thematischen Bogen weiter spannen und eine transdisziplinäre Reflexion in Gang setzen. Im folgenden seien die Beiträge kurz vorgestellt.

Vom „linguistic turn" zum „body turn"

Im Anschluß an Carlo Ginzburg sammelt *Horst Bredekamp* am Beispiel herrschaftlicher Repräsentationsformen von der Antike bis zu Thomas Hobbes Bausteine für eine materielle Geschichte von Verkörperungsformen politischer Macht. An der Gestaltung des frühneuzeitlichen Doppeldeckergrabs, das oben das lebendige Bild des Herrschers als Legitimationsgrundlage der zeitlosen, den Körper transzendierenden Würde der Herrschaft vorstellt, während unten der körperliche, verwesende Leib dargestellt wird, macht Bredekamp deutlich, daß in dieser Verdopplung bzw. Verdreifachung ein Rechtsanspruch seine materielle Form und Kontinuität findet. Mit der These, daß alle moderne Repräsentation des Politischen, quasi die Inkunabel des neuzeitlichen Staates, im Oben des Doppeldeckergrabs *in nuce* enthalten sei, verbindet Bredekamp die Warnung vor einem rein semiotischen Verständnis des Repräsentationsvorgangs, durch welchen der in der Körperlichkeit des Bildes steckende Überschuß neutralisiert wird. Der zeichentheoretischen Entschärfung der Bildermacht im Gefolge des „linguistic turn" setzt Bredekamp die Forderung entgegen, die historisch konkretisierten Formen herrschaftlicher Verkörperung ernst zu nehmen und sich der Herausforderung ihrer Suggestionskraft zu stellen.

Auch in *Gerhard Wolfs* Studie geht es um die Macht der Bilder, oder genauer: um den Wahrheits- und Wirklichkeitsanspruch des Bildes im Zeitalter des Disegno. So wird in der Città del Sole von Campanella eine Enzyklopädie der Repräsentationen beschrieben, die ein geordnetes Naturreich unter der Ägide der Kreisfigur bilden. Philosophisches, religiöses und architektonisches Ideal scheinen hier zu einem unangreifbaren Block zusammengefügt. Gefahr droht diesen Idealen aus den Epizyklen und den Ellipsen der Astronomen. In Kopernikus' Idee der *forma mundi* finden die Bildtheorie Albertis, die zeitgenössische Geometrie und die antike Rhetorik Eingang. Dies verbindet die Entstehung des neuzeitlichen Weltbildes mit den zeitgenössischen Theorien des Disegno: In der Trias *idea/natura/imago* ist Gott die vorgängige Größe, die den Zusammenhalt gewährt. Die Arbeit der Verbindung obliegt der Linie als dem vorrangigen Element des Disegno. Das Bild behält in der Theorie des Disegno seine didaktische Funktion aus dem Mittelalter bei; es ist *storia* und damit verbunden potentiell Wahrheit. Diese ist anwesend und abwesend zugleich in der täuschenden Lebensnähe des ‚trompe l'œuil'; aber erst in der *vera icon*, dem nicht von Menschenhand geschaffenen Christusbild, entbirgt diese widersprüchliche Struktur ihre magische, bis in die viel spätere Photographie hinein spürbare Wirkmacht. Diese rührt aus der „zukunftsträchtigen Verbindung von Spur und Repräsentation". Die Entstehung des Bildes aus der Linie und seine Einbettung in die Geometrie verweisen auf eine Konstruktivität, welche in der *vera icon* und ihren Techniken in den Schleier der Unmittelbarkeit gehüllt sind. Die *vera icon* bildet somit einen Schlüssel für die moderner Wissenschaft und Kunst unterliegende Kultur der Repräsentation.

„Vom take off der Operatoren"[4]

Ebenfalls in frühneuzeitlichen Repräsentationsräumen bewegt sich *Wolfgang Schäffner* mit seinem Essay über „Operationale Topographie". Aus der Perspektive einer Archäologie des Wissens rekonstruiert Schäffner den geometrischen Verhältnisraum der topographischen Ebene, wie er in den Niederlanden um 1600 Gestalt annimmt, und der sowohl für die Formierung des modernen Staates als auch für die Herausbildung der neuen Wissenschaften grundlegend wird. Dabei geht es weniger um eine Spezifizierung einzelner Repräsentations-

4 Zitiert nach Kittler 1994.

produkte, seien sie skulpturaler oder pikturaler, politischer oder wissenschaftlicher Natur, als vielmehr um das Aufspannen eines Koordinatensystems, das ein alle Lebensbereiche erfassendes Weltverhältnis, ein Dispositiv im Sinne Foucaults begründet. Schäffner zeigt, wie sich die Etablierung topographischer Verfahren im Holland des 17. Jahrhunderts einer Artikulation verschiedener Techniken verdankt, die unter anderem aus Exerzieren und Belagerung, Schießen und Festungsbau, Vermessen und Navigation gespeist wird. Dieses Tableau von Operationen und Kartierverfahren macht schließlich auch vor der Philosophie nicht halt: im Cartesischen *cogito* findet es gewissermaßen seinen Archimedischen Punkt.

Um einen soziologisch orientierten diskursanalytischen Zugang zu den Strategien schriftlicher Repräsentation von Wissen im Medium der Typographie geht es *Michael Cahn*. Im Rahmen der typographischen Gestaltung von wissenschaftlichen Texten in ihrer historischen Entwicklung seit der Einführung des Buchdrucks schenkt er der Fußnote, diesem „Graphem der Wissenschaft schlechthin", seine besondere Aufmerksamkeit. Als universales Element des gelehrten Diskurses, so Cahn, ist die Fußnote genau jener Gegenstand, an dem Diskursanalyse und Buchgeschichte, Literaturwissenschaft und Wissenschaftsgeschichte miteinander korrespondieren können. Obwohl oder gerade weil der Einsatz von Fußnoten in der Regel durch ein nur selten reflektiertes „tacit knowledge" gesteuert wird, sind an ihm beispielhaft diskursrelevante Aspekte der Produktion und Distribution von Texten dingfest zu machen. Ein wesentliches Element der Mechanik, welche die Rede am Fuß der Seite steuert, sieht Cahn darin, daß mit ihr eine supralineare Form der Äußerung in den Text eingeführt wird, welche im Fluß der gesprochenen Rede kein Äquivalent hat. Sie schafft eine zweite Stimme, die historisch zwei Institutionen voraussetzt: den kommerziellen Buchdruck (Funktion der Distribution) und die Bibliothek (Funktion des Repertoires). Sie wird zum Ort einer graphisch realisierten Reflexion, die auf eine Art Selbstermächtigung des Textes hinausläuft, indem sie die Autoritäten, auf die rekurriert wird, als Bestandteil des Diskurses selbst erscheinen läßt und damit jenes „Verschwinden" des Autors ermöglicht, das für die „passive voice" wissenschaftlicher Texte spätestens seit dem 19. Jahrhundert charakteristisch geworden ist.

Einen philosophischen, eher durch die logische Struktur epistemischer Erfindungen bestimmten Blick auf die Genese operativer „Kalküle als Repräsentationen" in der Neuzeit wirft *Sybille Krämer*. Anhand mathematischer Innovationen vom 15. bis zum frühen 18. Jahrhundert wie dem schriftlichen Rechnen im dezimalen Positionssystem, der Buchstabenalgebra, der analytischen Geometrie und dem Infinitesimalkalkül erläutert sie ihre These, daß es letztlich die Eigenstrukturen symbolischer Systeme sind, die den Gegenstand möglicher Erkenntnis festlegen. Der Übergang von einem ontologisch begründeten zu einem manipulativen Symbolismus wird ermöglicht durch die Erfindung „operativer Schriften“, die gerade nicht nach dem Muster der Lautschrift funktionieren. Symbolische Systeme vom dezimalen Positionssystem bis zum Kalkül generieren, so Krämer, neue Erkenntnisgegenstände. Solche Symbolsysteme dienen nicht der Abbildung der symbolisierten Gegenstände, sie stellen diese vielmehr erst her. Das Dilemma, das insbesondere in dem Leibnizschen Traum einer vollständig kalkülisierten Wissenschaft, einer „blinden oder symbolischen Erkenntnis“ zum Vorschein kommt, liegt nach Krämer darin, daß derartige Erkenntnisverfahren sich nicht mehr auf eine Welt ontologisch vorgängiger Dinge, sondern allein noch auf den durch sie selbst festgelegten Dingstatus ihrer Zeichen beziehen können.

Denkkräfte, Sprachkräfte

Um Spur, Codierung und Repräsentation als Metaphern in der Theorie des Denkens bei Thomas Hobbes geht es *Bettina Wahrig-Schmidt.* Hobbes versteht das Verhältnis von Ursache und Wirkung als eine Art differentieller Inskription, als das Ergebnis ungleichzeitig verlaufender materieller Prozesse. Mittels des *conatus* werden Spuren erzeugt, deren Verlauf sich den Knoten eines Ursache-Wirkungs-Netzes entlang verfolgen läßt. Vorstellungen sind innerorganismische Spuren, die gegenüber ihrem Gegenstand mit zeitlicher Verzögerung verschwinden. Die Fähigkeit des Menschen, selbst Spuren zu erzeugen, verweist auf seinen manipulativen Umgang mit der Natur ebenso wie auf seine Sprachfähigkeit, die wiederum Basis des Denkens, einer Art inneren Zeichenflusses, des *„discursus animi“* ist. Es entsteht ein materiell gedachter, aber in sich geschlossener „innerer Außenraum“, ein *„forum internum“*. Mit der Entwicklung der Sprache als eines einer menschlichen Gruppe gemeinsamen Zeichensystems werden die Repräsentationen nicht nur von ihren „Gegenständen“ abgekoppelt, sondern werden gleichzeitig selbst zu Gegenständen der Wahrnehmung. Wissenschaft ist dann die Schaffung von Repräsentationsnetzen nach strengen Regeln. Diese schützen, so Hobbes, vor den Abbrüchen und Inkohärenzen des Alltagsdenkens. Wahrig-Schmidt interpretiert, anders als Bredekamp, Hobbes' Konstruktion des Staates von diesen logisch-physiologischen Prämissen aus, die durch ihre metaphorische Verbindung zur Schöpfungsgeschichte hochgradig politisch aufgeladen werden. Im Konzept der politischen Repräsentation, entwickelt aus der antiken Metapher der *persona* als Maske des Schauspielers, verwirklicht sich das Zeichenschaffen des Menschen, indem ein menschliches Individuum selbst zum Repräsentanten wird. So wie die Willkür des zeichensetzenden Individuums zurückgebogen wird in die Vernetzbarkeit und Lesbarkeit des Zeichens, so wird in der politischen Repräsentation das individuelle Machtstreben in den Dienst eines verallgemeinerten Selbsterhaltungswillens gebannt. Die Pluralität und Materialität der Repräsentanten wird, wie Wahrig-Schmidt bemerkt, bei Hobbes allerdings erkauft durch die Konstruktion eines lediglich *abstrakt* Allgemeinen, was politisch dem zentralistischen und wissenschaftlich dem kategorialen Zug seiner Philosophie entspricht.

Die breit angelegte Durchsetzung von Argumentationstypen, die zu Chiffren für die Neuordnung wissenschaftlicher, philosophischer und sozialer Bereiche werden, macht *Helmut Müller-Sievers* am Beispiel des Übergangs von der Präformation zur Epigenesis im späten 18. Jahrhundert zum Thema. In der Debatte um die „Generation" interkalieren biologische, philosophische, sprachwissenschaftliche und literarische Begriffsbildungen zu einem, wie Müller-Sievers es nennt, „hybriden Diskurs" über Zeugung, der bis in die zeitgenössische Pädagogik und Heiratspraxis hineinreicht. In der Embryologie etwa bedeutet dies, daß die Entstehung der Organismen nicht mehr als einmaliger Schöpfungsakt, sondern als Resultat eines spezifischen Verhältnisses sich gegenseitig beeinflussender Kräfte aufgefaßt wird, die in der Regel komplementär zur Geschlechterdifferenz konzipiert werden. Das gleiche Muster von polaren, geschlechtsunterscheidenden Zuordnungen diagnostiziert Müller-Sievers auch in der Sprachtheorie Humboldts. Humboldt versteht Sprache selbst als lebenden Organismus, ihren Ursprung als organischen Zeugungsvorgang – daher die Verschiebung des Interesses von der Repräsentations- auf die Kommunikationsfunktion der Sprache, die sich im Akt des Sprechens offenbart. Epigenesis kann als Beispiel für diskursive Symbolproduktion gelten: Sie entstand Müller-Sievers zufolge weniger aus einem singulären Entdeckungsereignis als vielmehr aus einer flächendeckenden Reorganisation bekannter Phänomene, als ein „im weitesten Sinne textuelles Ereignis also". Sie steht weniger für einen neuen Denktypus als vielmehr für die autopoietisch anmutende Durchsetzung einer Repräsentationsform, in der dieses Denken sich überhaupt erst entfaltet, und zwar genau nach der Maßgabe, wie es auch darin eingeschlossen wird.

Repräsentationen der Naturwissenschaften: Referenz, Transport, Übersetzung

Im 19. und 20. Jahrhundert kommt es zu einer explosiven Erweiterung experimenteller Darstellungstechniken in den Naturwissenschaften, zu neuen, wie man es nennen könnte, „Kulturen der Evidenz". Der Beschreibung einer solchen Kultur der Evidenz, der mit dem Namen Robert Kochs verknüpften Bakteriologie des ausgehenden 19. Jahrhunderts in Deutschland, wendet sich *Thomas Schlich* zu. In Anlehnung an Bruno Latours Geschichte der Pasteurisierung Frankreichs[5] versteht Schlich die sogenannten „Kochschen Postulate" weniger als die Quintessenz eines rein wissenschaftlichen Umgangs mit Bakterien, sondern vielmehr als die kondensierte Form einer reversiblen Kette von Transformationen. Indem er diese Kette aufrollt, entfaltet Schlich ein Bild von der Welt der Bakteriologen. Diese gründet in der Stabilisierung epistemischer Praktiken; dazu zählen die Kontrolle des Bakterienwachstums, die Kultur des mikroskopischen Sehens, Photographie und Färbung. Untrennbar damit verbunden ist die Arbeit des Überzeugens und Verbreitens, für die im Falle Kochs die photographische Repräsentation eine entscheidende Rolle spielt, bis hin zur Popularisierung im Dienste der Volkshygiene. Koch selbst bringt die Rolle der Photographie auf einen Begriff, der die hyperrealen Räume des Medienzeitalters gewissermaßen vorwegnimmt: „Das photographische Bild eines Gegenstandes ist unter Umständen wichtiger als dieser selbst."

Einer Repräsentationsform, die für die Entwicklung der Immunologie, der Biochemie und schließlich der Molekularbiologie eine entscheidende Rolle gespielt hat, ist *Friedrich Cramer* auf der Spur. Es handelt sich um die von Emil Fischer 1894 in die Enzymforschung eingeführte Metapher für das wechselseitige spezifische Erkennen von Molekülen: das Schlüssel-Schloß-Prinzip. Die Parallele, die Cramer zwischen der Präzisierung und Diversifizierung von Modellen molekularen Erkennens auf der einen und der Schlüssel-Schloß-Technologie auf der anderen Seite zieht, ist in der Tat frappierend. Der Entwicklung von Vorstellungen zur Paßförmigkeit molekularer Strukturen bei der Enzym-Substrat-Wechselwirkung über ein mehrstufiges Abtasten bei der Aminosäure-Selektion bis zur molekularen Codierung von Information in der DNA *via* Basenkomplementarität entspricht die Entwicklung von Türschlössern vom Bartschlüssel über das Sicherheitsschloß bis zum codierten Magnetschlüssel. Die Thematik der Repräsentation erfährt in Cramers Beitrag eine besondere Wendung. Er könnte dazu einladen, darüber nachzudenken, ob Repräsentation in einem generalisierten Sinne nicht als ein Prozeß der Komplementarisierung aufgefaßt werden kann: Nicht Abbildung im Sinne der getreuen Verdoppelung einer Entität läge aller Repräsentation fundamental zugrunde, sondern die Bildung jeweils spezifischer Synapsen, die den Transport von molekularer Information ebenso erlauben wie die Zirkulation politischer Macht, die Dissemination von Wissen, die Bahnung ästhetischer Effekte.

5 Latour 1988.

Repräsentation als Transportphänomen beschäftigt auch *Bruno Latour* in seiner photo-philosophischen Montage über eine Exkursion von Bodenkundlern und Botanikern in den brasilianischen Urwald. Der Bericht über diese Expedition ist zu lesen als ein Versuch, die Erzeugung „wissenschaftlicher Referenz“ zu verstehen. Folgen wir Latours Reportage, so besteht das Phänomen der Referenz in den Wissenschaften im Aufbau einer Transportkette, einer in jedem ihrer Schritte reversiblen Transformation zwischen mehr materie- und mehr formdominierten Referenzen. Die Frage, wie man vom Nicht-Wissen zum Wissen gelangt, wie sich der Diskurs und seine Referenz vermitteln, untersucht Latour am scheinbar trivialen Problem, das sich eine brasilianisch-französische Urwaldexpedition zum Ziel gesetzt hat: herauszufinden, ob bei Boa Vista der Urwald in die Savanne vordringt oder die Savanne den Urwald zurückdrängt. Zwischen der Probenentnahme im Urwald und dem Diagramm des Bodenprofils, das im Zentrum des abschließenden Expeditionsberichtes steht, scheint jener radikale Schnitt zu liegen, der Papier gewordenes Wissen von der Welt der Dinge trennt, das Denken vom Sein. Daß dieser quasi ontologische Schnitt nur ein scheinbarer ist, wird erst sinnfällig, wenn man die Glieder der Transportkette im einzelnen rekonstruiert. Bei keinem dieser Schritte passiert ein endgültiger Bruch. Jedes Zwischenglied ist charakterisiert durch seine spezifische Mischung von Ding- und Zeichenhaftigkeit. Es ist wie mit dem Leopardenfrosch *(Rana pipiens)*, der sich in überlappenden Populationen vom Norden Kanadas bis zum Süden Floridas ausbreitet. Obwohl die Extremalpopulationen sich nicht mehr miteinander fortpflanzen und somit *gute* Arten im Sinne eines biologischen Artbegriffes darstellen, kann jede einzelne Population mit den benachbarten fruchtbare Nachkommen erzeugen: Die Populationskette bildet dennoch ein Kontinuum.

Einem spezifischer gefaßten Kontinuum, dem zwischen Analogie, Modell und realisierter Spur in seinem Spannungsverhältnis zu einer Grammatik repräsentativer Differenzen geht *Hans-Jörg Rheinberger* anhand einiger Darstellungsformen aus der Geschichte der Molekularbiologie nach. In den klassischen Repräsentationsverfahren der Biologie geht es um Repräsentation als Bild, nicht so sehr als Abbild, vielmehr im Sinne von Analogien, Modellen und materiellen Spuren. Die Molekularbiologie hat einen neuen Repräsentationsraum geöffnet, der es erlaubt, mit dem Lebendigen im Sinne der Speicherung, Umschreibung und Übersetzung von genetischer Information umzugehen. Den Organismus als ein Buch zu lesen ist aus einer bloßen Analogie zu einer wörtlich zu nehmenden Beschäftigung geworden. Die entsprechenden Verfahren der Repräsentation lassen sich als Schreibtechniken verstehen, und damit als Techniken sozialer Verfügung *par excellence*. Die Praxis, das Wesen des

Lebens als Text zu konzipieren, schreibt sich ein in das säkulare Unternehmen der Informatisierung und Medialisierung der westlichen Zivilisation.

Peter Galison geht einer weiteren, wie er es nennt, „Kette von Assoziationen" nach, die sich während und nach dem Zweiten Weltkrieg zwischen den Laboratorien, dem Schlachtfeld, der Praxis der Sozialwissenschaften und der Philosophie ausbildete: Norbert Wieners Artikulation einer kybernetischen Weltvision. Auf den ersten Blick scheint Galisons Darstellung der kybernetischen Symbiose von Mensch und Maschine, des komplementären Designs von Feedback-Systemen mit der in ihnen realisierten Form von Intentionalität auf der einen sowie der Integration menschlicher Akteure in die Technik von Rückkopplungsschleifen auf der anderen Seite nicht gerade ins Zentrum der Repräsentationsthematik zu zielen. Bei näherem Hinsehen wird man jedoch finden, daß sich alles um die Frage dreht, wie zwingend sich die Repräsentation menschlichen Verhaltens in Form von Servomechanismen und die reziproke Repräsentation von Feedback-Kreisen in Form teleologischer Automaten darstellt. Galison sieht diese „Assoziationen", obwohl ganz handfest technischer Natur, nicht in der „Ontologie" einer kybernetischen Logik begründet, sondern fragt vielmehr nach den kulturhistorischen Bedingungen ihrer Zusammensetzung, Dauerhaftigkeit und Dekonstruktion. Diese kulturhistorischen Bedingungen können am ehesten auf den epochenspezifischen Begriff einer „Ontologie des Feindes" gebracht werden, dessen tiefer Verstrickung in die Kriegswissenschaften auch postmoderne Dekonstruktionsversuche der Kybernetik nicht entgehen können.

Hypogrammatik: Die Schrift der Musik

Gerhard Herrgott stellt abschließend eine Komposition von Robert Schumann vor und erläutert an ihr, was er als „hypogrammatisches Kompositionsverfahren" bezeichnet. Es hat sich bis auf den heutigen Tag als vergeblich erwiesen, das Leben des musikalischen Signifikanten dadurch nachvollziehbar zu machen, daß man es mit dem Leben des musikalischen Autors parallelisiert. Daß man unbeschadet dessen eine Geschichte über eine Komposition erzählen kann, demonstriert Herrgott an der selten gehörten fis-moll Novellette op. 21 Nr. 8 von Robert Schumann. In ihr greift Schumann ein Thema aus einer Komposition seiner Frau Clara ebenso auf wie ein Motiv aus der damals gerade wiederentdeckten h-moll-Messe von Johann Sebastian Bach. Obwohl diese „hypogrammatischen" Elemente so etwas wie einen musikalischen Subtext konstituieren, der ebenso mit Elementen aus dem persönlichen Leben des Autors wie mit solchen aus der musikhistorischen Tradition arbeitet, bleibt doch die Artikulation auf der Ebene des musikalischen Geschehens der Logik einer Signifikanten-Verkettung geschuldet, deren Effekte wesentlich davon abhängen, daß der Subtext im dreifachen Sinne des Wortes, *unerhört* bleibt: skandalös, nicht vernommen und nicht angenommen.

Auf der Spur der Spuren

So paradox es – etwa mit Blick auf die Photographie – klingen mag: Alle wissenschaftliche, aber auch künstlerische Repräsentation läuft immer wieder auf die Kernfigur der Ermöglichung von Neuem hinaus, unter den Bedingungen eines differentiellen Anschlusses an das Gewesene. Ein Modell von Wissensräumen, das diesem Tatbestand nicht Rechnung trägt und bei isomorphen Welten stehenbleibt, hat angesichts des vielfach konstatierten „Todes der Referenz" im ausgehenden 20. Jahrhundert selbst nur noch historischen Wert, ebenso die Vorstellung, es gebe *eine* Wissenschaft und nicht eine unhintergehbare Pluralität von Wissenschaften. Die Wissenschaften evolvieren, und zwar im Prinzip unabschließbar; sie legen damit Spuren einer Arbeit und mit ihnen Spuren eines Gedächtnisses. Schriftliche Repräsentationsverfahren verlängern diese Spur ebenso, wie letztere durch erstere überhaupt erst dauerhafte Gestalt gewinnt. Das Problem der Darstellung bleibt auch unter konstruktivistischen Vorzeichen solange unterdeterminiert, wie es nicht als Problem der Herstellung von Neuem begriffen wird. An diesem Punkt kommen Wissenschaft ebenso wie Kunst mit dem physikalisch-chemisch-biologischen Phänomen der Selbstorganisation in Berührung – als Gratwanderung zwischen Chaos und Ordnung, wie Friedrich Cramer es einmal formuliert hat. Die Spur *ist* der Grat, jene prekäre Trennlinie zwischen bloßer Turbulenz auf der einen und erstarrtem Muster auf der anderen Seite. Die Spur ist jenes Niemandsland, wo das Ereignis von Wissenschaft und Kunst sich abspielt, der Riß, in dem sich das Neue abzeichnet. Ein solches ‚Abzeichnen', das nichts mit Imitation zu tun hat, sondern mit dem jähen oder auch unmerklichen Auftauchen von Konturen aus der Dämmerung, mag man als den Grundvorgang der Repräsentation ansehen. Er spielt sich ab an jenem utopischen Ort, wo die trügerische Verdoppelung von Repräsentation und Referenz, in deren Namen ihm das Existenzrecht strittig gemacht worden ist, noch nicht stattgefunden hat.

Daß ‚Repräsentation' in Pluralitäten kommt, sowohl im epistemischen, im bildnerischen, im musikalischen wie auch im literarischen Raum, daß ihre Formen und Daseinsweisen nicht ohne weiteres kompatibel und aufeinander reduzierbar, wohl aber aufeinander beziehbar sind, ist als minimales Fazit der hier versammelten Beiträge und keineswegs nur als ein kleinster Nenner anzusehen, der es den Disziplinen erlauben würde, in ihren selbstgesteckten Grenzen zu verharren. Wenn etwa die supralineare Fußnote im wissenschaftlichen Text auch genuin dem Raum des Typographischen angehört, so macht sie doch gerade in ihrer Irreduzierbarkeit auf jenen Zug zum Linearen aufmerksam, der dagegen den Raum literarischer Narrativität durchzieht. Sie könnte damit ihrerseits den Blick auf die Techniken öffnen, mit denen jene Linearität im literarischen Text selbst immer wieder unterwandert wird – als Bedingung jeder Lesbarkeit. Wenn die molekularbiologische Repräsentation des Genoms uns als chemisch verfaßter Text entgegentritt, so stellt sich die Frage nach der Autorschaft in einer Weise, die auch für die Literaturkritik fruchtbar zu machen wäre, was übrigens in der Tradition des Post-Strukturalismus längst geschieht. Wenn es der Kunstgeschichte heute angelegen ist, die Unmittelbarkeit des Körperlichen noch diesseits aller symbolischen Konventionen als Macht des Bildes wieder erfahrbar zu machen, so wird man auf den langen Weg blicken, den andererseits die Wissenschaftskritik gegangen ist, um sich der suggestiven Macht des wissenschaftlichen Objekts in seiner penetranten Objektivität zu entziehen. Die Beispiele ließen sich vermehren. Sie sollen nur andeuten, in welche Richtungen sich transdisziplinäre Perspektiven aus den hier versammelten Arbeiten ableiten und konkretisieren ließen.

Am Ende mag es gute Gründe geben, die es fragwürdig erscheinen lassen, ob der Begriff einer Repräsentation *bona fide* die Räume des Wissens am Ende jenes Zeitalters der Repräsentation auszuleuchten vermag, dem sich nach Foucault die moderne *episteme* verdankt. Auf der Suche nach einem Raster, das vielleicht besser verstehen hilft, was sich in diesen Räumen abgespielt hat, war es mindestens angebracht, die Grenzen des Konzeptes auszuloten und auf die Konnotationen hinzuweisen, die sich mit seiner neuzeitlichen Allgegenwart verbinden. Zum Verständnis der Räume des Wissens, die sich heute auftun und dessen, was sich in ihnen ereignet; für die Formen von Erkenntnis, die uns aus dem Virtuellen und Hyperrealen zufallen werden; für die Präzession von Modellen und Szenarios, die das Reale auf das Iterierbare zurückführen, fehlt uns vielleicht noch eine vergleichbare vereinheitlichende Perspektive. Es bleibt abzuwarten, ob der Begriff der Spur in diese Richtung weist.

Dank

Das vorliegende Buch basiert auf einem Symposium, das vom 18. bis 20. November 1993 am Institut für Medizin- und Wissenschaftsgeschichte der Medizinischen Universität zu Lübeck stattfand. Bei den nachfolgenden Studien handelt es sich um die überarbeiteten Fassungen von dort gehaltenen Vorträgen. Darüber hinaus haben wir mehrere Autoren *post festum* eingeladen, einen Beitrag für dieses Buch zu schreiben bzw. zur Verfügung zu stellen. Dem Direktor des Lübecker Instituts, Dietrich v. Engelhardt, danken wir für seine Gastfreundschaft, den Mitarbeitern des Institutes, Kathrin Hoffmann, Evi Österreich und Regine Bartsch, die auch diese Tagung wiederum umsichtig betreut haben, für ihre Hilfsbereitschaft und für das, was nicht nur die Eingeweihten als Schaffung einer spezifischen Lübecker Atmosphäre kennengelernt haben. Den Autoren danken wir für ihre Kooperationswilligkeit, Gerd Giesler, dem Geschäftsführer des Akademie Verlages, für sein stetes Interesse, sein Entgegenkommen und seinen Mut zum Risiko, unserem Lektor Peter Heyl für seine Umsicht und Geduld. Einer der Herausgeber, Michael Hagner, wurde von der Deutschen Forschungsgemeinschaft im Rahmen eines Heisenberg-Stipendiums unterstützt. Schließlich möchten wir der Fritz Thyssen Stiftung und dem Ministerium für Wissenschaft und Bildung der Schleswig-Holsteinischen Landesregierung für die Gewährung von Druckkostenbeihilfen herzlich danken.

Literatur

Borck, Cornelius (Hrsg.) (1996): Anatomien medizinischen Wissens. Medizin, Macht, Moleküle. Frankfurt am Main.

Hagner, Michael/Rheinberger, Hans-Jörg/Wahrig-Schmidt, Bettina (Hrsg.) (1994): Objekte, Differenzen und Konjunkturen. Experimentalsysteme im historischen Kontext. Berlin.

Heydt, Michael/Rheinberger, Hans-Jörg (Hrsg.) (1995): Medicine as a Cultural System. Science in Context 8.

Kittler, Friedrich (1994): Vom take off der Operatoren. In: N. Haas, R. Nägele und H.-J. Rheinberger (Hrsg.): Liechtensteiner Exkurse I, Im Zug der Schrift. München, 193–202.

Latour, Bruno (1988): The Pasteurization of France. Cambridge (MA).

Rheinberger, Hans-Jörg/Hagner, Michael (Hrsg.) (1993): Die Experimentalisierung des Lebens. Experimentalsysteme in den biologischen Wissenschaften 1850/1950. Berlin.

Rouse, Joseph (1993): What are Cultural Studies of Scientific Knowledge? Configurations 1, 1–22.

Rouse, Joseph (1996): Engaging Science. How to Understand its Practices Philosophically. Ithaca.

Horst Bredekamp

Zur Vorgeschichte von Thomas Hobbes' Bild des Staates

I. Effigies

Probleme von „word and image" haben Konjunktur. Dieser Vorgang hat materielle und kommunikationstechnische Ursachen darin, daß die Screens der Computer nach einer Visualisierung aller Wissensbereiche verlangen. Das unbestimmte Gefühl, daß sich hierdurch das Verhältnis zwischen Zunge und Auge tiefgreifend verändert, hat allerdings zu dem Widersinn geführt, daß im Zuge des „iconic turn" die Sensibilität für das Visuelle auch in traditionell sprachfixierten Wissenschaften gestiegen ist, die Methoden aber literal und linguistisch fundiert geblieben sind.[1] Dies gilt auch für die Erforschung des Begriffes „Repräsentation". Im selben Zug, in dem der „linguistic turn" alle Phänomene im logozentrischen Netz der Sprache gefangen hatte, war der archäologische, ethnologische und kunsthistorische Forschungsstand aus der Diskussion herausgefallen. Dem Gewinn an begrifflicher Finesse stand hierbei ein Verlust an sinnlicher Konkretheit gegenüber. Im Sinne einer Alternative soll im Folgenden am Beispiel herrschaftlicher Repräsentationsformen daran erinnert werden, wie es historisch dazu kam, daß die *repraesentatio* als materieller Ersatz des Repräsentierten, also als dessen wirkliche *imago* verstanden wurde,[2] ohne damit als pures Abbild verkürzt zu werden.

Den geschichtlichen Schlüssel jedweder Diskussion über visuelle Probleme der Repräsentation bietet die römische Kaiserbestattung, bei der zunächst der sterbliche Leib und dann, Tage später, das Wachsportrait des Verstorbenen verbrannt wurde.[3] Derartige Wachsbilder wurden bis zu ihrem eigenen „Ableben" veristisch umkleidet; so kam es vor, daß Hofbedienstete Fliegen von ihnen fernhielten oder daß die Hofärzte täglich Bulletins über ihren Gesundheitszu-

1 Zur Kritik des Vorgangs jüngst Jay 1993.
2 Vgl. in ähnlicher Zielsetzung Ginzburg 1992.
3 Bickerman 1929.

stand abgaben.[4] Diese doppelte Bestattung hat ihren Sinn wohl darin, daß das Bild ebenso zur Identität einer Person gehörte wie deren Name,[5] so daß, wie kürzlich betont wurde, die *imago* nicht eigentlich ein Zusatz oder eine Repräsentation, sondern Teil des Körpers des Herrschers war, die von ihm abgespalten und besonders behandelt werden konnte.[6] Damit war es möglich, den neuralgischen Moment jeder Herrschaft zu überspielen: den Tod des Imperators. Der Herrscher lebte sozial und politisch durch seine Repräsentation in der Wachseffigies weiter, bis auch diese bestattet war. Die *imago* des Herrschers bot die Möglichkeit, mit der verkörperlichten Repräsentation der Herrschaft elastisch umzugehen: sie zu bewahren, selbst wenn der Herrscher verstorben war und sie erst zeitlich verzögert zu Grabe zu tragen, wenn die Nachfolge gesichert war. Damit war der Tod in einen biologischen, mit menschlichen Mitteln nicht beherrschbaren Vorgang und in einen sozialen, verzögerbaren, also in der Verfügung der Nachwelt verbliebenen Akt aufgespalten. „Repräsentation" vollzog sich nicht fiktional, sondern als wirkliche, materielle Präsenz des Dargestellten, als Teilnahme des Repräsentierten.[7]

Die frühchristlichen Vorbehalte gegenüber der Bildverehrung haben dieser Totenliturgie ein Ende bereitet, aber die antike Form materieller *repraesentatio* hat offenbar als Reliquienkult überdauert. Über Zwischenschritte, auf die hier nicht näher eingegangen werden kann, hat die figürliche Realpräsenz im Votivwesen wie auch die herrschaftliche Repräsentation vom Doppelcharakter der Reliquie, zugleich Materie und Inkarnation des immateriellen Heilsschatzes zu sein, gezehrt.[8] Der nachantiken Geschichte der figürlichen Repräsentation sind zahlreiche Untersuchungen gewidmet worden, deren Etappen durch Aby Warburgs „Bildniskunst und florentinisches Bürgertum" von 1902,[9] Harald Kellers „Entstehung des Bildnisses am Ende des Hochmittelalters" von 1939,[10] Wolf-

4 Ginzburg 1992, 8f.

5 Ginzburg 1992, 10. Vorbereitet war dieser Usus im griechischen Umgang mit dem Bild. Der Begriff „kolossos" bezeichnete ursprünglich nicht etwa eine riesige Statue, sondern jedwede Form der bildhaften Evokation einer Person oder eines Gottes. Für diejenigen, die eine derartige Skulptur gesehen haben, war die irdische Existenz des Dargestellten verlängert: sei es, im Fall von Göttern, vom Himmel auf die Erde, sei es, im Fall von Abwesenden, durch die Überbrückung von Distanzen oder sei es, im Fall von Verstorbenen, durch die Weiterführung von deren lebendiger Existenz (Ducat 1976, mit der früheren Literatur).

6 Dupont 1989, 403.

7 Dupont 1989, 407, 410.

8 Ginzburg 1992, 18ff., nennt das 1215 festgeschriebene Dogma der Transsubstantiation. Zu den Rücksprüngen in die säkulare Sphäre: Wolf 1990, 197ff.

9 Warburg 1969.

10 Keller 1939; vgl. Keller 1977.

gang Brückners „Bildnis und Brauch“ von 1966,[11] Adolf Reinles „Stellvertretende[s] Bildnis“ von 1984[12] und schließlich David Freedbergs „Power of Images“ von 1989[13] markiert sind.

Die Erforschung speziell der herrschaftlichen Repräsentation ist vor allem durch Julius von Schlossers „Geschichte der Portraitbildnerei in Wachs“ von 1910/11 begründet worden.[14] Indem Schlosser die Erfolgsgeschichte der Scheinleiber, *effigies*, im Totenzeremoniell der englischen und französischen Könige verfolgte, vermochte er mit dem Tod König Heinrichs VII. im Jahre 1509 den Moment zu bestimmen, in dem jene Identifikation von *Bild* und *Repräsentation* geschehen ist, die sich für die weitere Entwicklung als prägend erwies. Die *effigies* des verstorbenen englischen Königs wurde als „Image or Representacion“ bezeichnet.[15] Sechs Jahre später heißt es bei der Bestattung des französischen Königs Ludwig XII. in derselben Gleichsetzung von Scheinleib und Repräsentation: „icelle representation ou effiges de son corps“.[16]

Ein weiterer Schritt wurde anläßlich des Begräbnisses von Franz I. von Frankreich im Jahre 1547 vollzogen, indem die Repräsentation nun auch den gesamten staatstheoretischen Rechtsanspruch umfaßte, der sich mit dem Scheinleib der *effigies*, dem *mannequin*, verband: die Vorstellung von der Unsterblichkeit des Königtums.[17] In der Repräsentation des verstorbenen Königs im Scheinleib war seine Existenz auf eine immaterielle Ebene gehoben, die der Zeitlosigkeit seines Amtes angehörte. Der Scheinleib war einerseits formähnlicher Doppelgänger, aber zugleich gehörte er einer abstrakteren Sphäre an, als sie der Verstorbene zu Lebzeiten eingenommen hatte.

Auf eine denkbar krasse Art wird diese Spaltung bei jenem Grabtypus vorgetragen, bei dem die obere Schicht von dem liegenden, aber mit vollem Ornat angetanen Herrscher gebildet wird, während im unteren Stockwerk der verwesende Leichnam von Schlangen und Kröten durchzogen und gefressen wird (Abb. 1). Auf der oberen Ebene residiert die niemals absterbende *dignitas* des Amtes, die sich mit dem Herrscher zu dessen Lebzeiten untrennbar verbunden hat.[18] Auf der unteren Schicht dagegen fällt das Individuum in

11 Brückner 1966.

12 Reinle 1984.

13 Freedberg 1989.

14 Schlosser 1993.

15 Hope 1907, 539; vgl. Schlosser 1993, 43, und Brückner 1966, 96.

16 Geiger 1933, 8; vgl. Brückner 1966, 98.

17 Brückner 1966, 99.

18 Ernst Kantorowicz hat das komplexe Gespinst von Transsubstantiationslehre und Staatstheorie analysiert, das derartige, bis in das frühe fünfzehnte Jahrhundert zurückgehende Grabmäler inspirierte (Kantorowicz 1990, 415ff.).

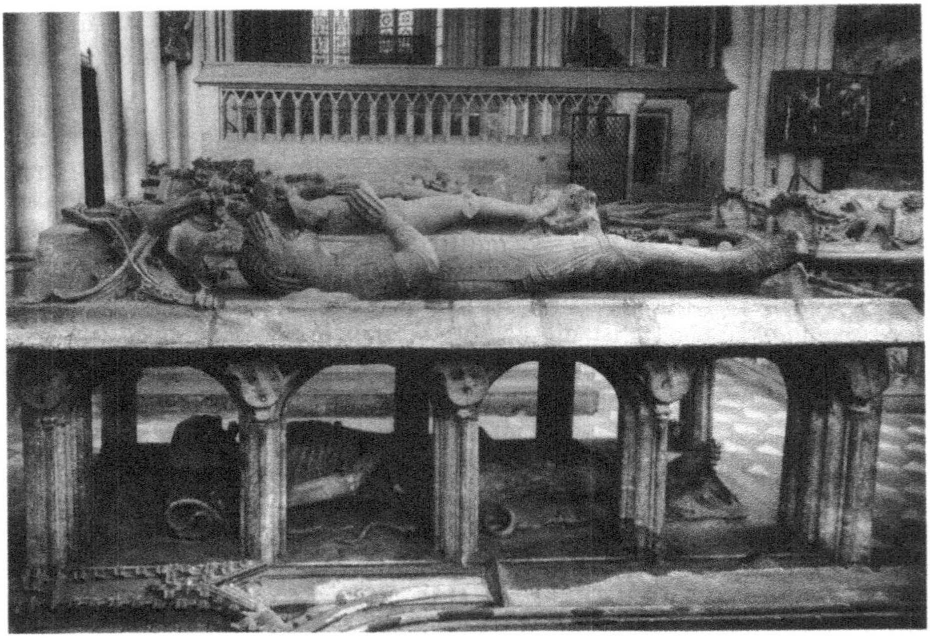

Abb. 1: Ludwig von Juppe, Grabmal des Marburger Landgrafen Wilhelm II., 1509, Marburg, Elisabethkirche, Bildarchiv Foto Marburg Nr. 14008.

Form des wirklichen, verwesenden Leichnames zu Staub, und diese Bipolarität hat Panofsky von einem „Doppeldeckergrab" sprechen lassen.[19] Der Leichnam ist der Gestalt des Herrschers zwar nicht ähnlich – zumindest ähnelt er ihm nur in einem bestimmten Stadium der Zersetzung –, aber dennoch suggeriert er, eine unmittelbare Verbindung zum hinfälligen Rest des bestatteten Individuums zu ziehen.

Auch die Wiederholung des Landgrafen auf der oberen Fläche repräsentiert nicht in erster Linie diesen selbst, sondern die Würde, in die er auf Zeit hineingeschlüpft war. In der oberen Liege- bzw. Standfigur erhält ein Abstraktum, ein Rechtsanspruch, seine materielle Form. Diese repräsentiert die lebendige, visuell und haptisch erfahrbare Erscheinung einer körperlosen Dignität. Zwischen dem Amt des Herrschens und seiner Darstellung in der Person des Herrschers vollzieht sich eine nicht auf reziproker Ähnlichkeit beruhende Repräsentation, wie sie in der Theologie durch ein Abbildverhältnis von Gott und Mensch definiert worden war, in dem die Geschöpfe zwar Gott, dieser aber nicht seiner-

19 Panofsky 1964, 72ff.

seits seinen Schöpfungen ähnlich ist.[20] Hier ist die Vorgeschichte virtueller oder mentaler Repräsentationen zu greifen, die zwar abbilden, im Abgebildeten aber kein visuell adäquates, also ähnliches Gegenüber besitzen.[21]

Am Doppeldeckergrab ist daher nicht etwa die Spaltung in Individuum und Amt allein bedeutungsvoll. Vielmehr ermöglicht erst diese Trennung, die Figur des lebendigen Amtsinhabers als materielle Repräsentation eines immateriellen Abstraktums zu begreifen. Nach dem Tod des Königs lebt in seinem Bild nicht mehr ein Teil seiner selbst, sondern die über ihm befindliche Amtswürde. Aus diesem Grund werden die *effigies*, wie zum Beispiel der bereits erwähnte Scheinleib Heinrichs VII., denn auch mit den Reichsinsignien angetan: „Over the corps was an Image or Representacion of ye late king layd on quissions of golde aparelled in his Riche robes of astate w[t] crowne on his hed ball & scepter in his hande."[22]

Der Umschlag des Abstraktums in ein Bild ist aber offenbar als quälerische Quelle von Unsicherheit erachtet worden. Die Kluft zwischen dem dargestellten Individuum und der in ihm versammelten Staatsmacht wurde daher durch einen bis *dato* unbekannten Verismus der Körper und Gesichter zu schließen versucht. Der vermutlich einer Totenmaske abgenommene Kopf von Heinrich VII., der ebenso wie die entsprechende Terrakottabüste von Pietro Torrigiano geschaffen wurde (Abb. 2), zeugt von diesem eindringlichen, fast verzweifelten Versuch, der Repräsentation des Königsamtes die individuellen Züge des verstorbenen Amtsträgers auf besonders lebendige Weise einzutragen.[23]

Einhundert Jahre später zeugt das Innenleben des 1612 gestorbenen Prinz Heinrich von Wales von einer Steigerung dieser Illusion. Das Gerüst seiner *effigies* läßt erkennen, daß ihre Gliedmaßen beweglich waren, so daß sie die seit Platons „Timaios" betonte Bedingung für Leben, eben sich bewegen zu können, zu erfüllen schien:[24] „The bodye of a figure for the representation of His Highnes with several joints both in the arms and legges and bodie to be moved to sundrie accions first for the Carriage in the Chariot and then for the standinge and for settinge uppe the same in the Abbey."[25] Die Beweglichkeit gehörte

20 Scholz 1991, 19. Zur Frage der ähnlich gelagerten Zwei-Körper-Lehre der Transsubstantiation und der Repräsentation vgl. Hofmann, 1990, 120ff. Vgl. im Gegensatz hierzu den auf Ähnlichkeit basierenden Begriff der *repraesentatio* (Thomas von Aquin 1925, XLV, 7, 254: „Respondeo dicendum [...]"). Vgl. hierzu auch den Artikel „Repräsentation" im Historischen Wörterbuch der Philosophie 1992, 791.

21 Rehkämper 1991, 18ff. und *passim*.

22 Zit. nach Hope 1907, 539.

23 Galvin and Lindley 1988.

24 Platon, Timaios, 77c. Vgl. Bredekamp 1993, 49ff.

25 Zit. nach Hope 1907, 555.

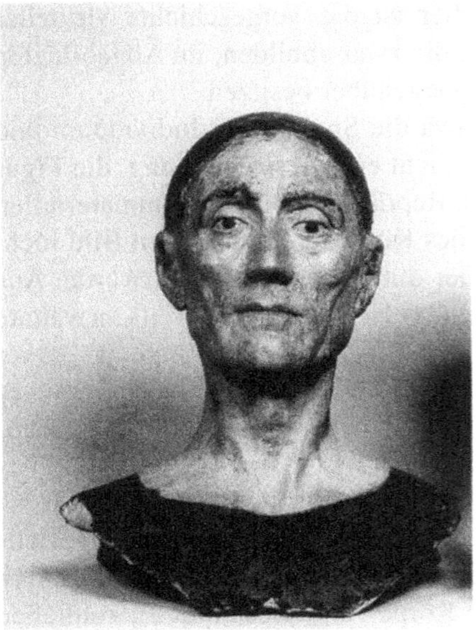

Abb. 2: Pietro Torrigiano, Totenbüste von Henry VII., 1509, London, Westminster Abbey.

von jetzt an offenbar zur verbindlichen Inszenierung der Scheinleiber. So zeigt eine ebenfalls stark beschädigte, aber elegantere *effigies* von König James I. von 1625 bewegungsfähige Gliedmaßen: „The body of the representacion with several joynts in the armes leggs and body to be moved to several postures and for setting up in Westminster Abbey and for his attendance there.“[26] Diese verschiedene Posituren einnehmenden und mit veristischen Gesichtern versehenen Figuren müssen, vollständig bekleidet und in das komplette Staatszeremoniell eingebunden, eine bezwingende Vergegenwärtigungskraft besessen haben.

II. Hobbes' Bild des Staates

Offenbar standen Thomas Hobbes derartige Repräsentationsformen vor Augen, als er mit dem „Leviathan“ die moderne Staatstheorie begründete. So ergibt seine Definition des Rechtes der Nachfolge eines legitimen Staatsoberhauptes dann einen Sinn, wenn man sich vergegenwärtigt, daß er eine Königseffigies vor Augen hatte. „Da bei all diesen Regierungsformen der Körper sterblich ist, so daß nicht nur Monarchen, sondern auch ganze Versammlungen sterben, ist es zur Erhaltung des Friedens der Menschen notwendig, daß, wie eine Regel für einen Künstlichen Menschen geschaffen wurde, auch eine Regel für die

26 Zit. nach Hope 1907, 557.

Künstliche Ewigkeit des Lebens erstellt werden sollte, ohne die jene Menschen, die durch eine Versammlung regiert werden, in jedem Alter in den Kriegszustand zurückfallen würden, und dasselbe gilt, sobald ihr Regent stirbt, für jene, die durch einen Menschen regiert werden. Diese Künstliche Ewigkeit ist das, was die Menschen das Recht der *Nachfolge* nennen."[27] Das Geheimnis dieser Aussage liegt darin, daß sie tautologisch bleibt, wenn sie nicht mit dem materiellen Gegenüber des Abstraktums „Recht der Nachfolge" rechnet. Aus dem puren Wort wird keine Evidenz erzeugt, und was die Menschen „Right of Succession" nennen, wäre eine Absichtserklärung ohne Folge, wenn sie nicht zuvor Regeln aufgestellt hätten, mit deren Hilfe die „Künstliche Ewigkeit" nach denselben Maßgaben geschaffen worden wäre, unter denen auch der „Künstliche Mensch" als Staat erzeugt wurde.

Dieser „Artificiall Man" aber ist *wirklich*, insofern er *Bild* geworden ist. Indem Hobbes ihn in Form eines Titelkupfers einleitend als Bild visioniert, übernimmt er den Mechanismus der dynastischen Erbnachfolge, im Moment der tiefsten Krise, dem Tod des Monarchen, die Legitimation an eine *effigies* abzutreten und ihr die Last aufzuerlegen, die „Künstliche Ewigkeit" zu garantieren. Der um 1650 vermutlich von Wenzeslaus Hollar gezeichnete und von Abraham Bosse in Paris gestochene Stich (Abb. 3) zeigt eine weitläufige Landschaft, über der sich der Oberkörper einer gigantischen, bekrönten Gestalt himmelwärts erhebt. In der Rechten hält sie ein erhobenes Schwert, während die Linke einen Bischofsstab nach vorn streckt. Die Spitze des Schwertes ist nach hinten gestreckt, um anzuzeigen, daß das Blatt in die Raumtiefe zurückstößt. Der Bischofsstab weist im Gegenzug weit nach vorn, so daß sich eine Art Zick-Zack-Bewegung vom Himmel über den Oberkörper zur Erde ergibt, als würden Schwert und Stab die Beine der Figur in einem raumgreifenden Gestus ersetzen wollen. Die Landschaft ist von vereinzelten Burgen und Dörfern besiedelt. Den Vordergrund aber nimmt eine befestigte Stadt ein, in deren Mitte eine mächtige Kirche aufragt. Offenbar sollten im Sinne einer Weltlandschaft verschiedene Formen von Natur und Zivilisation angesprochen werden, um den umfassenden Geltungsanspruch des Leviathan zu dokumentieren.

27 „Of all these Formes of Government, the matter being mortall, so that not onely Monarchs, but also whole Assemblies dy, it is necessary for the conversation of the peace of men, that as there was order taken for an Artificiall Man, so there be order also taken, for an Artificiall Eternity of life; without which, men that are governed by an Assembly, should return into the condition of Warre in every age; and they that are governed by One man, assoon as their Governour dyeth. This Artificiall Eternity, is that which men call the Right of *Succession*" (Hobbes 1991, II/19, 135).

Abb. 3: Wenzeslaus Hollar und Abraham Bosse (zugeschr.), Leviathan, Titelkupfer zu Thomas Hobbes, „Leviathan", 1651.

Alle drei Insignien reichen bis in die lateinische Inschrift, die den Vers aus Hiob wiedergibt: „Non est potestas Super Terram quae Comparetur ei."[28] Der Spruch spielt auf den alttestamentlichen Leviathan an, jenes Meerungeheuer, welches Hiob anzeigt, daß gegenüber seiner Macht keine Kraft bestehen kann. Entsprechend hilflos war über lange Zeit auch die Forschung. Carl Schmitts emphatische Anrufung der Bildmacht des „Leviathan"[29] hatte zunächst den Gegeneffekt einer langanhaltenden Abwendung,[30] die sich auch auf das Titel-

28 Hiob, 41,25.

29 „In der langen, an bunten Bildern und Symbolen, an Ikonen und Idolen, an Paradigmen und Phantasmen, Emblemen und Allegorien überaus reichen Geschichte der politischen Theorien ist dieser Leviathan das stärkste und mächtigste Bild. Es sprengt den Rahmen jeder nur gedanklichen Theorie oder Konstruktion." Schmitt 1938 (hier zitiert nach der von Günter Maschke herausgegebenen Ausgabe Köln-Lövenich 1982), 9. In seinem Kommentar beschreibt Maschke die lebenslange Beschäftigung Schmitts mit dem „Leviathan" (Zum „Leviathan" von Carl Schmitt, 179–244).

30 Ilting 1978, 285 f.

blatt bezog. Eine genauere Betrachtung des Titelkupfers hat erst relativ spät, dann aber mit bemerkenswerten Ergebnissen, auf die an dieser Stelle nicht gebührend eingegangen werden kann, eingesetzt.[31]

Im Gegensatz zum alttestamentlichen Meeresdrachen zeigt Hobbes' Leviathan eine menschliche Gestalt, die den *effigies* der Könige abgesehen sein wird. Dies gilt nicht nur für die äußere Gestalt. Der Leviathan entspricht den Verheißungen der Scheinleiber vor allem auch darin, daß er in seiner Bewegungsfähigkeit auch über das Kriterium der künstlichen Lebendigkeit verfügt. Der Leviathan, also das Staatswesen selbst, ist ein Automat.

In der Einleitung hat Hobbes in seiner Vorstellung des automatenhaften Staatskörpers nicht nur die traditionellen Automatentheorien, sondern auch den Repräsentationsgestus der *effigies* beerbt: „Die NATUR (die Kunst, durch die Gott die Welt geschaffen hat und lenkt) wird durch die *Kunst* des Menschen auch darin nachgeahmt, daß sie ein Künstliches Tier machen kann. Denn in Anbetracht dessen, daß das Leben nur eine Bewegung von Gliedern ist, die innerhalb eines Hauptteils beginnt: warum sollten wir nicht sagen, daß alle *Automaten* (Maschinen, die sich durch Federn und Räder bewegen, wie es eine Uhr tut) ein künstliches Leben haben?“[32] Hobbes' Staatsdenken ist im Kern darauf gerichtet, jene *dignitas* der Staatswürde, die in der *effigies* versammelt war, als menschliches Selbstprodukt zu definieren und ihm dennoch die Würde der Unantastbarkeit zu geben: „Durch Kunst wird jener große LEVIATHAN geschaffen, der GEMEINWESEN oder STAAT (auf lateinisch CIVITAS) genannt wird und der nichts anderes ist als ein künstlicher Mensch, wenn auch von größerer Statur und Stärke als der natürliche, zu dessen Schutz und Verteidigung er ersonnen wurde, und in dem die *Souveränität* eine künstliche *Seele* ist, da sie dem ganzen Körper Leben und Bewegung gibt.“[33]

Hobbes setzt nicht umsonst mit dem *Bild* „Leviathan“ ein. Seine einleitende Beschreibung des lebenden Automaten definiert das Staatswesen als Men-

31 Brown 1978; Corbett/Lightbown 1979, 219–230; Brandt 1982; Martinich 1992, 365ff.; Hofmann 1993, 23ff.; Münkler 1993, 149ff.; Münkler 1994, 50–63.

32 „NATURE (the Art whereby God hath made and governs the World) is by the *Art* of man, as in many other things, so in this also imitated, that it can make an Artificial Animal. For seeing life is but a motion of Limbs, the beginning whereof is in some principall part within; why may we not say, that all *Automata* (Engines that move themselves by springs and wheels as doth a watch) have an artificial life?“ (Hobbes 1991, 9).

33 „By Art is created that great LEVIATHAN called a COMMON-WEALTH, or STATE, (in latine CIVITAS) which ist but an Artificiall Man; though of greater stature and strength than the Naturall, for whose protection and defence it was intended; and in which, the *Soveraignty* is an Artificiall *Soul*, as giving life and motion to the whole body“ (ebd.). Zur Maschinenmetaphorik: Stollberg-Rilinger 1986.

schenwerk, zieht aber im selben Moment die Summe aus der monarchischen Repräsentation, um die visuelle Anschaulichkeit des Abstraktums zu retten.

III. Kompositbilder

Wie die automatenhafte Bewegungsfähigkeit des Staatsbildes von der Königseffigies übertragen ist, zehren auch die Elemente des „Leviathan" vom traditionellen Bestand repräsentativer Herrschaft. Sein Oberkörper ist als Kompositgestalt aus zahlreichen Menschen gebildet, die sich, als wären sie Schuppen eines Panzers, zu einer Schicht zusammenfügen (Abb. 4). Sie wenden dem Betrachter den Rücken zu, weil sie auf den Kopf des Souveräns ausgerichtet sind, der die Summe der Vielen in eine ungeteilte Einheit überführt.

Abb. 4: Oberkörper des Leviathan.

Herrscherliche Kompositbilder hatten eine lange Tradition, für die Arcimboldos Herbstbild Rudolfs II. das vielleicht bedeutendste Beispiel abgibt (Abb. 5).[34] Einem begleitenden Gedicht des Hofdichters Gregorio Comanini ist

34 Da Costa Kaufmann 1976.

Abb. 5: Giuseppe Arcimboldo, Rudolf II. als Herbst, 1591, Schloß Skokloster, Schweden.

Abb. 6: Umkreis des Giuseppe Arcimboldo, Das trojanische Pferd, Anfang 17. Jahrhundert, Privatbesitz, Lucca.

zu entnehmen, daß der Kaiser, insofern er Garant des Wohlstandes und der Naturbeherrschung sei, auch als Inkorporation der Erdfrüchte des Herbstes, jener Jahreszeit, in der das Jahr seine Erfüllung fände, gefeiert werden könne. Im Sinne Hobbes' erscheint Rudolf II. hier als eine Art „volonté générale" der Natur, und die Schlußsequenz der Beschreibung des „Vertumnus" nimmt manche Züge von Hobbes' „Leviathan" vorweg:

> Ich bin so [beschaffen],
> daß ich äußerlich ein Monstrum scheine,
> innen aber reine Züge [trage]
> und das königliche Bild verberge.[35]

Neben aus Früchten oder anderen Motiven gebildeten Kompositbildern haben Arcimboldo und seine Nachfolger auch künstliche Wesen gemalt, die, wie das „Trojanische Pferd" aus Privatbesitz in Lucca, durch eine Vielzahl von Menschen ausgefüllt sind (Abb. 6).[36] Da der Blick durch die Holzhaut nach innen

35 „Son, che fuor sembro un mostro, / E dentro alme sembianze, / E regia imago nascondo" (zit. nach Geiger 1954, 76).

36 Es ist Arcimboldo zugeschrieben worden, wird aber in seinem Umkreis entstanden sein.

Abb. 7: Anonym, Herodes, Mitte 17. Jahrhundert, Tiroler Landesmuseum Ferdinandeum, Innsbruck.

geht, entsteht bereits hier der Eindruck, daß dieses Pferd nicht etwa nur bis an den äußersten Rand mit Menschen angefüllt ist, sondern quasi aus Menschenzellen besteht.

Diesen Sachverhalt betont auch das in einer Reihe von Varianten überlieferte Portrait des Herodes (Abb. 7).[37] Es zeigt den über der Brust und um die Stirn von Lorbeer umkränzten römischen Herrscher wie durch einen Röntgenapparat der Justiz: hier blickt man ebenfalls durch die Haut hindurch, aber im Körper erscheinen nicht wie beim Pferd die tatsächlich im Inneren befindlichen Krieger, sondern die auf Befehl des Herodes getöteten Kinder. Die im Leib des Herrschers repräsentierten Menschen füllen ihn hier als Zeichen der Erinnerung an eine Bluttat aus, die alle anderen Wesenszüge des Potentaten auslöscht. Der Kontrast zwischen dem kostbaren Gewand, dem greisenhaft dünnhäutigen Gesicht und den zahllosen Kindern, denen dieser Körper das Grab ist, machen das Gemälde zu einer besonders eindrucksvollen Darstellung der Blutherrschaft.

Hobbes kehrt die Botschaft um. Sein Kompositbild ist nur im Leib selbst von Menschenmassen erfüllt, die zum Kopf als dem Sitz der machtvoll ausgleichenden Staatsvernunft aufblicken. Dieser Kopf ist dagegen nur aus einer

37 Geiger 1954, 75. The Arcimboldo Effect 1987, 187.

einzigen Gestalt gebildet. Der Kompositkörper hat die Menschen nicht etwa gefressen, sondern vielmehr ist er von diesen selbst aufgebaut, damit sie leben können.[38]

Hobbes' Bild des Staates zieht mit seinen Reflexen der Funeralskulptur, der beweglichen Königseffigies und der Kompositbilder der Arcimboldo-Schule eine Art Quersumme aus früheren Lösungen des Problems, abstrakte Begriffe visuell zu repräsentieren. Es bleibt für jede Staatsform ein Legitimationsproblem erster Ordnung. Wenn immer wieder beklagt wird, daß die Demokratie nicht über Symbole und visuelle Repräsentanz verfüge, dann trifft dieses Monitum nicht ein grundsätzlich neues Problem, sondern die mangelnde Phantasie, es unter verwandelten Bedingungen neu zu lösen. Hobbes zumindest hat die Einsicht, daß die Civitas zunächst nicht durch Worte, sondern durch Bilder erzeugt wird,[39] für die Konstitution seines Staatsentwurfes genutzt.

Literatur

The Arcimboldo Effect (1987): Ausstellungskatalog. Mailand.

Bickerman, Elias (1929): Die römische Kaiserapotheose. Archiv für Religionswissenschaft 27, 1–34.

Brandt, Reinhardt (1982): Das Titelblatt des Leviathan und Goyas El Gigante. In: Udo Bermbach und Klaus Kodalle (Hrsg.), Furcht und Freiheit. Leviathan – Diskussion 300 Jahre nach Thomas Hobbes. Opladen, 201–231 (rev. Fassung 1987 in: Leviathan. Zeitschrift für Sozialwissenschaft 1, 163–186).

Bredekamp, Horst (1993): Antikensehnsucht und Maschinenglauben. Berlin.

Bredekamp, Horst (1996): Kunsttheoretische Topoi in Thomas Hobbes' Definition des Leviathan, in: Gary Smith (Hrsg.), Formen der Wissensvermittlung. Berlin, im Druck.

Brown, Keith (1978): The Artist of the Leviathan Title-Page. The British Library Journal 4, 24–36.

Brückner, Wolfgang (1966): Bildnis und Brauch. Studien zur Bildfunktion der Effigies. Berlin.

Corbett, Margery/Lightbown, Roland (1979): The Comely Frontispiz. London.

38 Der Schlußsatz von Duponts Analyse der römischen Bildrepräsentation könnte so auch auf Hobbes' „Leviathan" zutreffen: „To avoid tyranny, the Romans invented an immortal *imago*, the divine body of absolute power" (Dupont 1989, 418). Eine Neuauflage von Hobbes' Leviathan in einem Mussolini-Plakat, auf dem der Körper des „Duce" durch wimmelnde Menschenmassen gebildet wird, wirkt zwar einerseits in seiner persönlichen Ausrichtung eher peinlich, aber man würde die Schlagkraft derartiger Repräsentationen verkennen, würde man nicht berücksichtigen, daß hier ein Rückgriff auf die monarchische Verbindung von Individuum und *dignitas* vollzogen wird, der sich mit dem Schein der Volkssouveränität, wie sie Hobbes definiert, verbindet (vgl. Falkenhausen 1993, 1023f.).

39 Vgl. die diametral entgegengesetzte Sicht, daß das Bild des Leviathan Text und nichts als Text sei, bei Strong 1993. Daß der Text überhaupt nur entstehen kann, insofern ihm ein Bild als unabdingbare Voraussetzung vorangestellt ist, habe ich in anderem Zusammenhang zu begründen versucht (Bredekamp 1996).

Da Costa Kaufmann, Thomas (1976): Arcimboldi's Imperial Allegories. Zeitschrift für Kunstgeschichte 39, 275–296.

Ducat, J. (1976): Fonctions de la statue dans la Grèce archaïque: kouros et kolossos. Bulletin de correspondence hellénique 100, 239–251.

Dupont, Florence (1989): The Emperor God's Other Body. In: Michel Feher u. a. (eds.), Fragments of the History of the Human Body. New York, 397–419.

Falkenhausen, Susanne von (1993): Vom „Ballhausschwur" zum „Duce". Visuelle Repräsentation von Volkssouveränität zwischen Demokratie und Autokratie. Die Neue Gesellschaft. Frankfurter Hefte 40, Nr. 11, 1017–1025; erw. Fass. in: Annette Graczyk (Hrsg.), Das Volk. Abbild, Konstruktion, Phantasma. Berlin 1996, 3–17.

Freedberg, David (1989): The Power of Images. Studies in the History and Theory of Response. Chicago and London.

Galvin, Carol/Lindley, Philipp (1988): Pietro Torrigiano's portrait bust of King Henry VII. The Burlington Magazine CXXX, Nr. 1029, 892–902.

Geiger, Benno (1954): I Dipinti Ghiribizzosi di Giuseppe Arcimboldo. Florenz.

Geiger, Paul (1933): Le roi est mort – vive le roi! Das Bild des Königs bei den französischen Königsbegräbnissen. Schweizerisches Archiv für Volkskunde 32, 1–20.

Ginzburg, Carlo (1992): Repräsentation – das Wort, die Vorstellung, der Gegenstand. Freibeuter 53, 2–23.

Hobbes, Thomas (1991): Leviathan, or The Matter, Forme & Power of a Common-Wealth Ecclesiasticall and Civill (Hrsg. Richard Tuck). Cambridge.

Hofmann, Hasso (1990): Repräsentation. Studien zu Wort- und Begriffsgeschichte von der Antike bis ins 19. Jahrhundert. 2. Aufl., Berlin.

Hofmann, Hasso (1993): Gebot, Vertrag, Sitte. Die Urformen der Begründung von Rechtsverbindlichkeit. Baden-Baden.

Hope, W. H. St. John (1907): On the Funeral Effigies of the Kings and Queens of England, with special reference to those in the Abbey of Westminster. Archeologia: or Miscellaneous Tracts relating to Antiquity LX, 517–565.

Ilting, Karl-Heinz (1978): Naturrecht. In: Geschichtliche Grundbegriffe, Bd. IV, Stuttgart, 245–313.

Jay, Martin (1993): Downcast Eyes. The Denigration of Vision in Twentieth-Century French Thought. Berkeley/Los Angeles/London.

Kantorowicz, Ernst (1990): Die zwei Körper des Königs. Eine Studie zur politischen Theologie des Mittelalters. München.

Keller, Harald (1939): Die Entstehung des Bildnisses am Ende des Hochmittelalters. Römisches Jahrbuch für Kunstgeschichte, Bd. III, 227–356.

Keller, Harald (1977): Das Nachleben des antiken Bildnisses. Freiburg/Basel/Wien.

Martinich, A. P. (1992): The Two Gods of Leviathan. Thomas Hobbes on Religion and Politics. Cambridge.

Münkler, Herfried (1993): Thomas Hobbes. Frankfurt am Main.

Münkler, Herfried (1994): Politische Bilder, Politik der Metaphern. Frankfurt am Main.

Panofsky, Erwin (1964): Grabplastik. Köln.

Rehkämper, Klaus (1991): Sind mentale „Bilder" bildhaft? – Eine Frage zwischen Philosophie und Wissenschaft. Phil. Diss. Hamburg.

Reinle, Adolf (1984): Das stellvertretende Bildnis. Zürich/München.

Repräsentation (1992): Historisches Wörterbuch der Philosophie, Bd. 8, col. 790–853.

Schlosser, Julius von (1993): Tote Blicke. Geschichte der Portraitbildnerei in Wachs. Ein Versuch (Hrsg. Thomas Medicus, Neudruck der Ausgabe 1910/11). Berlin.

Schmitt, Carl (1982): Der Leviathan in der Staatslehre des Thomas Hobbes. Sinn und Fehlschlag eines politischen Symbols (Hrsg. Günter Maschke). Köln-Lövenich.

Scholz, Oliver R. (1991): Bild, Darstellung, Zeichen. Philosophische Theorien bildhafter Darstellung. München.

Stollberg-Rilinger, B. (1986): Der Staat als Maschine. Zur politischen Metaphorik des absoluten Fürstenstaates. Berlin.

Strong, Tracy B. (1993): How to write scripture: Words, authority, and politics in Thomas Hobbes. Critical Inquiry 20, 129–159.

Thomas von Aquin (1925): Summa Theologica (Hrsg. Josepha Pecci), Bd. I. Paris.

Warburg, Aby (1969): Bildniskunst und florentinisches Bürgertum. In: Gesammelte Schriften (Reprint). Nendeln/Liechtenstein, 89–126.

Wolf, Gerhard (1990): Salus Populi Romani. Die Geschichte römischer Kultbilder im Mittelalter. Weinheim.

Gerhard Wolf

Gestörte Kreise

Zum Wahrheitsanspruch des Bildes im Zeitalter des Disegno

Die folgenden Überlegungen drehen sich um das Problem von Bild und Wahrheit im Zeitalter des Disegno, bzw. der Disegnolehre, in der italienischen Kunsttheorie von Alberti und Leonardo formuliert und von den Autoren des Cinquecento zum komplexen System elaboriert.[1] Sie organisieren sich um ein literarisches Modell, nämlich Campanellas Utopie der Sonnenstadt, entstanden um 1602. Auf diese Weise sollen drei Konzepte von Bildern mit Wahrheitsanspruch präsentiert werden: zum einen das frühneuzeitliche perspektivische Bild, in den Traktaten auf die Grundlage von Geometrie und Rhetorik gestellt, unter dem genannten Stichwort „Disegno" subsumierbar und von starker Wirkung auch in die Naturwissenschaften hinein, wie sich am Beispiel von Kopernikus und Galilei zeigen läßt; weiterhin deskriptive Modi der Wirklichkeitsdarstellung, die auch in Antike und Mittelalter auftreten und im 16. Jahrhundert in unterschiedlichen Kontexten, z. B. in den mehr oder weniger wissenschaftlichen Kompendien der Pflanzen- und Tierwelt elaboriert werden, auch sie lassen sich teilweise unter dem Disegno fassen; und schließlich die aporetische Suche nach dem wahren Bild Gottes, in dem Spur und Repäsentation in eine spezifische Spannung geraten und das in gewisser Weise eine Vorgeschichte von Photographie, nichteuklidischer Geometrie und auf ihr basierenden Weltmodellen darstellt.

Anhand zweier Christusbilder des 17. Jahrhunderts sollen zum Schluß zwei Pole einer künstlerischen Auseinandersetzung mit Disegno und Descriptio vorgestellt werden, die über die Gottesbildthematik hinausweisen auf das Problem des Bildes oder bildlicher Wahrheit überhaupt. Hierzu werden im folgenden mehr Fragen aufgeworfen als Antworten präsentiert.

1 Zum Disegnobegriff noch immer grundlegend: Kemp 1974; Barocchi 1979.

I. Wandmalereien in einer Sonnenstadt

Die *Città del sole*, wie sie der Dominikanermönch Tommaso Campanella Anfang des 17. Jahrhunderts in neapolitanischen Gefängnissen entworfen hat (erster Druck 1623),[2] liegt auf Ceylon, direkt am Äquator. Sie ist in sieben kreisförmige Ringe eingeteilt analog konzentrischen Planetenbahnen, ihr äußerster hat einen Durchmesser von sieben Meilen, vier Tore entsprechend den Himmelsrichtungen öffnen sich in jedem Mauerring. In der Mitte der utopischen Stadt erhebt sich auf einem Hügel ein ebenfalls kreisrunder, von Säulen umgebener Tempel, über dessen Altar zwei Globen, die Erdkugel und das Firmament bedeutend, installiert sind.

Drei Würdenträger stehen dem regierenden Priesterkönig Sol zur Seite: Pon, Sin und Mor, d. h. Macht, Weisheit und Liebe. Sin hat die Mauern der ganzen Stadt in einen *orbis pictus* verwandelt, indem er sie mit herrlichen Gemälden schmücken ließ. Auf den Tempelwänden und dem Vorhang sind die Planeten und Sterne gemalt; je drei Verse kennzeichnen ihre Größe und Bewegungen. Auf der Innenseite des ersten Ringes erblickt man geometrische Figuren, in Versform erläutert, und zwar weit mehr als bei Euklid und Archimedes zu finden sind. Auf der Außenseite des ersten Ringes ist eine Weltlandschaft zu sehen, das heißt die physische und soziale Geographie der gesamten Erde, ebenfalls mit kurzen sprachlichen Erläuterungen und der Abbildung der Alphabete. Am zweiten Ring innen in den umlaufenden Säulengängen finden sich Darstellungen von Mineralien und Metallen, in den Nischen Gesteinsproben; außen sind Meere und Flüsse, Seen und Quellen, Weine und Öle, alle Arten von Flüssigkeiten dargestellt, während in den zugehörigen Nischen Gefäße mit jahrhundertealten Heilsäften aufbewahrt werden. Hier lassen sich ferner die meteorologischen Erscheinungen wie Regen, Hagel, Donner beobachten, die die Bewohner in einem geschlossenen Labor hervorzubringen vermögen. Im dritten Ring innen sind Kräuter und Pflanzen gemalt und in Töpfen aufgestellt, versehen mit astrologisch-medizinischen Erklärungen, außen die Bewohner der Meere mit zoologischen ebenso wie allegorischen Erläuterungen; im vierten Ring entsprechend die Vögel, außen die Kriechtiere und Insekten. Der fünfte ist insgesamt den hochentwickelten Landtieren gewidmet in unglaublicher Anzahl, besonders die Vielzahl der Pferdearten beeindruckt den Reisenden. Der sechste Ring zeigt innen die *artes mechanicae*, also die Handwerke mit einschlägigen Werkzeugen sowie Hinweisen auf die Erfinder und die Handhabung derselben bei den verschiedenen Völkern. Auf der Außenseite des sechsten Ringes schließlich die Bildnisse aller Entdecker, Erfinder, Gesetz-

2 Campanella 1981; Firpo (Hrsg.) 1972; Campanella 1960, 115–169; vgl. Braungart 1989, 82–91.

geber usf.; an besonders würdiger Stelle („in un luogo assai onorato") findet sich dort das Bildnis Jesu Christi und der zwölf Apostel, „die sie sehr schätzen" („che tengono gran conto").[3] Außerdem habe er, berichtet der Genoveser Reisende, der die Stadt beschreibt, Caesar, Alexander und Pyrrhus sowie alle Römer gesehen. Alle diese illustren Männer kennten die Bewohner der Sonnenstadt aufgrund ihrer großen Vertrautheit mit fremden Sprachen.

Es gibt Lehrer, die die Bilderzyklen erklären; die Kinder pflegen dergestalt noch vor dem zehnten Lebensjahr gleichsam spielend und dennoch auf historische Weise alle Wissenschaften zu lernen. Ob sie dann unter der Alleinherrschaft des Sol und nach den wenig humanen Regeln des Mor glücklich werden, sei dahingestellt, wichtig ist in unserem Zusammenhang der Stellenwert der Bilder. Schon die Anlage und die Architekur sind Bedeutungsträger, ohne daß dies hier von den antiken Vorbildern her aufgerollt werden kann. Campanella greift den Zentralbaugedanken der Renaissance auf. Die bildliche Ausstattung der Mauern ist *literaliter* enzyklopädisch. Man könnte den Rückgriff auf mittelalterliche und frühneuzeitliche Enzyklopädien im einzelnen analysieren, worauf ich hier verzichten muß. Verwiesen sei aber auf den Turmbau zu Babel, der häufig als spiralenförmiger Bau dargestellt wird; auf einem Stich von 1572 nach einer Zeichnung Heemskercks ist eine solche spiralenförmige Mauer mit Jagd- und Kampfszenen illustriert.[4] In der *Città del sole* Campanellas begleiten Realien die Bilder, das Werk entstand in einer Zeit der botanischen Gärten, Zoos, Kunst- und Wunderkammern. Campanellas Ordnungssystem seines Stadtkosmos dürfte aus dem Inventar der neapolitanischen Kunstkammer Ferrante Imperatos inspiriert sein, das gerade erschienen war, als er sein Werk begann, obendrein bestehen Beziehungen zur Sammlungsanlage der Mediceischen Uffizientribune.[5]

Campanella flüchtet später aus Rom nach Südfrankreich zu Peiresc, einem der gelehrtesten Männer seiner Zeit, und zu dem großen Naturforscher Gassendi. Im Unterschied zu den im höfischen Umfeld angesiedelten Kunst- und Wunderkammern ist Campanellas Enzyklopädie jedoch weniger auf Mirabilia und Curiosa ausgerichtet. Es fehlt ihr auch der explizite inhaltliche Bezug zur antiken Skulptur und Malerei. Man vergleiche dagegen etwa die Ausstattung der Idealstadt in dem architekturtheoretischen Traktat Albertis, der als vorzüglichsten Schmuck für Tempel und Straßen Standbilder wünscht. Allerdings sind viele Methoden der beschreibenden und klassifizierenden Naturforschung des

3 Campanella 1960, 120–122; idem 1981, 32–37.

4 Es handelt sich um einen Stich von Ph. Galle. Vgl. Minkowski 1991, 163.

5 Vgl. Braungart 1989, 111f.; Bredekamp 1993, 57.

16. Jahrhunderts Übertragungen aus oder Analogien zu dem *Antiquarismus*;[6] Sammler und Forscher, die für die Geschichte der wissenschaftlichen Illustration so wichtig sind wie Ulisse Aldrovandi oder Cassiano dal Pozzo blicken mit an antiken Statuen geschulten Augen auf Pflanzen und Tiere, bringen jedenfalls beide ebenso auf eine Ebene, wie es die erwähnten fürstlichen Sammlungen tun.

Campanellas didaktisch-enzyklopädische Wandmalereien sind primär natur- und gesellschaftskundlich ausgerichtet. Die Abfolge der Bilder erfolgt gemäß dem neapolitanischen Vorbild in gegenläufiger Hierarchie, wobei Innen und Außen in komplementierenden Oppositionen stehen können. Den abstrakten Figuren der Geometrie als höchster Kunst steht das von Leben erfüllte Erdenrund gegenüber; Festes und Flüssiges/Gasförmiges folgen; Pflanzen und Meeresfauna; Fliegendes und Kriechendes, schließlich in den beiden letzten Kreisen Landtiere/Nutztiere und der tätige Mensch: ein Absteigen zunächst von den Prinzipien der *natura naturans* bis zur unbelebten Materie und von dieser ein Aufsteigen bis zum Menschen, der die Natur bearbeitet, so daß sich über Anfangs- und Endpunkt ein *artes liberales* und *artes mechanicae* umfassender Bogen spannt: Wieder ins Bild gebracht, könnte man Kulminationspunkte in der Gestalt Christi und in einer geometrischen Figur sehen. Christus ist hier nicht Inkarnation Gottes, sondern Inbegriff menschlicher Weisheit und großer Astrolog, dessen Voraussagen über die Zeichen an Sonne, Mond und Sternen wahr sind. Die geometrische Figur kann natürlich nur der Kreis sein. Denn der Kreis ist die Grundfigur der *Città del sole*.

II. Arti del Disegno und naturwissenschaftliches Weltbild in der frühen Neuzeit

Die *Città del sole* ist zwar geozentrisch, aber wegen der „zentralen" Bedeutung der Sonne latent heliozentrisch angelegt, jedenfalls werden die einzelnen Bahnen nicht bestimmten Planeten zugeordnet (Abb. 1).[7] Offiziell entspricht das kosmologische Modell Campanellas der kirchlichen Lehre, die Kreisbahnen der Planeten finden wir jedoch ebenso im heliozentrischen System des Kopernikus, sie überleben auch Galileis Blick durch das Teleskop, während Kepler in dieser Zeit die bekannten Gesetze aufstellte, wonach sich die Himmelskörper auf elliptischen Bahnen bewegen, in deren einem Brennpunkt die Sonne „steht". Noch Hegel versuchte in seiner Dissertation zu den Kreisbah-

6 Vgl. die Beiträge in Documentary Culture 1992.
7 Vgl. Anm. 35 und den zugehörigen Text.

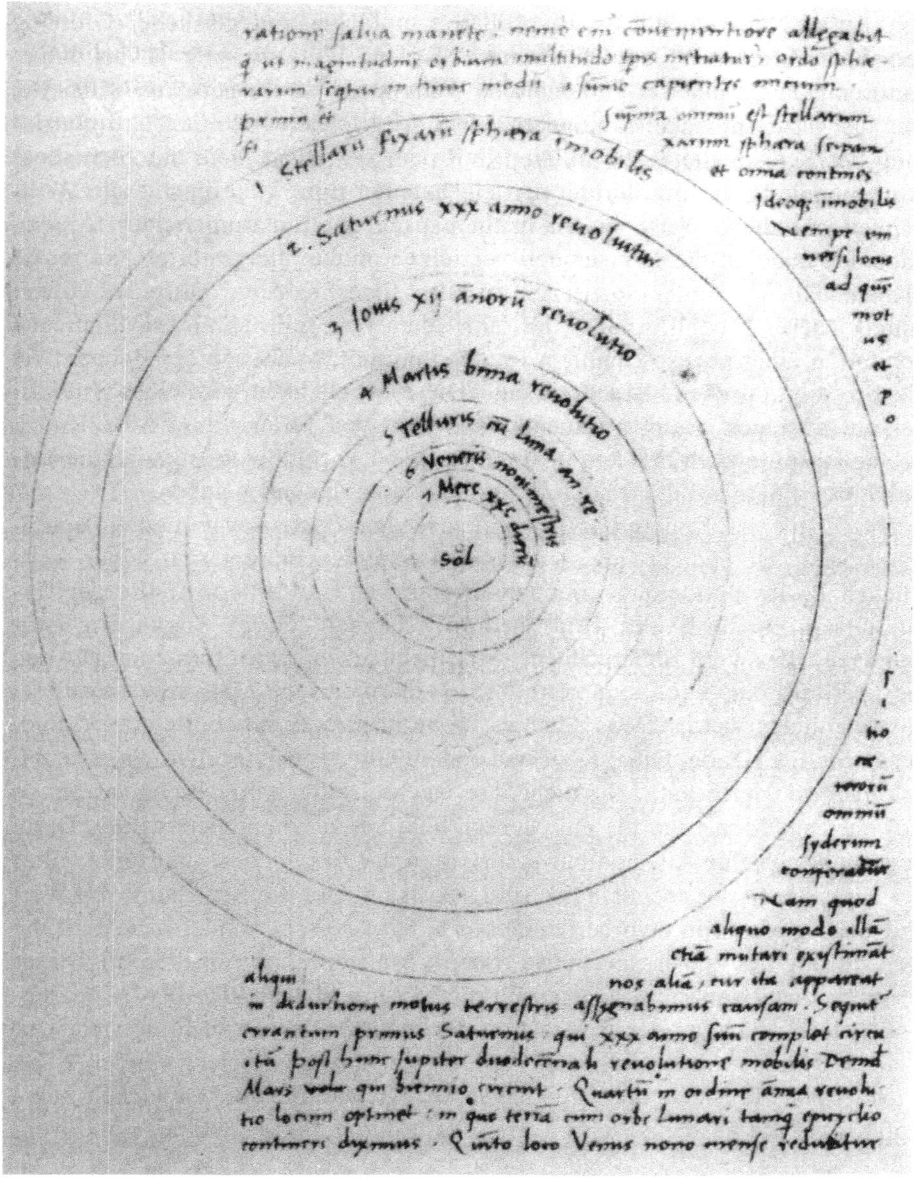

Abb. 1: Schema des heliozentrischen Systems des Kopernikus (Federzeichnung aus „De revolutionibus orbium coelestium“, Jagiellonische Bibliothek Krakau, Ms. BJ 10000, f. 9v; nach Chojecka 1972, 260).

nen zurückzukehren, alles „auf großartig einfache, von göttlicher Ordnung zeugende Strukturen" zurückzuführen.[8] Dieser Wunsch hatte schon antike Autoren geleitet, und das Ptolemäische Weltsystem, das Kopernikus kritisierte, war just dazu entwickelt, die beobachtete Wirklichkeit mit einer Differenzierung des Kreismodelles zu erklären, mit dem sie *prima facie* durchaus nicht korrespondiert. Die Einführung der sogenannten Epizyklen brachte die Wirklichkeit auf diese Weise in ein mathematisch gut funktionierendes System, ohne daß man auf das Kreismodell verzichten mußte; die gestörten Kreise der Planetenbahnen wurden sozusagen zu einer berechenbaren optischen Abweichung. Dieses Modell arbeitet mit einer elementar selbstähnlichen Figur und kommt zu einer ebenso richtigen Integration und Voraussage der Bahnen wie gleichzeitig „falschen" Beschreibung.[9] Diese Möglichkeit, von einer Grundfigur aus zu einer relativ genauen Deskription von Formen und Abläufen zu gelangen, sollte auch bei dem unmittelbaren Rückschluß von „naturähnlichen" fraktalen Bildern auf die fraktale Natur der Natur zu denken geben.

Die Kritik des Kopernikus am ptolemäischen System war modelltheoretischer Natur, sie bedient sich – in der spät erfolgten Präsentation seiner sechs Bücher „De revolutionibus orbium coelestium" an Paul III. von 1543 – der Tradition von Rhetorik und Kunsttheorie:[10] Es sei seinen Vorgängern zwar gelungen, alles wohl zu berechnen, aber eine überzeugende „forma mundi" und die „partium eius certa symmetria" (d. h. harmonische Maßverhältnisse) sei nicht gefunden worden. Was nütze es, wenn man zwar aufs beste an verschiedenen Stellen Hände, Füße, Kopf und andere Glieder darzustellen wisse, *membra disiecta* gleichsam, aber nicht ihre wechselseitigen Korrespondenzen, so daß eher ein Monstrum als ein Mensch aus diesen komponiert würde. Darin liegt nicht nur eine Allusion auf den Beginn der *Ars poetica* des Horaz, eines der Klassiker in der abendländischen Diskussion über die Beziehung von Wort und Bild, gipfelnd in dem berühmten *ut pictura poiesis*, sondern auch auf die Kunsttheorie der Renaissance, etwa Albertis Malereitraktat von 1435/36. Dieser versucht sozusagen *more geometrico* die Malerei als *ars liberalis* zu begründen, jedoch nicht bei der Abstraktion der mathematischen Gebilde stehenzubleiben, denn der Maler will, „daß die Dinge vom Auge geschaut werden".[11]

Alberti stellt zuerst die Grundlagen der Geometrie vor, entwickelt seine Optik, d. h. die Perspektivlehre vom Schnitt durch die Sehpyramide und wen-

8 Hegel 1801; vgl. Clausberg 1989, 272.

9 Im Grunde gilt das auch noch für das Modell des Kopernikus, die Bahnberechnungen waren zum Teil sogar ungünstiger. Die Bewohner der Sonnenstadt verwarfen im übrigen die Epizyklen von Ptolemäus und Kopernikus (vgl. Campanella 1960, 158).

10 Vgl. Chojecka 1972; Edgerton 1978; Hallyn 1993; Stumpel 1990.

11 Alberti 1877, 52–53.

det sich dann der Komposition zu. Das Bild, die sogenannte *istoria*, ergibt sich als Summe eines Zusammenspieles von Körpern; diese bestehen aus Gliedern, welche ihrerseits aus Flächen, Linien, Punkten sich konstituieren. Malerei wird bei ihm und in der Folge bei Leonardo als eine *scientia* bestimmt, die in vielem, für Leonardo eigentlich in allem, dem Wort überlegen ist. Das darf aber nicht darüber hinwegtäuschen, daß das leitende Paradigma der Malereitheorie neben der Geometrie die antike Rhetorik ist, im besonderen die „institutio oratoria" Quintilians. Alberti beschreibt die Selektion der Glieder schöner Körper durch den Maler und ihre *compositio*.

Kopernikus entwickelt ein analoges Konzept für das Weltganze.[12] Das Corpus-Modell ist im übrigen von höchster wissenschaftsgeschichtlicher Brisanz. Im Mittelalter wird das Bezugssystem zwischen kosmischer Ordnung und menschlichem Körper zum Mikro- und Makrokosmos-Schema elaboriert, es reicht aber zurück in griechische und ägyptische Zeit und existiert auf andere Weise auch in der altindischen Kultur. Die Geometrie bemächtigt sich in der einen oder anderen Form schon früh der menschlichen Gestalt, kanonische Proportionen werden postuliert (Polyklet), der Traktat des Vitruv beschreibt die Beziehung des Körpers zu den „perfekten" Grundformen Kreis und Quadrat, die wir in zahlreichen Traktaten illustriert finden.[13] Alberti stellt in seinem kurzen Traktat „De statua" ein Verfahren vor, mit dem die Lage der Glieder eines Körpers im Raum eindeutig definiert und aufgezeichnet werden können, zugleich liefert er einen Katalog idealer Proportionen des männlichen Körpers, während Dürer und andere Anthropometriker die Proportionen unterschiedlicher Körper (z. B. Mann/Frau) aufgestellt haben. Die Proportionslehre steht im übrigen schon seit der Antike in einer Spannung zwischen der Forderung nach abstrakten, harmonischen Maßverhältnissen und der konkreten sinnlichen Erscheinung. Denn unter spezifischen Aufstellungsbedingungen erweckt gerade die „korrekte" Proportion einen „falschen" Eindruck (es handelt sich also um einen Konflikt zwischen unwahrer Wahrscheinlichkeit und un-wahrscheinlicher Wahrheit). In dieser Hinsicht sind – vor allem in der Auseinandersetzung mit Vitruvs Architekturtheorie – unterschiedliche Lösungsmodelle entwickelt worden. Im Medium des Gemäldes und der Zeichnung handelt es sich um das Problem der Vermittlung zwischen Perspektive und Proportion.

Doch zurück zur Kosmologie: Die Vereinfachung, die das heliozentrische Weltbild des Kopernikus propagiert, intensiviert die Vorstellung einer kosmischen Harmonie in konzentrischen Kreisen, wenn auch die Sonne etwas exzentrisch angesiedelt ist. Auch Galilei bleibt – wie erwähnt – an den Kreis als

12 Vgl. hierzu Chojecka 1972 und Stumpel 1990.
13 Vgl. Zöllner 1987.

Grundmodell gebunden, was Panofsky in einem bahnbrechenden Aufsatz auf seine Ablehnung der Schlangenlinien, Ellipsen und Ovale des Manierismus bzw. seine Bevorzugung der klassischen Kunst und Kunsttheorie der Hochrenaissance zurückgeführt hat.[14] Jedoch nicht nur die „Blindheit" Galileis gegenüber Keplers Einsichten ist eine Folge dieser Orientierung an der Tradition der florentinischen und Leonardesken Kunsttheorie, sondern auch sein wacher, in dieser Lehre geschulter Blick auf den Mond durch die mittels Teleskop erweiterte Perspektive. Es handelt sich im übrigen nicht nur um den Blick, sondern zugleich um die künstlerische Gestaltung des Gesehenen im Medium der Zeichnung: Während Galilei auf der einen Seite festhält an einem idealen Kosmosmodell, verwandeln sich ihm die idealen Himmelsgebilde in erdähnliche Körper. Denn der Mond habe, wie „aufgrund sinnlicher Gewißheit" zu erkennen, keineswegs eine sanfte und glatte, sondern eine rauhe und unebene Oberfläche; er sei, ebenso wie das Antlitz der Erde selbst, mit ungeheuren Schwellungen, tiefen Mulden und Krümmungen überall dicht bedeckt (Abb. 2).[15] Der Florentiner Maler und Freund Galileis Cigoli hat die Mondsichel dergestalt zu Füßen der Madonna in der Kapelle Papst Pauls V. (1605–1621) in S. Maria Maggiore dargestellt, gleichsam als projektives Symbol der weltumspannenden Herrschaft der *Ecclesia militans*, deren Urbild Maria ist.[16] Galileis Mondzeichnungen, deren künstlerische Bedeutung jüngst von Horst Bredekamp gewürdigt worden ist, sind minuziöse Beschreibungen seiner Beobachtungen, die mit virtuoser Modellierung von Licht und Schatten arbeiten.[17] Sie folgen einem Modus bildlicher Deskription im Rahmen des Disegno, der auch schon eine Kondition des Blickes selbst war. Beobachtung und zeichnerische Beschreibung sind unter dieser Voraussetzung kaum mehr zu trennen: Im Falle des Mondes handelt es sich um einen individuellen Körper, der durch die Beobachtung und Darstellung im Porträt, im *ri-tratto* dem Betrachter nahegebracht wird. Bevor ich mich aber kurz dem Problem der „art of describing" zuwende, möchte ich zunächst in stark vereinfachter Form einige Grundzüge der Disegnolehre skizzieren.[18]

14 Panofsky 1956.

15 Zitiert nach Galilei 1980, 83; auf die umfangreiche Galilei-Literatur kann ich hier nicht eingehen, es sei nur auf Blumenbergs Einführung: „Das Fernrohr und die Ohnmacht der Wahrheit in Galileis Sidereus Nuntius" hingewiesen.

16 Vgl. dazu Wolf 1991/92; Wolf 1997 (im Druck).

17 Ich beziehe mich auf Horst Bredekamps Antrittsvorlesung an der Humboldt-Universität in Berlin (Dezember 1994) „Galileis Gestirne. Der Astronom als Künstler", die in Form einer kleinen Monographie erscheinen soll. Vgl. die neben Panofsky wichtigen Artikel von Chapel 1975 und Edgerton 1984; vgl. zum ganzen auch Kemp 1992.

18 Vgl. Anm. 1.

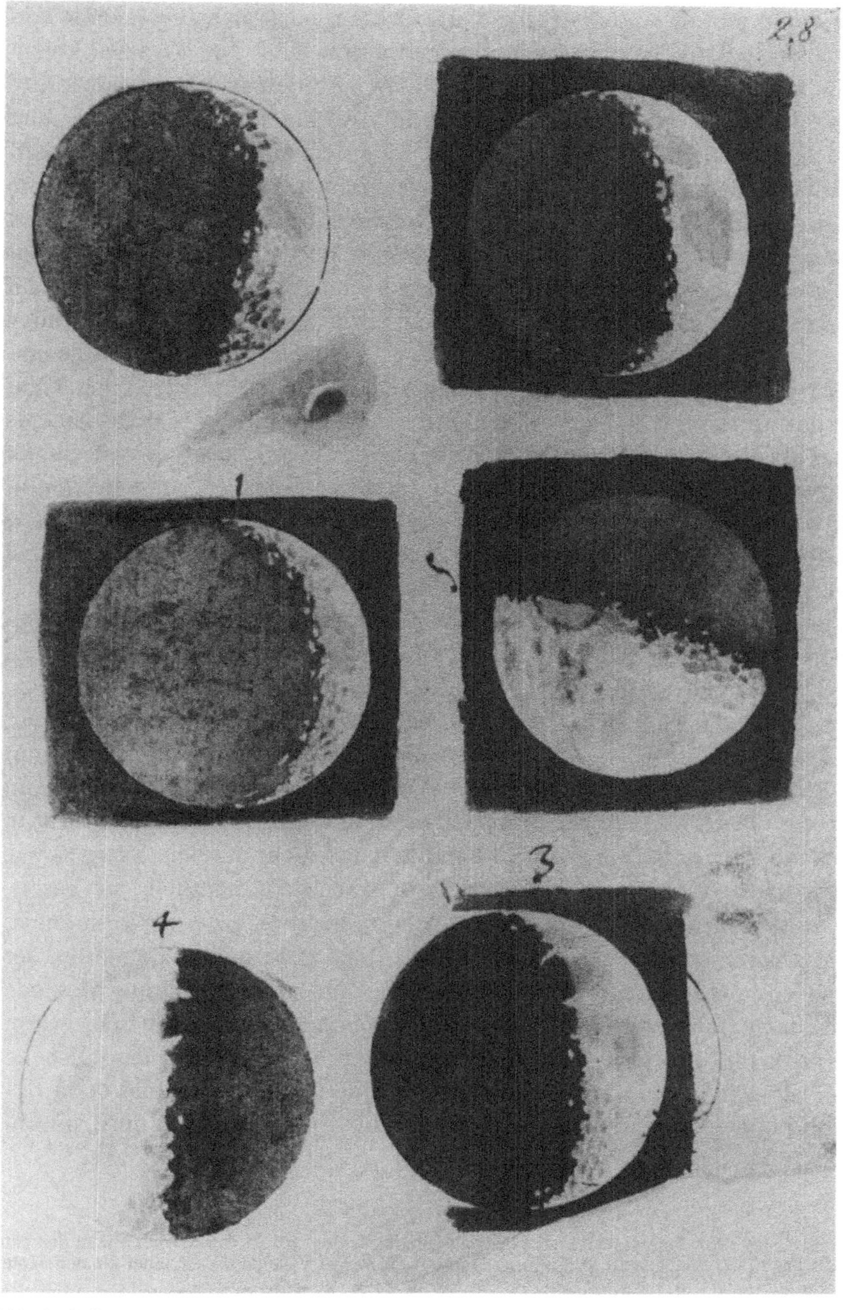

Abb. 2: Galileo Galilei, Mondphasen (Firenze, Biblioteca Nazionale, Gal 48, f. 28).

Im Disegno gibt es eine dreifache Korrespondenz, nämlich von innerer Vorstellung, von äußerer Welt und von künstlerischem Bild. Der Künstler konzipiert ein Bild im Geist *(idea)*, das die Natur unmittelbar oder idealisierend nachahmt *(natura)*, das dann in der Malerei zweidimensional realisiert wird *(imago)*. Je nach Autor dieser Theorien des 16. Jahrhunderts gibt es eine unterschiedliche Verbindung platonischen und aristotelischen Gedankengutes, die in unterschiedlichem Naturbegriff und spezifischer Zuordnung zur Idea manifest wird. Idea/Natura/Imago gemeinsam aber ist die Körper/Glieder/Flächen konstituierende und definierende Linie, umfassender der Disegno. Im Rekurs auf den universellen Geltungsanspruch der Geometrie und die in ihr gründenden Gesetze der Optik (sowie der Anatomie oder Naturerforschung im allgemeinen) wird mit dem Disegno ein zuverlässiges Übertragungsmodell in alle Richtungen mit unterschiedlichen Modulatoren unterstellt, das nichts anderes garantiert als a) ein „wahres Bild" in Form eines *ri-tratto*, wenn es sich um die Übertragung von der *natura naturata* zur *pictura* handelt, b) ein wahrscheinliches Bild, wenn es sich wie in der Regel bei Alberti um die bildrhetorische Konstruktion einer *istoria*, man könnte auch sagen ein Exemplum (von *virtù* oder dgl.), aus naturwahren Körpern handelt.

Zu Kunst und Wahrheit lesen wir bei Dürer, einem großen Vermesser im Gefolge der italienischen Kunsttheorie: „Aber daz leben in der natur gibt zu erkennen die warheyt diser Ding." „Darumb nym dir nimer mer für, das du besser mügest oder welest machen dann es Gott in seiner erschaffnen Natur, wer zu krafft gebenn hat ... Dann wahrhafftig steckt die kunst inn der natur, wer sie herauß kan reysenn, der hat sie."[19] Dürer bleibt dabei fast immer beim Studium der Oberfläche, konstruiert oder korrigiert sein Menschenbild zwar in Schnitten, aber in optisch messenden Schnitten und nicht mit dem Skalpell wie Michelangelo und Leonardo. Michelangelo seinerseits nämlich, so Vasari, „molte volte scorticando corpi morti, per studiare le cose di [a]notomia, cominciò a dare perfezione al gran disegno ch'egli ebbe poi".[20] Leonardo, der Anatomie aus universellem Interesse studierte und seine berühmte Methode der didaktisch pointierenden Demonstrationszeichnung erfunden hat, warnt wie Dürer davor, die Natur verbessern zu wollen; er bezeichnet den Disegno nicht nur als eine „scientia", sondern gar als eine Gottheit, „la qual deità rippette tutte l'opere evidenti fatte dal sommo iddio".[21] Zuccari baut dies zu Leb-

19 Vgl. Dürer 1969, 295; Dürer ist sich aber der Scheinhaftigkeit der Kunst voll bewußt, die in den auf das Zitat folgenden Sätzen thematisiert wird. Vgl. Koreny 1985.

20 Vasari 1906, 146. Vgl. auch: Immagini anatomiche 1984.

21 Leonardo da Vinci 1882, 78.

zeiten Campanellas und Galileis zu einer alle Künste und Wissenschaften umfassenden Disegnolehre aus.[22]

Gott ist die vorgängige Größe, die die Möglichkeit der Übertragung in dem Tripel Idea, Natura, Imago garantiert. In Gott fallen Zentrum und Peripherie zusammen, so Nikolaus Cusanus, einer der originellsten Theoretiker von Kreis und Spirale.[23] Die durch Euklid begründete axiomatische Gewißheit der Geometrie, die schon in der Antike metaphysischen Charakter hat, wird an das christliche Gottesbild rückgebunden. Gott sehen, die Dreieinigkeit erfassen, war für Dante im Zielpunkt seines spiraligen Aufstieges durch die konzentrisch angelegten Höllen-, Fegefeuer- und Himmelskreise der Commedia (die streng nach Prinzipien einer elaborierten Optik „funktioniert") nichts anderes als ein blitzhaftes Verstehen der Quadratur des Kreises: Denn nicht nur die größte Gewißheit ist in der euklidischen Geometrie beheimatet, sondern auch das größte Rätsel, und selbst in Campanellas *Città del sole* scheint es nicht gelöst zu sein.

Wie Dantes Jenseits ist die *Città del sole* in konzentrischen Kreisen aufgebaut und entspricht insofern, wie angedeutet, traditionellen Kosmosmodellen. Im Gegensatz zu ihnen hebt die Spirale die Differenz zwischen Zentrum und Peripherie letztlich auf und stellt eine Verbindungslinie zwischen Diesseits und Jenseits dar, die ins unendlich Große ausgreift und ins unendlich Kleine einschwingt. Charakteristischerweise spielt in Campanellas utopischer Stadt die Spirale ebensowenig eine Rolle wie Christus als Mittler, der diese Verbindung verkörpert. Die Sonne wird hier gleichsam als göttliches Antlitz geehrt, und die ganze Sonnenstadt ist nicht etwa irdischer „Ausläufer", sondern Abbild einer göttlich dominierten kosmischen Harmonie. In diesem Sinne bedarf sie keines Erlösers. Der Sündenfall und das Modell einer Heilsgeschichte, das durch diesen in Gang gesetzt wird, ist in ihr von untergeordneter Bedeutung. Allerdings leben die Menschen im Sonnenstaat nicht im Stande adamitischer Unschuld, sondern kennen Sünde und Schuld. Das wichtigste Mittel gegen die Übertragung der Schuld von den Kindern auf die Eltern liegt in der Regulierung der Fortpflanzung und der Erziehung. Wie eingangs angesprochen, spielen Bilder dabei eine zentrale Rolle. Übrigens auch bei der Fortpflanzung, denn – gemäß einem alten bildmagischen Topos – berichtet der Genovese gar zweifach, daß die Frauen der *Città del sole* schöne Bildwerke berühmter Männer in ihrem Schlafgemach anschauten und zugleich Gott bäten, er möge ihnen tüchtige Nachkommen schenken.[24]

22 Zuccari 1607.

23 Vgl. z. B. den Traktat „De ludo globi" des Cusaners von 1463 (1947).

24 Vgl. den Topos bei Campanella 1960, 155, im Hinblick auf die zur Fortpflanzung bestimmten Frauen.

Einschub: Traditionen didaktischer Bildkonzepte und das Buch des Wissens

Die über Euklid und Archimedes hinausreichende Zahl von geometrischen Figuren an der ersten zum Tempel gerichteten Innenwand wird nicht die nichteuklidische Geometrie *avant la lettre* dargestellt haben, sondern meint einen Überreichtum an Konstruktionen, die selbst die Antike in den Schatten stellen sollte, ähnlich dem Reichtum an Tiergattungen in den Bildern des fünften Mauerringes. Das enzyklopädische Bildprogramm der *Città del sole* hat eine didaktische Funktion: Die Bilder dienen der veranschaulichenden Vermittlung von geschichtlich akkumuliertem oder von Fremden erfahrenem Wissen, Versinschriften begleiten sie, erklärfreudige Lehrer präsentierten sie dem Unkundigen. Dies entspricht dem traditionellen Konzept von der didaktischen oder verkündenden Funktion des religiösen Bildes, wie sie Gregor der Große in seinen Briefen formuliert hatte: Bilder sollen nicht angebetet werden, sondern den des Lesens Unkundigen die „historia", die sie darstellen, glaubwürdig und einprägsam vor Augen führen (daher das unglückliche Stichwort „Biblia pauperum").[25] Dieses Postulat gründet einmal mehr in antiker Rhetoriklehre und Mnemotechnik. Der Text, der heilige Text dürfte bei Gregor übergeordnet gewesen sein, das Bild für ihn einen geringeren Wahrheitswert besessen haben. In der Rezeption der gregorianischen Bilderlehre kann sich das ändern, das Argumentieren mit den Illiterati wird rein apologetisch verstanden, „historia" kann einen extremen Bedeutungsumfang annehmen und das Bild selbst bezeichnen. Alberti und andere Maler der Renaissance nehmen die didaktische Funktion des Bildes in dieser Tradition ihrerseits in Anspruch. Die wissenschaftliche Illustration des 16. Jahrhunderts beerbt sie, wobei man natürlich allemal fragen muß, welches Publikum angesprochen werden soll und welches faktisch erreicht wird. Zu Campanellas Zeiten haben gegenreformatorische Bilderlehre und Kunsttheorie Gregors Gebote neu eingeschärft und eine Kombination aus Naturnachahmung und Decorum propagiert.[26]

Nun gibt es durchaus eine Identifizierung des einfachen, leseunkundigen Volkes und der zu missionierenden Heiden mit Kindern, gleichwohl ist das im weitesten Sinne gregorianische Modell der didaktischen Funktion der Bilder nicht primär auf die Kindererziehung ausgerichtet. Bei Campanella hingegen werden die Bilder besonders hierfür genutzt. Insofern gehört sein Konzept in die Geschichte der Pädagogik oder genauer des Bildes in der Pädagogik. Im *Orbis pictus* des Comenius hat er einen unmittelbaren Erben, nur daß es sich hier nicht um die Wände einer Stadt, sondern ein enzyklopädisches Buch han-

25 Vgl. Duggan 1989; Chazelle 1990.
26 Vgl. Scavizzi 1992 mit Bibliographie.

delt. Auch in der *Città del sole* gibt es ein einziges Buch, das sich im Besitz des Sin befindet und alle Wissenschaften enthält. Er läßt darin das ganze Volk nach Art der Pythagoreer lesen, d. h. durch Vortrag. Die Bilder auf den Mauerringen sind gleichsam Illustrationen dieses Buches. Zu bemerken bleibt, daß es sich bei diesen Wandmalereien, anhand derer die Kinder die Geheimnisse des Kosmos, der lebendigen Natur und der menschlichen Tätigkeiten wie Errungenschaften lernen, zugleich um wissenschaftliche Abbildungen handelt, die – wie umrissen – von der mathematischen Schemazeichnung bis zum Individualporträt reichen.

III. Arti del Disegno und Modi der Beschreibung im Bild

Wie, könnte man an diesem Punkt fragen, haben diese Wandmalereien in der *Città del sole* ausgesehen? Es muß hier darauf verzichtet werden, antike, mittelalterliche und frühneuzeitliche Vorläufer und Vorbilder wie Serien von *uomini illustri*, Monatsbildern, Weltlandschaften oder Studiolo-Ausstattungen zu präsentieren. Was die Bilderserien der belebten und unbelebten Natur betrifft, müßte hier eine ganze Reihe von historischen Überblicken folgen: Bei den Vögeln – wenn man die Antike überspringt – hätte man auszugehen vom Falkenbuch Friedrichs II. mit seinen deskriptiv genauen Illustrationen. Bei den Meerestieren denke man an die padovanischen Bronzegüsse des 15. Jahrhunderts, bei den Tieren überhaupt an die oberitalienischen Meister des Trecento, etwa Giovannini de' Grassi.[27] Bei den Pflanzen könnte man beginnen mit dem Wiener Dioskurides, über die salernitanischen Heilpflanzenbücher zum Herbarium von Carrara und Padua gelangen, ihre Nachfolger in Italien wie Gentile da Fabriano und Ghiberti sowie niederländische Bilder und Stundenbücher betrachten bis hin zu Dürer und den großen tier- und pflanzenkundlichen Studien der Renaissance.[28] Bleiben noch die Darstellungen der mechanischen Künste, bei denen wir uns archimedische Kriegsmaschinen, astronomische und agrarische Geräte, Fahrzeuge und Flugmaschinen usf. vorstellen könnten, wie wir sie von Leonardo und den Architektur-/Techniktraktaten der Renaissance kennen.

Doch trotz dieses Überblickes wüßten wir nicht, wie die Bilder in der *Città del sole* ausgesehen haben. Hatten die Pflanzendarstellungen eher illusionistischen Charakter (im Sinne eines *trompe l'œil*, wie bei Hoefnagel), waren sie

27 Die Bibliographie zu diesen Themen ist reich und kann hier nicht aufgelistet werden. Vgl. etwa Gramaccini 1985; Pächt 1950; Pächt 1979; vgl. die Angaben in Anm. 28, 29.

28 Vgl. Koreny 1985; Immagini 1984; Olmi 1988; Mejer 1992.

eher Porträts wie bei Ligozzi, denen nach den Worten von Ulisse Aldrovandi nur der Lebensatem, der *spirito*, fehlt oder eher wissenschaftlich entfaltet wie bei Gesner? Alle diese Traditionen und Bildkonzepte waren um 1600 verfügbar. Natürlich ist solche Spekulation müßig, Campanellas *Città del sole* ist eine literarische Fiktion, obendrein liegt sie auf Ceylon, könnte also auch von ostasiatischen Künstlern geschmückt sein; dann wären ganz andere Codes für die Repräsentation von Natur mit graphischen oder malerischen Mitteln auf einer zweidimensionalen Fläche als im Abendland zu berücksichtigen. Da die Stadt im Geiste ihres Erfinders aber in reinem Stile der italienischen Hoch- und Spätrenaissance erbaut ist, können wir doch annehmen, daß sich Campanella die Bilder gemäß abendländischen Traditionen vorgestellt hat. In jedem Fall besaßen sie den Anspruch auf „Wahrheit" oder „Wahrscheinlichkeit" genauer Naturwiedergabe.

Die in dem kurzen Überblick genannten Darstellungen sind keineswegs alle Früchte des „Disegno". Weder im Falkenbuch Friedrichs noch in den oberitalienischen Naturstudien noch in den flämischen Stundenbüchern mit ihrem gleichsam sakralen Naturalismus kann hiervon die Rede sein.[29] Es gibt also objektbezogene Methoden der Beschreibung im Bild, die vor oder außerhalb von Albertis Malerei *geometrico more* und vergleichbaren Theorien ansetzen. Hierfür hat Svetlana Alpers in „The Art of Describing" zwar wichtige Ansätze im Hinblick auf die holländische Kunst geliefert, doch ist diese „beschreibende Kunst" ein historisch weitergreifendes und differenzierteres Phänomen, dessen Bearbeitung noch immer in den Kinderschuhen steckt.[30]

Ich kann diese Thematik hier nicht einmal in Grundzügen behandeln, will aber wenigstens noch kurz ein Problem aufgreifen, das schon angesprochen wurde und auch in den Quellen des 16. Jahrhunderts eine Rolle spielte. Es gibt eine Spannung zwischen dem Anspruch einer perfekten Naturwiedergabe und dem einer künstlerischen Invention oder Komposition. Beides spielt zwar in der frühneuzeitlichen Künstlerpanegyrik eine zentrale Rolle; die einfache Nachahmung der Natur, genauer die eikastische Mimesis kann dort aber zusammen mit dem Porträt als eine niedere Kunstpraxis angesehen werden. Diese Form der Nachahmung wird im Italienischen mit „ri-trarre", gleichsam dem mechanischen Nachziehen der Linienzüge der geschaffenen Natur bezeichnet (ohne daß hierbei die Idea eine bedeutende Rolle spielte), eine ähnliche Rolle kann der Ausdruck *contrafacere*, von dem Konterfei herrührt, übernehmen.[31] In letzterem ist zum einen die Tatsache, daß das Produkt aus zweiter Hand

29 Vgl. Da Costa Kaufmann 1993, vor allem Kap. I.

30 Alpers 1983.

31 Vgl. hierzu und zum Folgenden Parshall 1993.

stammt, mitbegriffen, zum anderen aber wird durch seine häufige Verwendung in Beischriften die Augenzeugenschaft des Künstlers zumindest unterstellt. Dies gilt zum Beispiel für das Porträt; hier problematisiert sich aber das Konzept des *ri-tratto* potentiell durch eine künstlerische Neuschaffung des dargestellten Menschen aus der Idee des Künstlers, die in ihrer Aussage sozusagen reicher ist als die äußere Gestalt der Person, wie sie unter einem bestimmten Blickwinkel erscheint; auch der Umgang mit dem Faktor Zeit im Bild kompliziert das Porträt. Darüber hinaus wird *contrafacere* für individuelle Gegenstände der Natur verwendet, vor allem bei der Darstellung normabweichender oder exotischer Phänomene: Ich erinnere nur an das Rhinozeros, das Dürer so wirkungsvoll „abkonterfeit" hat, ohne es je gesehen zu haben. Ähnliches gilt in gesteigertem Maße für die Prodigien, Mißgeburten und übernatürlichen Erscheinungen am Himmel. Stiche waren das wichtigste Medium für diese „wahren Bilder".

Die didaktische Bildenzyklopädie der *Città del sole* hatte aber im Prinzip aus einer anderen Gattung wahrer Bilder zu bestehen, hierin den pflanzen- und tierkundlichen Kompendien ähnlich (Abb. 3, 4). Herbarien z. B. dienten unter anderem der Erkennung von Heilpflanzen. Hier ging es also nicht darum, Individuelles oder Außergewöhnliches abzubilden, sondern die allgemeinen Merkmale der Arten anschaulich zu erfassen und ihren Bauplan aufzudecken, ohne sie durch eine zu aufwendige künstlerische Inszenierung zu verunklären. Solchem Vorwurf waren z. B. die Illustrationen von Hans Weidnitz in Otto Brunfels' *Herbarum vivae icones*, erschienen in Straßburg ab 1530, ausgesetzt. Wo es also um die Darstellung der *specimina* geht, ist nicht ein Individualporträt gefragt, sondern es wird eine vorgängige Abstraktion individueller Charakteristika bei gleichzeitigem Zurücktreten künstlerischer Errungenschaften wie Modellierung von Licht- und Schattenwurf u. ä. gefordert. Hier differenzieren sich potentiell zwei unterschiedliche Formen der Naturdarstellung aus, sagen wir z. B. zwischen dem Erscheinungsbild einer Frucht auf einem Stilleben *(natura morta)* und der wissenschaftlichen Illustration der Art, der sie zugehört.[33] Historisch gesehen gibt es eine reiche Palette von Möglichkeiten und einen intensiven Austausch zwischen diesen Extremen (Abb. 3, 4).

Wir sind oben einem anderen Pol zur wissenschaftlichen Pflanzendarstellung begegnet, nämlich Galileis Zeichnungen des Mondes (Abb. 2), genauer und in seinen Worten des Antlitzes des Mondes, welche nichts anderes als Individualporträts sind, die der Kondition der Zeit (hier einer zyklischen Zeit) Rechnung tragen, insofern sie den Körper in einem spezifischen Licht-/Schattenspiel erscheinen lassen, die Astronomen sogar erlaubt hat, sie präzise zu

32 Vgl. Parshall 1993, 568f.

33 Vgl. Anm. 28, besonders Olmi 1988.

datieren. Unter dieser Bedingung war hier gerade die künstlerische „Intervention“ erforderlich, um das mit künstlich verfeinertem Sehsinn Erblickte darzustellen.

Abb. 3: Jacopo Ligozzi: Iris susiana, Iris xiphium (Firenze, Gabinetto Disegni e Stampe degli Uffizi, Inv. 1891 Orn.).

Während mit Galilei also in der beschriebenen Form die Gestirne zu Individualkörpern werden, die im Rahmen der Disegnolehre „kongenial“ beschrieben werden können, geht es in der Astronomie zugleich um abstrakte Modelle, dort nämlich, wo die Bewegungen und Beziehungen von und zwischen diesen Körpern erfaßt werden sollen. Sie werden, wie wir bei Kopernikus gesehen haben, zu einem normativen Idealkörper zusammengefaßt, den es nach Einsicht der Kunsttheoretiker (und nicht nur dieser) in der *natura naturata* im Prinzip nicht geben kann. Der Kosmos als Ganzes wird also auf der Ebene der *natura naturans* angesiedelt. Beschrieben wird er modelltheoretisch, wobei hier nun gerade eine Inversion zwischen Wahrnehmung und Erklärung eintritt.

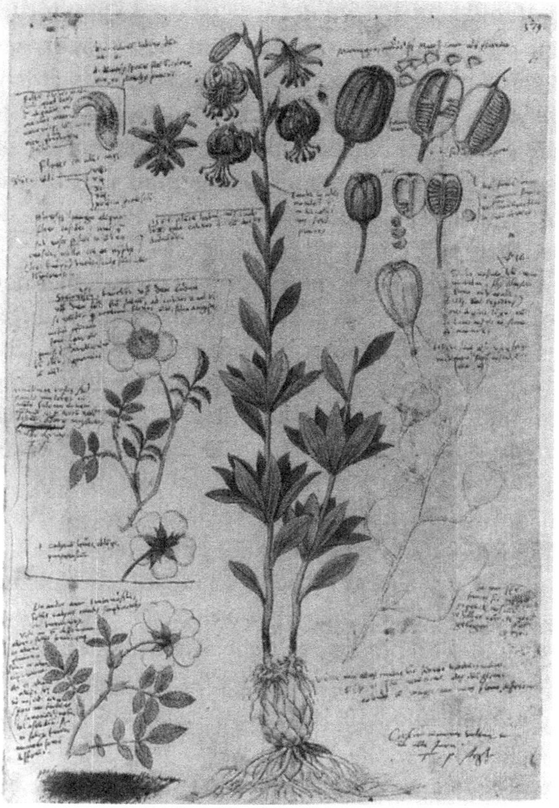

Abb. 4: Conrad Gesner: Türkenbundlilie (Universitätsbibliothek Erlangen, Inv. Ms. 2386, f. 379r, aus der Historia Plantarum).

Die Gewißheit über das narbige Antlitz des Mondes ist eine sinnliche (erreicht durch eine artifizielle Schärfung der Sinne); die Gewißheit über Zentrum und Form der Planetenbahnen sollte eine mathematische sein, die den unharmonischen Bewegungen eine „schöne" Erklärung unterlegt: So bilden die Planetenbahnen die Projektionsebene für unterschiedliche ideologische und ästhetische Normsetzungen. In diesem Bereich wurde der Konflikt zwischen Physik und Kirche virulent, während man Galileis Mond in Cigolis Fresko der Papstkapelle von S. Maria Maggiore gleichsam als Missionssymbol unter dem „Signum Magnum" der apokalyptischen Frau vereinnahmen konnte.

Campanella hat im neapolitanischen Gefängnis eine Apologie Galileis geschrieben, der 1618 der Ketzerei angeklagt war. Er entscheidet sich darin nicht zwischen heliozentrischem und geozentrischem System, sondern versucht Punkt für Punkt die Irrelevanz einer solchen Entscheidung für die christliche Glaubenslehre und die Unmöglichkeit eines Urteils auf der Basis der Heiligen

Schrift zu erweisen.[34] Der Hauptfeind seiner *Città del sole* ist die Lehrautorität des Aristoteles. Die Bewohner preisen den Ptolemäus und bewundern den Kopernikus, wenn sie auch Aristarch und Philolaos höher schätzen. Jedoch lehnen sie die Exzentren und Epizyklen von Ptolemäus und Kopernikus ab. Sie sind sich noch unsicher, „ob die Sonne der Mittelpunkt der irdischen Welt ist oder ob die Fixsterne Mittelpunkte anderer Planetensysteme sind und ob die Planeten von anderen Monden, wie unsere Erde, umkreist werden. Aber sie betreiben die Erforschung dieser Wahrheit mit größtem Eifer."[35]

Forschung scheint in der *Città del sole* eine Exploration der physischen und kulturellen Geographie und Kosmographie zu sein, sie zielt auf eine Ausdifferenzierung des Wissenssystems unter vorbekannten Rahmenbedingungen. Sie ist im übrigen so angelegt, daß sie sehr leicht und ikonologisch fast noch sinnfälliger zum architektonischen und sozialen Abbild eines heliozentrischen Weltkörpers werden kann. Insofern zeigt sich in dieser von einem Priesterkönig regierten Stadt genau das, was Campanella selbst später der Kirche zu demonstrieren suchte, nämlich die Möglichkeit dieses kosmologischen Paradigmenwechsels ohne Bedrohung für die politisch-religiöse Hierarchie.

Was aber aus der *Città del sole* als „wahrem" Bild des lebendigen Kosmos wird, wenn etwa die Kreisbahnen der Planeten sich als Fiktion erweisen, wenn sich Forschung in ihren Fragen und Ergebnissen einmal nicht mehr bildlich einschreiben läßt auf die konzentrischen Mauerringe der Stadt, sondern die Grundfesten ihres kosmischen Ordnungsmodells insgesamt ins Wanken bringt, muß offen bleiben.

Meine Fragestellung im Vorausgehenden war im übrigen eine andere. Sie galt dem Problem von Bild und Wahrheit, auf das ich abschließend noch einmal zurückkomme. Ein wahres Bild ist eine Aporie. Die Authentizität eines Bildes kann – was hier nicht zur Diskussion steht – gerade in der Unähnlichkeit mit allem Kreatürlichen gesehen werden, die Macht der Bilder in der rituellen Aktivierung oder in der Zuweisung eines Urbildcharakters an ein Abbild bestehen. Im Grenzfall stehen die Idolatrie und das Wunder der Verlebendigung. Auch in der perspektivischen Konstruktion, der lebensechten Beschreibung von Individuen oder der analytischen Darstellung von Specimina liegt ein je unterschiedlicher Anspruch auf „wahre" Abbildung, geht es um unterschiedliche Traditionen und Dimensionen einer Macht des Bildes. Diese ist zunächst allemal eine Kondition des Mediums und sollte (auch die Naturwissenschaften) zur medienkritischen Reflexion einladen.

34 Campanella 1971; vgl. Banansea 1989.

35 Campanella 1960, 158.

Es gibt im übrigen eine Polarität zwischen der geometrischen Zeichnung, die gerade in ihrer Abstraktheit auf eine unanschauliche Wahrheit verweisen möchte, und dem *trompe l'œil*, welches als Maximum der Lebensnähe zugleich als Maximum der Illusion, des Augentrugs aufgefaßt werden kann. Das wußte schon die Antike, und darum hat Zeuxis den berühmten Wettstreit mit Parrhasius verloren, obwohl seine gemalten Früchte die Vögel angelockt hatten. Denn den Schleier, den Parrhasius darüber malte, versuchte er selbst wegzuschieben.

IV. Aporien des wahren Bildes Christi

Doch nicht auf diesen Schleier hat sich seit dem Beginn der christlichen Ära die Suche nach dem wahren Bild konzentriert: In der Inkarnation, der wahren Quadratur des Kreises, hat sich ihr ein neues Modell der Bildwerdung offeriert, ohne daß Menschenhand beteiligt gewesen wäre. Für Campanella ist das Bild Christi unproblematisch, es reiht sich – an würdigster Stelle – ein in die historischen Porträts. Verlassen wir aber an dieser Stelle die *Città del sole* und werfen einen abschließenden Blick auf die Traditionen des Bildes des inkarnierten Gottes im Christentum, so begegnen wir einer spezifischen Problematik des wahren Bildes. Seit dem 6. Jahrhundert verehrte man Bilder, die als wunderbare Abdrücke des Gesichtes Christi galten. Die römische *Vera icon* bringt den Wahrheitsanspruch in den Bildtitel, ihr Kult verbreitet sich seit dem frühen 13. Jahrhundert, vor allem durch Innozenz III.[36] Die Bildreliquie räumt gleichsam den Zweifel aus, den sein Zeitgenosse Friedrich II. aus ganz anderer Perspektive formulierte: „Fides enim certa non provenit ex auditu",[37] sie findet ihr Pendant in der Gestalt des Heiligen Franziskus, seinerseits ein durch die Markierung der Stigmata „signiertes" Bild Christi.

In der Regel waren die nicht von Menschenhand geschaffenen Christusbilder wie andere wunderbare Bilder eher obskur, meist verhüllt und für den normalen Betrachter kaum einmal von nahem zu sehen. Zahllose Kopien in unterschiedlichen künstlerischen Idiomen mit einem gewissen Spielraum im Bildkonzept selbst entstanden. In dem Ganzen liegt eine neue Aporie: Die wahren Bilder Christi in Byzanz und Rom waren – insofern Stoff und Abdruck, welche sie legitimierten – Spuren des Erdendaseins Christi. Wie seine Fußabdrücke bei der Himmelfahrt zelebrierten sie seine Absenz/Transzendenz, als Bilder changierten sie zwischen anschaulicher Repräsentation und Suggestion

36 Vgl. Belting 1990, s. v.; Wolf 1990, s. v.

37 Zitiert nach Pächt 1950, 23.

von Präsenz. Denn in dieser zukunftsträchtigen Verbindung von Spur und Repräsentation liegt virtuell eine Wirkungsmacht von fast magischer Dimension, wie sie noch in dem der *Vera icon* „ähnlichen" Medium der Photographie virulent bleibt.

In der künstlerischen Kopie wird das „wahre" Bild Christi mehr oder weniger bewußt zur Darstellung gebracht (was aber die Rezeption nicht automatisch determiniert). In Gebeten und anderen Texten wird das spezifische Übertragungsmodell formuliert, daß nämlich so wie das Gesicht als Abdruck in dem Tuch zurückgeblieben sei, sich nun das Bild in das Herz des Betrachters eindrücken solle. – Van Eyck hat die *Vera icon* in ein Porträt Christi umgewandelt, seine eigene Wahrheit „hineingelegt". Vom 15. bis 17. Jahrhundert sind zahlreiche „Experimente" mit dem heiligen Tuch entstanden, die eine Reflexion über das Medium und den aporetischen Akt des Künstlers, ein nicht von Menschenhand gemaltes Bild zu malen/kopieren, involvieren. Ich möchte mit der Gegenüberstellung zweier noch radikalerer künstlerischer Experimente des 17. Jahrhunderts schließen. Auf der einen Seite steht Zurbaráns Veronika von 1658 (Abb. 5):[38] Spur und Repräsentation werden sorgfältig zerlegt. In einem *trompe l'œil*-Effekt verwandelt sich das Tuch gleichsam wieder zurück in den Schleier des Parrhasius, worauf das Gesicht Christi „veristisch" als Abdruck dargestellt ist, dem optischen „Scharfstellen" des Tuches entspricht antithetisch das Verschwimmen der Züge darauf. In der Veronika des Künstlers in Vallado-

Abb. 5: Zurbáran, Veronika (Stockholm, Nationalmuseum).

38 Stoichita 1991.

lid wird dieser Prozeß bis zur Auflösung des Gesichtes getrieben; der bildliche Diskurs über die Malerei schließt hier auch eine Reflexion über die traditionellen Bildträger Tuch, Papier und Holz ein.

Eine Reflexion über das Medium, hier die Druckgraphik, ist auch Mellans Veronika von 1649 (Abb. 6), ebenso technisches Kunststück wie Kunstwerk:[39]

Abb. 6: Claude Mellan: Vera icon von 1649 (Graphische Sammlung Albertina, Wien).

Die Inschrift „formatur unicus una“ (verfaßt von De Marolles) bezieht sich darauf, daß Mellan das Antlitz Christi, Dornenkrone, Nimbus, Tuch, ja selbst Inschrift und Signatur in einem halbautomatischen Prozeß aus einer einzigen Linie entstehen läßt, die sich an der Nasenspitze Christi beginnend in spiraligen Ondulationen in variierender Steigung der Drehung und Stärke über das Bildfeld ausbreitet. Durch das Arbeiten mit Maschinenlinien im „Kopieren“ eines für die Tradition nicht von Menschenhand geschaffenen wahren Bildes

39 Préaud 1988 s. v.; zur Technik vgl. Friess 1993 s. v.

(acheiropoieton) verdichtet sich die Aussage, die sich auf der fiktionalen Ebene des fertigen Druckes christologisch deuten läßt: Mellans Linie ist aus dem Zentrum erwachsende Peripherie im Sinne des Cusanus, wenn auch sicher anders, als es sich dieser vorgestellt hat. Das Problem der Darstellbarkeit des Gottmenschen wird hier präzise formuliert, insofern ohne Umriß gearbeitet wird: Gott ist unumschreibbar *(aperigraptos)*, während für Alberti die Umschreibung *(circumscriptio)* die Basisoperation für die korrekte Transposition eines Gegenstandes von der Wirklichkeit in die zweite Dimension des Bildes bedeutet. Bei Mellan wird ein Generieren des Bildes demonstriert, welches das Linienmodell der Disegnolehre bis zum Absurden führt, gerade weil die Linie nun nicht mehr im Sinne Albertis die Circumscriptio von Körpern und Gliedern dient, sondern als Hell/Dunkel-Modulator funktioniert (also beide Teile der Pittura im weitesten Sinne, nämlich (laut Leonardo) lineamenti und ombra zusammenfallen). Der Stich ist ein in die Spirale gezogenes Oszillogramm, das sich gleichsam in Reaktion auf einen äußeren „Störfaktor" (Inkarnation) in die Botschaft „Bild" verwandelt und doch in höchsten Maße originell, nahezu verschlüsselt bleibt: Das „non alter" zielt nicht nur auf Christus, sondern auch auf die Unwiederholbarkeit des technisch/künstlerischen Experimentes und bleibt bei Nachahmungen konsequenterweise weg. Im übrigen handelt es sich um einen auf der fiktionalen Ebene des Resultates fingierten Vorgang, weil das „Generieren" selbst natürlich nicht im Einritzen einer einzigen Linie auf der Platte bestand. Mellan arbeitete in Paris in einer Zeit, in der Fermat und vor allem Descartes die analytische Geometrie entwickelten, die geometrische Formen in arithmetischen Codes zu beschreiben erlaubte. Mellan war mit Peiresc und vor allem mit Gassendi befreundet, dessen Porträt und Mondkarten er stach. Bei ihm könnte er auch Campanella getroffen haben, womit sich der Kreis nicht notwendig schließt, sondern sich vielleicht weiter öffnet.

Literatur

Alberti, Leon Battista (1877): Drei Bücher über die Malerei (della pittura); Über das Bildwerk (de statua). In: H. Janitschek (Hrsg.): Leone Battista Alberti's kleinere kunsttheoretische Schriften. Wien.

Alpers, Svetlana (1983): The Art of Describing. Chicago.

Banansea, Bernardino M. (1989): Campanella's Defense of Galileo. In: William A. Wallace (Hrsg.): Reinterpreting Galileo. Washington D.C., 205–239.

Barocchi, Paola (Hrsg.) (1979): Disegno. Scritti d'Arte del Cinquecento. Torino.

Belting, Hans (1990): Bild und Kult. Eine Geschichte des Bildes vor dem Zeitalter der Kunst. München.

Braungart, Wolfgang (1989): Die Kunst der Utopie. Vom Späthumanismus zur frühen Aufklärung. Stuttgart.

Bredekamp, Horst (1993): Antikensehnsucht und Maschinenglauben. Die Geschichte der Wunderkammer und die Zukunft der Kunstgeschichte. Berlin.

Campanella, Tommaso (1960): La Città del Sole. Dialogo Poetico. In: Klaus J. Heinisch (Hrsg.): Der Utopische Staat. Reinbek.

Campanella, Tommaso (1971): Apologia per Galileio. Hrsg. v. S. Femiano, Milano.

Campanella, Tommaso (1981): La Città del Sole. Dialogo Poetico. Berkeley.

Chapel, Miles (1975): Cigoli, Galileo, and Invidia. Art Bulletin LVII, 91–98.

Chazelle, Celia M. (1990): Pictures, Books, and the Illiterate: Pope Gregory I's letters to Serenus of Marseille. Word and Image 6, 138–153.

Chojecka, Ewa (1972): Die Kunsttheorie der Renaissance und das wissenschaftliche Werk des Kopernikus. Zeitschrift für Kunstgeschichte XXXV, 257–281.

Clausberg, Karl (1989): Am Ende Kunstgeschichte. Künstliche Wirklichkeiten auf dem Computer. In: Kunstgeschichte aber wie. Zehn Themen und Beispiele. Berlin, 259–293.

Cusanus, Nicolaus (1947): „De ludo globi". In: Gespräche, Abhandlungen. Berlin, 5–100.

Da Costa Kaufmann, Thomas (1993): The Mastery of Nature. Aspects of Art, Science, and Humanism in the Renaissance. Princeton.

Documentary Culture in Florence and Rome from Grand-Duke Ferdinand I to Pope Alexander VII (1992). (Akten des Kongresses in der Villa Spelman 1990). Bologna.

Duggan, Lawrence (1989): Was Art Really the "Book of the Illiterate". Word and Image 5, 227–251.

Dürer, Albrecht (1969): Der schriftliche Nachlass. Band 3. Hrsg. v. H. Rupprich. Berlin.

Edgerton, Samuel Y. (1978): The Art of Renaissance Picture-Making and the Great Western Age of Discovery. In: Essays presented to Myron P. Gilmore. Band 2, History of Art. History of Music. Florence, 133–153.

Edgerton, Samuel Y. (1984): Galileo, Florentine "Disegno" and the "Strange Spottedness" of the Moon. Art Journal XLIV, 225–232.

Firpo, Luigi (1972): La Cité du Soleil. Genève.

Friess, Peter (1993): Kunst und Maschine. 500 Jahre Maschinenlinien in Bild und Skulptur. München.

Galilei, Galileo. (1980): Sidereus Nuncius (Nachrichten von neuen Sternen). Dialog über die Weltsysteme (Auswahl). Vermessungen der Hölle Dantes. Marginalien zu Tasso. Herausgegeben und eingeleitet von Hans Blumenberg. Frankfurt am Main.

Gramaccini, Norbert (1985): Das genaue Abbild der Natur – Riccios Tiere und die Theorie des Naturabgusses seit Cennini. In: Natur und Antike in der Renaissance. Katalog der Ausstellung im Liebighaus. Frankfurt am Main, 198–225.

Hallyn, Fernand (1993): The Poetic Structure of the World. Copernicus and Kepler. New York (ursprüngliche, französische Ausgabe Paris 1987).

Hegel, Georg Wilhelm Friedrich (1801): Dissertatio philosophica de orbitis planetarum. Jena.

Immagini anatomiche e naturalistiche nei disegni degli uffizi dei secoli XVI e XVII (1984). Firenze.

Kemp, Martin (1992): The Science of Art. Optical Themes in Western Art from Brunelleschi to Seurat. 2. Aufl. New Haven, London.

Kemp, Wolfgang (1974): Disegno. Beiträge zur Geschichte des Begriffs zwischen 1547 und 1607. Marburger Jahrbuch für Kunstwissenschaften XIX, 219–240.

Koreny, Fritz (1985): Albrecht Dürer und die Tier- und Pflanzenstudien der Renaissance (Katalog der Wiener Ausstellung). München.

Leonardo da Vinci (1882): Malereitraktat. Hrsg. v. Heinrich Ludwig. Band 1. Wien.

Mejer, Bert (1992): Disegno dal vero o no, e l'illustrazione scientifica. In: Elizabeth Cropper et al. (Hrsg.): Documentary culture in Florence and Rome from Grand-Duke Ferdinand I to Pope Alexander VII. Akten des Kongresses in der Villa Spelman 1990, Bologna, 127–139.

Minkowski, Helmut (1991): Vermutungen über den Turm zu Babel. Freren.

Olmi, Giuseppe (1988): Natura morta e illustrazione scientifica. In: La natura morta in Italia. Band 1. Milano, 69–91.

Pächt, Otto (1950): Early Italian Nature Studies and the Early Calendar Landscape. Journal of the Warburg and Courtauld Institutes XIII, 13–47.

Pächt, Otto (1979): Simon Mormion myt der handt. Revue de l'art XLVI, 7–15.

Panofsky, Erwin (1956): Galilei as a Critic of the Arts. Isis XLVII, 3–15 (auch separat, The Hague 1954).

Parshall, Peter (1993): Imago Contrafacta. Images and Facts in the Northern Renaissance. Art History XVI, 554–579.

Préaud, Maxime (1988): Claude Mellan. In: Inventaire du fonds français 2, Graveurs du XVIIe siècle, Band XVII. Paris.

Scavizzi, Giuseppe (1992): The Controversy on Images from Calvin to Baronius. New York.

Stoichita, Victor (1991): Zurbaráns Veronika. Zeitschrift für Kunstgeschichte LIV, 190–206.

Stumpel, Jerome (1990): The Province of Painting. Theories of Italian Renaissance Art. Utrecht.

Vasari, Giorgio (1906): Le vite de' più eccellenti pittori, scultori ed architettori. Hrsg. v. G. Milanesi. Band VII. Firenze.

Wolf, Gerhard (1990): Salus Populi Romani. Die Geschichte römischer Kultbilder im Mittelalter. Weinheim.

Wolf, Gerhard (1991): Regina Coeli, Facies Lunae, „Et in terra pax". Aspekte der Ausstattung der Cappella Paolina in S. Maria Maggiore. Römisches Jahrbuch der Bibl. Hertziana XXVII/XXVIII, 283–336.

Wolf, Gerhard (1995): Caecilie, Agnes, Gregor und Maria. Heiligenstatuen, Madonnenbilder und ihre künstlerische Inszenierung im römischen Sakralraum um 1600. In: Aspekte der Gegenreformation. Frankfurt am Main, im Druck.

Zöllner, Frank (1987): Vitruvs Proportionsfigur. Quellenkritische Studien zur Kunstliteratur im 15. und 16. Jahrhundert. Worms.

Zuccari, Federico (1607): L'Idea de' pittori, scultori e architetti. Torino.

Wolfgang Schäffner

Operationale Topographie

Repräsentationsräume in den Niederlanden um 1600

> Le navire, c'est l'hétérotopie par excellence. Dans les civilisations sans bateaux les rêves se traissent, l'espionnage y remplace l'aventure, et la police, les corsaires.
> (Michel Foucault, Des espaces autres)

Um 1600 bilden sich auf unterschiedlichen Ebenen wissenschaftlicher und technischer Verfahren Organisationsprinzipien des Wissens heraus, die sowohl für die Formierung des modernen Staates als auch für die Wissenschaften grundlegend werden. Diese Umformung überträgt das Wissen in einen neuen Darstellungsraum, dessen zentrales Merkmal eine topographische Ebene ist. Die diskreten Größen der Daten, aus denen diese Ebene generiert wird, werden dabei zu repräsentierenden Zeichen. Ob es sich nun um die Kartographie von Landschaften handelt, um die Anatomie des menschlichen Körpers, um den Kurs von Schiffen, um Buchstabenkombinationen, geometrische Konstruktionen, um Pläne von Festungsbauten oder Ordnung und Bewegung von Soldatenheeren, immer werden sie in topographischen Operationen als statische oder bewegliche Elemente angeordnet. Dafür wird die praktische Geometrie der Ebene, wie sie z. B. der Nürnberger Mathematiker Daniel Schwenter in seinem *Geometriae practicae novae tractatus* 1618 zusammenfaßt, die ebenso wissenschaftliche wie technische Voraussetzung. Dies zeigt zugleich den vermessungstechnischen Ausgangspunkt dieser Geometrie, die als topographische Ordnung den Darstellungsraum des Wissens verändert. Das topographische Prinzip, das sich um 1600 vor allem in den Niederlanden herausbildet, soll hier als paradigmatischer Repräsentationsraum verfolgt werden. Topographie wird dabei ein Wissensdispositiv, das als eine heterogene Verbindung von Institutionen und Verwaltungsformen, wissenschaftlichen Aussagen, technischen und künstlerischen Verfahren eine strategische Funktion erhält und veränderte Bedingungen für das Wissen erzeugt.[1]

Die Niederländischen Provinzen stellen den Ort dar, an dem diese Ausbildung eines topographischen Dispositivs geradezu als Experimentalsituation verfolgt werden kann. Denn hier erzeugt der 80 Jahre währende Krieg der Nie-

1 Zum Begriff „dispositif" vgl. Foucault 1994b, 299ff.

derländer gegen die Spanier von 1568 bis 1648 ein strategisches Feld, das grundlegend für die topographische Wissensordnung sein wird. Das spanische Verwaltungswissen verbindet sich hier unter Kriegsbedingungen mit den neuesten Wissenschaften, wie sie im 15. und 16. Jahrhundert vor allem in Italien entwickelt werden, zu einer Wissensformation, die Repräsentation und Intervenieren am Beginn der Neuzeit in einer operationalen Konstellation verbindet.[2] Die Oranische Heeresreform, wie sie Johann Ludwig von Nassau und Moritz von Oranien vor allem zwischen 1590 und 1600 durchführen, ist deshalb nicht nur ein militärhistorisches Ereignis.[3] Sie verweist vielmehr auf einen strategischen Repräsentationsraum, in dem militärische, wissenschaftliche und technische Verfahren und gesellschaftliche Formen ineinander übergehen.

Dieses topographische Dispositiv schafft einen „gemeinsamen Raum des Zusammentreffens“[4] von dem, was gedacht, geschrieben und durchgeführt werden kann. Diesen spezifischen topographischen Zeichenraum will ich als Bedingung sichtbar machen, in dem das Wissen um 1600 eine neue Gestalt annimmt. Dieser Zeitraum kann in doppeltem Sinne als paradigmatisch für eine Geschichte der Darstellungsräume des Wissens gelten: Michel Foucault bezeichnet den Übergang vom Ähnlichkeitsdenken der Renaissance zum klassischen Zeitalter als Heraufkunft einer Episteme der Repräsentation,[5] also gerade desjenigen Wissensmodells, das im Zentrum der Fragestellung dieses Bandes steht.

Antoine Arnaulds und Pierre Nicoles *Logique de Port Royale*, die Foucault als eines der Indizien des Umbruchs von den Formen der Ähnlichkeit zum System der Repräsentation nennt,[6] führt in der 5. Ausgabe von 1683 den Zeichenbegriff folgendermaßen ein:

> „Quand on considere un objet en luy-mesme & dans son propre estre, sans porter la veuë de l'esprit à ce qu'il peut representer, l'idée qu'on en a est une idée de chose, comme l'idée de la terre, du soleil. Mais quand on ne regarde un certain objet que comme en representant un autre, l'idée, qu'on a est une idée de signe, & ce premier objet s'apelle signe. C'est ainsi qu'on regarde d'ordinaire les cartes & les tableaux.“[7]

Die Topographie der Landkarten und Bilder, die hier das Repräsentieren repräsentiert, ist ein komplexer Raum, in dem sich Worte, Bilder und Dinge über-

2 Vgl. Hacking 1983.
3 Vgl. Hahlweg 1969, 137–157.
4 Foucault 1974, 18.
5 Ebd., 78ff.
6 Foucault 1994a, 741ff.
7 Arnauld/Nicole 1967, 62.

lagern. Da das Zeichen immer „une distinction entre la chose representante & celle qui est representée“ verlangt, ist diese Unterscheidung zugleich der Grund einer doppelten Valenz des Zeichens, das ebenso offenbart wie verbirgt: „Ainsi la cendre chaude cache le feu comme chose, & le decouvre comme signe.“[8] Die Transparenz, die die Zeichen versprechen, scheint nicht von selbst gegeben. Wenn die Ähnlichkeiten, die in der Renaissance noch im menschlichen Körper, in der Landschaft und am Himmel erkannt werden, anatomisches, geographisches und astronomisches Wissen ineinander übergehen lassen, tritt an deren Stelle nun die Arbeit der Anatomen, Landvermesser und Astronomen, die erst eine Ordnung herzustellen haben.

Dies geschieht in der Kartographie um 1600 in paradigmatischer Weise: Karten werden zu einer zweidimensionalen graphischen Fläche, die auf dem Meßtisch aus Punkten, Winkeln und Dreiecken aufgespannt wird.[9] Immer mehr verschwinden deshalb alle perspektivischen Abbildungsformen in einer grundrißartigen Ebene, die keine dritte Dimension zu repräsentieren versucht. Die perspektivische Repräsentation der Malerei hat also dort ihre Grenze, wo die topographische Ebene auftaucht.[10] Der Punkt, der den Landschaftsort des Meßtisches repräsentiert, bildet den Ausgangspunkt für Winkelmessungen zu anderen Landschaftsorten. Das sich daraus ergebende Netz von Dreiecken erlaubt mit einfachen geometrischen Operationen weitere Triangulationspunkte zu errechnen. Gerade die triangulatorische Konstruktion der Karte[11] führt zu einem ebenen, aperspektivischen Raum. Denn immer sind mindestens zwei unterschiedliche Beobachtungspunkte nötig, um einen anderen in die graphische Kartenebene einzuzeichnen. Die binäre Zeichenordnung wird damit konstitutiv für jeden Kartenpunkt, für jede topographische Repräsentation. Mit der Abkehr von der Perspektive bringt die Geburtsstunde der modernen Kartographie zugleich einen Darstellungsraum hervor, dem alle Aporien des Zeichenraums eingeschrieben sind. Bei der Landvermessung mit dem Meßtischverfahren wird der Darstellungsraum in dem Raum des Dargestellten, der Meßtisch also in der Landschaft aufgestellt. Daher verzeichnet dieses Verfahren nur den Landschaftspunkt genau, den der Tisch selber einnimmt, während alle übrigen Punkte auf dem Meßtischblatt in einen anderen Raum, einen anderen Maßstab übertragen werden.[12] Daran zeigt sich, daß der Meßtisch als kartographische

8 Ebd., 64.

9 Vgl. Schwenter 1618, III.

10 Genau damit markiert z. B. Vermeer den Abstand zur perspektivischen Malerei der Italiener. Vgl. Alpers 1985.

11 Diese wird von den beiden Niederländern Gemma Frisius und Snell van Royen eingeführt. Vgl. Gemma Frisius 1533; Snell van Royen 1617.

12 Vgl. dazu Schäffner 1997.

Datenerzeugungsmaschine gerade dort exakt wird, wo er nichts anderes als sich selbst abbildet. Die Geschichte der modernen Kartographie zeigt sich damit von Anfang an in die Aporien einer Repräsentation verstrickt, die Transparenz nur in der Form der operationalen Erfindung ihrer Gegenstände erreicht. Das Dargestellte, die Landschaft, der menschliche Körper usw. sind Produkt und nicht Ursprung der topographischen Repräsentation.

Der notwendige Unterschied von Zeichen und Bezeichnetem, von Karte und Landschaft, läßt damit zwei ideale Repräsentationsformen zu: die 1 : 1 maßstäbige Karte, die mit der Landschaft ineinsfällt, wie sie vor allem bei der geometrischen Konstruktion des Festungsbaus in das Territorium mit Schnüren eingezeichnet wird; und die Karte, die nur auf sich selbst verweist. Letztere hat der Augsburger Kartenzeichner Matthäus Seutter unter dem Titel *Mappa geographiae naturalis* angefertigt und damit die Topographie als Repräsentation der Repräsentation sichtbar gemacht.[13] Beide Formen machen transparent, daß Karten ihre Territorien erfinden. Doch damit wird die Verbindung von Karte und Territorium, die Alfred Korzybski auf die einfache Formel „The map is not the territory" bringt,[14] zu einem arbiträren Orientierungsverfahren.

In dem Sinne, in dem erst die Karte eine Orientierung im Territorium möglich macht, versetzt sie denjenigen, der sich orientieren will, an einen *ou topos*, der alle Orte ist. Die Doppelung der Deixis, die vom eigenen Körper weg auf die Karte zeigt und sagt: „Hier bin ich", macht den eigenen Ort wirklich und unwirklich zugleich. Denn die deiktische Geste geschieht aus der Unendlichkeit möglicher Orte und weist sich selber den einen Ort, dieses „dort" als ein „hier" zu. Dieser monströse Vorgang ist Grundlage und Schrecken aller kartographischen Versicherung. Michel Foucault hat diesen eigentümlichen Raum, der zwischen der Utopie und der Heterotopie liegt, am Spiegel expliziert:

> „Je suis là-bas, là où je ne suis pas, une sorte d'ombre qui me donne à moi-même ma propre visibilité, qui me permet de me regarder là où je suis absent: utopie du miroir. Mais c'est également une hétérotopie, dans la mesure où le miroir existe réellement, et où il a, sur la place que j'occupe, une sorte d'effet en retour; c'est à partir du miroir que je me découvre absent à la place où je suis puisque je me vois là-bas."[15]

13 Seutters Karte entspricht damit den Meniñas von Velazquez, die die Repräsentation für den Bereich der Malerei vorführen. Zu Velazquez vgl. Foucault 1974, 30ff.; eine Reproduktion von Seutters Karte *Mappa geographiae naturalis sive Tabella synoptica* findet sich in Sammet 1990, 216.

14 Korzybski 1958, 750f.

15 Foucault 1994c, 756.

Der ortlose Raum des *cogito*, der Platz des Schiffes auf der unendlichen zeichenlosen Meeresfläche, der befestigte Platz, das militärische Lager, das Bewegung und Befestigung zugleich verkörpert, die Stellung des Soldaten, der *situs* einzelner Nerven und Muskeln, die eingeschriebene Fläche des Gedächtnisses, alle diese Orte werden zu dem, was sie sind, über eine topographische Operation, die nichts in Szene setzt als die Doppelung einer Anwesenheit, die ihre Abwesenheit zur Bedingung hat.

Der heterogene Komplex von Theorien, Praktiken und Denkweisen, der hier als topographisches Dispositiv beschrieben werden soll, ist damit nicht nur ein Darstellungsraum von Wissenschaften, sondern der einer breiten diskursiven Formation, die in verschiedenen Feldern und jeweils spezifischen Taktiken ein strategisches Gefüge des Wissens erzeugt, das ineinandergreift, sich antreibt und immer wieder lokale Effekte hervorbringt. Die Vermessung der Landschaft, der Festungsbau, die Artillerie, die Ausbildung der Soldaten sind Effekte einer strategischen Wissensproduktion, die die Wissenschaften zu intensiver Diskursproduktion antreiben. Exerzieren, Schießen, Navigieren und Denken sollen im folgenden als Operationsformen skizziert werden, die dieses topographische Dispositiv, wie es sich paradigmatisch für das Zeitalter der Repräsentation in den Niederlanden um 1600 herausbildet, auf unterschiedlichen Aktionsfeldern sichtbar machen; als Operationsformen, die sich gegenseitig bedingen und ein dichtes Gefüge eingehen, die nicht in dem topographischen Raum wie auf einer neutralen Fläche stattfinden, sondern diesen Raum in seiner spezifischen Räumlichkeit erst generieren. Deshalb untersuche ich nicht topographische Darstellungen als Objekte, sondern versuche zu zeigen, wie aus einer spezifischen Zeichenbewegung eine Repräsentationsebene erst entsteht. Dabei erweist sich der operationale Charakter, wie er im militärischen Befehl paradigmatisch aufscheint, als konstitutiv für die Repräsentationsräume des Wissens um 1600. Drei Figuren, die diese Wissensformation auf unterschiedliche Weise verkörpern, sollen zugleich als strategische Knotenpunkte meiner Darstellung dieses topographischen Dispositivs dienen: Moritz von Oranien, der Feldherr, Erfinder der oranischen Heeresreform, Admiral und Statthalter der Generalstaaten; Simon Stevin, der Mathematiker und Ingenieur, dessen Werke nahezu alle für seine „Vorstelicke Ghenade" geschrieben sind; und der Philosoph René Descartes, der 1618 in den Niederlanden auftaucht, um sich dort bei den oranischen Truppen in den Kriegstechniken unterrichten zu lassen.

Exerzieren

Die oranische Heeresreform zwischen 1590 und 1600 ist die Herausbildung einer Logistik, in der verschiedenste Wissenschaften, Techniken und Institutionen zu einem strategischen Modell zusammenfinden, das hier als topographisches Dispositiv beschrieben werden soll. Es handelt sich um das „erste moderne Beispiel enger Zusammenarbeit zwischen Wissenschaft und Wehrmacht“:[16] Nicht nur Moritz von Oranien oder Ingenieure wie Simon Stevin verbinden Wissenschaft und Krieg, sondern ebenso die Philologen, die diesem Dispositiv die wichtigen römischen Quellen liefern, welche als Vorlagen für Befehlssprache, Taktik und Schlachtordnungen der Heeresreform dienen.[17] Die Arbeiten von Justus Lipsius, von Johannes Meursius und Sixtus Arcerius machen die Schriften des Aelian und Kaiser Leos VI. bekannt, aus denen die neue Sprache des Exerzierens entwickelt wird.

Das Szenario der Heeresreformer ist folgendes: Die Philologen liefern Beschreibungen alter Schlachtordnungen und Befehlssätze; diese Operationen werden mit Bleisoldaten im Kriegsspiel erprobt; die Ingenieure bauen die entsprechenden Befestigungsanlagen und exerzieren die Soldaten, dann wird alles in den Schlachten gegen die Spanier erfolgreich eingesetzt.

Einen elementaren Bestandteil dieser militärischen Neuordnung bildet die Befehlssprache. Das bekannteste Dokument darüber, Wilhelm Ludwig von Nassaus Brief an Moritz von Oranien vom 8. Dezember 1594, liefert die Übersetzung „ongeveer aller praecepta, die Aelianus gebruyckt“.[18] Doch da sich die Niederländischen Truppen aus Soldaten verschiedener Länder zusammensetzen, bedarf es auch mehrerer Sprachen. Eine Aufstellung von „Les mots que Son Excel[lence] pratique en Flammen aux motions militaires en plusieurs langues“ führt „Deutz“, „Niderlendischs“, „Fransois“, „Latine“, „Anglois“ und „Escossois“ an,[19] eine Einteilung, die sich dann in der Topographie des Lagerbaus wiederfindet, die nicht nur nach den verschiedenen Waffengattungen, sondern auch nach Nationalitäten unterteilt wird. Der gesamte Befehlssatz besteht aus 35 Befehlsworten, die jeweils spezifische Operationen bezeichnen:

> Reyen.
> Gliddern.
> Rechtsum.

16 Oestreich 1969b, 67.

17 Vgl. Oestreich 1969a, 11–34. Bei Oestreich jedoch wird die oranische Heeresreform zu einem ideengeschichtlichen Ereignis unter der Leitung von Justus Lipsius. Dagegen stellt Werner Hahlweg Lipsius vor allem den Ingenieur und Mathematiker Stevin gegenüber. Hahlweg 1973, 11ff.

18 Wilhelm Ludwig von Nassau, zit. nach Hahlweg 1973, 608.

19 Ebd.

Lingsum.
Rechtsum kert euch
Lingsum kert euch.
Herstelt euch.
[...].[20]

Die Tafel schreibt Befehlsworte an, die als Operatoren in beliebiger Weise kombiniert werden können. Diese Kombinationen ergeben alle Bewegungsbahnen, die einzelne Soldaten und ganze Verbände für die Herstellung von Zugordnungen oder Schlachtordnungen durchlaufen müssen. Dazu werden zunächst die Bewegungsabläufe der einzelnen Schützen, Musquetierer und Lanzenträger minutiös, Bewegung für Bewegung, eingeübt. Friedrich Wilhelm hat dafür Anweisungen verfaßt, die jeden Bewegungstakt in Wort und Bild, in „abriß und bericht" festhalten: 15 solcher Bewegungseinheiten sind es beim Schützen, 32 beim Musquetierer, 15 beim lanzentragenden Doppelsoldner und ebenfalls 15 beim berittenen Carapiner.[21] Der Befehl ist an jeden einzelnen Soldaten gerichtet, der ihn augenblicklich in Bewegung umsetzen muß. Der moderne Soldat ist ein Körper, der auf Befehl bzw. von selber reagiert. Deshalb exerziert man bei Moritz so viel wie möglich: „So offt es die gelegenheit gibet, leßet grave Moritz sein volck in schlachtordnung stellen, welche es endlich also gewohnnen, daß kein obrister darbey sein darf und sie selbsten ihre schlachtordnung machen kohnnen."[22]

Die militärische Anatomie erzeugt den menschlichen Körper in völlig neuer Weise. Dies ist der Geburtsort des disziplinierten Körpers,[23] der mit seiner Waffe zu einem funktionalen Bewegungsablauf verbunden wird und Befehlstakt für Befehlstakt seine Operation vollzieht. Die Befehlsfolgen, die jeden einzelnen Soldaten und zugleich ganze Schlachtordnungen steuern, sind ein Programm, in dem die Körper zu topographischen Punkten werden, die sich nach dem Befehlsalgorithmus bewegen. Die Befehle und deren Einübung setzen daher eine Formalisierung von Bewegungsabläufen voraus, die sicherstellt, daß jeder Befehl auch die Realisierung einer Bewegung nach sich zieht. Diese verschiedenen Kombinationen und Abfolgen erzeugen die dynamische Topographie der Schlachtordnungen.

20 Ebd., Dok. 14, 120.

21 Ebd., Dok. 18 „Bericht, wie die jünge schützen undt müsquetirer ihre roher undt musqueten zu gebrauchen, item wie gleichfals auch die doppelsoldner undt carapiner zue Dillenbergk underwiesen undt angeführet werden", 126–215.

22 Ebd., Dok. 26 „Von schlachtordnungen", 264.

23 Diese Disziplin hat Justus Lipsius in seinen *Politicorum seu civilis doctrinae libri sex* (1589) paradigmatisch formuliert. Vgl. auch Foucault 1977, 173ff.

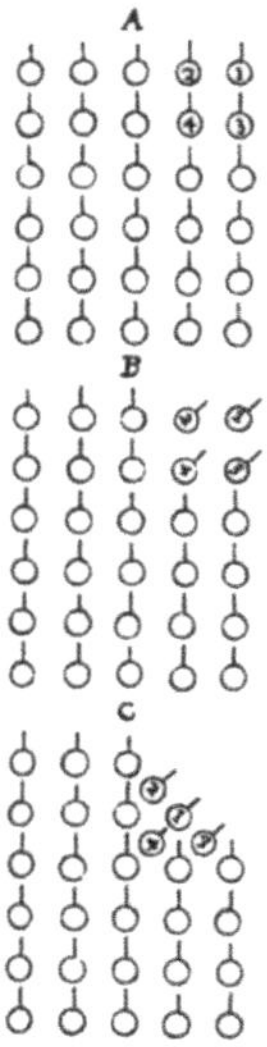
Abb. 1: Befehlsfolgen für die Eckenbildung einer Pikenredoute. Aus: Stevin 1964.

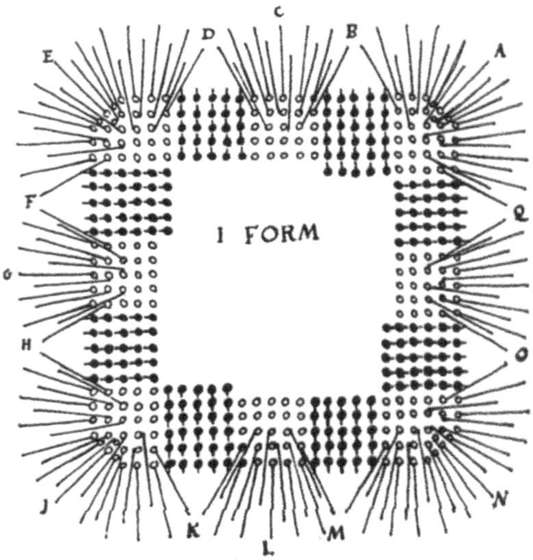

Abb. 2: Pikenredoute aus 4 Kompanien. Aus: Stevin 1964.

Dafür bedarf es neben den disziplinierten Körpern einer grundlegenden Voraussetzung: Jedes einzelne Regiment muß für den Befehlsfluß völlig transparent werden. Deshalb erhöhen die Oranier die Zahl der „bevelchsleute": „So gibt auch die natur, daß zehen rittmeister, leutenant, fennrich und so fort an mit den andern befelchhabern im feldt mit wenig volck mehr alß 3 rittmeister und also wenig befehlchhaber mit vielem volck außrichten können."[24] Sie unterteilen die Regimenter in kleine mobile Einheiten, die jeweils mit besonderen Befehlen gesteuert werden können: Jede Schlachtordnung eines Regiments besteht aus autonomen „Hauffen", denen zwei Befehlshaber zugeordnet sind; diese „Hauffen" setzen sich wiederum aus fünf „Reihen" zusammen, die üblicherweise aus 10 Soldaten bestehen. Dabei steht jeder Soldat hintereinander in „Reihe" und neben fünf anderen in „Glied". An alle diese Untereinheiten, an einzelne Soldaten, Glieder, Reihen, Hauffen, kann daher ein Befehl gerichtet werden:

> Rechts umb kehret euch.
> Rechts umbkehret eure reihen.
> Rechts umbkehret eure glieder.
> [...][25]

24 Hahlweg 1973, Dok. 30, 305.
25 Ebd., Dok. 19 „Ein Büchlein vor kriegs und bevelchs leüthe", 237ff.

Diese Parzellierung verleiht der ganzen Schlachtordnung eine innere Beweglichkeit, denn „man kan hirdurch mit wenig wortten eine schlachtordnung uf vorthel stercken, vergeringern, verduppeln, wenden, kehren, stil stehen und vortziehendt machen".[26] Der größere Steuerungsapparat durch die höhere Zahl an Befehlshabern garantiert, daß die spezifischen Befehlsflüsse ankommen, und ermöglicht zugleich eine permanente Überwachung und Kontrolle der Soldaten: „Auch solche kleine fahnen in *garnisaun, confoyren*, scharmutzieren undt sonsten allen vorfallenden gelegenheitten, weil sie statig ihre bevehlhabere bei sich haben, beßer alls die große fahnen [...] und werden ehrliche gemüter, weil man alls dan sehen kan, was hinder jederm stickt, desto mehr zur dapfferkeit gereizet."[27]

Die einzelnen Körperbewegungen, die taktischen und strategischen Aktionen generieren eine Kombinatorik topographischer Operationen, die zu Land und zu Wasser dieselben zu sein scheinen. Deshalb sind die kleinen wendigen „Hauffen" nach denselben strategischen und taktischen Überlegungen zu bewegen, wie auf See die im Vergleich zu den spanischen kleineren niederländischen Schiffe.[28] Dies ist vor allem in den niederländischen Provinzen von Bedeutung, wo die Küstenstädte, die Kanalnetze oder die Festungsbauten mit Schleusensystemen,[29] die auch Überflutungen des Landes ermöglichen, zeigen, wie in diesem Gebiet See- und Landkrieg ineinander übergehen.

Die Übertragung der Planspiele in einzelne Körperbewegungen, in Bewegungen von Reihen, Haufen und Schlachtordnungen ist eine Mechanik, in der die Befehlssprache dynamische Räume erzeugt. Sie entwirft eine Topographie und hält die Figurationen durch permanenten Befehlsfluß in Bewegung. So wird gewährleistet, daß die gedanklichen Operationen nahtlos in die dynamische Topographie einer Schlacht, eines Marsches übertragen werden. Um den Schlachtplan auch zur Schlacht werden zu lassen, wird „schriftlichen undt abgerißen jedem obristen seine station undt proportion" gegeben, „dan wan man ins felt vor den feindt kommet, so fallen alsdan die resolutiones nicht so geschwindt und gewiß, undt muß zuvor alles wohl bedacht undt geordnet sein".[30]

Die Befehlssprache, die einen komplexen Operationsraum erzeugt, verleiht dem sprachlichen Zeichen eine eigentümliche Qualität. Worte, die Körperbewegungen erzeugen, ganze Schlachtordnungen aufstellen und bewegen oder

26 Ebd.
27 Ebd., Dok. 30, 305 u. 304.
28 Diesen Vergleich stellt Wilhelm Ludwig von Nassau an. Vgl. ebd., 304.
29 Vgl. dazu Stevin 1966, 83–199.
30 Hahlweg 1973, Dok. 26, 269.

auch Schüsse auslösen, bezeichnen nichts; sie umgehen damit die Frage nach der Repräsentation vom Dargestellten im Darstellenden. Denn die Befehlssprache ist ein performatives Sprechen: Ein Wort wird dann zum Befehl, wenn es seine eigene Realität hervorbringt. Die Formalisierung der Körperbewegungen und der Befehlsapparat sind die Möglichkeitsbedingung, gewissermaßen der semiotische Apparat für eine Sprache, die dann, wenn sie gesprochen wird, jenseits jeder Unklarheit und „distinction" (Arnauld/Nicole) unmittelbar ihre Wirklichkeit erzeugt. Das garantiert die instantane Umsetzung von Gedanken in die Tat, die Umsetzung der Planspiele mit Bleifiguren[31] in die strategischen Operationen der Schlachten.

Das Exerzieren, die Befehlssprache und die disziplinierten Körper beschreiben eine Topographie, die sich dadurch generiert, daß Operatoren einzelne Soldaten in formalisierte Bewegung versetzen, deren Reichweite einen spezifischen Interventionsraum bestimmt. Das Exerzieren leitet damit eine „Kalkülisierung" des Raumes ein, ein „regelgeleitetes Operieren mit Zeichen".[32] Leibniz wird das Exerzieren deshalb nicht zufällig neben der Fortifikation als „mathematica militaris" bezeichnen.[33] Denn der Zahlbegriff ändert sich in der Arithmetik um 1600 in entscheidender Weise. Simon Stevin vor allem führt die Zahl als das ein, „was durch ein Zeichen so dargestellt wird, daß mit diesem Zeichen auf regelgerechte Weise operiert werden kann".[34] Die göttliche Kraft, wonach am Anfang das Wort steht, wird im militärischen Befehl der oranischen Heeresrefom von neuem wirklich. Statt: „Fiat lux" heißt es nun: „Hoort toe".

Schießen

Die Größe des militärischen Interventionsraums, den die Schlachtordnungen bestimmen, machen die Feinde mit ihren Stellungen sichtbar. Die Grenzen dieses Raums sind die Grenzen des Befehls. Doch der reicht nur so weit wie die Schüsse, die den Schützen, Musketieren und Büchsenmeistern befohlen werden können. Deshalb wird der Befehlsraum beim Schießen in einen Richt- und Zielraum übertragen. Wenn das Exerzieren der Soldaten die Ausführung des Befehls garantiert, so geschieht dies bei den großen Geschützen durch die Ver-

31 Vgl. Oestreich 1969a, 16.

32 Krämer 1988, 59; vgl. auch Krämers Beitrag in diesem Band.

33 „Mathematica militaris complectitur scientiam muniendi seu quae ingeniarium nosse oportet, deinde scientiam evolutionum etc., quae munus constituit partim praefecti vigilium, partim metatoris generalis." Gottfried Wilhelm Leibniz, zit. nach Eichberg 1977, 21.

34 Krämer 1988, 58. Vgl. Stevin 1958, 494–554.

messung der Schußweite und des Schußwinkels. Dazu bedient sich die Artillerie um 1600 genau der Methoden der Kartographen: Landvermessung und das Ausrichten von Geschützen operieren mit denselben Instrumenten, mit Quadrant und Meßtisch. Das graphische Zeichen, das bei der Landvermessung als Ziel anvisiert und auf dem Meßtischblatt angeschrieben wird, realisieren die Artilleristen in eigentümlicher Weise: Die horizontale Triangulation der Geschützmeister verbindet bis weit ins 17. Jahrhundert hinein immer noch die als Gerade aufsteigende Bahn der Kugel, deren senkrechten Fall und die Entfernung von Geschütz und Einschlagspunkt zu einem vertikal aufgerichteten Dreieck.[35] Aus der Schußtafel eines Geschützes lassen sich die Verhältnisse von Elevationswinkel und Schußweiten ablesen. Deshalb kann der Entfernung zum Ziel, die man mit dem Meßtisch ausmißt, der entsprechende Elevationswinkel, den der Geschützquadrant anzeigt, zugeordnet werden; darauf soll der Schuß den Triangulationspunkt im Ziel als Einschlag verwirklichen. Diese Semiose verbindet explosionsartig Zeichen und Bezeichnetes und stellt damit eine der Formen dar, mit der punktuelle topographische Zeichen erzeugt werden. Während beim Befehl das sprachliche Zeichen zum Ursprung der Repräsentation wird, ist es hier das graphische Zeichen. Beide Formen führen damit den operationalen Charakter des topographischen Dispositivs vor. Die Formalisierung der einzelnen graphischen Verfahren ermöglicht einen aperspektivischen Raum, dessen Bedingungen in jeder möglichen Situation gelten sollen. Dies würde zugleich die Transparenz der Zeichen garantieren, ob sie sich nun als Punkt einer Landkarte, als Letter im Buch, als Soldat im Evolutionsschema, als Nervenbahn in der Topographie und Nomenklatur der Anatomen oder als Position eines Schiffes darstellt. Das Wissen um 1600 erhält dadurch eine spezifisch topographische Signatur, die Immanuel Kant 200 Jahre später als eine der Funktionen *a priori* des menschlichen Geistes bestimmen wird.[36]

Die Schußtafel eines Geschützes markiert ein Territorium, einen kreisförmigen Schußraum, dessen Radius vom weitesten Schuß bei einem Elevationswinkel von 45° bis in den Nahbereich des direkten Kernschusses reicht. Kant hat dies als ein Kriterium für die „Befugnis der Besitznehmung eines Bodens" in seine Rechtslehre aufgenommen. Denn diese Befugnis erstreckt sich

35 Trotz der Arbeiten von Tartaglia und vor allem von Galileis *Discorsi* (1638), der die Schußbahn als Parabel bestimmt, tauchen immer noch Dreiecksabbildungen der Schußbahn auf. Ein Grund dafür mag sein, daß diese Triangulation auf der Messung der Schußweite spezifischer Elevationswinkel basiert. Das Verhältnis von Elevationswinkel und Schußweite macht, wenn sich Geschütz und Ziel auf gleicher Höhe befinden, die Präzision des Richtens von der Art der Schußbahn, ob Dreieck oder Parabel, unabhängig.

36 Vgl. Kant 1978a, 991–1000.

> „so weit, als das Vermögen, ihn in seiner Gewalt zu haben, d. i. als der, so ihn sich zueignen will, ihn verteidigen kann; gleich als ob der Boden spräche: wenn ihr mich nicht beschützen könnt, so könnt ihr mir auch nicht gebieten. Darnach müßte also auch der Streit über das freie oder verschlossene Meer entschieden werden; z. B. innerhalb der Weite, wohin die Kanonen reichen.“[37]

Die operationale strategische Topographie hat sich mit legislativer Macht verbunden. Gegen diese (juristisch-)artilleristischen Territorien errichten sich die Festungen als hermetische Räume. Die Geometrie des Schußraums geht damit unmittelbar in die Geometrie der Festungsbauten über, weil sich die „Manier zu Fortificiren nach der Manier zu Attaqviren“ richtet.[38] Artillerie und Festungsbau bilden in dem niederländischen Krieg gegen die Spanier geradezu ein Experimentalszenario, das in den endlosen Belagerungssituationen eines Festungskrieges kulminiert.[39]

Moritz von Oraniens Quartiermeister und Kriegsingenieur Simon Stevin hat mit *De sterctenbouwing* (1594) ein grundlegendes Lehrwerk für den Festungsbau der Oranier entworfen.[40] Stevin, der seit 1594 „Quartiermeester“ der Generalstaaten ist, kann als einer der engsten Mitarbeiter Moritz von Oraniens auch in Fragen des Festungsbaus gelten. Nahezu alle Werke Stevins ab 1594 haben konkrete mathematische und technische Probleme des topographischen Dispositivs zum Ausgangspunkt: Vom Festungsbau, über Lagerbau, Schlachtordnungen bis zur Navigation reichen Stevins Beiträge zur oranischen Kriegsführung, die zugleich den Stand der Wissenschaften in den niederländischen Provinzen dokumentieren.[41]

Im Zentrum von Stevins *Sterctenbouwing* steht die Konstruktion einer regulären, hexagonalen Festung. Den Anfang bildet der Plan: „All fortress must be designed (or at least ought to be so) before the building is undertaken.“[42] Dazu sollen die beiden grundlegenden Ebenen Grundriß und Profil angefertigt werden. Denn die kopernikanische Wende im Festungsbau, wie sie sich seit 1500 bei den Baumeistern durchsetzt, läßt sich auf einen einfachen Nenner bringen: Statt Ansicht, Draufsicht.[43] Für den modernen Fe-

37 Kant 1978b, 375.

38 Wolff 1710, 84.

39 Duffy 1979, 58–105.

40 Vgl. außerdem Freitag 1642; Hondius 1624; Marolois 1627.

41 Vgl. allgemein Stevin 1955ff.; außerdem Dijksterhuis 1943.

42 Stevin 1964, 65. Für längere Zitate verwende ich jeweils die engl. Übersetzung der zweisprachigen Ausgabe.

43 Zu Francesco di Giorgio-Martini, vgl. Eichberg 1989. Vgl. allgemein Pollak 1991.

stungsbau wird deshalb die Topographie des Grundrisses das bestimmende Konstruktionsprinzip: Es handelt sich dabei um die geometrische Herstellung regelmäßiger Polygone, die mit verschiedenen Schanzwerken tote Winkel vermeiden, gute Schußpositionen für die Festungsbewachung ermöglichen und ideale Neigungswinkel der Mauern bestimmen, um dem Einschlag gegnerischer Artilleriegeschosse möglichst wenig Angriffsfläche zu bieten. Die Festungsarchitektur verkörpert damit die unsichtbare Geometrie der Schußbahnen.

Der hexagonale Grundriß wird schließlich im Maßstab 1:1 mit Schnüren nach dem einfachen Euklidischen Prinzip (Elemente, 4. Buch, 15. Lehrsatz) auf dem Erdboden konstruiert, so daß beim Hexagon der Umkreisradius den Seitenlängen entspricht, in Stevins Modellfall 1000 Delfter Fuß.[44] Der topographische Plan erzeugt seine eigene Landschaft; die graphischen Linien werden zu Erdwällen, Mauern und Gräben, die den topographischen Ordnungsraum sichtbar materialisieren. Neben den graphischen Darstellungen empfiehlt Stevin auch ein Modell, ein „voorbeelt"[45] zu bauen:

> „The Ground plan and the raised plan thus being marked out in plane, it shall be necessary for those that desire to have perfect knowledge of the properties and ordering of the fortresses, that they shape these flat drawings into bodily forms of some matter fit for the purpose [. . .], for even as in describing the World it is good beside the globe's flat counterfeiting, yet to have several corporeal globes, as that of the earth, of the fixed stars, of the planets and such like, so likewise are here also the bodily forms of fortresses very useful to know all their particulars more fundamentally."[46]

Deshalb nennt Stevin Festungsbau auch „Cosmographia".[47] Die Festung wird zum Heimatplaneten, um den wie Trabanten die Kanonen kreisen, deren Ballistik der Optik der Lichtstrahlen zwischen den Gestirnen entspricht. Keine Ähnlichkeiten von Makrokosmos und Mikrokosmos begründen diesen Vergleich, sondern Orientierungsverfahren, in deren strategischem Raum Festung und Erdball zusammentreffen.

44 Stevin 1594, 73 u. 105. – 10 Jahre später wird eine Resolution des Staatsrates am 14. Februar auf Moritz von Oraniens und Stevins Antrag die Rheinländische Rute als Standardmaß einsetzen, nach dem das topographische Dispositiv von nun an „gemaeckt, gemeten ende geëstimeeret" werden soll. Vgl. dazu Schukking 1964, 24.

45 Stevin 1964, 92.

46 Ebd., 99.

47 Ebd., 100.

Navigieren

Trotz der Vormachtstellung nach dem Sieg über die Spanische Armada 1588, der Gründung der *Vereenigde Oost-Indische Compagnie* 1602 und der *West-Indische Compagnie* 1621 ist die niederländische Seemacht eine Macht, die für die Vermessung und topographische Erfassung ihres Territoriums keinen festen Punkt besitzt. Nicht einmal die graphischen Linien, die das Kielwasser eines Schiffes ins Meer zeichnet, sind Zeichen für den Kurs, den Wind und Strömungen sofort auslöschen.[48] Das Meer ist eine Fläche, die keine Spuren zuläßt, ein Medium, das zu beweglich, zu flüssig ist, um zur graphischen Fläche zu werden.[49] Als Heterotopie stellt das Schiff auf dem Meer das Szenario des modernen topographischen Raums.[50] Es ist eine aperspektivische Ebene, in der Schiffe als bewegliche Elemente wie Punkte auf einer abstrakten Koordinatenfläche auftauchen, ohne den Ort, den sie einnehmen, genauer als mit einer ortlosen Deixis bestimmen zu können; es ist eine Ebene, die zuerst als gekrümmte Fläche gesehen wird und alle Geometrien durch ihren sphärischen Exzess aus den Angeln hebt, in der statische gerade Linien zu gekrümmten Trajektorien werden, die nicht einmal in einer Ebene liegen. Navigation um 1600 ist deshalb nicht nur Dromologie,[51] sondern Loxodromologie. Denn im 16. und 17. Jahrhundert können alle Seekarten, Seemächte und nautischen Instrumente nicht darüber hinwegtäuschen, daß sich im Meer die Schiffe und Seefahrer dem topographischen Dispositiv in seiner selbstbezüglichen Repräsentation ausliefern. Simon Stevin bringt in seinem Werk *De havenvinding* (1599) den ganzen Schrecken der Seefahrt und seine Lösung, dem abzuhelfen, auf den Punkt:

> „Note further that it has sometimes happened that a man, sailing to the Island of St. Helena and having come to the latitude of this island, yet not finding this island there nor knowing whether he was to the east or to the west of it, by conjecture sought to the east what lay to the west, and that the further he thus sailed, the further he got from the desired place. Now just consider whether this navigator (who sought this island for several weeks and sailed several times around it before he got there), if he had known how the needle pointed of St. Helena and in addition

48 Freiesleben 1978, 37.
49 Siegert 1995.
50 Vgl. Foucault 1994c, 762.
51 Vgl. Virilio 1977.

> had known how to find the variation at sea, would deliberately have sailed to a place where the variation is greater, though he knew that the place to which he desired to go had a smaller one?“[52]

Er beschreibt damit zunächst die im 16. Jahrhundert übliche Navigationsmethode, den Breitengrad des Zielortes anzusteuern, um dann in westlicher oder östlicher Richtung entlang dieses Breitengrades ans Ziel zu gelangen. Zugleich jedoch verspricht er, daß die genaue Beachtung der magnetischen Deklination das Problem aller See- und Inselfahrer lösen wird.

Denn dieses Problem liegt gerade darin begründet, daß sich um 1600 durch die astronomische Navigation zwar Breitengrade, nicht jedoch Längengrade bestimmen lassen.[53] Der Kurs des Schiffes ließe sich also damit exakt ermitteln, daß man täglich zur Mittagsstunde mit Hilfe des Quadranten den Azimut zwischen Kimme und Sonne mißt, um davon den Breitengrad abzuleiten. Die zweite Dimension der Länge jedoch ergibt sich nur aus der Zeitdifferenz z. B. der Kulminationspunkte der Sonne an verschiedenen Orten. Dies kann erst dann ermittelt werden, wenn man die Ortszeit des einen Beobachtungspunktes mit zum nächsten bewegen kann. Dazu jedoch bedarf es eines Chronometers, der das Ablesen einer ortsunabhängigen Zeit ermöglicht. Monadisch also hat im topographischen Modell des 16. und 17. Jahrhunderts jeder Ort seine eigene Zeit, die Uhren, die meist Sonnenuhren sind, gehen an jedem Ort, der nicht auf demselben Meridian liegt, anders. Und insoweit die Ortsbestimmung von dieser völlig punktuellen Zeit abhängt, ist die topographische Fläche ein Meer insulärer Punkte, deren Verbindung in einer übergreifenden Zeit liegt, die es noch nicht gibt.[54] Erst das späte 19. Jahrhundert wird mit seiner ganzen Zeittechnologie, den Uhren, der Telegraphie und Regelungstechnik das Land mit der Topographie einer homogenen Zeit überspannen.

Die Loxodromologie erzeugt einen Schwindel, wenn der Weg von einem Ort zu einem anderen in einem völlig unbekannten Zwischenraum überbrückt werden muß. Der Arzt und Kartograph Gemma Frisius schlägt deshalb schon 1530 in dem kurzen Abschnitt „De novo modo inveniendi longitudine“ seines *De uso globi* die Verwendung tragbarer Uhren vor:

> „Nostro saeculo horologia quaedam parva adfabre constructa videmus prodire, quae ob quantitatem exiguam proficiscenti minime oneri sunt: haec motu continuo ad 24 horas saepe perdurant, imo si iuues, perpetuo

52 Stevin 1961a, 428f.

53 Vgl. Hewson 1983, 108–119, 226–258.

54 Auch alle übrigen Formen der Längenbestimmung durch Monddistanzen oder Mondfinsternisse der Jupitermonde waren, zumal auf Schiffen, nur sehr ungenau durchführbar.

> quasi motu movebuntur. Horum igitur adiumento hac ratione longitudo invenitur. Primo curandum ut priusque itineri intendamus, exactissime horas eius loci observet e quo proficiscimur. Deinde ut inter proficiscendum nunquam cesset. [...] Hac arte possem longitudinem regionum invenire, etiam si per mille miliaria inscius essem abductus, ignota etiam itineris distantia: sed tum prius latitudo (ut semper) est addiscenda."[55]

Die kontinuierliche Bewegung – *motu continuo* – der neuartigen Zünder soll die Zeit im Raum verschiebbar machen. Doch solange exakte Uhren fehlen, bleibt die Zeit ein lokales Ereignis. Die nautischen Ortsbestimmungen lassen auch das Land und seine vermessenen Orte zu Inseln werden, die mit Schwierigkeiten ein zweites Mal zu treffen sind.[56] Die Kurse der Schiffe sind um 1600 ebensowenig festzulegen wie die Trajektorien der Geschosse. Daß ein Schiff auf den angesteuerten Hafen trifft, daß die Geschützkugel die anvisierte Mauer trifft, beide dromologischen Kurven sind Effekte von Operationen, die sich nicht in gebahnten Pfaden bewegen, wie dies auf dem Erdboden möglich ist, wo sich die strategische Topographie der Nachrichtenkanäle, Handelswege oder Kriegspfade mehr oder weniger dauerhaft in die Landschaft einschreiben kann. Doch gerade solche dauerhaften Orientierungsspuren sind auf dem 80 Jahre währenden Kriegsschauplatz der Niederlande unsicher geworden, wenn sich von Monat zu Monat die Grenzen durch neue Stellungen verschieben, wenn Schlachtordnungen die Topographie mit einem kurztaktigen Zeitindex versehen. Die Logistik des Krieges der Niederlande, die selbst das tiefliegende Land ausnützt, um zur Verteidigung die Deiche zu öffnen und das Land wieder zum Meer werden zu lassen, treibt einerseits diese Unbestimmtheit des topographischen Raums zum Äußersten, um andererseits dieser Beweglichkeit die eigenen Gesetze aufzuzwingen. Deshalb liegt die Macht der Oranier weniger in irgendwelchen nie eingenommenen Festungen, als vielmehr auf dem Meer und in dem beweglichen Befehlsraum der oranischen Truppen.

Die topographischen Techniken in den Niederlanden erzeugen so ein Dispositiv, das als Versuch gelten kann, lokale homogene Räume zu erzeugen, und das dabei den Anschein erweckt, als würde zu Lande navigiert, als wäre der Erdboden so beweglich, so zeichen- und zeitlos wie das Wasser. Nicht zufällig ist Mercators Weltkarte „Nova et aucta orbis terrae descriptio ad usum navigatium emendate accomodata" von 1569, die ja Meere und Kontinente gleicher-

55 Gemma Frisius 1530, Caput XVII.

56 So können im 16. und 17. Jahrhundert einige Pazifik-Inseln von ihren Entdeckern bei einer zweiten Fahrt nicht mehr gefunden werden. Vgl. Schneider 1970, 233.

maßen umfaßt, eine Navigationskarte. Mercators Zylinderprojektion liefert nämlich einen winkeltreuen Netzentwurf, der für die Navigation deshalb so geeignet ist, weil dabei die Loxodrome ebenso wie die Meridiane als Orthodrome, als Geraden erscheinen. Damit entspricht diese Darstellung der Loxodrome der einfachsten Steuerungsart, die dadurch einen konstanten Kurs ergibt, daß sie die Meridiane in einem konstanten Winkel schneidet.

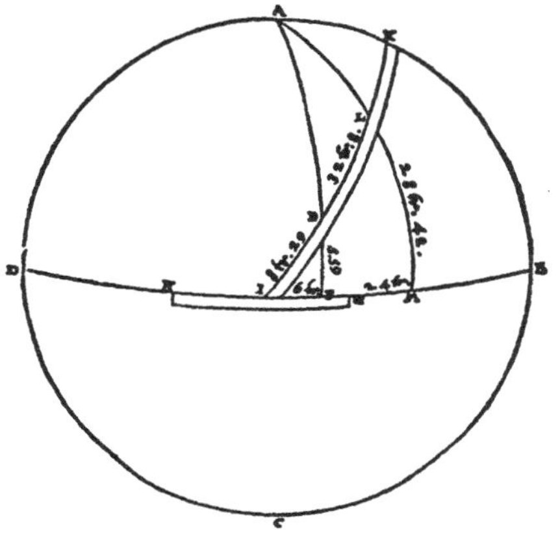

Abb. 3: Loxodrome. Aus: Stevin 1961b.

Doch was Mercators Karte ebenso einfach als Gerade anschreibt, beschreibt Pedro Nunes 1537 erstmals so: „Nam serem os rumos circulos, mas linhas curvas irregulares, que vam fazendo com todo les meridianos que passamos angulos iguales.“[57] Der scheinbar einfachste Kurs ist zugleich der komplizierteste, denn die Loxodrome windet sich um den Erdball und liegt nicht einmal wie die Großkreise in einer Ebene.

Für all die Unsicherheiten der Orientierung, die bei der Navigation in der Bestimmung der Längengrade kulminieren, aber präsentiert Simon Stevin eine einfache Lösung. Obwohl die magnetische Deklination für Stevin auf keinen magnetischen Pol weist, wie er etwa in Mercators Weltkarte auftaucht, liefern diese Deklinationen „a means for reaching a desired harbour, even though the true longitudes of both the harbour and the ship are unknown“.[58] Jenseits der immer noch unbestimmbaren Länge hat Stevin in den magnetischen Deklinationen, die „very differently in different places“ sind, ein eindeutiges Zeichen-

57 Nunes 1537, 143: „Die Rhomben-Linien sind keine Kreise, sondern irreguläre Kurven, die gleiche Winkel mit allen Meridianen bilden, die sie schneiden.“ In *De seylstreken* behandelt Simon Stevin diese Kurven, „cromstreken“, ausführlich, die erst in Snellius' lateinischer Übersetzung zu „Loxodromen“ werden. Vgl. Stevin 1961b, 502ff.

58 Stevin 1961a, 423.

system gefunden, das für jeden Breitengrad exakte Punkte bestimmbar machen soll. Die Kompaßnadel wird so ein eindeutiger Repräsentationsmechanismus, der das Meer in einen Zeichenraum verwandelt. Ein Ort wie Amsterdam läßt sich dann in folgender Weise ansteuern:

> „The needle-pointing as well as the latitude of the place being known through the experience of those who have found it so in practice, the place can be found by this means without the longitude being known. Thus, for instance, if a navigator knows that the latitude of Amsterdam is 52° 20′, with an easterly variation of 9° 30′, and he is at sea in the said latitude of 52° 20′, with the aforementioned easterly variation of 9° 30′, he knows that he must be off Amsterdam, whatever may be the longitude of Amsterdam.“[59]

Der Quartiermeister der oranischen Truppen hat die Macht, seine Navigationstheorie durchzusetzen, denn „His Excellency [d. h. Moritz; ...] as Lord High Admiral gave order and instruction to the Admiralty to see to it, that navigators [...] upon their return from their voyages should faithfully report the results to the aforesaid Admiralty, which will cause these observations to be listed and published for the use of all.“[60] Doch auch diese Datenerzeugungsmaschinerie erbringt nicht die nötige Datenfülle, und das Meer und das Land bleiben eine öde Leere.

Deshalb kann nicht einmal nach weiteren hundert Jahren topographischer Datensammlung der Geograph Eberhard David Hauber in seinem *Nützlichen Discours, Von dem gegenwärtigen Zustand der Geographie Besonders in Teutschland* über diese Leere hinwegtäuschen: „auf dem Königlichen Observatorio zu Paris“, so berichtet er,

> „solle ein 27. schuhiges Planisphaerium oder Charte von der Erde hangen, in welche lauter loca observata eingetragen seynd, vielleicht wäre eines von 2. Schuhen groß genug, und auf denen leeren spatien könnte man sich einen angenehmen Spatziergang über die gantze Welt machen, ohne das die eingezeichnete Orte vieles Hinderniß machen wurden, wann man solche Charte, wie die Alten ihre Grab-Steine, auf den Boden legen wolte.“[61]

59 Ebd., 425.
60 Ebd., 431.
61 Hauber, 1727, 123f.

Das Tableau der kartographischen Operationen fegt die Landstriche leer, auf denen wie Ruinen einige wenige loca observata aufragen. Alles andere ist eine unbestimmte Fläche, die keinen stabilen Repräsentationsraum liefert. Mehr als zwei Jahrhunderte geographischer Datensammlung haben den Erdkreis trotz aller Entdeckungen auch in Paris, dem Zentrum der Kartographie des frühen 18. Jahrhunderts seltsam entleert und eingeebnet.

Denken

Als Gründungsakt des modernen Denkens ist das Cartesische Cogito ein Verfahren, das das Subjekt als erste und zugleich sicherste Form des Wissens bestimmt. Als ausdehnungsloser Ort sollte diese „res cogitans" der ideale Punkt sein, an den kein Zweifel, keine Zeit und kein Raum heranreichen. Denn Descartes' Szenarien des Zweifels, die er in seinen *Meditationes de prima philosophia* aufführt, stellen diejenigen nach, denen Navigatoren und Kartenleser bei jedem Orientierungsversuch ausgesetzt sind. So stürzt ihn sein philosophischer Zweifel in die schlimmste Havarie: „tout à coup j'étais tombé dans une eau très profonde, je suis tellement surpris, que je ne puis m'assurer mes pieds dans le fond, ni nager pour me soutenir au-dessus".[62] Angesichts dieses unsicheren Standpunktes wünscht er sich wie jeder Navigator „rien qu'un point qui fût fixé et assuré", ja sogar wie „Archimède, pour tirer le globe terrestre de sa place et le transporter en un autre lieu".[63] Statt dessen setzt er in seinem methodischen Zweifel, den er nicht zu erfinden braucht, sondern den Verwirrungen des topographischen Dispositivs ablesen kann, vor allem eine Unsicherheit der Orientierung voraus: „le corps, la figure, l'étendue, le mouvement et le lieu ne sont que des fictions de mon esprit. Qu'est-ce donc qui pourra être estimé véritable? Peut-être rien autre chose, sinon qu'il n'y a rien au monde de certain."[64] Deshalb sucht er einen idealen Darstellungsraum des Wissens vom Wissen, in dem das Denken sich selbst gehören soll. Doch dieser strahlende Ort, den Descartes im denkenden Ich findet, ist nur die Kehrseite des topographischen Dispositivs um 1600 und zeigt sich von dessen Verfahren gerade dann gekennzeichnet, wenn es sich davon absetzen will.

Die strategischen Operationen der oranischen Heeresreform oder der Navigation bringen nachhaltige Veränderungen sogar in dem hervor, was von nun an Denken heißen wird. Denn Descartes' Philosophie und Physiologie dieses so

62 Descartes 1976c, 414.
63 Ebd.
64 Ebd.

besonderen Darstellungsraumes des Wissens wird nicht zufällig in den Niederlanden erfunden und erdacht zu einer Zeit, in der sich das topographische Dispositiv auf den unterschiedlichsten Ebenen wissenschaftlicher und technischer Verfahren ausbeitet. „Je ne l'ai jamais [mon temps] plus utilement employé", schreibt Descartes im Januar 1619 an seinen Freund Isaac Beeckman, „mais à des choses que votre esprit, occupé de sujets plus relevés, méprisera sans doute, et regardera dédaigneusement du haut du ciel des Sciences: je m'adonne en effet à la peinture, à l'architecture militaire et à l'étude du flamand."[65] Während er Beeckman im Himmel seines Wissens vermutet,[66] ist Descartes in Breda Soldat und beschäftigt sich mit Malerei und Festungsbau.

René Descartes kommt wie so viele Franzosen 1618 in die Niederlande, um „se mettre dans les troupes du Prince Maurice en qualité de Volontaire",[67] angezogen vom Krieg, der hier wie sonst nirgendwo die Wissenschaften in seine Logistik einbindet. Wenn sich auch die Generalstaaten seit 1609 in einem auf zwölf Jahre befristeten Waffenstillstand mit den Spaniern befinden, so heißt dies nur, daß direkte Auseinandersetzungen, also größere Schlachten vermieden werden. „Mais on ne s'apperçevoit presque pas de la suspension d'armes parmi les troupes Hollandoises", schreibt Descartes' erster großer Biograph Baillet 1691, „que le Prince Maurice avoit soin de tenir en haleine par des éxercices continuels."[68]

Descartes lernt in Breda, nachdem er schon bei den Jesuiten, diesen geistigen Soldaten, im Collège Henri IV de La Flèche unterrichtet wurde,[69] als Soldat das topographische Dispositiv der oranischen Heeresreform vom Exerzieren bis zum Festungsbau kennen.[70] Die operationale Topographie verlangt einen menschlichen Körper, der Vermessungen vornimmt, der sich orientieren kann oder Befehle unmittelbar umsetzt. Jeder Schritt, jede Bewegung oder jeder Blick werden so Teil des topographischen Dispositivs. In seinem *Traité*

65 Descartes 1976a, 35.

66 Beeckman jedoch hat sich ebenfalls mit der Kriegstechnik Stevins befaßt. Vgl. dazu „Appendix I. Extraits des manuscrits de Stevin", vor allem die Auszüge „Van den cryghconst", wo Beeckman über Schlachtordnungen, die Aufstellung der einzelnen Waffengattungen oder Ballistik Notizen macht und auch den Befehlssatz für das Exerzeiren aufnimmt. Beeckman 1942b, 420–428.

67 Baillet 1691, 40. Baillet setzt den Zeitpunkt von Descartes' Ankunft in Breda schon im Mai 1617 an.

68 Ebd., 40f.

69 Vgl. Rochmonteix 1889.

70 Baillet beschreibt dies in einer Passage, die die Herausgeber der *Œuvres de Descartes* als „pure imagination" bezeichnen, da sich dafür keine andere Quelle findet; sie soll aber trotzdem zitiert sein: „Cette ville [Breda] étoit donc dans un repos entier sous le gouvernement du prince Maurice pendant les années que M. Descartes porta les armes en Hollande; & cette tranquillité donnoit lieu aux curieux d'y venir pour voir la Cour du Prince, & les ouvrages des Mathématiciens & des Ingénieurs qui travailloient sous luy." Adam/Tannery 1986, 49; Baillet 1691, 42.

de l'homme (1644) liefert Descartes dafür die physiologischen Entsprechungen. Schon das Auge vollzieht wie jeder Kartograph und Artillerist mit seinem Meßtisch nichts anderes als Triangulationen. Diese „géométrie naturelle“ des Auges erzeugt keine zentralperspektivischen Bilder, sondern vermißt räumliche Punkte. Das binokulare Sehorgan ist ein Vermessungsinstrument, das aus zwei fest miteinander verbundenen Beobachtungspunkten besteht.

> „Remarquez aussi (Fig. 15), que si les deux mains, *f* et *g*, tiennent chacune un bâton, *i* et *h*, dont elles touchent l'objet K: encore que l'âme ignore d'ailleurs la longeur de ces bâtons, toutefois, parce qu'elle saura la distance qui est entre les deux points *f* et *g*, et la grandeur des angles *fgh*, et *gfi*, elle pourra connaître, comme par une géométrie naturelle, où est l'objet K. Et tout de même (Fig. 16), si les deux yeux L et M sont tournés vers l'objet N, la grandeur de la ligne LM, et celle des deux angles LMN, MLN, lui feront connaître où est le point N.“[71]

Fig. 15.

Abb. 4: Blinder (Fig. 15). Aus: Descartes 1976b.

Fig. 16.

Abb. 5: Augentriangulation (Fig. 16). Aus: Descartes 1976b.

Die Bewegungen des menschlichen Körpers, der nichts anderes als eine Maschine ist, werden von den „esprits animaux“ ausgelöst, die über die Nervenfasern jeden Muskel der Körpermaschine in Bewegung setzen oder stillstellen können. Da diese „esprits“ selber immer in Bewegung – „Jamais ils ne s'arrêtent un seul moment en une place“[72] – und im Überfluß vorhanden sind,

71 Descartes 1976b, 428f.

72 Ebd., 444.

> „ils ont la force de pousser tout autour la matière qui les environne, et de l'enfler, et par ce moyen de faire tendre tous les petits filets des nerfs qui en viennent: ainsi que le vent, étant un peu fort, peut enfler les voiles d'un navire, et faire tendre toutes les cordes auxquelles elles sont attachées. D'où vient que pour lors cette machine, étant disposée à obéir à toutes les actions des esprits, représente le corps d'un homme qui *veille*."[73]

Diese Maschine ist zugleich der Soldat, von dem die oranischen Heeresreformer träumen und dessen Disziplin seinen Körper in Form von Geistern und Nervenfasern durchzieht. Dieser Befehlskörper ist immer bereit, allen Befehlen der „esprits" und Kommandanten zu gehorchen, die die Bewegungen seiner Glieder vorschreiben: Es ist die Wachheit des „Miles attendat praeceptis: hoort toe, sijt stil".[74] Es bedarf also der Aufmerksamkeit, „au moins si l'attention n'en était point divertie",[75] daß die Idee einer Bewegung, die der Befehl eingibt, ausgeführt werden kann. „Et notez que l'idée de ce mouvement des membres ne consiste qu'en la façon dont ces esprits sortent pour lors de cette glande, et ainsi que c'est son idée qui le cause."[76]

Doch erst die beständige Wiederholung, und das wissen auch die Exerziermeister, wird den Befehlskörpern ein Gedächtnis entsprechender Vorstellungen erzeugen; „non pas toutefois si aisément ni si parfaitement du premier coup, que sur la glande H, mais peu à peu de mieux en mieux, selon que leur action est plus forte, et qu'elle dure plus longtemps, ou qu'elle est plus de fois réitérée".[77] Durch die beständigen Wiederholungen schreiben die unruhigen Geister ins Hirn topographische Bahnen ein, die den Befehlsfluß der „esprits" in den Nervenfasern immer mehr erleichtern und eine spezifische „disposition" der einzelnen Kanäle erzeugen:

> „ainsi que, si on passait plusieurs aiguilles, ou poinçons, au travers d'une toile, comme vous voyez (Fig. 30) en celle qui est marquée A, les petits trous qu'on y ferait demeureraient encore ouverts, comme vers *a* et vers *b*, après que ces aiguilles en seraient ôtées; ou s'ils se refermaient, ils laisseraient des traces en cette toile, comme vers *c* et vers *d*, qui seraient cause qu'on les pourrait rouvrir fort aisément."[78]

73 Ebd., 445f.

74 Wilhelm Ludwig von Nassau an Moritz von Oranien, 8. Dez. 1594, in: Hahlweg 1973, 606.

75 Descartes 1976b, 457.

76 Ebd., 456.

77 Ebd., 451.

78 Ebd., 453.

Abb. 6: Topographie der Einschreibung. Aus: Descartes 1976b.

Das topographische Dispositiv hinterläßt demnach Texte und Territorien in der „surface interne du cerveau"; das Denken, diese ort- und zeitlose Bewegung erhält seine topographischen Regeln.

Die Einübung eines Bewegungsgedächtnisses jedoch ist ein seelenloses Geschäft, denn „sans qu'il y ait aucune âme dans cette machine, elle peut naturellement être disposée à imiter tous les mouvements que de vrais hommes, ou bien d'autres semblables machines, feront en sa présence."[79] Nur solange jemand den Takt vorgibt, erfolgt eine Bewegung auf die andere. Die operationale Topographie der Zug- und Schlachtformationen hängt daher vom Befehlsfluß der Kommandanten und dessen Fortsetzung in den einzelnen Körpermaschinen ab. Die Bewegungsabläufe setzen sich dabei von Befehl zu Befehl zusammen; jeder Schritt, jede Wendung geschieht so lange auf äußeren Befehl, bis dieser memoriert ist und das Programm automatisch abläuft. Diese Bewegungen sind eine infinitesimale Serie von Bewegungsschritten, deren Takt der Befehlshaber bestimmt. Erst diese reine Apposition der einzelnen Operatoren erzeugt aus den völlig unabhängigen Momenten den scheinbar kontinuierlichen Ablauf der Bewegungen. Damit wird die Schwierigkeit aufgehoben, die bei der Fortbewegung eines Körpers entsteht, der sich in seinen veränderten Orten in ein völlig diskontinuierliches Zeitmaß begibt. Bei Descartes wird diese Diskontinuität und Abwesenheit der Zeit an fundamentaler Stelle sichtbar:

> „Car tout le temps de ma vie peut être divisé en une infinité de parties, chacune desquelles ne dépend en aucune façon des autres; et ainsi, de ce

79 Ebd., 416.

> qu'un peu auparavant j'ai été, il ne s'ensuit pas que je doive maintenant être, si ce n'est qu'en ce moment quelque cause me produise et me crée, pour ainsi dire, derechef, c'est à dire me conserve."[80]

Als oberster Befehlshaber tritt hier Gott auf den Plan, der genau die Aporie einer nicht homogenen Zeit löst, die den Raum in völlig insuläre Einheiten zerteilt, und den Zusammenhang der Dinge garantiert. Gott wird damit zum festen und unbeweglichen Punkt, der in den Unsicherheiten der *res extensa* das Dasein absichert und der *res cogitans* als Orientierung dient. Es verwundert deshalb nicht, daß sich Descartes zunächst mit Navigation beschäftigt, bevor er seinen methodischen Zweifel, der alles in chimärenhafte Bewegung versetzt, mit Gott absichert.

Am 26. März 1619 schickt René Descartes aus Breda an seinen Freund Isaac Beeckman Überlegungen zur Navigation, die das erkenntnistheoretische Szenario der *Meditationes* einführen. Beeckman, der diesen Brief in sein Journal aufgenommen hat,[81] versieht diese Überlegungen am Rand mit dem Titel „Oost en west te seylen à Des Cartes inventum": „En quittant Middelbourg", schreibt Descartes,

> „j'ai pensé aussi à votre art de la Navigation. Et j'ai vraiment fait une découverte: en quelque endroit de la terre que je sois transporté, même si j'ignore la durée, je puis savoir, par la seule inspection des astres, de combien de degrés, vers l'Orient ou l'Occident, je me trouve éloigné d'un autre lieu de moi connu. Cette invention ne demande pas une grande pénétration, aussi ai-je peine à croire que personne n'y ait pensé jusqu'à présent. Je croirais plutôt qu'elle a été négligée à cause de la difficulté de son application. Car, dans les instruments à employer pour celle-ci, un seul degré n'est pas plus grand que deux minutes dans les autres, pour évaluer la hauteur du pôle: ils ne peuvent donc être aussi exacts. Et cependant les astronomes, avec leurs instruments, mesurent les minutes, les secondes et des divisions encore plus petites. Je serais assurément surpris si une telle invention semblait inutile aux navigateurs; elle ne présente aucun autre inconvénient. C'ést pourquoi je voudrais savoir plus exactement si l'on n'a pas fait d'invention semblable: si vous le savez, écrivez-le moi. Car je travaillerais sur cette découverte, encore confuse dans ma tête, si je jugeais qu'elle est aussi nouvelle qu'elle est vrai."[82]

80 Descartes 1976c, 450.

81 Beeckman 1942a, fol. 288 recto et verso.

82 Descartes à Beeckman, Breda, 26 mars 1619, in: Descartes 1976a, 40.

Mit örtlicher und zeitlicher Desorientierung versetzt sich Descartes' Gedankenexperiment genau in die Lage, in der sich jeder Seefahrer befindet. Die einzige und sichere Methode der Versicherung des eigenen Standpunktes erscheint hier die astronomische Navigation. Descartes' Experiment führt jenes Navigieren zu Lande also genau dann ein, wenn die Chimären von Raum und Zeit keine sichere Aussage über den Ort des Subjekts zulassen. Der Blick an den Himmel, an dem er später Gott entdecken wird, macht jetzt noch konsequent am Pol Halt, der die eigene Position durch Vermessung mit anderen Sternen erkennbar macht. Das Ich hat in sich selbst nicht genug Orientierungs- und Sicherungskräfte, um sich in aller Klarheit und Eindeutigkeit verorten zu können. Das *cogito* braucht, um sein hic et nunc zu versichern, das beständige Strahlen eines Sternes oder ebenso beständig und exakt vorherbestimmbare astronomische Erscheinungen wie Mondfinsternisse oder Mondstände. Im Brief an Beeckman vom 23. April kommt Descartes nochmals auf das zurück,

> „que j'avais écrit sur la navigation. Et, comme si vous m'aviez deviné, vous m'avez envoyé la même chose: car votre invention touchant la Lune est la même que la mienne. Je croyais cependant qu'on en pouvait rendre l'application plus facile grâce à certains instruments, mais c'était, de ma part, une erreur.“[83]

Die Anwendung der Meßinstrumente, die die Orientierung und das Denken erleichtern, sind das technische Dispositiv, ohne das nicht gedacht, gemessen oder geortet werden kann. Vorerst aber, solange diese Instrumente noch schwer zu bedienen sind, werden diese Bedingungen der Möglichkeit des Denkens noch Namen wie *res cogitans* und Gott tragen und die chimärenhaften Räume, die durch die strategischen Operationen entstehen, aus dem Denken ausschließen. Daß dies trotz aller Enträumlichungs- und Entzeitlichungsversuche dessen, was das Denken sein soll, nicht gelungen ist, hat vielleicht niemand deutlicher gezeigt als Sigmund Freud. Denn, wenn vom Denken die Rede ist, tauchen bei ihm die Konstellationen des topographischen Dispositivs der ora-

83 Descartes à Beeckman, Breda, 23 avril 1619. Ebd., 42. Der Eintrag von 1614 in Beeckmans Journal dieser „Lunâ inventio“ lautet: „Oost en west per motum Lunæ. – Idem fieri potest, si quàm exactissime locum lunæ in æquinoctiali observes, cujus fundamentum est quòd singulis diebus 15 gradibus luna ad orientem retrograditur. Si enim noveris, quotâ horâ domi tuæ luna aliquem gradum æquinoctialis lineæ ingressura sit, visa ea significabit tibi quota sit hora domi tuæ hoc tempore quo observaveris horam loci navis tuæ; differentia verò temporis vtiusque indicabit, quanto navis domo tuâ sit vel orientalior vel occidentalior. Quia autem luna 15 duntaxat gradibus diebus singulis variat, exactissimâ opus fuerit observatione, nisi tubus ocularis aliquo pacto hunc laborem levare posse speraveris.“ Beeckman 1942a, fol. 17 verso.

nischen Heeresreformer auf, die den Raum des modernen Denkens als operationales Planspiel mindestens ebensosehr erfunden haben, als dies angeblich Sache des Philosophen René Descartes gewesen ist. Noch Freud bestimmt das Denken in einer Weise, die dessen Urszene nicht im zweifelnden Philosophen, sondern in der operationalen Topographie der oranischen Heeresreformer findet: „Das Denken", schreibt Freud zwischen zwei Weltkriegen 1932 in seinen Vorlesungen, „ist ein probeweises Handeln mit kleinen Energiemengen, ähnlich wie die Verschiebungen kleiner Figuren auf der Landkarte, ehe der Feldherr seine Truppenmassen in Bewegung setzt" (Freud 1980, 524).

Literatur

Adam, Charles/Tannery, Paul (1986): Œuvres de Descartes Vol. X. Paris.

Alpers, Svetlana (1985): Kunst als Beschreibung. Holländische Malerei des 17. Jahrhunderts. Köln.

Arnauld, Antoine/Nicole, Pierre (1967): L'art de penser. La logique de Port-Royal, publié par Bruno Baron von Freytag Löringhoff u. Herbert Brekle. Tome II, Supplément: Présentation synoptique des variantes de texte des éditions 1662–1683. Stuttgart.

Baillet, Adrien (1691): La Vie de Monsieur Des-Cartes. Première partie. Paris.

Beeckman, Isaac (1942a): Journal tenu par Isaac Beeckman de 1604 à 1634, publié avec une introduction et des notes par Cornelis de Waard. Premier tome. La Haye.

Beeckman, Isaac (1942b): Journal tenu par Isaac Beeckman de 1604 à 1634, publié avec une introduction et des notes par Cornelis de Waard. Tome deuxième 1619–1627. La Haye.

Descartes, René (1976a), Lettres à Beeckman. In: Œuvres philosophiques I. Hrsg. von F. Alquié. Paris, 35–44.

Descartes, René (1976 b): Traité de l'homme. In: Œuvres philosophiques I, 379–480.

Descartes, René (1976c): Meditations touchant la première philosophie. In: Œuvres philosophiques II. Hrsg. von F. Alquié. Paris, 375–505.

Dijksterhuis, E. J. (1943): Simon Stevin. S'Gravenhage.

Duffy, Christopher (1979): Siege Warfare. The Fortress in the Early Modern World 1494–1660. London.

Eichberg, Henning (1977): Geometrie als barocke Verhaltensform. Fortifikation und Exerzitien. Zeitschrift für historische Forschung 4.

Eichberg, Henning (1989): Zentralmacht und Sozialgeometrie. Kriegsingenieurswesen des 17. Jahrhunderts in den Herzogtümern Bremen und Verden. Köln.

Foucault, Michel (1974): Die Ordnung der Dinge. Eine Archäologie der Humanwissenschaften. Frankfurt am Main.

Foucault, Michel (1977): Überwachen und Strafen. Frankfurt am Main.

Foucault, Michel (1994a): „Introduction" zu Arnauld, Lancelot, „Grammaire générale et raisonnée" (1969). In: Dits et écrits I. Paris, 732–752.

Foucault, Michel (1994b): Le jeu de Michel Foucault (entretien avec D. Colas e. a., 1977). In: Dits et écrits III. Paris, 298–329.

Foucault, Michel (1994c): Des espaces autres. In: Dits et ecrits IV. Paris, 752–762.

Freiesleben, Hans-Christian (1978): Geschichte der Navigation. 2. Aufl. Wiesbaden.

Freitag, Adam (1642): Architectura militaris nova et aucta oder Neue vermehrte Fortification. Von Regular Vestungen, von Irregular-Vestungen und Aussenwerken. Leiden.

Freud, Sigmund (1980): Neue Folge der Vorlesungen zur Einführung in die Psychoanalyse (1932/33). In: Studienausgabe Bd. I. Frankfurt am Main.

Gemma Frisius, Reinier (1530): De uso globi, Caput XVIII. In: De principiis astronomiae. Antwerpen.

Gemma Frisius, Reinier (1533): Libellus de locorum describendorum ratione, & de eorum distantiis inueniendis nunquam ante hac visus. Antwerpen.

Hacking, Ian (1983): Representing and Intervening. Introductory Topics in the Philosophy of Natural Science. Cambridge.

Hahlweg, Werner (1969): Die oranische Heeresreform, ihr Weiterwirken und die Befreiung und Etablierung der Niederlande. Nassauische Annalen 80, 137–157.

Hahlweg, Werner (1973): Die Heeresreform der Oranier. Das Kriegsbuch des Grafen Johann von Nassau-Siegen. Wiesbaden.

Hauber, Eberhard David (1727): Nützlicher Discours, Von dem gegenwärtigen Zustand der Geographie Besonders in Teutschland, Nebst Einem Vorschlag zu noch fernerer Verbesserung derselben ingleichen von der Wahl eines vollständigen und in rechter Ordnung verfaßten Außerlesenen Atlantis. Bey Daniel Bartholomäi.

Hewson, J. B. (1983): A History of the Practice of Navigation. Glasgow.

Hondius, Henricus (1624): Korte beschrijvinge ende af-beeldinge van de generale regelen der Fortificatie, der Artillerie, Munition ende viveres. Den Haag.

Kant, Immanuel (1978a): Von dem ersten Grunde des Unterschiedes der Gegenden im Raume (1768). In: Vorkritische Schriften bis 1768 II. Werkausgabe Bd. II. Frankfurt am Main, 991–1000.

Kant, Immanuel (1978b): Metaphysik der Sitten. Erster Teil. „Metaphysische Anfangsgründe der Rechtslehre" (1797). Werkausgabe Bd. VIII. Frankfurt am Main.

Korzybski, Alfred (1958): Science and Sanity. An Introduction to Non-Aristotelian Systems and General Semantics. 4. Aufl. Lakeville.

Krämer, Sybille (1988): Symbolische Maschinen. Die Idee der Formalisierung in geschichtlichem Abriß. Darmstadt.

Marolois, Samuel (1627): Fortification, das ist Vestung-Bauw, in Kriegs-Zeiten sowol zu offension als zur defension zu gebrauchen. Amsterdam.

Nunes, Pedro (1537): Tratado da Sphera. Lissabon.

Oestreich, Gerhard (1969a): Der römische Stoizismus und die oranische Heeresreform. In: Geist und Gestalt des frühmodernen Staates. Berlin, 11–34.

Oestreich, Gerhard (1969b): Justus Lipsius als Theoretiker des neuzeitlichen Machtstaates. In: Geist und Gestalt des frühmodernen Staates. Berlin.

Pollak, Martha (1991): Military Architecture. Cartography & the Representation of the Early Modern City. Chicago.

Rochmonteix, Camille de (1889): Un Collège des jésuites aux XVIIe & XVIIIe siècles. Le Collège Henri IV de La Flèche. 4 Bde. Le Mans.

Sammet, Gerald (1990): Der vermessene Planet. Bilderatlas zur Geschichte der Kartographie. Hamburg.

Schäffner, Wolfgang (1997): Schauplatz der Topographie. Zur Repräsentation von Körper und Landschaft in den Niederlanden (1550–1650). In: Jan-Dirk Müller (Hrsg.): Aufführung und Schrift in Mittelalter und Früher Neuzeit. Stuttgart.

Schneider, Ivo (1970): Die mathematischen Praktiker im See-, Vermessungs- und Wehrwesen vom 15. bis zum 19. Jahrhundert. Technikgeschichte 37, 210–242.

Schukking, W. H. (1964): General Introduction. In: Simon Stevin: The Principal Works, Vol. IV: The Art of War. Amsterdam.

Schwenter, Daniel (1618): Geometriae paracticae novae tractatus. Nürnberg.

Siegert, Bernhard (1995): Die Verortung Amerikas im Nachrichtendispositiv um 1500 oder: Die Neue Welt der Casa de la Contratación. In: Horst Wenzel (Hrsg.): Gutenberg und die Neue Welt. München.

Snell van Royen, Willebrord (1617): Eratosthenes Batavus, de terrae ambitus vera quantitate. Lugduni Batavorum.

Stevin, Simon (1955ff): The Principal Works. 6 Bde. Amsterdam.

Stevin, Simon (1958): L'Arithmétique. Livre I (1585). In: The Principal Works II B. Amsterdam, 494–554.

Stevin, Simon (1961a): De havenvinding (1599). In: The Principal Works III. Amsterdam, 428f.

Stevin, Simon (1961b): De seylstreken. In: The Principal Works III. Amsterdam, 502ff.

Stevin, Simon (1964): The Art of Fortification (De sterctenbouwing) (1594). In: The Principal Works IV. Amsterdam.

Stevin, Simon (1966): Nieuwe Maniere van Sterctebou door Spilsluysen (1617). In: The Principal Works V. Amsterdam, 83–199.

Virilio, Paul (1977): Vitesse et politique. Essai de dromologie. Paris.

Wolff, Christian (1710): Der Anfangsgründe Aller Mathematischen Wissenschaften Anderer theil / Welcher Die Artillerie / Fortification / Mechanik / Hydrostatik / Aerometrie und Hydraulik in sich enthält. Halle.

Michael Cahn

Die Rhetorik der Wissenschaft im Medium der Typographie

Zum Beispiel die Fußnote

In dem komplexen Prozeß, der seit der Renaissance zur Herausbildung der neuzeitlichen Wissenschaften führt, spielt bekanntlich die polemisch akzentuierte Differenz zur bloßen Buchgelehrsamkeit eine wichtige Rolle. Der seit Francis Bacon immer wieder zitierte Topos vom Buch der Natur, das dem bloßen Buchgelehrtentum vorzuziehen sei,[1] ist ein rhetorisches Kleinkaliber, das noch heute wissenschaftliches Selbstverständnis konstituieren hilft. Der Topos erlaubt es dem Wissenschaftler, das Labor und das Experiment als das Zentrum seiner Tätigkeit zu verstehen. Das Buch, der eigentliche Richtplatz des Wissens, wo Theorien aufgerichtet, aber auch hingerichtet werden, hält der Wissenschaftler dagegen gerne für eine bloße sekundäre Äußerungsdimension seiner Tätigkeit.

Dieser gelegentlich angestrengten Apotheose des Labors zum Trotz bleibt das Buch bzw. das Medium des Drucks eine unhintergehbare Voraussetzung auch für die experimentellen Wissenschaften. Weil wissenschaftlichen Ergebnissen der Status des Wissens nur zukommt, wenn sie einer maßgeblich durch den Druck konstituierten Öffentlichkeit vorgelegt werden, deshalb muß von der historischen Unersetzbarkeit des Drucks in den Wissenschaften ausgegangen werden. Deutet sich diese Unersetzbarkeit nicht bereits darin an, daß die Apotheose des Experiments eben gerade im Buch vorgetragen werden muß?

Aus historischer Perspektive hat Elizabeth Eisenstein vor bald 20 Jahren gezeigt, in welchem Ausmaß die neuzeitliche Wissenschaft auf dem Kommunikationssystem des Drucks aufbaut und von ihm abhängig ist. Eisenstein hat bei ihren Untersuchungen insbesondere die distributive Seite des Buchdrucks berücksichtigt und dabei jene Funktionen der typographischen Kommunikation näher betrachtet, die wissenschaftliche Tätigkeit als eine kollaborative bzw. soziale Form des Verhandelns mit abwesenden, potentiell anonymen Kollegen

1 Blumenberg 1983.

strukturieren. Daneben hebt Eisenstein die Funktionen der Rationalisierung, der Kodifizierung, der Klassifizierung und der Katalogisierung hervor, die durch den Druck gezielt entwickelt werden. Durch ihre Arbeit ist die Wissenschaft als ein eng mit dem Medium des Drucks verbundenes Phänomen erkennbar geworden.[2]

Ausgehend von Eisensteins Arbeit möchte ich im folgenden von den distributiven auf die graphischen, typographischen und visuellen Aspekte des Buchs übergehen. Ich möchte zeigen, daß der Druck nicht nur als öffentliches Distributionsmedium dem Projekt der modernen Wissenschaften zu einem guten Start verholfen hat, sondern daß er auch auf der Ebene jeder einzelnen gedruckten Seite der wissenschaftlichen Äußerung eine charakteristische Qualität verleihen konnte, indem er bestimmte Darstellungsformen des Manuskripts weiterentwickelt und zur typographischen Geste der Wissenschaftlichkeit normiert hat.

Am Anfang meiner Ausführungen stehen einige Hinweise auf vorhandene Ansätze zur Erforschung der typographischen Realisierung von wissenschaftlichen Texten. Dann werde ich die Anmerkung bzw. die Fußnote als typographische Konvention der Wissenschaftlichkeit näher darstellen und den Versuch unternehmen, die rhetorische Effektivität dieses typographischen Instruments zu rekonstruieren. Die Macht der Fußnote beruht offenbar auf ihrer Fähigkeit, aus dem Diskurs ein Stratum auszugliedern und durch diese Ausgliederung ein Wechselspiel diskursiver Ebenen zu initiieren. Die Fußnote verdient die ihr hier gewidmete Aufmerksamkeit, weil sie einerseits als das Graphem der Gelehrsamkeit schlechthin beschrieben werden kann, andererseits aber eine typische Errungenschaft des Drucks ist: Sie ist der Treffpunkt von Scientia und Typographie. In den, wie unten zu zeigen ist, unsagbaren Fußnoten gesteht der wissenschaftliche Diskurs ein, daß er ein Produkt nicht nur der Schrift, sondern des Drucks ist.

Diskursanalyse und Buchgeschichte

Eingangs sollen zunächst einige Voraussetzungen für die folgenden Beobachtungen expliziert werden. Die Literaturwissenschaft und die Wissenschaftsgeschichte, in der akademischen Landschaft eher durch Gräben voneinander getrennt und oftmals nur durch Fallstricke miteinander verbunden, haben sich

2 Siehe aber auch, stellvertretend für die Kritik an Eisenstein, Grafton 1980. Grafton wehrt sich gegen die Priorität der Geschichte eines Mediums und enttäuscht seine Leser, weil er für eine Geschichte der Inhalte plädiert.

trotzdem im letzten Jahrzehnt auf eine gemeinsame Fragestellung zubewegt, die sich mit dem Begriff Diskursanalyse andeuten läßt. Gegen die Bedeutung des Textes und die Intention des Autors, aber auch gegen das Interesse an dem literarischen Wert oder an der wissenschaftlichen Errungenschaft ist in der Diskursanalyse eine Betrachtungsweise entstanden, die nach den Bedingungen des Gesagten, nach den Bedingungen des Sprechens (oder des Schreibens oder des Publizierens) fragt.[3] Der allgemeinste Nenner dieser Überlegungen wäre, gemäß dem Postulat des Strukturalismus, der Vorrang des Systems vor den Elementen, die es konstituieren. Der Diskurs als Horizont dieser neuen Textwissenschaft führt erst jetzt, in einem langsamen und gelegentlich schmerzhaften Prozeß, zu einem neuen Begriff des Mediums, das in dieser Betrachtungsweise nicht mehr passives Werkzeug ist, sondern sich fast mit den Attributen eines Agenten ausgestattet sieht. Der Begriff der Schrift, der in den von Derrida inspirierten Arbeiten Karriere machte, wurde dort jedoch nur selten in Hinsicht auf die konkrete Gestalt des Dokuments verstanden. „Schrift" wurde dort zum Kürzel für eine radikale hermeneutische Abstinenz, für die in das Geschriebene eine unreduzierbare Vielzahl von Bedeutungen „eingeschrieben" sind, ohne doch die konkreten historischen und medialen Bedingungen schriftlicher Reproduktion zu explizieren.

Trotz der Konjunktur des dekonstruktiven Schriftbegriffs hielt sich die Literaturwissenschaft von den historischen Hilfswissenschaften des Schreibens zunächst fern: von Paläographie, Buchgeschichte und Typographiegeschichte.[4] Auch für die Wissenschaftsgeschichte läßt sich ein ganz ähnliches Fehlen einer Kontaktaufnahme zwischen medien- und erkenntnistheoretischen Aspekten feststellen. Die „Rhetoric of Science" analysiert etwa die sprachliche Ebene des wissenschaftlichen Diskurses. Rhetorische Strategien liegen für sie auf der Ebene des Wortlauts, aber nicht auf der Ebene des Dokuments, das diesen Wortlaut trägt. Die Schwäche der „Rhetoric of Science" besteht somit darin, daß sie wissenschaftliche Dokumente tendenziell als Rede versteht und deshalb für ihre spezifische (typo-)graphische Verfaßtheit blind bleibt. Trotzdem hat die „Rhetoric of Science" bereits an verschiedenen Stellen den Punkt erreicht, an dem sie von einer Analyse der wissenschaftlichen „Rede", dem rhetorisch vermittelten Wortlaut des Textes, übergeht zu einer Betrachtung von (para-)textuellen Elementen wie Abbildungen und Illustrationen. Der Sammelband „Representation in Scientific Practice"[5] bietet eine solche Konkretisierung des Repräsentationsbegriffes. Er analysiert die Abbildungen im wissenschaftlichen

3 Bourdieu 1990.
4 Gumbrecht/Pfeiffer 1988 und 1993.
5 Lynch/Woolgar 1990.

Text aber eher als semantisch-rhetorische Komplexe und nicht als typographische Phänomene. Illustrationen erscheinen bei Lynch und Woolgar als Teil der wissenschaftlichen Praxis, deren Funktion für jeden einzelnen Fall durch eine Bildbeschreibung neu zu erfassen ist. Dabei fehlt bislang eine umfassende Analyse der visuellen Dimension im wissenschaftlichen Diskurs, die sie als Teil der typographischen Reproduktion von Wissenschaft auffaßt und ihre Effekte auf die strukturellen Möglichkeiten dieses Mediums bezieht.

Ohne eine Buchgeschichte der Wissenschaften[6] bleiben die Effekte, die in der typographischen Sphäre auftreten, im Dunkeln. Am einzelnen Fall läßt sich die Effektivität dieser typographischen Darstellungsmittel nicht aufklären: Der Druck bildet das System, das jedem in ihm konstituierten Element vorhergeht. Der von Lynch und Woolgar präsentierte Ansatz zeichnet sich aus durch eine Indifferenz gegenüber dem Buch als Medium. Deshalb sucht die von ihnen vorgelegte Analyse von Repräsentationen als Formen wissenschaftlicher Tätigkeit nicht den Anschluß an die bislang in der Buchgeschichte geleistete Arbeit über die Geschichte der Illustrationen in der Medizin und in anderen Fächern.[7]

Damit ist der Kontext skizziert, in dem die folgende Analyse der Fußnote ihren Ort findet. Diese Skizze setzt bereits voraus, daß z. B. zwischen skriptographischen und typographischen Systemen der Schrift viel strenger unterschieden werden muß als das etwa in der Nachfolge Derridas geleistet wurde. Unser positives und in gewissem Sinne empirisches Verständnis von Schrift als Teil einer Mediengeschichte überschneidet sich mit neueren Entwicklungen der Buchgeschichte als Kulturgeschichte, in der mittlerweile ein differenziertes Instrumentarium entwickelt wurde, mit dem die philologische Arbeit am wissenschaftlichen Text zu seinen buchgeschichtlichen und typographischen Voraussetzungen vorstoßen kann. Die Fußnote, das universale Element des wissenschaftlichen oder des gelehrten Diskurses, bietet einen Gegenstand, an dem sich die Perspektive der Diskursanalyse, der Buchgeschichte und der Wissenschaftsgeschichte treffen. Damit wird der wissenschaftliche Diskurs nicht mehr als Rede, sondern als Drucksache analysiert.

Eine solche Buchgeschichte wird immer, auch wenn sie in erster Linie wissenschaftshistorische Fragen verfolgt, einen Zusammenhang von technologischen, sozialen und kognitiven Aspekten intendieren. Insbesondere müssen die kognitiven oder noematischen[8] Effekte des Buches stets auch als soziale Phänomene begriffen werden: Das gedruckte Buch ist Korrelat der geistigen Tätigkeit von Autor und Leser, die vom Verleger und dem Drucker nach dem tech-

6 Cahn 1991 und 1995.

7 Roberts/Tomlinson 1992; Edgerton 1985.

8 Ong 1987.

nologischen Stand und den marktwirtschaftlichen Gesetzen miteinander vermittelt werden. Auch das wissenschaftliche Buch ist ein mehrfaches Zwitterwesen: Es ist niemals nur ein epistemisches, sondern zugleich ein technologisches und ein kommerzielles Objekt.

Einerseits ist die Fußnote das Markenzeichen der Wissenschaft, andererseits gibt es Fußnoten nur in typographischen Dokumenten. Was sind die Implikationen dieses typographischen Graphems? Besitzt es eine ihm eigene Rhetorik, die nicht mehr eine Rhetorik des sprachlichen Ausdrucks, sondern eine der typographischen Realisierung wäre?

Fußnoten

Trotz der materialreichen und anregenden Arbeit von Kaestner[9] ist die Fußnote gerade als typographisches Phänomen immer noch ein weitgehend unerforschtes Terrain. Diese Vernachlässigung hat wohl zu tun mit der Tendenz, gerade jene Aspekte der Sprache zu übersehen, die nur sichtbar sind. Das von Derrida identifizierte „abendländische Vorurteil", nach dem die Sprache wesentlich als ein akustisches Phänomen verstanden wird, spielt hier eine wichtige Rolle. Die Ausdrucksvariationen, die die Typographie in der Tradition formaler skriptographischer Systeme zur Verfügung stellt, kann kein Mund aussprechen. Es sind Äußerungen in einer visuellen Sprache, die mit keiner akustischen Realisation identisch wären. Daß die typographische Dimension im Windschatten der argumentationstheoretischen, der hermeneutischen und der begriffsgeschichtlichen Lektüren liegt, sichert dabei ihre latente Wirksamkeit. Das rhetorische Potential der typographischen Ausdrucksregister ist ein weitgehend unbewußter und unkritisierter Aspekt der öffentlichen Kommunikation.

Die Fußnote ist ein unreduzierbar visuelles Phänomen und läßt sich nicht als Rede analysieren. Die Fußnote kann zwar laut gelesen werden, aber das Verhältnis zwischen Text und Anmerkung läßt sich nicht ohne visuelle Hilfsmittel aussprechen.[10] Eine isolierte Fußnote, ein Paragraph mit einer hochgestellten Ziffer an seinem Anfang, wird erst dann wirklich zur Fußnote, wenn sie in ein räumliches Verhältnis zu dem Text tritt, auf den sie sich bezieht. Der Ort dieses Verhältnisses ist der Raum der gedruckten Seite oder, bei nachgestellten Anmerkungen, der Umfang des Buches oder des Aufsatzes. Jede Fußnote beruht auf dem dort visuell realisierten Zusammenspiel von Trennung und

9 Kaestner 1984. Vgl. auch Barney 1991; Benstock 1983; Nimis 1984.

10 Kenner 1964, 39: „The footnote ... will typically defeat all efforts of the speaking voice to clarify it without visual aid."

Zuordnung und kann nur dann wirklich verstanden werden, wenn diese Beziehung im Raum der Seite „gesehen“ wird. Die Technologie der Fußnote arbeitet daran, die Zuordnung von Text und Anmerkung zu wahren und zu sichern; die Theorie der Fußnote dagegen hat die Trennung oder Aufspaltung von Text und Anmerkung in zwei diskursive Register zu reflektieren. Sie fragt nach dem Gewinn dieser Aufspaltung, die am besten als Ausgliederung aufzufassen ist. Die Fußnote bietet die Möglichkeit einer Aufspaltung des Diskurses, durch die der Autor sich in dem Dialog seiner Stimmen zur Autorität aufbaut.

Die typographisch realisierte Struktur von Trennung und Zusammenhang überführt die linear-unterbrochene Sequenz der gedruckten Schrift in die komplexere Struktur einer virtuellen Gleichzeitigkeit. Wer in Text und Fußnoten schreibt, „spricht“ mit mehr als einer „Zunge“. Und diese Mehrspurigkeit ist nicht eine Verstärkung der Stimme, sondern situiert den Diskurs in komplexen, intratextuellen Selbstbeziehungen, die im folgenden näher dargestellt werden sollen. Die Fußnote als Werkzeug diskursiver Auslagerung erreicht eine komplexe Gestaltung der Autorfunktion, die charakteristisch geworden ist für die wissenschaftliche Schreibweise. Eine genauere Betrachtung der instabilen Konventionen des Selbstzitats könnte zeigen, wie Fußnote und Autorschaft einen besonders engen Zusammenhang bilden.

Als Element einer visuellen Sprache ist die Fußnote unaussprechbar. Trotzdem wird dieses Graphem der Wissenschaft ohne Unterlaß in allen Gebieten der Gelehrsamkeit erfolgreich eingesetzt. Eine durch Konventionen der bibliographischen Abkürzung, durch „style sheets“ und „footnote styles“ weitgehend standardisierte und regulierte Fußnotenkompetenz wird damit als ein wichtiges Stück der wissenschaftlichen Sozialisation erkennbar. Versuche, sie abzuschaffen, etwa das Harvard System, das bibliographische Informationen in Klammern in den Text hineinnimmt, sind Scheinsiege der Anhänger des einsträngigen Textes,[11] weil hier das typographische Klammersymbol (das kaum einfacher aussprechbar ist als der Unterschied in der Position auf der Seite)[12] die Aufgabe übernimmt, ein zweites diskursives Niveau zu konstituieren.

Die strenge Reglementierung der Fußnoten geht einher mit einer großen Freiheit hinsichtlich des konkreten Einsatzes dieser Äußerungsform. Eine gute Fußnote zu verfassen und zu plazieren bleibt trotz unzähliger *Style Manuals* immer noch eine große Kunst: Gerade deshalb kann der Fachmann an dem

11 Kaestner bietet weitere Hinweise auf die Tradition der Fußnotenkritik, die wohl ihren Höhepunkt in der Formulierung von Professor Bowersock aus Princeton findet. Für ihn sind Fußnoten extreme und sinnlose Ablenkungen: „like going downstairs to answer the doorbell while making love upstairs“ (Bowersock 1984, 54).

12 Lennard 1991.

Kleingeschriebenen schnell und effektiv einen Eindruck von der akademischen Herkunft und der Qualität der Arbeit gewinnen. Der Anmerkungsapparat überbietet dabei selbst den Titel als Indikator für den Inhalt eines Aufsatzes oder Buches.[13] Im Zentrum der Wissenschaft kann am Anmerkungsstil, wie an einem Fingerabdruck, ein Portrait des Verfassers oder die Genealogie eines Textes abgelesen werden. Hier legt der Autor die Karten offen, gesteht was er gelesen hat und läßt erkennen, was er nicht herangezogen hat. Nicht umsonst liest der gewiefte Gelehrte die Bücher am liebsten von hinten: Er fängt mit den Anmerkungen an, mit der Buchführung des Wissens.

Jede Zeitschrift erläßt ihre eigenen Gesetze für die Gestaltung der Anmerkungen, selbst eine wissenschaftliche Schule kann sich durch konsistente Zitieräußerlichkeiten zu erkennen geben. Die Masse des Regelwerks verdeckt und kompensiert die Abwesenheit einer Reflexion dieses typographischen Graphems. An die Stelle dieser Reflexion tritt entweder eine Kritik der Fußnote als Ablenkung oder Unterbrechung eines idealerweise linearen Textes („Jede Fußnote ist ein Versagen der Prosa"), oder umgekehrt der „akademische Fußnotenhumor", die Konstruktion von Texten mit absurdem Anmerkungsapparat, an denen sich das akademische Personal offenbar gerne ergötzt.[14] Doch Fußnoten sind zu wichtig, als daß ihnen dieser pennälerhafte Humor gerecht würde. Der Versuch, eine zentrale Konvention wissenschaftlichen Schreibens ins Lächerliche zu ziehen, besitzt vielmehr selbst den Charakter eines Symptoms, das ein fehlendes Verständnis dieses Werkzeugs anzeigt.

Die literarischen Vorgänger dieser Behandlung von Fußnoten seit der Renaissance hatten noch etwas mehr Format: Gerade die weit verbreiteten literarischen Verarbeitungen dieser typographischen Form sind stets besonders aufschlußreich, etwa die Vorrede von Don Quichote, die bereits deutliche Hinweise für die Bewertung dieses gelehrten Werkzeuges gibt. Autoren des achtzehnten Jahrhunderts hielten sich bei den Fußnoten auf, um die akademischen Wissenschaften selbst zu kritisieren. „Des Feldpredigers Schmelzle Reise nach Flätz, mit fortgehenden Noten" (1809) von Jean Paul konnte etwa die Absurdität dieser wissenschaftlichen Konvention hervortreten lassen, indem der Mechanismus der numerischen Verknüpfung von Note und Text gesprengt wird. Bei Jean Paul handelt es sich nicht um ein „Vergnügtes Notenleben",[15] sondern um eine Form der literarischen Wissenschaftskritik, deren Biß in den zeitgenössischen Imitationen dieses Genres nicht wieder erreicht wurde. Der

13 Wiener 1977.

14 Rieß 1983; Fisch/Strohschneider 1987. Ähnliches produziert auch der Verlag Faude (Konstanz) in seiner Reihe „Libelle".

15 Rehm 1959.

Tristram Shandy von Laurence Sterne (1760) oder *das Tale of a Tub* von Swift (1704) bieten weitere Beispiele für die literarische Behandlung der Fußnote, die in dieser typographischen Konvention eine fragwürdige Grundlage für den arroganten Wahrheitsanspruch der Wissenschaften vermutete.

Heute beherrscht die Wissenschaftssoziologie, insbesondere die *Citation Analysis* die Reflexion der Fußnoten.[16] Im Sinne einer scientometrischen Analyse wird die Fußnote zum Ausgangspunkt für die Beschreibung eines speziellen Aspekts des wissenschaftlichen Diskurses: Dabei wird die Referenz in der Anmerkung als Reverenz an eine Autorität entziffert, die durch ihr Vorkommen in Fußnoten zuallererst zur Autorität aufsteigt. An den Strukturen des Zitierens können wichtige Aspekte der wissenschaftlichen Schulenbildung, die Entstehung von Allianzen (Zitierkartelle), und die Aushandlung von wissenschaftlicher Anerkennung verdeutlicht werden. Diese Form der Analyse von Fußnoten ist eng verbunden mit den *Citation Indexes*, die seit 1972 erscheinen und die als Ergebnis der Datenverarbeitung diese Form der Analyse überhaupt erst ermöglicht haben. Aber auch hier bleibt die Anmerkung in ihrer typographischen Gestalt unsichtbar. Die Fußnote erscheint als der ideale Ort des Zitats oder des Verweises, aber seine materielle typographische Realisierung auf der gedruckten Seite bleibt unbedacht. Dabei fehlt insbesondere ein Verständnis dafür, inwieweit die Fußnote den Text unterbricht und ein zweites Niveau der Rede etablieren kann, eine supralineare Form der Äußerung. Damit ist auch hier wieder die Tendenz greifbar, die Fußnote als Sprache zu analysieren, in Hinsicht auf das in ihr Gesagte, und nicht als Element einer typographisch vermittelten sichtbaren Sprache, die Aussprechbares enthält, aber selbst eigentlich unsagbar ist.

Die wissenschaftssoziologische Analyse der Fußnoten untersucht die in ihnen enthaltenen Informationen, aber nicht die räumliche und logische Situation der Fußnote auf der gedruckten Seite. Sie betrachtet das in den Anmerkungen Gesagte, aber nicht die Mechanik, die die Rede am Fuß der Seite steuert. Im Folgenden werde ich genau auf diese typographische Realisierung der Anmerkungen eingehen, um so die diskursive Effektivität dieses wissenschaftlichen Graphems zu rekonstruieren.

Typographie und Linguistik der Fußnote

Die Fußnote steht in einer Reihe von typographischen Strukturen, die alle, jeweils unterschiedlich, das Modell eines einfachen linearen Fließtextes in Frage stellen. Jede graphisch realisierte, im Raum notierte Sprache unterschei-

16 Cronin 1984; Gilbert 1985 und 1977; Kaplan 1965.

det sich von dem idealerweise nur zeitlich strukturierten Sprechen. Selbst der bloße unartikulierte Fließtext weist, in Zeilen notiert, ein Zeilenende auf, das kein Vorbild in der gesprochenen Rede besitzt.[17] Paragraphen, Satzzeichen, Schriftwechsel oder Auszeichnungsschrift, Initialen, Randausgleich, Mehrspaltigkeit, eine Struktur von Überschriften und Zwischenüberschriften, die Größe der Schrift und die Qualität des Papiers, all das kann im typographischen Medium metatextuelle Sachverhalte ausdrücken, die nicht in Tonlage, Betonung oder Lautstärke zu übersetzen sind. In dieses Spektrum typographischer Ausdrucksmöglichkeiten gehört die Fußnote.

Innerhalb des typographischen Mediums stellt die Fußnote eine Fortentwicklung der Glosse und der marginalen Anmerkung dar. Die Randbemerkung selbst wiederum wurde schon in der Manuskriptüberlieferung eingesetzt. Der Unterschied zur wissenschaftlichen Fußnote tritt besonders deutlich hervor, wenn wir die einschlägige Frage stellen, wer sie gesetzt hat. „Wer spricht?" oder besser „Wer schreibt?" ist gerade bei graphisch komplexen Texten eine Fragen von größter Wichtigkeit. Hat der Autor sie selbst gesetzt? Ist ein Abschreiber dafür verantwortlich? Oder war es, wie es in der TAZ heißt, die „Säzzerin"? Gibt es einen Herausgeber, der sie eingefügt hat? Oder war es ein Leser, der hier einen Hinweis oder eine Erklärung notiert hat? Diese Frage läßt sich für die Periode vor Gutenberg teilweise in einem naturalistischen oder kriminologischen Sinne stellen, für die Epoche des Buchdrucks aber muß mit der Entwicklung von stabilen, anonymen Gestaltungskonventionen gerechnet werden, die den Wortlaut des Textes in eine bestimmte typographische Form bringen. Diesen Konventionen kann die Vorstellung einer einfachen, singulären Autorschaft für einen schriftlich fixierten Text nicht gerecht werden. Man lasse nur die vielen hundert oder tausend Abschriften und Ausgaben eines Klassikers Revue passieren, und man wird schnell verstehen, daß eine Philologie, die diese unterschiedlichen Dokumente allein in Hinsicht auf den Wortlaut ihres Textes betrachtet, sehr vieles an diesen Büchern ignorieren muß.

Im Kodex (anders als in der Schriftrolle, die kaum beim Lesen beschriftet werden kann) ist die im Raum der Seite situierte Schrift prinzipiell unabschließbar, ist immer veränderbar und verletzbar. Sie lädt zu Streichungen oder Zusätzen ein, die die Philologen später als Kontaminationen zu entfernen trachten. Der Leser kann in den Text eingreifen, ein Fragezeichen einfügen, ein Wort unterstreichen. Im Buch ist kein Text sicher vor den Eingebungen seiner Herausgeber, nur die exklusivsten Oberflächen lassen sich vor solchen Interventionen schützen. Der Druck im Spaltensatz, die Wahl einer bestimmten Schrift, eines Papiers und, seit dem neunzehnten Jahrhundert, eines Einbandes,

17 Twyman 1983.

all diese konventionell definierten Formen mischen sich mit der „Stimme“ des Wortlauts und verleihen ihr Kontur. Ein gedruckter Text maßt sich den Schein einer idealen textuellen Identität an, ist aber in Wirklichkeit das Ergebnis von Kollaborationen und Kontaminationen, an denen Setzer, Buchbinder, Drucker und Verleger beteiligt sind, und die ein Buch für jeweils unterschiedliche Zwecke und Bedeutungen qualifizieren. Ihnen auf die Spur zu kommen, ist nicht mehr nur die Aufgabe des paläographischen Detektivs oder eines Graphologen, sondern erfordert die Einsicht eines Historikers des typographischen Kommunikationssystems.

Die an der Produktion eines Buches beteiligten Instanzen und Personen mischen sich mit der „Stimme“ des Autors. Aber auch der Diskurs des Autors selbst wird durch die Konventionen des typographischen Mediums mit sich selbst ungleich. Nicht nur produziert derselbe Wortlaut in verschiedenen Formaten unterschiedliche Bedeutungen, sondern es läßt sich auch die Äußerung des Autors selbst in unterschiedliche diskursive Register zerlegen, die zum Teil den antiken poetischen Formen entsprechen, zum Teil direktes Ergebnis der typographischen Kultur seit Gutenberg sind. Im Titel spricht der Autor anders als in einer Widmung, in der Vorrede an den Leser herrscht ein anderer Diskurs als im Text selbst oder auf dem Buchrücken.[18] Im ersten Kapitel herrscht ein anderer Ton als im letzten, ein in Fortsetzungen publizierter Text ist davon genauso gezeichnet wie ein nach der Anzahl seiner Worte bezahlter Beitrag, und auch Index und Appendix besitzen ihre eigene Schreibweise. In dieses Spektrum von unterschiedlichen „Stimmen“, die alle an einen bestimmten Aspekt der typographischen Produktion gebunden sind, gehört auch die Anmerkung. Auch in der Anmerkung wird ganz offensichtlich anders geschrieben als im Text selbst.

Der Ort der Anmerkung ist in erster Linie ein Phänomen der gedruckten Seite: Aber schon bald entwickeln sich Konventionen einer Hintanstellung der Fußnoten, die auf ästhetische, technische und finanzielle Motive rekurrieren und sie ans Ende des Aufsatzes oder an den Schluß des Buches rücken lassen. Wie jeder typographischen Differenzierung korrespondiert der Fußnote eine spezifische auktoriale Sprechstelle. Die Charakteristik dieser Sprechweisen läßt sich im Einzelfall linguistisch bestimmen. Für jeden typographischen Ort gibt es eine bestimmte historische Grammatik, eine Poetik oder eine Rhetorik: Charakteristisch für die Fußnote ist z. B. ihre abgekürzte Ausdrucksweise. Diese Abkürzung reagiert auf den zur Verfügung stehenden Platz, darüber hinaus aber entspricht sie der zentralen Funktion solcher Anmerkungen, die nicht

18 Bekanntlich stehen Titel, Vorrede und Widmung im typographischen Buch in besonders enger Beziehung mit den Bedingungen der Buchproduktion.

nur etwas Zusätzliches sagen, sondern sagen, was an anderer Stelle gesagt ist oder daß etwas an anderer Stelle nachgelesen werden kann. Fußnoten resümieren und kürzen ab.

Kaestner hat gezeigt, daß sich seit dem siebzehnten Jahrhundert in der Verwendung der Anmerkung ein grundlegender Wandel nachweisen läßt: Er führt von der Anspielung an einen gemeinsamen Horizont der klassischen Überlieferung und seine abgekürzt zitierbaren Gemeinplätze (z. B. vid. Hor.) zu der Angabe von bibliographischen Informationen, die den rapide wachsenden Bereich der einzelnen Wissenschaften umschreiben. Der Verweis auf Texte wandelt sich zu einem Verweis auf eine bestimmte Ausgabe. Kaestner hat dabei jedoch übersehen, daß beide Formen der Verwendung von Anmerkungen strukturell ganz ähnlich sind: Sie funktionieren als die Verbindungsstellen, mit denen sich Texte mit anderen Texten in Beziehung setzen oder „vernetzen". Genau diese Vernetzungsfunktion beleuchtet die Kürze der Formulierung in den Anmerkungen: Kürze zeichnet das Zwischenglied aus, das die Verbindung zwischen Texten herstellt.

Kaestners Hinweis ist jedoch wichtig, weil er daran erinnert, daß erst nach der millionenfachen Multiplikation von Texten durch den Druck die Aufgabe oder Notwendigkeit entstehen kann, den Leser auf unbekannte, aber erreichbare Texte zu verweisen. Der bibliographische Verweis auf andere Texte wird so als ein Element in einem Kommunikationssystem erkennbar, das nur unter der Bedingung der allgemeinen Verfügbarkeit von (weitgehend) identischen Ausgaben an vielen Orten funktioniert. Diese Verfügbarkeit setzt neben dem Buchdruck die Institutionen der Bibliothek und des Buchhandels voraus. Diese sichern die Zugänglichkeit der Bücher, so wie der Druck die identische Verteilung des Textes in den verschiedenen Exemplaren einer Auflage sichert, so daß die Angabe der Seitenzahl zu einer wertvollen Information werden kann. Die mit bibliographischen Informationen angefüllten Anmerkungen haben einen Sinn nur in einem typographischen Kommunikationssystem, das überhaupt erst Ausgaben zu unterscheiden erlaubt. Dabei wächst der Umfang dieser in den Anmerkungen gegebenen Informationen proportional zu der Menge der gedruckten Bücher. Dieses Wachstum vollzieht sich an zwei Fronten: Einmal werden immer mehr Titel zitiert, und andererseits wird jeder Titel mit immer reicheren Angaben zitiert.

Kurze Geschichte des mehrspurigen Schreibens

Die Fußnote ist eine der Sprechstellen im typographischen Text, der eben nicht einfach etwas sagt, sondern alles an einer bestimmten Stelle und in einer besonderen Form sagt. Wie bei der Sprache selbst werden die dabei entwickelten Darstellungsformen in erster Linie als Konventionen signifikant. Genau diesen Konventionen und ihrer Geschichte müssen wir uns nun für den Fall der Fußnote zuwenden, um so die Fußnote in den Kontext einer Geschichte des komplexen, „mehrspurigen" Schreibens einzurücken.

Das wichtigste Vorbild für diese Konvention der doppelten Äußerung kennen wir aus der philologischen Arbeit an der klassischen Überlieferung und der Annotation von kanonischen Texten. Sie hat bereits in der Antike zu graphischen Konventionen geführt, mit denen eine zweite (graphische) „Schrift-Spur" in den Text eingezogen wurde und zu einer „Publikation" am Rand eines anderen Textes geführt hat. Diakritische Zeichen, die eine unsichere Vorlage oder eine Emendation signalisieren, Verweiszeichen, die zu einem Kommentar führen, oder der räumliche Zusammenhang von Text und Kommentar auf der Seite waren schon im Manuskript hoch entwickelte, supralineare Formen der Äußerung.[19] Die grundlegende Struktur für eine Vielzahl von unterschiedlichen Nebentexten ist das „Randschreiben": die Plazierung eines zweiten Textes als Marginalie. Genau auf diese Marginalien geht die Entwicklung der Fußnote zurück, wobei das Verhältnis der Marginalie zu ihrem Text hierarchisch strukturiert ist: Die Marginalie erkennt den Rang und den Status des Textes an, auf den sie sich bezieht. Andererseits bezieht der Text, dem solche Marginalien gewidmet werden, die Sicherung seines Rangs auch aus dieser Behandlung.

Die Fußnote partizipiert an der graphischen Tradition der Marginalie, unterscheidet sich aber dadurch, daß sie nicht einem fremden, mit Autorität ausgestattenen Text gewidmet wird, sondern dem eigenen, dessen Autorität bislang ungesichert ist. Vor dem Hintergrund der Tradition der Marginalie erscheint die Fußnote als das Verfahren, mit dem der Autor sein eigener Scholiast werden kann.[20] Der Fußnotenmacher begibt sich genau in die Position, die Herausgeber seit Jahrhunderten gegenüber ihrem Text eingenommen haben. Die moderne Fußnote manipuliert so die Konstellation der am Text beteiligten Subjekte: Durch sie wird dieselbe empirische Person in die Lage versetzt, die Rolle von Autor und Kommentator zu übernehmen.

Auch wenn die Fußnote dadurch am Gewicht der Tradition des Kommentars partizipiert, so tendiert sie doch dazu, eine andere Konstellation von Subjektivität zu entwickeln. Als Buchführung des Wissens, als Präsentation der Quellen der eigenen Arbeit, gleicht die moderne akademische Fußnote nicht mehr dem Kommentar, sondern einem in Abbreviatur vorgetragenem Bildungsroman des Wissens. Neben der gelehrten Geste entwickelt sich die Fußnote zu einer Darstellungsform von Subjektivität: Sie führt nicht nur Literatur an, sondern

19 Martin/Vezin 1990, Slights 1989. Ich habe nicht gesehen Tribble 1989.
20 Harnack 1911, 156.

genau die, die dem Autor bekannt geworden ist, und durch welche hindurch er zu seinen Einsichten gekommen ist. Sie legt Zeugnis ab von dem „Bildungsgang“ des Autors, sie kann immer auch als Antwort auf die Frage Nietzsches gelesen werden, die ein wissenschaftlicher Text oft auch beantworten will: „Warum ich so klug bin.“

Der Übergang von der marginalen Anmerkung zur Fußnote reagiert aber auch auf die Zunahme der bibliographischen Information, die, weil sie nicht mehr nur wenige bekannte Texte nach Kapitel und Vers, sondern u. U. unbekannte Publikationen nach Ausgabe und Seite zitiert, immer mehr Umfang einnehmen muß. Folgende Faktoren sind bei diesem Schritt von der Marginalie zur Fußnote zu berücksichtigen:

- Der größere und flexiblere Raum, der am Fuß der Seite zur Verfügung steht und sich technisch und ästhetisch relativ einfach den unterschiedlichen umfangmäßigen Anforderungen anpassen läßt.
- Das Absinken der Marginalie entspricht der Abwertung des Randes zum Ort der Lektürehilfe für ungeübte Leser. Im siebzehnten Jahrhundert ist diese Konvention weit verbreitet, in lehrbuchähnlichen Werken wird der Rand noch lange dafür benutzt, dem Leser einen schnellen Überblick über den behandelten Stoff zu geben und das auf dieser Seite Behandelte in komprimierter Weise zugänglich zu machen. Der Rand als Ort pädagogischer Instruktion entwertet ihn für den wissenschaftlichen Diskurs, der nicht Schüler, sondern Kollegen anspricht.
- Der Ersetzung der Marginalie durch die Fußnote entspricht die Begradigung des Seitenrandes. Für die Gestaltung des Buches heißt das, daß sowohl der Seitenrand als auch der untere Rand intakt bleiben und der gesamte Text, trotz einer Artikulationslinie am Fuß der Seite und trotz eines Schriftwechsels als geschlossener geometrischer Block erscheint. Gleichzeitig kommt es zunehmend zu einer Trennung der Funktionen der *Marginalia*: Insofern sie den Charakter einer kurzen Inhaltsangabe hatten, wandern sie nach oben und werden zu „lebenden Seitentiteln“, insofern sie bibliographische Angaben oder Nebengedanken tragen, wandern sie nach unten und werden zu Fußnoten. Der Rand, Ort graphisch realisierter textueller Zweispurigkeit, wird leer, und es entsteht die verzögerte Gleichzeitigkeit der unten auf der Seite positionierten Fußnoten. Durch das Wandern der Anmerkungen an den Fuß der Seite wird eine geschlossene graphische Einheit erreicht. Es wäre zu untersuchen, inwieweit die solchermaßen abgeschlossene Seite Grundlage wird für die Autorität des Gedruckten, das geschlossen, rechteckig, seine Autorität reklamiert.
- Es kommt zur Ablösung des lokalen Zuordnungsprinzips (räumliche Nähe) in der Marginalie durch ein symbolisches Verfahren der Zuordnung mittels

Verweiszeichen. Im siebzehnten Jahrhundert steht das Verweiszeichen oft noch vor dem Wort, auf das es sich bezieht. Daran ist erkennbar, daß die Verweise einer philologischen oder editorischen Aufmerksamkeit auf das einzelne, isolierte, erklärungsbedürftige Wort entstammen. Erst wenn die Verweiszeichen an das Ende eines Satzes rücken, können sich Fußnoten auch auf den ganzen Satz, und damit auf einen Gedankengang, beziehen.

– Mit der visuellen Schließung der Seite kommt es jedoch zugleich zu einer Verdoppelung der „Stimmen" von Text und Anmerkung. Diese Verdoppelung ist ein Ergebnis der Vergrößerung des Raumes für den Text der Anmerkung am Fuß der Seite. Dieser Raumgewinn eröffnet einen qualitativen Wandel hinsichtlich der stilistischen Äußerungsmöglichkeiten in einer Anmerkung. Während die Randbemerkung in der Regel nur als abgekürzter Hinweis formuliert werden konnte, wird es jetzt möglich, ganze Sätze „parallel" zum Haupttext zum Stehen zu bringen. An die Stelle des „vid. Hor." kann am Fuß der Seite ein vollständiger Satz treten, der den Leser in einer bestimmten Weise anredet, den Autor in einer bestimmten Persona erscheinen läßt, und immer, allein schon durch seinen Ort am Fuß der Seite, in einen Gegensatz zu dem Haupttext und seiner „Tonlage" gerät. Erst wenn die in der Enge des Randes notwendigerweise abgekürzte Sprechweise sich unten auf der Seite zur vollständigen grammatischen Äußerung entfalten kann, dann kann es auf der diskursiven Ebene zu einer Spaltung oder Verdoppelung der „Stimmen" des Textes kommen, bei der die typographische Differenz (Schriftgröße etc.) immer auch eine diskursive Differenz markiert.

Die Fußnote entwickelt sich zur Zone für einen eingebetteten, sekundären Diskurs innerhalb des gelehrten Diskurses, der seine eigenen Konventionen und Regeln besitzt. Hier können Unterbrechungen, Nebengedanken, Einwände und Begründungen angefügt oder, besser, ausgeschieden werden. Weil dadurch die singuläre narrative Linie aufgelöst wird, behaupten manche Puristen der wissenschaftlichen Darstellung, die Fußnote sei ein Hilfmittel für ungeübte Autoren, die ihre Gedanken nicht auf ein Thema konzentrieren könnten.[21]

Die m. E. wichtigste Funktion einer solchen zweiten Ebene der Schrift erschließt sich, wenn man die Frage stellt, aufgrund welcher Notwendigkeit diese zweite Ebene ausgelagert wurde. Wenn der Text sich von der unterbrochenen Linearität des Fließtextes löst, dann kann das zunächst einer gewissen Ökonomie der Darstellung zugeschrieben werden. Die Einrichtung einer Spalte oder die Festlegung einer Schriftdifferenz erspart die wiederholte explizite Identifizierung dieser Textlinie im Text. Die graphische Realisierung dient

21 Noch die im vorliegenden Band praktizierte Trennung von Fußnote und Bibliographie gehört in diesen Zusammenhang der Fußnotenfeindschaft.

gleichzeitig der Übersichtlichkeit des Textes. Aber selbst die Kombination von ökonomischen und rationellen Gründen für eine solche Spaltung der Stimmen erklärt diese Auslagerung nicht zureichend. Die wichtigste Leistung der typographischen Techniken der Zweistimmigkeit ist nämlich nicht die Schaffung eines zusätzlichen Raumes, um etwas zu sagen, was sonst keinen Platz hätte, sondern umgekehrt die Abschließung und Isolierung des ersten Stratums des Textes von dem zweiten. Die konventionalisierte Spaltung in Text und Fußnote leistet die Differenzierung von zwei diskursiven Niveaus, deren Trennung zuvor nicht notwendig schien: Sie produziert die Ausschließung der einen Stimme aus der anderen.

Die graphische Separierung der zweiten Stimme affirmiert den Status und die „Heiligkeit" des ersten Textes, den Kommentar und Anmerkung nicht unterbrechen dürfen und dem sie sich nur von Ferne nähern. Die typographische Spaltung in Text und Nebentext ist mehr als eine Division, weil sie eine diskursive Hierarchie impliziert: Genau diese semantische Aufladung der graphischen Differenz zur Darstellung eines hierarchischen Verhältnisses verselbständigt sich und wird zum dauerhaften Zug des doppelten Schreibens. Sie stellt die typographisch-rhetorische Figur der Selbstermächtigung durch Annotation zur Verfügung: Selbstermächtigung durch Annotation, durch Äußerung in einem separaten Register.

Die Fußnote steht genau in der Tradition dieses graphischen Spannungsverhältnisses von Text und Nebentext, wie es im Manuskript, im Kommentar oder in Glossen realisiert wurde. Der mit ihr geschmückte Text profitiert von der Hierarchie zwischen zwei textuellen Registern, und dabei ist es gleichgültig, ob der Autor diesen Ertrag im Auge hat oder nicht. Noch die in aller Naivität betätigte Tastenkombination im Textverarbeitungsprogramm, die eine Fußnote einfügt, spielt auf dem Klavier der typographischen, der im sichtbaren Raum situierten Schrift, und erreicht durch ihre Konventionalisierung und als Geste der Ausschließung einen diskursiven Effekt der Selbstermächtigung. Was immer in den Fußnoten oder einer Nebenzone des Textes gesagt wird, die Tatsache der Ausgliederung allein impliziert bereits, daß der Text ohne diese Ausgliederung abgewertet wäre. Genau diese graphische Auslagerung oder Spaltung liefert die Basis für die Dialektik von Text und Kommentar, die Foucault beschrieben hat und gemäß derer Text und Kommentar sich wechselseitig aufwerten: Der Text gewinnt durch den Kommentar an Wichtigkeit, der Kommentar ist gewissermaßen ein blinder Passagier des Textes.[22]

Die sichtbare Spaltung eines Textes impliziert also viel mehr als ein graphisches Arrangement. Sie leitet unmittelbar zu Begriffen von Status und An-

22 Foucault 1977; Powitz 1981; Fohrmann 1988.

sehen, von Autorität und Hierarchie. Die Mehrspurigkeit im Text wird lesbar als Phänomen im Grenzbereich von Diskurs und Macht. Es gibt näherhin zwei Weisen, wie die Auslagerung und Spaltung eines Textes diese hierarchische, autorisierende Semantik impliziert. Im ersten Fall, der weitgehend für die Manuskriptüberlieferung zutrifft, umgeben die Anmerkungen einen Text, der ihnen im Status weit überlegen ist. Diese Überlegenheit des Textes wird gelegentlich durch die Mittelstellung ausgedrückt, so daß der oder die Kommentare eine Rahmung bilden, die Ausdruck einer Erhöhung, einer Statuszuschreibung wird. Die Annotation ist dann eine demütige Geste, der Nebentext schützt den ersten Text und organisiert den Zugang zu ihm.

In der modernen wissenschaftlichen Fußnote findet dieselbe Trennung in zwei Strata einen umgekehrten Einsatz: In dem wissenschaftlichen Text sind die Autoritäten die in den Fußnoten herbeigerufenen großen Geister, die Kraft ihrer Autorität die Behauptung des Textes, dem sie angefügt werden, zu bestätigen scheinen. Zugleich wird die Autorität der in den Fußnoten zitierten Meister genau in diesen Fußnoten produziert: Status und Ansehen sind mit dem Namen eines Wissenschaftlers genau dann verbunden, wenn er in möglichst vielen Anmerkungen zitiert wird. Jede Anmerkung, die auf den Meister verweist, ist zugleich die Co-Produktion dieser Anerkennung und die Unterstellung dieses wissenschaftlichen Status. Die dicken Bände der *Citation Indexes* sind das technische Mittel, mit dem diese Autorisierung durch Zitierung verifiziert werden kann. Für wen dort nachgewiesen werden kann, daß seine Schriften oft zitiert werden, der gilt als Autorität in seinem Fach und kann mit der baldigen Verleihung eines Preises oder einer Ehrenmitgliedschaft rechnen.

In Systemen textueller Zweispurigkeit können wir zwei Modelle der Zuschreibung oder Produktion von diskursiver Autorität unterscheiden. Im Fall der Marginalie ist der Empfänger eines Kommentars der Sitz der Autorität, während im zweiten Fall, bei der Anmerkung, der herangezogene Autor die Autorität ist. Auch wenn die erste Konstellation eher dem Manuskript, die zweite eher dem Druck zugehört, so kann das nur eine approximative Einteilung sein. Vielmehr durchdringen sich beide Modelle und bestehen im typographischen Medium nebeneinander. Eine moderne wissenschaftliche Anmerkung kann beide Rollen zugleich spielen: Sie kann einerseits eine Autorität in der Anmerkung anführen, und zugleich den Status des eigenen Textes durch diese wissenschaftliche Geste aufwerten.

Die Frage nach der Rhetorik der Fußnote hat zu den Begriffen der Auszeichnung, der Autorität und der Hierarchie geführt. Diese Perspektive entspricht dem Gestus der Diskursanalyse, welche die Einbettung kognitiver Strategien in den Zusammenhang von Macht und Status untersucht. Aber das heißt nicht, daß der gespaltene Text auf Autorität und Status reduziert werden könnte. Er besitzt zugleich ästhetische und kognitive Implikationen, die zum Schluß wenigstens anzudeuten sind.

Bowersocks besonders drastischer Vergleich „like going downstairs to answer the doorbell while making love upstairs"[23] gibt einen Einblick in die kulturellen Energien, die sich mit der Fußnote verbinden können. Ihre Wahrnehmung als Unterbrechung des Leseflusses, die Bowersocks Vergleich inspiriert, wurde von Kaestner bis in die Physiologie des Lesens verfolgt, die sich immer wieder berufen gefühlt hat, gegen die Fußnoten Stellung zu beziehen.[24] Die Kritik der Fußnote im Namen einer stetig fließenden, kontinuierlichen Lektüre beruft sich jedoch auf eine Vorstellung vom Lesen, die vielleicht dem Roman des neunzehnten Jahrhunderts angemessen ist,[25] aber nur dem. Edmund Spenser affirmierte im *Shepheards Calender* von 1586 die Unterbrechungskraft der Anmerkungen, weil sie zu einer sorgfältigeren Lektüre führen: „Many excellent and proper devises both in wordes and in matter would passe in the speedie course of reading, either as unknowen, or as not marked." Er legte es darauf an, den Leser durch ein Glossar zu stören, das er durch Anmerkungen mit seinem eigenen Text verband. Die Ausführungen oben über das Verhältnis zwischen gesprochener, geschriebener und gedruckter Sprache zeigen, daß die ritualisierte Feindschaft gegen die Fußnote einem systematischen Mißverständnis des typographischen Mediums entspringt, und eher ästhetischen als physiologischen Anforderungen gerecht wird. In der Verurteilung der Fußnote äußert sich nicht nur eine legitime ästhetische Präferenz, sondern auch die Unfähigkeit, das visuelle Potential von typographisch reproduzierter Sprache als eigenständige Struktur des Sinns zu erkennen.

Dagegen hat bereits Adolf Harnack im Jahre 1906 auf den besonderen Wert der Fußnoten verwiesen. In seinem Aufsatz entwickelt er den Gedanken einer erkenntnistheoretischen Relevanz der Fußnote, die ein Werkzug zur Verdeutlichung von Sachverhalten sei, die anders nicht zu vergegenwärtigen sind. Er betont die Simultaneität von Text und Anmerkung, in der mehr als ein Gedanke präsent gehalten werden kann, und durch die er potentiell die Gleichzeitigkeit zweier Gedanken ausgedrückt sieht. Harnacks Theorie der „veredelten Anmerkung",[26] die eine philosophische Rettung der Anmerkung intendiert, entspricht einer erkenntnistheoretischen Perspektive, die nur den Text und seine Bedeutung gelten läßt. Sie schließt damit genau das aus, was hier in den Vordergrund

23 Siehe Anm. 10.

24 Kaestner 1984, 205.

25 Jedoch mit der Einschränkung, daß wir uns diesen Roman in einem Band zu Gemüte führen, und nicht, wie zu seiner Zeit aus ökonomischen Gründen üblich, in mehrbändigen Ausgaben, in denen bereits die Buchdeckel die Idee der kontinuierlichen Lektüre widerlegen.

26 Harnack 1911, 161.

gestellt wurde, nämlich das rhetorische Potential eines typographischen Verfahrens, das zum Markenzeichen der Wissenschaft geworden ist. Die Anmerkung ist nicht als eine Technologie des Denkens, sondern als eine graphische Geste im wissenschaftlichen Austausch, als Figur der Selbstermächtigung im Aushandeln von Status und Rang betrachtet worden. Ob es, neben dieser Rhetorik der Fußnote, noch eine Erkenntnistheorie der Fußnote geben kann, ist eine offene Frage.

Literatur

Barney, Stephen (Hrsg.) (1991): Annotation and Its Texts. New York.

Benstock, Shari (1983): At Margins of Discourse. Footnotes in the Fictional Text. Publications of the Modern Languages Association 89, 204–225.

Blumenberg, Hans (1983): Die Lesbarkeit der Welt (1981). Frankfurt am Main.

Bourdieu, Pierre (1990): Was heißt Sprechen? Die Ökonomie des sprachlichen Tauschs. Wien.

Bowersock, G. W. (1984): The Art of the Footnote. American Scholar 53, 54–62.

Cahn, Michael (1991): Der Druck des Wissens. Geschichte und Medium der wissenschaftlichen Publikation. Wiesbaden 1991 (Staatsbibliothek Preußischer Kulturbesitz Berlin, Ausstellungskataloge 41).

Cahn, Michael (1995): The Printing of Science: A Further Listing. Publishing History 38, 91–104.

Cronin, Blaise (1984): The Citation Process. The Role and Significance of Citation in Scientific Communication. London.

Edgerton, Samuel (1985): Renaissance Development of Scientific Illustrations. In: John Shirley (Hrsg.): Science and the Arts in the Renaissance. Cranbury, 168–197.

Eisenstein, Elizabeth (1979): The Printing Press as an Agent of Change. Communications and Cultural Transformations in Early Modern Europe. 2 Bde., Cambridge.

Fisch, Stephan/Strohschneider, Peter (1987): Die Basis des wissenschaftlichen Diskurses. Anmerkungen zu Peter Rieß' Vorstudien zu einer Theorie der Fußnote. Germanisch-Romanische Monatsschrift 37, 447–461.

Fohrmann, Jürgen (1988): Der Kommentar als diskursive Einheit in den Wissenschaften. In: Jürgen Fohrmann/Harro Müller (Hrsg.): Diskurstheorien und Literaturwissenschaft, Frankfurt am Main, 244–260.

Foucault, Michel (1977): Die Ordnung des Diskurses. Frankfurt am Main.

Gilbert, G. N. (1985): Referencing as Persuasion. Social Studies of Science 15, 593–630.

Grafton, Anthony (1980): The Importance of Being Printed. Journal of Interdisciplinary History 11, 265–286.

Gumbrecht, Hans Ulrich/Pfeiffer, K. Ludwig (Hrsg.) (1988): Materialität der Kommunikation. Frankfurt am Main.

Gumbrecht, Hans Ulrich/Pfeiffer, K. Ludwig (Hrsg.) (1993): Schrift. München.

Harnack, Adolf (1911): Anmerkungen in Büchern (mit: Zehn Gebote für Schriftsteller, die mit Anmerkungen umgehen; Vortrag 1906). In: Adolf Harnack, Aus Wissenschaft und Leben. Bd. I, Giessen, 148–162.

Kaestner, Jürgen (1984): Anmerkungen in Büchern. Grundstrukturen und Hauptentwicklungslinien, dargestellt an ausgewählten literarischen und wissenschaftlichen Texten. Bibliothek: Forschung und Praxis 8, 203–226.

Kaplan, N. (1965): The Norms of Citation Behavior. Prolegomena to the Footnote. American Documentation 16, 179–184.

Kenner, Hugh (1964): Flaubert, Joyce and Beckett. The Stoic Comedians. London.
Lennard, John (1991): But I Digress. The Exploitation of Parantheses in English Printed Verse. Oxford.
Lynch, Michael/Woolgar, Steve (Hrsg.) (1990): Representation in Scientific Practice. Cambridge.
Martin, Henry-Jean/Vezin, Jean (Hrsg.) (1990): Mise en page et mise en text du livre manuscrit. Paris.
Nimis, Steve (1984): Fussnoten: Das Fundament der Wissenschaft. Arethusa 17, 105–134.
Ong, Walter (1987): Oralität und Literalität. Die Technologisierung des Wortes. Wiesbaden.
Powitz, Gerhard (1981): Text und Kommentar im Buch des 15. Jahrhunderts. In: Lotte Hellinga et al. (Hrsg.): Buch und Text im 15. Jahrhundert. Arbeitsgespräch in der Herzog August Bibliothek Wolfenbüttel (Wolfenbütteler Abhandlungen zur Renaissanceforschung, 2), Hamburg, 35–46.
Rehm, Walter (1959): Jean Pauls vergnügtes Notenleben. Jahrbuch der deutschen Schillergesellschaft 3, 251–287.
Rieß, Peter (1983): Vorstudien zu einer Theorie der Fußnote. Berlin.
Roberts, K. B./Tomlinson, J. D. W. (Hrsg.) (1992): The Fabric of the Body. European Traditions of Anatomical Illustration. Oxford.
Slights, William (1989): The Edifying Margins of Renaissance English Books. Renaissance Quarterly 42, 682–716.
Tribble, Evelyn Byrd (1989): Margins and Marginality: Some Uses of the Printed Page in Early Modern England, Dissertation Abstracts International 50 (5, Nov 1989), p1316A.
Twyman, Michael (1983): Articulating Graphic Language: A Historical Perspective. In: Gerald Wrolstad/Dennis Fisher (Hrsg.): Towards a New Understanding of Literacy. New York, 188–251.
Wiener, Jon (1977): The Footnote Fetish. Telos 31, 172–177.

Sybille Krämer

Kalküle als Repräsentation

Zur Genese des operativen Symbolismus in der Neuzeit

I. „Ontologischer" und „operativer Symbolismus"

Meine Überlegungen beziehen sich auf einen Umbruch im wissenschaftlichen Symbolgebrauch in der Neuzeit. Es geht um den Übergang von einem „ontologischen" zu einem „operativen Symbolismus". Unter „ontologischem Symbolismus" sei die Auffassung verstanden, daß das Gegebensein symbolisch repräsentierter Gegenstände unabhängig sei vom Akt der Symbolisierung, so daß also die Gegenstände „ihren" Symbolen vorausgehen, und die Symbole einen bloß sekundären Status innehaben. Der Begriff „operativer Symbolismus" akzentuiert dagegen die Überzeugung, daß die sinnlich wahrnehmbaren Symbole gegenüber dem, was sie repräsentieren, primär sind, daß also die symbolisierten Gegenstände erst durch den Akt symbolischer Bezugnahme hervorgebracht werden. Der Übergang vom ontologischen zum operativen Symbolismus kann so pointiert werden: Nicht mehr verleihen die Dinge den Zeichen ihre Bedeutung, vielmehr konstituieren die Zeichen die Dinge überhaupt erst als epistemische Gegenstände.[1]

Nun gibt es Gründe dafür, daß sich im epistemologischen Raum der frühen Neuzeit – verglichen mit den epistemischen Grundlagen des klassischen griechischen Denkens – dieses neue Verhältnis von Symbol und Gegenstand ausbildete. Einer dieser Gründe – und das wäre hier die Hypothese – liegt in einer medialen Innovation, in der Entstehung und dem Gebrauch eines spezifischen Typus von Schrift. Es geht um die kalkülisierte Schrift, die hier – im Unterschied zur phonetischen Schrift – „operative Schrift" genannt sei. Operative Schriften sind graphische Symbolsysteme mit einer doppelten Funktion: Sie sind ein Medium zur isomorphen Repräsentation eines gewissen Bereiches von Gegenständen und zugleich ein Werkzeug zum (symbolischen) Operieren mit diesen Gegenständen.

1 Krämer 1991a, 5.

II. Die Mathematik als Pionierin des operativen Symbolgebrauches

Klären wir in einem ersten Schritt, was es heißt, daß in der frühen Neuzeit eine besondere Art symbolischer Systeme zu intellektuellem Einsatz kommt. An vier Ereignissen möchte ich diese intellektuelle Strategie demonstrieren. Es sind allesamt mathematische Entdeckungen; ein Dokument dafür, daß die Mathematik Pionierin dieser neuartigen Strategie der Symbolisierung ist. Es geht um das Rechnen im dezimalen Positionssystem, welches im 15. Jahrhundert sich endgültig durchsetzte; um die Erfindung der Buchstabenalgebra im 16. Jahrhundert; um Descartes' „analytische Geometrie" und schließlich um Leibnizens Infinitesimalkalkül.

1. Schriftliches Rechnen im dezimalen Positionssystem

Bevor das von den Indern erfundene dezimale Positionssystem sich im Europa des 15. Jahrhunderts allgemein durchgesetzt hatte, wurden Zahlen mit römischen Ziffern dargestellt; gerechnet werden mußte jedoch mit dem Rechenbrett, denn die römischen Ziffern sind als Rechenmedium ungeeignet.

Das dezimale Positionssystem ermöglicht also erst einmal, daß Zahlendarstellung und Zahlenrechnen in ein und demselben Medium realisierbar sind. Damit bleibt das Rechnen nicht länger ein gegenständliches Hantieren mit abzählbaren Mengen, sondern wird zur Manipulation schriftlicher Zeichen. Die Regeln dieser Zeichenoperationen sind Algorithmen, also so elementar, daß sie von jedem nahezu maschinenhaft praktiziert werden können, der die Zahlensprache der elementaren Arithmetik und die auf ihr beruhenden Rechenregeln sich anzueignen bereit ist. Mit der Verschriftlichung des Rechnens durch das dezimale Positionssystem avanciert eine formale Sprache zu einer Kulturtechnik.[2]

In der Folge dieser Symboltechnik entsteht ein neuer Zahlbegriff:[3] Zahl bleibt nicht länger – wie noch im griechischen arithmos-Begriff – Anzahl, sondern wird zu etwas, das als Referenzgegenstand eines arithmetischen Symbols, mit dem regelgeleitet verfahren werden kann, interpretierbar ist. Die Medien des Rechnens konturieren also nicht nur die Rechenverfahren, sondern strukturieren und generieren zugleich die Objekte, mit denen gerechnet wird. Eine neue Art kognitiver Gegenstände ist entstanden. Es sind ideelle Gegenstände, die nur nach Maßgabe des operativen symbolischen Verfahrens existieren,

2 Krämer 1988, 54–71.
3 Klein 1936, H. 2.

durch das sie eingeführt werden. „Gegenwärtig" sind sie nur in Gestalt ihrer symbolischen Vergegenwärtigung; ihre Präsentation ist möglich nur in Form der symbolischen Repräsentation.

An der Null tritt dies drastisch zutage: Ziffernsysteme, die auf der Anzahlenbildung beruhen, wie etwa das römische Ziffernsystem, brauchen keine „Null": Und fünf Rechensteine weniger fünf Rechensteine ergibt nicht null, sondern keine Rechensteine. An der Null auch zeigt sich, daß das Operieren im symbolischen System und das Interpretieren sich voneinander zu lösen beginnen: Jahrhundertelang wurde mit der Null gerechnet,[4] ehe mit George Booles „leerer Menge" die mathematische „Natur" dieses Gegenstandes überhaupt geklärt werden konnte.[5]

2. *Buchstabenalgebra*

Im 15. Jahrhundert erfindet François Vieta die Buchstabenalgebra.[6] Mit der symbolischen Algebra werden die Regeln für das Auflösen von Gleichungen – zuvor praktiziert als ein implizites Wissen, ein ingeniöses *knowing how* – schriftlich explizierbar und damit lehr- und lernbar. Die Folge ist, daß die Algebra, die zuvor den Status einer „ars magna et occulta" innehatte, somit als eine Art von Geheimwissen galt, nun in den Kanon der Wissenschaften aufgenommen wird.

Dieser Wandel in den mathematischen Wissensformen ist möglich durch eine darstellungstechnische Innovation: Die Schriftzeichen der Algebra stehen nicht länger für wohlbestimmte Gegenstände, sondern für „unbestimmte Gegenstände"; sie sind Variablenzeichen, die alle möglichen Gegenstände vertreten, welche so in die Formel einsetzbar sind, daß ein wahrer Satz entsteht. Von Aristoteles' logischen Variablen unterscheidet sich Vietas Notation dadurch, daß aus der aristotelischen Ersetzung der Variablenzeichen ein Satz der Umgangssprache entsteht, bei Vieta aber sich ein formalsprachlicher Satz, z. B. der Arithmetik, ergibt. Die Formeln der Buchstabenalgebra können sich ihrerseits nur wieder auf formale Zeichen beziehen.

4 Bis zum Beginn der Neuzeit galt die Null nur als Lückenzeichen im Positionssystem (Tropfke 1980; I, 141). Erst die Mathematiker Stevin (1548–1620) und Wallis (1616–1703) stellen die theoretische Frage, ob die Null eine Zahl sei.

5 Indem der Logiker und Algebraiker George Boole (1815–1864) die leere Menge ausdrücklich zu den Mengen rechnet (Boole 1854, 28), wird die Null als Zahl im Sinne einer Kardinalzahl, die aus Anzahlen von Elementen von Mengen besteht, anerkannt. Hans-Jörg Rheinberger gibt allerdings zu bedenken, daß Booles „leere Menge" weniger für eine Klärung, vielmehr für eine Verwirrung gesorgt habe.

6 Vieta 1646.

3. Analytische Geometrie

Mit seiner „analytischen Geometrie" entdeckt Descartes, daß durch die Abbildung von Punkten auf Zahlenpaare geometrische Figuren in die Formelsprache der Algebra übersetzbar sind.[7] Damit werden nicht alleine die seit der Entdeckung des Irrationalen in der griechischen Mathematik sich unanbhängig voneinander entwickelnden Stränge geometrischen und arithmetischen Denkens wieder aufeinander beziehbar. Und es wird auch nicht bloß das geometrische Problemelösen vereinfacht durch seine Rückführung auf ein algebraisches Rechnen. Vielmehr wird schriftliche Repräsentierbarkeit zu einem mathematischen Existenzkriterium:[8] Descartes ordnet in seiner „Geometrie" Typen geometrischer Kurven und ihnen entsprechende Klassen geometrischer Konstruktionsmittel Typen algebraischer Gleichungen zu. Kurven, für welche eine algebraische Transkription nicht auffindbar ist, werden als „mechanische Kurven" aus der Geometrie ausgeschlossen, und damit aus der wissenschaftlichen Mathematik verbannt.

Mit der Erfindung der analytischen Geometrie wird algebraische Berechenbarkeit zum Garanten geometrischer Konstruierbarkeit. Die Repräsentierbarkeit einer Figur durch die Formel, die Substituierbarkeit eines Bildes durch eine Schrift, wird zu einem Kriterium geometrischer Existenz.

4. Infinitesimalkalkül

Die technische Grundidee von Leibnizens Infinitesimalkalkül[9] besteht darin, die algorithmische Prozedur formaler Symbolmanipulation, die mit dem dezimalen Positionssystem für die elementare Arithmetik kanonisch wurde, auf die höhere Analysis, auf das Rechnen mit unendlich kleinen und großen Größen, zu übertragen. Nichts ist ontologisch, nichts ist philosophisch ungewisser als die Frage, was das Unendliche sei, ob es z. B. als aktuell oder als potentiell Unendliches zu begreifen ist. Leibnizens Kunstgriff besteht nun darin, ein symbolisches Verfahren zu ersinnen, dessen Effektivität von den metaphysischen Fragen nach der „Natur" des Unendlichen gerade nicht mehr berührt wird. Die Korrektheit seines Differential- und Integralkalküles ist unabhängig von der Frage, wie die kalkülisierten Ausdrücke jeweils zu deuten sind. Daß die Kontrolle über die Richtigkeit der mathematischen Operationen unabhän-

7 Descartes 1981.
8 Krämer 1989.
9 Leibniz 1846.

gig sei von der inhaltlichen Deutung der infinitesimalen Größen, ist Sinn und Gehalt von Leibnizens Betonung, daß die Gegenstände der Mathematik von metaphysischen Kontroversen nicht abhängig zu machen seien. Demgegenüber gingen sowohl die frühen Praktiker des Differentialkalküls, die Gebrüder Bernoulli und der Marquis L'Hospital, wie auch dessen Kritiker, der Niederländer Bernard Nieuwentijt und Bischof George Berkeley, von einer denotativen Interpretation des Infinitesimalsymbolismus aus. Akzeptanz oder Verwerfung der Infinitesimalrechnung werden bei ihnen davon abhängig gemacht, ob die Deutung, daß die Differentiale tatsächlich für unendlich kleine Größen ständen, plausibel gemacht oder eben destruiert werden könne.[10]

Doch nicht nur die operative Effizienz, auch Leibnizens Überlegungen zur Rechtfertigung der Infinitesimalmathematik fußen auf der Idee des Kalküls:[11] Leibniz gründet diese Überlegungen auf das Prinzip der Kontinuität, d. h. aber auf die Möglichkeit, eine Transformationsregel auf eine gewisse Ausgangskonfiguration von Zeichen unbegrenzt oft wiederanwenden zu können. Der Ort für ein solches Verfahren aber ist der Kalkül.

III. Die Entkoppelung von Verfügen und Verstehen

Gibt es an diesem Panorama disparater mathematischer Innovationen so etwas wie einen verbindenden Stil; kristallisiert sich ein gemeinsamer Grundzug aus?

Zuerst einmal: Alle diese Fortschritte mathematischen Denkens haben zu tun mit der Erfindung und Konstruktion neuer Schriften. Und so verschieden die Symbolsysteme des dezimalen Positionssystems, der Buchstabenalgebra und der Differentialanalysis auch jeweils sind: Sie stimmen darin überein, einen Schrifttypus zu verkörpern, der von der phonetischen Schrift wohlzuunterscheiden ist und der hier „operative Schrift“ genannt wurde. Operative Schriften gehen nicht hervor aus der Verschriftlichung der Lautsprache, sondern sind graphische Systeme *sui generis*, welche dann allenfalls versprachlicht werden können. Das Besondere dieser Schrift ist, daß sie nicht auf Sprachlaute referiert, sondern auf kognitive Gegenstände: ein Tatbestand, der in Freges Begriffsschrift[12] sich unverhüllt darbieten wird. Denn diese Schrift können wir nur noch anschauen, nicht aber mehr aussprechen.

Operative Schriften erfüllen eine doppelte Aufgabe: Sie dienen als ein Medium und zugleich als ein Werkzeug geistiger Arbeit. Metaphorisch gesprochen:

10 Krämer 1991b, 121–125.

11 Krämer 1991b.

12 Frege 1879.

Mit ihnen werden Sprachen als eine Technik eingesetzt. Es ist also diese Doppelfunktion, zu repräsentieren und zugleich mit dem, was repräsentiert wird, auch zu operieren, worin die intellektuelle Wirkungskraft der Kalküle wurzelt. Was sie zu einer „symbolischen Maschine",[13] zu einem mechanischen „Intelligenzverstärker" macht, ist, daß die Regeln der symbolischen Operation keinen Bezug nehmen auf das, was die Symbole jeweils bedeuten. Obwohl der intellektuelle Nutzen des Kalküls sich erst da eröffnet, wo der Kalkül gedeutet, also eine Isomorphie entdeckt wird zwischen der Region der Zeichen und einer Domäne kognitiver Gegenstände, ist der Akt kalkülisierter Manipulation durchaus bedeutungsindifferent ausführbar. Wo immer ein Erkenntnisprozeß vollständig kalkülisierbar ist, kann eine Denkhandlung zur *quasi* handwerklichen Symbolmanipulation regredieren: Das Wissen, wie wir eine kalkulatorische Symboloperation durchführen, trennt sich vom Wissen, womit wir dabei eigentlich umgehen. Das „Wie" wird von dem „Was" und dem „Warum" epistemisch dissoziiert. In diesem intellektuell „verfügen zu können, ohne auch verstehen zu müssen", ist eine Grundform des Mechanischen verkörpert; es ist die Grundfigur eines technisch mediatisierten Tuns. Mit dem Kalkül findet sie Eingang in unser geistiges Tun.

IV. Mathematik und Philosophie: Die Ersetzung von Wahrheit durch Richtigkeit

Daß die rationalistische Philosophie geprägt sei vom Vorbild der Mathematik, ist ein Gemeinplatz; ein Gemeinplatz ist es auch, daß das, worin die Mathematik zum Leitbild avancierte, ihre Idee eines axiomatisch-deduktiven Theorienaufbaues gewesen sei. Aber ist das mathematische *Theorienideal* tatsächlich der Angelpunkt, über den sich eine Beeinflussung von Mathematik und rationalistischer Philosophie im 17. Jahrhundert vollzieht? Die Idee, das axiomatisch-deduktive Argumentationsgerüst exemplarisch werden zu lassen für jedweden Aufbau einer wissenschaftlichen Theorie, ist gerade keine spezifisch neuzeitliche Idee, sondern wird schon in Aristoteles' Zweiter Analytik entfaltet. Und alle hier kursorisch rezipierten mathematischen und rechnerischen Innovationen betreffen nicht den Aufbau einer mathematischen Theorie, sondern stellen Neuerungen der mathematischen *Problemlösungstechnik* dar. Die Vermutung drängt sich auf, daß die Mathematik der rationalistischen Erkenntnistheorie vorbildlich geworden ist gerade als eine Strategie des operativen Symbolgebrauches.

13 Krämer 1988.

Für den aufklärerischen Impuls, Wahrheitserkenntnis zu profanisieren jenseits von Offenbarungswahrheit und genialischer Inspiration, entfaltet die Idee, Erkenntnisprozesse zu algorithmisieren, ihnen somit eine Sicherheit zu verleihen, wie sie sonst nur den Garantieprodukten handwerklichen Tuns eigen ist, eine suggestive Attraktivität. *Wahrheit – zurückführbar auf Richtigkeit:* Diese Leitidee der Methodisierung neuzeitlicher Wissenschaft findet in der schriftlichen Operationalisierung des wissenschaftlichen Symbolgebrauches ihr „buchstäbliches" Fundament. Diese Hypothese an Leibnizens Theorie des Erkennens zu überprüfen, ist das Ziel des letzten Schrittes in meinen Überlegungen.

V. Leibnizens „blinde oder symbolische Erkenntnis": Die Operationalisierung des Erkennens und ihr Preis

Leibniz unterscheidet zwischen einer intuitiven und einer symbolischen Form des Erkennens – mit der Pointe allerdings, daß die den Menschen einzig angemessene Form des Erkennens die symbolische Erkenntnis ist.[14] Nur Gottes Auge bieten die Gegenstände sich in der Fülle ihrer Merkmale unmittelbar dar. Der Mensch – mit seinem bloß endlichen Erkenntnisvermögen – ist angewiesen auf die Vergegenwärtigung je einzelner Merkmale von Gegenständen. Das aber geschieht in Gestalt symbolischer Repräsentationen. Für Leibniz konvergieren also Erkennbarkeit und Repräsentierbarkeit. Klären wir auf, wie das zu verstehen ist.

Anders als für John Locke[15] haben für Leibniz die Zeichen nicht bloß mnemotechnische und kommunikative Aufgaben; vielmehr können wir gar nicht anders denken denn im Medium der Zeichen.[16] Dies ist nicht psychologisch mißzuverstehen: Nicht um mentale Repräsentationen ist es Leibniz zu tun; vielmehr geht es um das externalisierte Umgehen mit handgreiflichen Symbolen. Dafür aber ist der mathematische Zeichengebrauch paradigmatisch, wird

14 Leibniz 1966.

15 Locke 1963, 162.

16 Hobbes stellt in „De Corpore" fest, daß die Zeichen der Erinnerung und der Verständigung dienen. Locke gelangt in seinem „Essay" zu der Auffassung, daß die Sprache zur Mitteilung von Gedanken unabdingbar sei. Doch ob die Zeichen nun eine mnemotechnische oder eine kommunikative Funktion zu erfüllen haben: Das Denken selbst wird von Hobbes und Locke als ein intrinsischer, zeichenunabhängiger, mentaler Vorgang konzipiert, dessen Resultate erst der Vermittlung durch Zeichen bedürfen. Leibniz setzt die Rolle der Zeichen radikaler an: Wenn er feststellt, daß „ratiocinatio omnis in usu characterum constitit", so ist damit behauptet, daß sich das Denken überhaupt nicht anders denn im Medium der Zeichen realisieren kann. Dazu: Krämer 1992, 225f.

in der Arithmetik und Algebra doch das Umgehen mit den Gegenständen zurückgeführt auf ein Umgehen mit den Zeichen für die Gegenstände.[17]

Die Exteriorisierung geistiger Leistungen stößt im flüchtigen Medium der Lautsprache auf Grenzen. Denn die Zeichen müssen nicht nur über einen sinnlich wahrnehmbaren, sondern zugleich auch über einen fixierbaren, handgreiflich manipulierbaren Körper verfügen. Solche Materialität der Zeichen verbürgt erst die Schrift, eine Schrift allerdings, die – anders als die phonetische Schrift – auf Begriffe, also kognitive Gegenstände Bezug nimmt und mit diesen zugleich auch operiert, somit als ein Kalkül organisiert ist. Dabei hat Leibniz nicht nur eine Vielzahl mathematischer und logischer Kalküle hinterlassen, sondern gelangt auch erstmals zum Begriff des Kalküls.[18]

Entscheidend ist dabei seine Einsicht, daß die Konstruktion des Kalküls von seiner Interpretation wohl zu unterscheiden sei. Die Idee der interpretationsfreien kalkülisierten Prozedur gewinnt in verschiedenen Äußerungen Leibnizens Profil. Seine reifsten logischen Kalküle sind intensional, extensional und modal interpretierbar.[19] Wichtiger noch ist Leibnizens Projekt einer rein syntaktischen Kombinatorik, einer „ars combinatoria", für die eine Variabilität der Interpretationsbereiche sichergestellt ist: Werden die Variationen, Permutationen und Kombinationen mit den Variablenzeichen als Operationen mit Zahlen und Größen interpretiert, ergibt sich Algebra; werden sie als Operationen mit Punkten gedeutet, entsteht Geometrie; werden sie als Terme gedeutet, resultiert formale Logik.[20]

Im Kalkül werden die Zeichen autark gegenüber den möglichen Gegenständen ihrer Referenz. Dies aber ist kein Glasperlenspiel, mithin kein Selbstzweck, sondern die epistemologische Grundlage für einen Kunstgriff, den zu praktizieren der Sinn jedweder Form kalkülisierten Denkens ist. Ein kalkülisierter Zeichenausdruck kann in einer zweifachen Perspektive thematisiert werden: Als Symbolkonfiguration nimmt er eine gewisse Stelle in Raum und Zeit ein und ist schematisch „bearbeitbar" wie andere raum-zeitlich lokalisierbare Dinge auch. Als interpretierbarer Ausdruck repräsentiert die Symbolkonfiguration einen Satz, der eine extrasymbolische Bedeutung hat wie andere Sätze auch.

17 Operiert wird „nur auf dem Papier und folglich an den Charakteren … welche die Sache darstellen, und nicht (an) der Sache selbst". In der Mathematik gelten „die Beweise und Proben … nicht für die Sache selbst, sondern für die Charaktere, die wir an die Stelle der Sachen gesetzt haben", Leibniz 1903, 154.

18 Mittelstraß/Schroeder-Heister 1986.

19 Dazu: Kauppi 1960, 181ff.; Poser 1969, 49f.; Rescher 1954.

20 Leibniz 1903, 531.

Den Dingstatus profiliert Leibniz, wenn er betont, daß die Zeichen über eine fühlbare („sensible“, „grossier“[21]), über eine handgreifliche („palpabile“[22]) Natur verfügen müssen. Doch um die Sicherung des Satzstatus geht es, wenn Leibniz betont, daß die „formulae“ des Kalküls zu „repraesentationes“ werden, keine bloßen Musterbilder bleiben, sondern uns etwas zu sagen haben. Der Kunstgriff des kalkülisierten Erkenntnisverfahrens besteht nun darin, daß *geistige Tätigkeiten, die Bezug nehmen auf den Satzstatus der Zeichen, zurückgeführt werden können auf Operationen, die nur noch Bezug nehmen auf den Dingstatus der Zeichen.*[23] Wo das gelingt, sind „palpabilia ... veritatis criteria“, „handgreifliche Wahrheitskriterien“[24] etabliert, kraft derer der Geist ein mechanisches Lenkungsmittel besitzt, einen Ariadnefaden des Denkens, kraft dessen er entlastet ist von den Mühen der Interpretation. Leibniz tauft diese Methodik „cogitatio caeca vel symbolica“ – „blinde oder symbolische Erkenntnis“:[25] Beim Umgehen mit den Symbolen haben wir nicht mehr darauf zu hören, was die Symbole uns zu sagen haben, und nicht mehr darauf zu sehen, wofür die Symbole tatsächlich stehen.

Daß Symbolisierung konstitutiv ist für das wissenschaftliche Erkennen, birgt also eine folgenreiche Umkehrung: Nicht mehr gehen die Gegenstände den Symbolen ontologisch voraus, vielmehr determinieren die Eigenstrukturen der symbolischen Systeme, welche Merkmale wir den Gegenständen überhaupt zusprechen können. Daß Kalküle eine Geistestechnologie sind, gilt also in einem durchaus buchstäblichen Sinne: Die Symbole bilden das, was sie symbolisieren, nicht einfach ab, sondern stellen es auch her. Klären wir auf, wie das gemeint ist.

Fast schon ein Gemeinplatz der Leibnizliteratur ist es, daß Leibniz das Verhältnis von Symbol und Gegenstand gewonnen habe am Vorbild der mathematischen Abbildrelation[26] – eine Annahme, die impliziert, daß es Gegenstände gebe, die den Status von Urbildern haben und Zeichen, die in die Funktion von Abbildern rücken.[27] Doch diese Sicht ist revisionsbedürftig: Warum das so ist, kann hier nur kursorisch rekapituliert werden. Im Kern geht es darum, daß eine mathematische Abbildbeziehung ein externes Projektionszentrum voraussetzt, einen Standpunkt *außerhalb* der Abbildrelation, von dem her das „constans ...

21 Leibniz 1965, VII 125.
22 Leibniz 1903, 176.
23 Krämer 1992, 235.
24 Leibniz 1960, 82.
25 Leibniz 1966, 25.
26 So Gurwitsch 1974, 37; Kulstad 1977, 75.
27 Stiegler 1972.

lex relationum", das Zuordnungsgesetz überhaupt erst erlassen werden kann.[28] Ein solcher Standpunkt aber ist der epistemologischen Stellung des Menschen, der keinen symbolfreien Zugang zur Welt der Gegenstände hat, gerade verwehrt. Die Folge ist, daß die duale mathematische Abbildbeziehung, sobald sie als Erkenntnisrelation genutzt wird, die „expressio" sich also zur „repraesentatio" transformiert, sich zu einer dreigliedrigen Relation erweitert: Zur Beziehung zwischen „res", „idea" bzw. „notio" und „signum".[29] Unmittelbare Gegenstände jener Zeichen, die wir beim Denken gebrauchen, sind daher nicht die Sachen selbst, sondern die Ideen bzw. Begriffe. Etwas zu erkennen heißt dann, die Idee einer Sache zu haben, also zu ihrem Begriff zu gelangen; dies aber gelingt nur, sofern wir die Sache mit Hilfe von Zeichen darstellen.[30]

Doch dann entsteht ein Problem: Wie sind die richtigen Darstellungen von falschen, von chimärischen Repräsentationen zu unterscheiden? Denn daß wir uns mit Zeichen auf Gegenstände beziehen können, heißt nicht schon – wie das Beispiel der „größten Zahl" zeigt[31] –, daß diese Gegenstände auch existieren. Als Garant solcher Existenz führt Leibniz nun sogenannte „Realdefinitionen" bzw. „kausale Definitionen"[32] ein: Mit ihnen wird ein Gegenstand durch sein Erzeugungsverfahren definiert.[33] Durch ein Erzeugungsverfahren allerdings, das sich nicht – wie von den Leibnizinterpreten fast ausnahmslos angenommen wird[34] – auf die Gegenstände selbst, vielmehr auf die Zeichen für die Gegenstände bezieht. Daß etwa der Begriff „größte Zahl" kontradiktorisch sei, ihm also keine Idee und damit auch keine Sache entspreche, zeigt Leibniz, indem er auf das kalkülisierte Verfahren zur Generierung der Zahlzeichen Bezug nimmt.[35]

Beispiele von Realdefinitionen, die Herstellungsverfahren für Zeichen von Gegenständen sind, lassen sich in Leibnizens Œuvre zahlreich finden: bei der Bildung unendlicher Reihen und Folgen oder bei seinem Infinitesimalkalkül. Worauf es hier nur ankommt, ist, daß zum Kriterium dafür, ob einer symbolischen Repräsentation ein möglicher Gegenstand entspricht, das Faktum wird,

28 Leibniz 1903, 15.

29 Vgl. Heinekamp 1976, 526f.; Burkhardt 1980, 180; Poser 1979, 312.

30 Leibniz 1965, VII, 263.

31 Leibniz 1966, I, 26.

32 „Kausaldefinition" ist hier nicht physikalisch mißzuverstehen, sondern von Leibniz ausschließlich im konstruktiven Sinne gemeint (Gurwitsch 1974, 66): Etwas kausal bzw. real zu definieren, heißt ein Verfahren zu seiner Erzeugung anzugeben. „... demonstrari talium rerum possibilitatem, quoties ostenditur modus eas generandi vel producendi", Leibniz 1965, I, 213.

33 Leibniz 1965, VII, 294.

34 Belaval 1969, 162; Gurwitsch 1974, 57ff.

35 Leibniz, 1965 V, 347.

ob ein symbolischer Ausdruck nach gewissen Vorschriften regelgeleitet zu erzeugen ist. Der Ort solcher regelgeleiteten Produktion der Zeichen ist der Kalkül. Damit wird für Leibniz die Kalkülisierbarkeit von Zeichenausdrücken zum Kriterium der Referenz und damit der möglichen Existenz von Gegenständen des Erkennens. Leibniz hat damit die im neuzeitlichen mathematischen Denken verwurzelte fundierende Rolle des operativen Symbolgebrauches zum Ideal auch der außermathematischen Erkenntnis stilisiert.

So kann Leibniz der forcierten Illuminationsrhetorik der Aufklärung das Bild der „blinden oder symbolischen Erkenntnis" entgegenstellen: Mit der Möglichkeit, Wahrheit auf Richtigkeit zurückzuführen, kompensiert die Geistestechnik der operativen Schrift die natürlichen Schranken menschlicher Vernunft. Allerdings um einen Preis, den Leibniz in seinen diffizilen Erörterungen über formale Identität akzentuiert: Alles, was wirklich existiert, ist individuell, die Gegenstände aber, die als Referenzgegenstände kalkülisierter Zeichenausdrücke eingeführt werden, verfügen über eine ausschließlich formale Identität, sind also ideale und abstrakte Konstrukte des Geistes. Daher können wir uns mit kalkülisierten Erkenntnisverfahren nicht mehr auf das, was wirklich existiert, also auf die wirklichen Begebenheiten in der Welt beziehen, sondern nur noch auf die Modelle von der Welt, d. h. aber: auf Zeichen.[36] Das Ideal einer vollständig kalkülisierten Wissenschaft wird erkauft mit dem Verzicht auf die Erkenntnis dessen, was wirklich existiert.

Literatur

Belaval, Y. (1960): Leibniz' critique de Descartes. Paris.

Boole, George (1854): An investigation of the laws of thought on which are founded the mathematical theories of logic and probabilities. London (Nachdr. New York 1958).

Burkhardt, Hans (1980): Logik und Semiotik in der Philosophie von Leibniz. München.

Descartes, René (1981): Geometrie. Dtsch. hrsg. v. L. Schlesinger (Repr. d. 2. Aufl. Leipzig 1923). Darmstadt (frz.: Œuvres. Ed. C. Adam u. P. Tannery, Paris 1897–1913, Bd. VI, 367–485).

Frege, Gottlob (1879): Begriffsschrift, eine der arithmetischen nachgebildete Formelsprache des reinen Denkens. Halle a. d. S. (repr. in: G. Frege, Begriffschrift und andere Aufsätze. Ed. Ignacio Angelelli, 3. Aufl. 1977, Hildesheim 1–87).

Gurwitsch, Aron (1974): Leibniz. Philosophie des Panlogismus. Berlin, New York.

Heinekamp, Albrecht (1976): Sprache und Wirklichkeit bei Leibniz. In: Hermann Parret (ed.), History of Linguistic Thought and Contemporary Linguistics. Berlin, 518–570.

Hobbes, Thomas (1839): The English Works of Thomas Hobbes. Ed. William Molesworth, London.

Kauppi, Raoul (1960): Über die Leibnizsche Logik. Mit besonderer Berücksichtigung des Problems der Intension und Extension. Acta Philosophica Fennica Fasc. XII. Helsinki.

36 Krämer 1991, 328ff.

Klein, Jacob (1936): Die griechische Logistik und die Entwicklung der Algebra. Quellen und Studien zur Geschichte d. Math. u. Phys. 3, H. 1, 18–105 u. H. 2, 122–235. Berlin.

Krämer, Sybille (1988): Symbolische Maschinen. Die Geschichte der Formalisierung in historischem Abriß. Darmstadt.

Krämer, Sybille (1989): Über das Verhältnis von Algebra und Geometrie in Descartes „Géométrie". Philosophia naturalis 26 (H. 2), 117–146.

Krämer, Sybille (1991a): Berechenbare Vernunft. Kalkül und Rationalismus im 17. Jahrhundert. Berlin, New York.

Krämer, Sybille (1991b): Zur Begründung des Infinitesimalkalküls durch Leibniz. Philosophia naturalis 28 (H. 2), 117–146.

Krämer, Sybille (1992): Symbolische Erkenntnis bei Leibniz. Zeitschrift für philosophische Forschung 46 (H. 2), 224–237.

Kulstad, Marc (1977): Leibniz's Conception of Expression. Studia Leibnitiana IX (1), 55–76.

Leibniz, Gottfried W. (1846): Historia et Origino calculi differentialius a GG. Leibniz conscripta. Ed. C. I. Gerhardt. Hannover.

Leibniz, Gottfried W. (1960): Die Leibniz-Handschriften der Königlichen öffentlichen Bibliothek zu Hannover. Ed. E. Bodemann. Hannover 1889 (repr. Hildesheim).

Leibniz, Gottfried W. (1965): Die philosophischen Schriften. Ed. C. I. Gerhardt. VII Bde., Berlin 1875–1890 (repr. Hildesheim).

Leibniz, Gottfried W. (1966): Betrachtungen über die Erkenntnis, die Wahrheit und die Ideen. In: Leibniz, Hauptschriften zur Grundlegung der Philosophie. Hamburg, Bd. 1, 3. Aufl., 22–29.

Leibniz, Gottfried W. (1903): Opuscules et fragments inédits de Leibniz. Ed. L. Couturat. Paris (repr. Hildesheim 1961).

Locke, John (1963): Essay Concerning Human Understanding. In: The Works. 10 Vols, Aalen (repr. Scientia Verlag), Bd. II.

Mittelstraß, Jürgen/Schroeder-Heister, Peter (1986): Zeichen, Kalkül, Wahrscheinlichkeit. Elemente einer mathesis universalis bei Leibniz. In: H. Stachowiak (Hrsg.), Pragmatik, Handbuch pragmatischen Denkens I. Hamburg, 392–414.

Poser, Hans (1969): Zur Theorie der Modalbegriffe bei G. W. Leibniz. Studia Leibnitiana Suppl. VI. Wiesbaden.

Poser, Hans (1979): Signum, notio und idea: Elemente der Leibnizschen Zeichentheorie. Zeitschrift für Semiotik 1, 309–324.

Rescher, Niklas (1954): Leibniz's Interpretation of His Logical Calculi. Journal of Symbolical Logic 19, 1–13.

Stiegler, K. (1971): Der Begriff des Isomorphismus und der Darstellung in der Metaphysik von Leibniz. Studia Leibnitiana Suppl. XV, Teil 4, 173–185.

Tropfke, Johann (1980): Geschichte der Elementarmathematik, Bd.1: Arithmetik und Algebra, vollständig neu bearb. v. K. Vogel, K. Reich und H. Gericke. Berlin.

Vieta, François (1646): Opera mathematica. Ed. Fr. v. Schooten. Leiden (Nachdruck Hildesheim 1970), Bd. 1, 1–12.

Bettina Wahrig-Schmidt

Spur, Zeichen, Repräsentation

Politik und Wissenschaft bei Thomas Hobbes

I. Das Individuum als Zeichen

„Vom fingierten Menschen"

Das Motiv des „imitare creationem" durchzieht Hobbes' Schriften von der Logik bis zur Staatsphilosophie. Es sei nur an die Vorrede zu *De Corpore*[1] und an den *Leviathan* erinnert. Hier wird der Staat als „künstlicher Mensch"[2] oder „sterblicher Gott"[3] bezeichnet. Was im *Leviathan* noch auf den ersten Blick in rhetorischer Absicht gesagt sein könnte, wird später in *De homine* in anderer Form wiederholt. Hobbes geht hier vom Begriff der ‚persona' aus und entwickelt einen Gedanken, der schon stark an die Rollensoziologie des 20. Jahrhunderts erinnert:

> „Was bei den Griechen *prosopon* heißt, heißt bei den Lateinern bald *facies* oder *os* des Menschen, bald *persona*; *facies*, wenn ein Mensch im wirklichen Leben, *persona*, wenn er in einer angenommenen Rolle, wie auf dem Theater der Komödien- und Tragödienschauspieler, gemeint war."[4]

1 „Mentis ergo tuæ et totius mundi filia Philosophia in te ipso est; nondum fortasse figurata, sed genitori mundo qualis erat in principio informi similis. Faciendum ergo tibi est, quod faciunt statuarii qui materiam exculpentes supervacaneam, imaginem non faciunt, sed inveniunt. Vel imitare creationem" (OL I, Ad Lect.).

2 EW III, IX.

3 „This is the generation of that great LEVIATHAN, or rather, to speak more reverently, of that *mortal god*, to which we owe under the *immortal God*, our peace and defence" (EW III, 158).

4 „Quod Græci *prosospon*, Latini dicunt quandoque *faciem* sive *os* hominis, quandoque *personam*: *faciem* si de homine vero, *personam* si de fictitio intelligi volunt, qualem in theatro solebant habere comoedi et tragoedi" (OL II, 130); Übersetzung: Frischeisen-Köhler: Hobbes 1977, 53.

Der fingierte Mensch ist nicht etwa die Fiktion eines Menschen überhaupt, sondern ein wirklicher Mensch, der in die Rolle eines anderen schlüpft und durch die Maske anzeigt, daß er jetzt dieser andere ‚ist‘:

> „Man war sich nämlich darüber klar, daß im Theater nicht der Schauspieler selbst redete, sondern irgendjemand anders, z. B. Agamemnon, und zwar durch den Schauspieler, der die künstliche Maske des Agamemnon aufsetzte und für jene Zeit Agamemnon war, [...]. Und nicht weniger notwendig als auf dem Theater sind solche Fiktionen im Leben des Staates, damit Abwesende handeln und Verträge schließen können.“[5]

Ein Mensch kann mehrere Rollen spielen – zu verschiedenen Zeitpunkten oder gelegentlich sogar gleichzeitig. Der Begriff der Person wird damit nicht vom Sosein des Individuums aus definiert, sondern er bestimmt sich aus der Rollenzuschreibung durch die anderen:

> „Person ist, wem Worte oder Handlungen von Menschen beigelegt werden, und zwar entweder seine eigenen oder die eines anderen.“[6]

Die Fähigkeit des Menschen, Rollen zuzuschreiben bzw. zu übernehmen ist für Hobbes von zentraler Bedeutung: Sie eröffnet den Individuen die Möglichkeit, auch in Abwesenheit Verträge abzuschließen, da ein eines an Stelle eines anderen handeln kann. Mehr noch: Eine im Prinzip beliebig große Anzahl von Menschen kann sich durch einen Einzelnen vertreten lassen.[7]

5 „Intelligebatur enim in theatro loqui non ipse histrio, sed aliquis alius, puta Agamemnon, nimirum faciem fictitiam. Agamemnonis induente histrione, qui pro illo temore erat Agamemnon; [. . .]. Nec minus necessariæ sunt in civitate fictiones hujusmodi, propter absentium commercia et contractus, quam in theatro“ (OL II, 130; hier, wie im folgenden, wenn nicht anders vermerkt, Übersetzung der Verfasserin).

6 „Persona est, cui verba et actiones hominum attribuuntur vel suæ vel alienæ“ (OL II, 130; Übersetzung: Frischeisen-Köhler, Hobbes 1977, 54). – Vgl. EW III, 147: „A PERSON, is he, *whose words or actions are considered, either as his own, or as representing the words or actions of another man, or of any other thing, to whom they are attributed, whether truly or by fiction.*“

7 „Ut ergo idem histrio potest diversas personas diversis temporibus induere, ita quilibet homo plures homines repræsentare potest“ (OL II, 130).

Die Repräsentanz der Person

Die Verallgemeinerung dieser Metapher läßt viele mögliche Interpretationen zu, was aber wichtiger ist: Sie kann selbst nochmals verallgemeinert werden zur Repräsentation der Subjekte durch den Sovereign.

Mit der Anwendung des „persona"-Begriffs auf den Staat erreicht Hobbes im wesentlichen zweierlei: Erstens gewinnen die Handlungen der zu einem „corpus politicum" gehörenden Individuen Freiheitsgrade hinzu, indem ein „Spieler" zwischen mehreren Rollen wählen kann. Zweitens – und das ist die andere Seite derselben Medaille – kann das Spiel der Repräsentanz auf einer großen Zahl sehr verschiedener Ebenen stattfinden. Differenzierung und Vereinheitlichung sind hier als Ergebnisse eines und desselben Prozesses gedacht.

Das Phänomen der politischen Repräsentanz kennzeichnet zugleich den Schnittpunkt zwischen Mensch und Natur. Der Mensch als „animal rationale" hat zum einen eine den Tieren analoge Bedürfnisstruktur, zum anderen geht er aber auf ganz andere Weise mit seinen eigenen Bedürfnissen um. Dies erläutert Hobbes am Beispiel des Hungers. Das Tier hat Begierden, die nach ihrer Befriedigung zumindest zeitweise aus dem Bewußtsein verschwinden. Es ist auch nicht in der Lage, durch Merkzeichen etwa Nahrungsquellen oder einen Vorrat zu markieren. Den Menschen dagegen macht schon der zukünftige Hunger hungrig,[8] was bedeutet, daß sein Machtstreben, das im Dienst der Triebe steht, unendlich ist. Während das „animal" natürliche Grenzen hat, sind diese beim menschlichen Individuum durchbrochen, und zwar aufgrund seiner Fähigkeit, Zeichen zu setzen. Der Kontext der Rede umspinnt wie ein Netz die individuelle, potentiell ins Unendliche gehende Bedürfnisstruktur des Menschen.

Innerhalb des materiell existierenden Individuums entsteht zusätzlich eine Spaltung: Wenn seine eigenen Handlungen ihm selbst auch zugeschrieben werden, so ist es eine „natürliche Person". Repräsentiert sein Agieren dagegen Worte und Taten anderer, so gilt es als „fingierte" oder „künstliche Person".[9]

Dieser Ausflug ins Reich der Politik sollte für Hobbes' Begriff der Repräsentation folgendes deutlich machen:

1. Der Sovereign repräsentiert, indem er handelt; Repräsentanz ist eine Tätigkeit, kein Bild.

2. Das Entstehen von Repräsentanzen ist notwendig mit einer Lockerung der Beziehung zwischen Repräsentiertem und Repräsentanten verbunden. Die

8 OL II, 91; vgl. Weiß 1980, 104.

9 „When they are considered as his own, then is he called a *natural person*: and when they are considered as representing the words and actions of another, then is he a *feigned or artificial person*" (EW III, 147). Vgl. Goyard-Fabre 1992, 225.

Eigenschaften der natürlichen Person des Sovereign werden immer auf seine Handlungen als künstliche Person Einfluß nehmen. Insofern ist es essentiell, daß der Sovereign solange Sovereign ist, wie seine Handlungen als Repräsentanten des vertraglich festgelegten Gesamtwillens gelten.[10]

II. Die Spiegel der Natur

Als Vorbereitung des Lesers auf die physikalischen Erklärungen des Sehvorgangs läßt Hobbes eine Bemerkung fallen, die stutzen läßt:

> „Von allen Erscheinungen, die um uns herum existieren, ist aber dies *to phainestai* selbst das bewunderungswürdigste, nämlich, daß einige natürliche Körper von fast allen Dingen Abbilder *(exemplaria)* haben, während andere Körper solche Abbilder überhaupt nicht enthalten."[11]

Spiegelungsvorgänge in der unbelebten Natur werden vergleichend und scheinbar erklärend für die Entstehung von Vorstellungen („phantasmata")[12] in den Sinnesorganen herangezogen. So wie es spiegelnde und nicht spiegelnde Oberflächen gibt, so haben einige Naturgegenstände Sinnesorgane und unterscheiden sich damit von den übrigen Objekten der Natur. Jene so unterschiedenen Naturobjekte haben neben der Sinneswahrnehmung auch Willkürbewegung.[13]

Es wäre aber zu kurz gegriffen, wenn man den Vergleich, den Hobbes hier verwendet, als vollständige *Erklärung* der sinnlichen Perzeption verstünde.

10 Das heißt nicht, daß er abwählbar ist. Diese Bedingung wird vielmehr solange erfüllt, wie er die staatliche Gewalt auf sich vereinen kann. So lange schützt er nämlich das Commonwealth vor dem Verfall und die Individuen vor dem Risiko eines gewaltsamen Todes.

11 „*Phænomenon* autem omnium, quæ prope nos existunt, id ipsum *to phainestai* est admirabilissimum, nimirum, in corporibus naturalibus alia omnium fere rerum, alia nullarum in seipsis exemplaria habere" (OL I, 316).

12 Zum „phantasma" und verwandten Begriffen vgl. Zarka 1992.

13 Hobbes unterscheidet zwei Formen von innerer Bewegung, die den Lebewesen zueigen sind: Der „motus vitalis" ist (für die Lebensdauer des Individuums) immerwährend; er garantiert die Lebensvorgänge im engeren Sinn wie Blutkreislauf, Atmung usw. Dagegen ist der „motus animalis" für die Willkürbewegung verantwortlich. Diese Art der Bewegung hat einen Anfang und ein Ende; sie ist also diskret, ziel- und außenorientiert. Die physiologischen Prozesse der Sinneswahrnehmung vermitteln zwischen diesen beiden Arten von Bewegung: Auf der einen Seite ist die Sinneswahrnehmung ein zielgerichteter (von außen nach innen und wieder nach außen) und diskreter Vorgang wie der „motus animalis", auf der anderen Seite bestehen Vernetzungen zwischen ihr und den innerorganismischen Prozessen. Der „motus animalis" ist es aber erst, der ein Naturobjekt zum „Lebewesen", zum „animal" macht. Sinneswahrnehmung und Willkürbewegung konstituieren damit die *differentia specifica* der belebten Natur gegenüber der unbelebten.

Sinneswahrnehmung ist ein Vorgang, in dem der lebende Körper keineswegs passiv, sondern höchst aktiv ist, da er das „Phantasma", die Erscheinung des wahrgenommenen Objekts, hervorbringt. Im Fall des spiegelnden Teiches steht der Betrachter, der den Abbildungsvorgang analysiert, vor dem Spiegel; er sieht damit Spiegelbild und Bespiegeltes[14] zugleich. Diese Doppelung wird durch die Analogie des natürlichen Spiegels in Erinnerung gebracht. Sie ist trotz der aktiven Rolle des Organismus im Wahrnehmungsvorgang auch hier vorhanden; nur wird sie sozusagen unsichtbar, weil wir, genau wie jedes andere wahrnehmende Lebewesen auch, gewissermaßen im Spiegel stehen.

Sinneswahrnehmung verläuft für Hobbes ungefähr nach folgendem Schema: Von einem Körper geht ein *conatus*[15] in Richtung auf das Sinnesorgan aus; dieser pflanzt sich über das *sensorium commune* ins Gehirn und über das Herz in den ganzen Körper fort; gleichzeitig wird ein entgegengesetzter *conatus* erzeugt, der vom Sinnesorgan weg und auf das Objekt hin gerichtet ist. An der Stelle des Objekts entsteht ein Phantasma, und diese unsere Wahrnehmung des Objekts halten wir gewöhnlich für den Gegenstand selber.[16]

Der lebendige „Spiegel" hat aber noch eine weitere Eigenart: Die Sinneswahrnehmung – in Hobbes' Sprache: das Phantasma – kann länger bestehenbleiben als der Gegenstand. Gerade aufgrund seiner Materialität entsteht innerhalb des Wahrnehmungsvorgangs eine Differenz zwischen äußeren und inneren Prozessen, die wiederum eine wichtige Voraussetzung für das Denken *(ratiocinare)* ist. Die Differenzierung zwischen dem Bespiegelten und dem Spiegelbild, jenes „mirabile", das schon in der unbelebten Natur vorkommt, wird im lebenden Körper also aus einer räumlichen in eine zeitliche Differenz umgesetzt.

Aus einer solchen Verdoppelung des Objekts in den Gegenstand der Wahrnehmung und sein Phantasma erfolgt eine innere Differenzierung des Wahrnehmungsprozesses. Dieser wirkt sich modifizierend auf den Gesamtzustand des Organismus aus. Das Phantasma hat zwei verschiedene Aspekte, die zunächst auseinanderzutreten scheinen: Im Hinblick auf den Wahrnehmungsvorgang ist es eine Projektion, im Hinblick auf die innerorganismischen Zustände ist es sozusagen ein Engramm, eine Spur.[17] Damit kann auch erklärt werden, warum verschiedene Individuen denselben Gegenstand unterschiedlich wahrnehmen können: Das Gesamt der vorangegangenen Wahrnehmungen

14 Ich übernehme diese Terminologie von Holz 1983, 63.

15 Conatus ist eine gerichtete Bewegung über eine minimale Strecke und in einer minimalen Zeit. OL I, Kap.8; vgl. dazu Bernstein 1980; Melis 1972; Barnouw 1992.

16 OL I, Kap. 25.

17 Diesen Ausdruck benutzt Hobbes selbst nicht.

wirkt sich auf die jeweils aktuelle Projektion aus. Irrlehren und Leidenschaften – beide sind als auf unterschiedlichen Wegen entstandene Arten von Engrammen aufzufassen – können zu verzerrten oder regelrecht „falschen" Wahrnehmungen führen. Religiöser und politischer Fanatismus, vorgefaßte Meinungen und wissenschaftliche Fehlurteile werden durch diese Auffassung erklärbar, und Hobbes benutzt erläuternd eine einschlägige Metaphorik:

> „... whereas the common people's minds, unless they be tainted with dependance on the potent, or scribbled over with the opinions of their doctors, are like clean paper, fit to receive whatsoever by public authority shall be imprinted in them."[18]

III. Die Spuren der Dinge

Damit sind wir bei einer gänzlich anderen Art, geistige Vorgänge zu repräsentieren – nämlich bei einem Verfahren, das nicht vordringlich Abbilder, sondern Spuren erzeugt.

Descartes bedient sich ausdrücklich des Worts „Spur" im Zusammenhang mit den Bewegungen der *spiritus* durch die Nerven und Kammern des Gehirns.[19] Hobbes ist hier vorsichtiger. Während Descartes von Spuren, Stempeln und Röhrensystemen spricht, beschränkt sich Hobbes darauf, die Metapher des ins Wasser geworfenen Steins einzuführen, der noch Wellen verursacht, wenn er schon längst auf dem Grund des Teichs liegt:

> „As standing water put into motion by the stroke of a stone, or blast of wind, doth not presently give over moving as soon as the wind ceaseth, or the stone settleth: so neither doth the effect cease which the object hath wrought upon the brain, so soon as ever by turning aside of the organ the object ceaseth to work; that is to say, though the sense be past, the image or conception remaineth; ..."[20]

Derselbe natürliche Körper – nämlich ein Teich – erzeugt also zwei völlig verschiedene Arten von Erscheinungen: Zum einen das optische Abbild, die Reflexion des Gegenstandes auf der unbewegten Oberfläche, und zum anderen das Muster bewegter Wellen als Repräsentanz des auf den Grund fallenden Steines.

18 EW III, 325.
19 Traité de l'Homme, AT XI, 175f.; 178f.; zum Verhältnis von Hobbes und Descartes vgl. Tuck 1988.
20 EL, 8.

„Perfect knowledge of the truth in all matters whatsoever“ kann nur aus den „registers and records of things“ abgeleitet werden.[21] Obwohl wir immer nur unsere Phantasmata haben, erzeugen die Spuren der Dinge in unserem Geist wahre Abbilder, vorausgesetzt allerdings, die „well balanced reason“ leitet sie mithilfe der Namen.[22] Die „registers and records“ erzeugen Verzweigungen wie bei einem Baum. Diese Metapher aus dem Vorwort zur englischen Ausgabe von *De cive* führt auf das in *De corpore* dargelegte binäre Schema der *computatio*.[23]

IV. Politische Repräsentanz und Abstraktion

Im ersten Abschnitt wurde gezeigt, daß die politische Repräsentanz gegenüber dem Repräsentierten eine gewisse Selbständigkeit hat, da der individuelle Wille des Sovereign persistiert. Ebenso ist das Phantasma als Naturphänomen dem Objekt gegenüber selbständig, weil der ‚Spiegel‘, d. h. der Körper des Lebewesens, eine Eigenaktivität behält. So wie deshalb der Sovereign als Einzelindividuum beschränkt bleibt und doch der Möglichkeit nach weit über seine eigene Individualität hinausweist, so entsteht im wahrnehmenden Körper, d. h. zunächst im Tier, dann aber auch im Menschen, die Möglichkeit, daß die Phantasmata, die letztlich immer auf sinnliche Wahrnehmungen äußerer Objekte zurückgeführt werden müssen, doch ein eigenes Reich für sich bilden, welches in gewissem Umfang der Außenwelt gegenüber autonom ist.

Diese Autonomiebehauptung wird durch Hobbes’ Gedankenexperiment der „Privation“ abgesichert. Würden alle möglichen Objekte der Wahrnehmung vernichtet, so blieben uns noch unsere Phantasmata, d. h. die Erinnerungen an vergangene Sinneseindrücke und die Vorstellungen, die sich aus ihnen konstruieren lassen.[24] Das ‚Urphänomen‘ eines so begriffenen Phantasma ist der Raum, der nach Hobbes’ Definition keinen anderen Inhalt hat als eben denjenigen, Phantasma zu sein: Hätten wir innerhalb des Privationsexperiments die Vorstellung (Phantasma) eines beliebigen Gegenstandes und wollten

> „nicht betrachten, was dies für ein Ding war, sondern nur, was außerhalb des Geistes bestand, so haben wir das, was man *Raum* nennt, der in gewisser Weise imaginär ist, weil er ein bloßes Phantasma, aber gerade dasjenige ist, das von allen so genannt wird.“[25]

21 EW II, III.
22 Ebd.
23 Siehe unten.
24 OL I, 81f.
25 „... nec considerare velimus, qualis ea res erat, sed simpliciter quod erat extra animum, habemus id,

Mit anderen Worten: Der einzige Fall eines Phantasma, in dem die Distanz zwischen Vorstellung und Objekt negiert wird, ist derjenige des Raumes, der nur als ‚Vorstellung überhaupt' zum Gegenstand werden kann.

Diese Gedankenoperation macht zugleich die andere Seite der Repräsentation sichtbar: Ist diese zum einen ein physikalisch erklärbarer, materieller Vorgang, so ist doch ihr Produkt nur aus der Defizienz heraus definierbar, wie folgende Äußerung aus dem *Leviathan* belegt:

> „An *image*, in the most strict signification of the word, is the resemblance of something visible: in which sense the phantastical forms, apparitions, or seemings of visible bodies to the sight, are only *images*; such as are the show of a man, or other thing in the water, by reflection, or refraction; or of the sun, or stars by direct vision in the air; which are nothing real in the things seen, nor in the place where they seem to be."[26]

Ein Abbild ist also zum einen definiert durch *Ähnlichkeit* („resemblance"), zum anderen jedoch gerade durch deren partielle *Abwesenheit.* Aufgrund dieser Eigenschaft wird das Bild („image") aber zum Prototyp des *Repräsentanten,* für den charakteristisch ist, daß hier keine Ähnlichkeitsbeziehung zwischen dem Repräsentierten und dem Repräsentanten mehr erforderlich ist. Damit wird die politische Repräsentation richtungweisend für Hobbes' Auffassung der Repräsentation überhaupt.[27]

V. Kombinatorik der Wahrnehmungselemente

Die vorangehenden Ausführungen sollten zeigen, daß entgegen dem Anschein Hobbes keine naturalistische Deduktion seiner Staats-Mensch-Maschine intendiert. So wie die Wahrnehmung immer mit einer Doppelung in Repräsentiertes und Repräsentanten beginnt und so wie ohne das Auseinandertreten von natür-

quod appellamus *spatium*, imaginarium quidem, quia merum phatasma, sed tamen illud ipsum, quod ab omnibus sic appellatur" (OL I, 82).

26 EW III, 648.

27 „But in a larger use of the word image, is contained also, any representation of one thing by another. So an earthly sovereign may be called the image of God: and an inferior magistrate, the image of an earthly sovereign. And many times in the idolatry of the Gentiles there was little regard to the similitude of their material idol to the idol in their fancy, and yet it was called the image of it" (EW III, 650).

licher und künstlicher Person keine Souveränität und damit kein Staat entsteht, so beginnt das Menschsein mit einem Bruch zwischen Natur und Kunst.[28]

Wenn Wissenschaft für Hobbes mit der Wahrnehmung beginnt,[29] so heißt dies gleichzeitig, daß in der Wahrnehmung dieser Bruch schon angelegt ist. Vollzogen wird er aber erst, wenn der menschliche Geist beginnt, die in den Wahrnehmungen gewonnenen Vorstellungen selbständig zu kombinieren.

Der Mensch ist vor den anderen Lebewesen ausgezeichnet durch die Befähigung zu Vernunftschlüssen, zum „ratiocinare". Diese *ratiocinatio* oder *computatio* besteht darin, „die Summe mehrerer Dinge zu ziehen, die sozusagen zu addieren sind, oder aber, wenn ein Ding von einem anderen abgezogen wird, den Rest zu erkennen."[30] Die oben erläuterte aktive Leistung des Wahrnehmenden setzt sich beim Erkennen also fort, indem selbständig Synthesen und Analysen vorgenommen werden.

In einem weiteren Schritt können nun sprachliche Zeichen geschaffen werden. Hobbes unterscheidet zwei Arten von Zeichen: die *nota* (mark; Merkzeichen) und das *signum* (sign; Zeichen).

Der erste sprachbildende Akt ist die Schaffung von *Merkzeichen*:

> „A *mark* therefore is a sensible object which a man erecteth volutarily to himself, to the end to remember thereby somewhat past, when the same is objected to his sense again. As men that have passed by a rock at sea, set up some mark, whereby to remember their former danger, and avoid it."[31]

Hier wird also ein Gegenstand der Wahrnehmung für einen anderen gesetzt: politische und sprachliche Repräsentation folgen einem einheitlichen Muster. In dem zitierten Beispiel dient das Merkzeichen dazu, ein identisches Objekt kenntlich zu machen. In der Regel soll es aber nur Vorstellungen erwecken, welche den ursprünglich vorhandenen *ähnlich* sind.[32] Das Merkzeichen überbrückt zwei Abgründe: die zeitliche Differenz zwischen dem „hier" und dem „früher" *und* die zeitunabhängige Differenz zwischen den Vorstellungen, die zwar ähnlich, aber nicht identisch sind. Es kann diese Funktion jedoch nur

28 „L'acte d'instauration de la société civile rompt l'ordre naturel" (Goyard-Fabre 1992, 219).

29 OL I, 59.

30 „Computare vero est plurium rerum simul additarum summam coligere, vel una re ab alia detracta, cognoscere residuum" (OL I, 3).

31 EL, 18.

32 „Hujusmodi monimenta sunt quas vocamus notas; nimirum res sensibiles arbitrio nostro adhibitas, ut illarum sensu cogitationes in animum revocari possunt similes iis cogitationibus quarum gratia sunt adhibitæ" (OL I, 12).

übernehmen, indem es einen neuen Abgrund aufreißt: Seine Entstehung markiert den endgültigen Bruch zwischen Mensch und Natur, denn es ist *als* „res sensibilis" nicht mehr als *es selbst* relevant, sondern als Repräsentant eines *anderen*. Seine Erschaffung unterliegt der Willkür des Subjekts. Merkzeichen können jedoch nicht nur für äußere Dinge geschaffen werden, sie können genauso für Gedanken stehen.[33] Damit sind sie in der Lage, nicht nur einen beliebig wählbaren Ausschnitt der Außenwelt und ihrer Prozesse zu vertreten – sie können auch an Gedankenfolgen erinnern und diese zusammenfassen, also Universalien bilden.

Das *Zeichen*, das *signum*, ist ebenso wie die *nota* ein Gegenstand sinnlicher Wahrnehmung. Ein Zeichen ist nach Hobbes „Konsequens eines Antezedens" oder „Antezedens eines Konsequens".[34] So ist etwa die Wolke Zeichen zukünftigen Regens, und der Regen ist umgekehrt Zeichen vorangegangener Wolkenbildung. Diese *natürlichen* Zeichen ahmt der Mensch durch *künstliche* Zeichen nach, etwa wenn er eine Efeuranke aufhängt, um darauf hinzuweisen, daß in einem Lokal Wein ausgeschenkt wird.[35] Künstliche Zeichen sind immer schon auf ihr Verstandenwerden durch andere hin konzipiert. Wie das Merkzeichen ist auch das Zeichen willkürlich gesetzt – und das heißt, daß seine Gestalt nichts mit dem Gegenstand zu tun hat, für den es steht. Mit der Unterscheidung zwischen natürlichen und künstlichen Zeichen suggeriert Hobbes eine Kontinuität, die bei genauerem Hinsehen keine ist: Nur wenn wir bereits unterschieden haben zwischen dem „Erst" der Wolke und dem „Später" des Regens, ist es sinnvoll, von *antecedens* und *consequens* zu sprechen. Das heißt, die „Wegmarken" der *notae* müssen bereits unsere Wahrnehmung von Naturgegenständen strukturiert haben, wenn wir von natürlichen Zeichen sprechen wollen. Insofern ist es konsequent, daß für Hobbes die *nota* gegenüber dem *signum* das Ursprünglichere ist. Damit ist das künstliche Zeichen aber keine reine „imitatio" der Naturvorgänge, sondern diese erscheinen uns erst im Lichte unserer eigenen Konstruktionen.

Das (künstliche) Zeichen ist auf einen Leser angewiesen, während in der *nota* Leser und Autor zusammenfallen. Nehmen wir das genannte Beispiel für die *nota* wörtlich: Hobbes beschreibt hier die Produktion einer Spur. Ein Naturgegenstand (ein Felsen) wird dauerhaft verändert, so daß sein wiederholtes Betrachten an diese Veränderung (und die Umstände, die zu ihr führten) erinnert. Die Priorität der *nota* gegenüber dem *signum* bedeutet auch, daß für

33 EL, 18f.; vgl. OL I, 11f.

34 „Signa autem vocari solent antecedentia consequentium, et consequentia antecedentium, quoties plerumque ea simili modo præcedere et consequi experti sumus" (OL I, 12).

35 OL I, 13.

Hobbes das ‚Schreiben' der gegenüber dem ‚Lesen' ursprünglichere Akt ist. Erst die Umkehr vom eigenen Tun zu dessen materiellen Resultaten[36] bringt die in der sozusagen physiologischen zeitlichen Differenz zwischen „Objekt" und Phantasma angelegten Möglichkeiten zur Verwirklichung.

VI. Wissenschaftsmetaphorik

Schöpfung

Mit der Schaffung von künstlichen Zeichen ahmt der Mensch nicht nur die Natur, sondern auch Gott nach, der als oberste Ursache die Aufeinanderfolge der Naturvorgänge und damit auch der natürlichen Zeichen bestimmt.[37] Den Aufbau seiner Philosophie vergleicht Hobbes mit den Tagen der Schöpfungsgeschichte. Wie der Geist Gottes einst über dem Wasser schwebte, so trägt den Menschen die Vernunft über den Abgrund seiner verworrenen Gedanken und Erfahrungen hinweg.[38] Die Parallelen im Vorwort zu *De Corpore* sehen folgendermaßen aus:

1. Tag: Licht („lux")	Vernunft
2. Tag: Unterscheidung von Tag und Nacht	Definition
3. Tag: Das Ausgedehnte	Raum
4. Tag: Firmament („luminaria")	Sterne
5. Tag: sinnlich Wahrnehmbares („sensibilia")	sinnlich wahrnehmbare Eigenschaft
6. Tag: der Mensch	der Mensch

Nach dem Ende der Schöpfung wurde der Bund zwischen Gott und den Menschen *(mandatum)* geschlossen; in Hobbes' System steht hier der Bürger *(civis)*.[39]

36 Vgl. Wahrig-Schmidt 1994.

37 Vgl. OL I, Ad lectorem.

38 „Super abyssum cogitationum experimentorumque tuorum confusam (si philosophiæ operam seriam daturus sis) superferatur ratio tua" (OL I, Ad lectorem).

39 OL I, ebd.:
– lux – ratio (logica; Kap. 1–6 von *De Corpore*)
– noctis et diei distinctio – definitio (philosophia prima; Kap. 7–14)
– expansum – spatium (de rationibus motuum, et magnitudinum; Kap. 15–24; Geometrie)
– luminaria – astra (physica, Kap. 26, De Universo et Syderibus)
– sensibilia – qualitas sensibilis (physica, Kap. 25; 27–30)

Auch hier wieder ist das Scheiden vor das Schaffen gesetzt. Der Bruch zwischen Gott und dem ursprünglichen Chaos ermöglicht die Schöpfung; derjenige zwischen dem Menschen und der Natur markiert den Beginn der Wissenschaft.

Gebäude

Der konstruktive Aspekt von Hobbes' Philosophie wurde schon angesprochen. Er ist zum einen aus der Selbständigkeit der Repräsentanten zu erkennen, zum anderen aus dem Bruch zwischen Natur und Kunst sowie aus der Kombinatorik der Wahrnehmungen. Es liegt daher nahe, die Erkenntnistätigkeit des Menschen nicht nur mit der Schöpfung der Welt, sondern auch mit dem Errichten eines Gebäudes zu vergleichen. Wie der Architekt auf festem Grund ein solides Haus baut, kann der Mensch von richtigen Prinzipien ausgehend gültige wissenschaftliche Erkenntnisse gewinnen. So behauptet Hobbes, er selbst habe „die Grundlagen der Geometrie fest und kohärent gemacht".[40] Wissenschaft müsse auf „sicheren und klaren Prinzipien beruhen".[41] Auch die Lehre vom Commonwealth kann für Hobbes aus sicheren Prinzipien hergeleitet werden; die Metapher des Gebäudes kommt sowohl in bezug auf die Staatswissenschaft[42] als auch in bezug auf den Staat selbst vor.[43]

Zwischen dem Menschen als Werkmeister[44] auf der einen Seite sowie dem Menschen als Konstrukteur und Nachahmer Gottes auf der anderen stellt die Einleitung des *Leviathan* eine Beziehung her.[45] Das „künstliche Tier", als dessen Produzent der Mensch auftritt, ist in erster Instanz der Automat, in zweiter Instanz dann aber der Staat.[46] Dieser ist die Krönung der Schöpfungstätigkeit des Menschen: Ist er richtig konstruiert, so besteht sein Fundament aus sicher deduzierten Basissätzen.

Bereits im Prozeß der *ratiocinatio*, also des Kombinierens von Vorstellungen, von Zeichen und Namen, hatten die Repräsentanten der Dinge eine Auto-

– homo – De homine. Dem sechsten Tag entspricht also der zweite Teil seines dreigliedrigen Systems, dem siebten („deinde post creationem" der dritte).

40 „I am the first that hath made the ground of geometry firm and coherent. Whether I have added anything to the edifice or not, I leave to be judged by the readers" (EW VII, 242).

41 EW VI, 362.

42 EW VI, 362.

43 EW III, 308; 325; vgl. Berthold 1968.

44 Vgl. Sprüche Salomo, 8, 29f.

45 EW III, IX; vgl. Baumann 1991 sowie den Beitrag von Horst Bredekamp in diesem Band.

46 Genaugenommmen ist der Staat nicht nur ein künstliches Tier, sondern sogar ein künstlicher Mensch.

nomie erhalten. Erst auf deren Basis waren die Kumulation von Wissen und die Bildung von Universalien denkbar geworden. Mit der Tiermaschine und dem Staatsgebäude gewinnt diese Autonomie dann eine neue Stufe der materiellen Existenz. Die Gedanken der Menschen bekommen eine selbständige, materiell präsente Gestalt; sie sind Repräsentanten in einem noch anderen Sinn und bilden eine zweite Realität neben der ‚natürlichen', als deren Differenz sie entstanden waren.

Daß Hobbes gerade die Geometrie mit einem Gebäude vergleicht, ist kein Zufall. Sie ist für ihn Basiswissenschaft aller jener Disziplinen, welche die Körper und ihre Bewegungen zum Gegenstand haben. Abstrahiert man von einem Körper alle Akzidentien, so bleibt seine bloße Existenz, d. h. seine Gegenwart im imaginierten (weil nicht von Körpern ausgefüllten) Raum.[47] Der Körper kann dann als Punkt repräsentiert werden. Bewegt er sich, so entsteht eine Linie, deren Bewegung eine Fläche erzeugt, welche wiederum einen dreidimensionalen Körper entstehen läßt.[48] Hobbes gewinnt so ein geometrisches Modell für die Mechanik, das den Anspruch erheben kann, die Bewegungen realer Körper in abstrakter Form abzubilden,[49] sie als geometrische Formen zu reproduzieren.

Der Baum der Erkenntnis

Durch das zeitliche Auseinandertreten des Gegenstandes und „seines" Phantasma erfüllt dieses potentiell den Tatbestand der Repräsentation, des Wiedergegenwärtig-Machens eines zu einem früheren Zeitpunkt vorhanden gewesenen Objekts. Politische und optische Repräsentation funktionieren nach demselben Muster. Allerdings handelt es sich, wie wir gesehen haben, beim Phantasma nicht um eine isolierte Erscheinung; es ist eingebunden zum einen in eine zeitliche Sukzession, denn es läßt sich zum „Objekt" zurückverfolgen wie eine Spur. Zum anderen aber gehört es auch in eine „räumliche" Ordnung. Diese organisiert die Einzelspuren auf ähnliche Weise, wie das Wellenmuster eines Teichs ein zum Fall des Steines in die Tiefe passendes Muster auf der Wasseroberfläche darstellt.

So wie hier ein Prozeß in ein räumliches Muster umgesetzt wird, so operiert der menschliche Geist bei der Wahrnehmung von Objekten durch Addition und Subtraktion von Vorstellungen. Hobbes beschreibt zur Erläuterung, was im

47 OL I, 90.
48 OL I, 98f.
49 Vgl. Sacksteder 1981; sowie Sorell 1991, 65 und seine kritische Diskussion dieses Projekts, 66f.

Geist des Wahrnehmenden geschieht, wenn sich ihm ein Mensch nähert. Der erste Prädikationsakt – wenn der Mensch in der Ferne nur als Punkt wahrzunehmen ist, lautet: „Körper". Wenn erkennbar ist, daß sich der Körper selbst nähert, bekommt er zusätzlich das Prädikat „belebt",[50] schließlich noch das Prädikat „vernünftig", und zum Schluß vielleicht den Namen „Peter", wenn die Person bekannt ist.[51] Die aristotelische Kategorienlehre wird hier in ein *quasi* sensualistisches Erkenntnismodell umgesetzt. Das erste Prädikat ist dasjenige mit dem größten Allgemeinheitsgrad; die folgenden lassen sich nach einem binären Schema aus diesem ersten entwickeln:

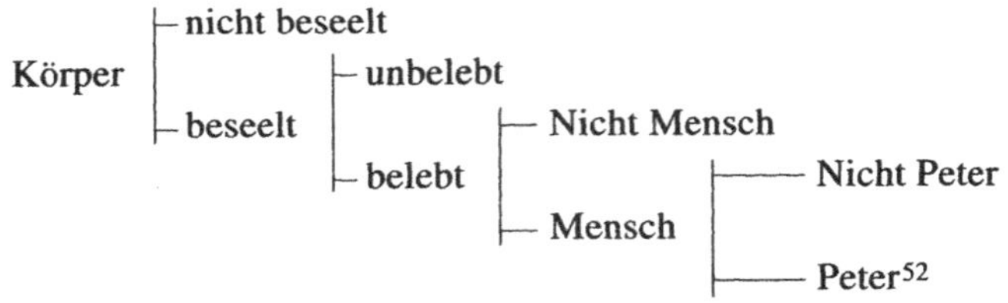

Die einfachen, allgemeinen Prädikate können zusammengesetzt werden: sie erzeugen immer neue Prädikate mit immer weiter eingeschränkter Bedeutung. Man kann das Prädikationsexperiment aber auch umkehren, wie Hobbes vorführt: Entfernt sich Peter wieder, so entstehen durch sukzessives Subtrahieren von Prädikaten Namen von immer allgemeinerer Bedeutung.[53] Es scheint mir wichtig zu sein, daß für Hobbes Verallgemeinerung eng zusammenhängt mit dem Vorgang der Abstraktion; und hier ist die Parallele zur politischen Repräsentation wieder deutlich. Ähnlich wie beim Privationsexperiment die Dauer der Vorstellungen durch die Abwesenheit des Objekts gefestigt wird, gewinnt auch hier die Repräsentation ihre Selbständigkeit durch die Divergenz zwischen Repräsentiertem und Repräsentanten, wobei dieser allerdings immer materiell gedacht sein muß. Die Philosophie gleicht einem Baum: „how many sorts of things there are, which properly fall within the cognizance of human reason; into so many branches does the tree of philosophy divide itself".[54]

50 Weil nur ein belebter Körper sich selbst bewegen kann.
51 OL I, 3f.
52 Hobbes 1967, 23.
53 OL I, 3f.
54 EW II, III.

VII. Das Verhältnis der Wissenschaften

Philosophie oder Wissenschaft – Hobbes gebraucht diese Ausdrücke weitgehend synonym – ist entweder die „durch richtige Vernunftschlüsse gewonnene Erkenntnis der Wirkung aus einer bekannten Ursache oder irgendeiner Ursache, so wie es sein könnte, aus bekannten Wirkungen oder Phänomenen."[55] Erkenntnisse können *a priori* oder *a posteriori* gewonnen werden. Erkenntnis *a priori* ist von all jenen Dingen möglich, „deren Erzeugung vom Willen der Menschen abhängt".[56] Dies trifft vor allem für die Staatswissenschaft sowie für die Mathematik bzw. Geometrie zu.[57]

Hobbes unterscheidet zwischen „history" auf der einen und „science" bzw. „sciences" auf der anderen Seite.[58] „Knowledge of fact", d. h. durch die Sinne vermitteltes Tatsachenwissen, ist absolut.[59] Geschichte kann zum einen Naturgeschichte sein – wenn sie von Tatsachen handelt, die nicht vom menschlichen Willen abhängen –, sie kann aber auch „civil history" sein und beschäftigt sich dann mit den „Willenshandlungen der Menschen in Staaten".[60] „History" als reines Tatsachenwissen fällt eigentlich aus der allgemeinen Definition von Wissenschaft heraus, da es hier nicht um die Ursachen der Phänomene, sondern nur um die Wahrheit bzw. Korrektheit der Tatsachen geht.[61] Diejenigen durch sinnliche Wahrnehmung vermittelten Tatsachen, mit denen es Wissenschaft im engeren Sinn zu tun hat, sind bereits Bestandteile allgemeiner Sätze, deren Wahrheit durch Erklärungen gefestigt werden kann, und zwar durch Erklärungen, die plausible Verkettungen von Ursache-Wirkungskomplexen ermöglichen. Wissenschaftliche Wahrheit ist folglich – mit Ausnahme der Geometrie – relativ[62] und an die Prädikationen gebunden, mit denen die Erscheinungen allgemein verknüpft werden.

Da die Ursachen der Phänomene bei Hobbes immer letztlich aus den Akzidentien der Körper abgeleitet werden müssen, ist hier der Ort für eine kategoriale Deduktion der verschiedenen Wissenschaften. Stimmt die systematische

55 „Philosophiam definiviums (cap. primo) esse Effectuum ex cognita generatione, et generationis alicujus, quæ esse possit, ex cognitis effectibus sive phænomenis, per rectam ratiocinationem cognitionem acquisitam" (OL I, 315).

56 „Itaque earum tantum rerum scientia per demonstrationem illam a *priore* hominibus concessa est, quarum generatio dependet ab ipsorum hominum arbitrio" (OL II, 92).

57 OL II, 93f.

58 EL, 24f.; EW III, 71 OL II, 92.

59 EW III, 71.

60 EW III, 17.

61 OL II, 92.

62 Bis auf Geometrie und Staatswissenschaft.

Konstruktion, so müßte aus den Prädikamenten des Körpers, so wie sie Hobbes im 2. Kapitel von *De Corpore* vorschlägt, auch das Prinzip einer Einteilung der Wissenschaften zu gewinnen sein. Nun wird gleich vorgebaut, indem Hobbes darauf hinweist, daß eine allgemeingültige Einteilung nur von einer „vollkommenen Philosophie" vorgenommen werden könnte; dennoch müßte wenigstens eine Gliederung möglich sein, auch wenn sie nicht die einzig wahre wäre.

Kapitel 2 von *De Corpore* gibt vier Prädikamentenschemata: Körper, Quantität, Qualität und Relation.[63] Diese Vierteilung wird im Kapitel 6 *(De methodo)* übernommen: 1. Die *Definitionen* finden sich in der allgemeinen Rede vom Körper wieder; sie entsprechen im System also der „computatio sive logica". 2. Die *Geometrie* befaßt sich mit bestimmten *Quantitäten*, sofern von ihrer Körperlichkeit abgesehen wird; wird diese mitbetrachtet, so gehen wir zur *Bewegungslehre* über. 3. Geht es nun um die *Qualitäten*, so müssen diese zunächst in ihrer Wirkung auf den Menschen, also als *Sinnesphysiologie* betrachtet werden. Gesichtssinn, Tastsinn, Gehör, Geschmackssinn werden behandelt, bevor Licht, Farbe, Wärme, Geschmack usw. behandelt werden. Beide zusammen ergeben die *Physik.* Auch der „motus animorum", also die Mechanik der Leidenschaften, gehört als „moralia" noch zu dieser Disziplin.[64] 4. Die *Philosophia civilis* dagegen unterscheidet sich von den vorigen Wissenschaften dadurch, daß ihr Gegenstand uns auch durch Selbstbeobachtung gegeben ist.[65] – Das vierte Schema, dasjenige der Relation, findet sich nicht wieder,[66] dafür ist die Staatswissenschaft als vierte Gruppe eingesetzt, die mit den drei anderen Gruppen nur lose verbunden ist.

Im *Leviathan* wird der Graben zwischen Naturphilosophie und Staatswissenschaft metaphorisch überbrückt: Gegenstände der Wissenschaft sind hier zwei Arten von Körpern – „natural bodies" oder „politic bodies".[67] Obwohl aus dem gesamten Text klar hervorgeht, daß das natürliche Reich Gottes,[68] also das

63 Zwischen dem Körper und der Quantität ist eine interessante „Zwischenstufe" zu finden, nämlich ein Schema, bei dem der Körper „einmal als Akzidens und einmal als Körper" betrachtet wird. Aus dieser Zwischenstufe wird der Begriff der Relation gewonnen. Das ist in zweierlei Hinsicht interessant: zum einen, weil dies ein Hinweis darauf sein könnte, daß die oft monierte Zweideutigkeit im Verhältnis von Körper und Akzidens, die das Hobbessche System durchzieht, zumindest bewußt, wenn nicht sogar gewollt war, zum anderen weil hier die Relation aus den Akzidentien im engeren Sinn abzuleiten versucht wird.

64 OL I, 64.

65 OL I, 65.

66 Es fällt auch insofern aus dem Rahmen, als es zwei der schematisierten Kategorien, nämlich Größe und Qualität noch einmal in sich faßt.

67 EW III, 72.

68 „But to call this power of God, which extendeth itself not only to man, but also to beasts, and plants, and bodies inanimate, by the name of kingdom, is but a metaphorical use of the word" (EW III, 344).

Reich der natürlichen Körper, und das Reich des Menschen, das Commonwealth, mit verschiedenen Mitteln analysiert werden müssen, bedient sich Hobbes hier dieses Vergleichs, um den Schein der Kohärenz zu erhöhen.[69] Die vier Prädikamentenschemata sind in bezug auf die „natürlichen Körper" wiederzufinden.

Die erste Zweiteilung betrifft wie erwähnt: a) „Folgen aus den Akzidenzien natürlicher Körper, genannt Naturphilosophie" und b) „Folgen aus den Akzidenzien politischer Körper, genannt Politik und Staatsphilosophie". Punkt a) wird dann wieder binär unterteilt, in die Physik, die „Folgen aus den Qualitäten" behandelt und in eine zweite Rubrik für „Folgen aus den Akzidenzien, die allen natürlichen Körpern gemeisam sind, nämlich *Quantität* und *Bewegung*". Folgen „unbestimmter Quantität und Bewegung" sind Gegenstand der „Philosophia prima", also der Logik und dessen, was bei Hobbes von der Metaphysik übriggeblieben ist. Die „Folgen bestimmter Quantität und Bewegung" im allgemeinen sind Gegenstand der Mathematik, und zwar der Geometrie aufgrund von Figuren bzw. der Arithmetik aufgrund von Zahlen. Bestimmte Quantität und Bewegung besonderer Körper sind dann Gegenstand der Kosmographie, der Mechanik und der Lehre vom Gewicht, aus denen sich wieder Astronomie/Geographie bzw. Maschinenbau, Architektur und Navigation ableiten.

Werfen wir noch einen Blick auf die Physik. Was die Folgen aus den Qualitäten betrifft, so unterscheidet das Schema die Sterne von den irdischen Körpern, diese wiederum werden unterteilt in „Teile der Erde ohne Empfindung" (Steine, Mineralien und Pflanzen) und in Tiere. „Folgen aus den Qualitäten von Tieren im allgemeinen" betreffen die Sinnesphysiologie; besonders erwähnt sind Optik und Musik; die „Folgen aus den Qualitäten der Menschen im besonderen" unterteilen sich in „Folgen aus den menschlichen Leidenschaften" (Ethik) und „Folgen aus der Sprache" (Dichtkunst, Rhetorik, Logik; Wissenschaft von „Recht und Unrecht").[70]

Was bedeutet diese Unterteilung nun in bezug auf Hobbes' erwähnte Definition von Philosophie, derzufolge Erkenntnis entweder durch den Schluß von bekannten Ursachen auf mögliche Wirkungen oder umgekehrt von bekannten Wirkungen auf mögliche Ursachen gewonnen wird?

Nun, die drei genannten in den Kategorientafeln zerlegten Akzidentien (Bewegung, Quantität und Qualität) sind die prinzipiellen Ursachen, auf welche wahrgenommene Wirkungen zurückgeführt werden können.[71] Schon bei der

69 *De Corpore* wurde vier Jahre später veröffentlicht als der *Leviathan*. Trotzdem dürfte es sich hier nur um einen Unterschied in der Präsentation und nicht um eine inhaltliche Differenz handeln.

70 Hobbes 1984, 65; EW III, 72f.

71 Im *Leviathan* werden die nächsten „Zweige" des Wissenschaftsbaum bezeichnet mit der Formulierung „Folgen aus ...".

nächsten Gabelung haben wir Wirkungen vor uns, die allerdings in bezug auf die folgende Gabelung dann wieder als Ursachen gelten usw. Der „Baum der Erkenntnis“ wächst also von den Ursachen in Richtung auf die Wirkungen, und analog differenziert sich das Gebäude der Wissenschaft/Philosophie. Wir haben also als eine mögliche Leserichtung:

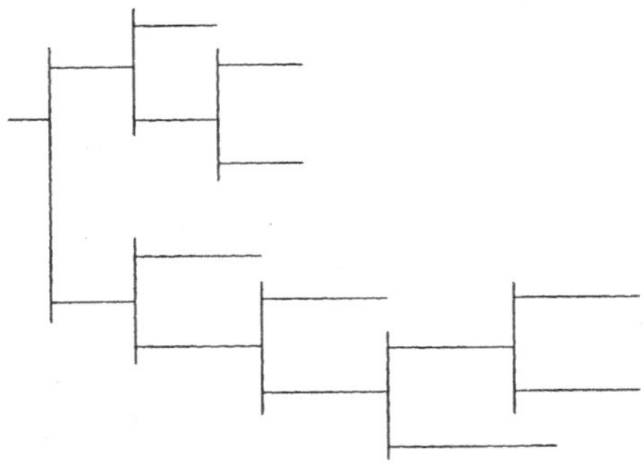

Ursachen ←——— Wirkungen

Die andere mögliche Leserichtung ist:

Ursachen ———→ Wirkungen

Die erste Leserichtung ist in den Wissenschaften die häufigere, da uns meist Wirkungen bekannt sind, nach deren Ursachen wir suchen.

Die erste Leserichtung wäre der Weg der kategorial abgestützten Konstruktion, die zweite würde dem Zurückverfolgen einer Spur ähneln und würde dem Verallgemeinern durch Abstrahieren zu vergleichen sein.

VIII. Die Macht der Abstraktion

Wissenschaften treten in beiden Texten auf als Systeme von Namen, in die sich Erklärungen von Phänomenen eintragen lassen. Dabei ist die Unabhängigkeit der Namen von den Phänomenen und dieser von den „Dingen selbst“ dadurch gewährleistet, daß Hobbes immer wieder die Willkür der menschlichen Setzungen und Prädikationen betont. Während jedoch seine Mechanik der Körper Galileis Physik gehorcht, ist die Logik der Prädikation eine Mechanik *sui generis*, die ihr wiederum eine zumindest metaphorische Verwandtschaft mit der Konstitution der Zentralgewalt in seinem Staat einbringt.[72]

72 Vgl. Sarasohn 1985; Verdon 1982.

In den Prädikamentenschemata entstehen für die Namen nämlich Beziehungen der wechselseitigen Subsumption: Für die positiven Namen gilt, daß der höhere immer den jeweils niedrigeren enthält, im Fall der negativen Namen enthält der jeweils niedrigere den jeweils höheren.[73] – Nach der Einteilung der Wissenschaften steht im *Leviathan* die Begriffbestimmung der Macht auf dem Plan. Macht ist, so Hobbes, die Akkumulation möglichst vieler Einzelwillen zu einem einzigen, in einer Person, einem Repräsentanten:

> „The greatest of human powers, is that which is compounded of the powers of most men, united by consent, in one person, natural, or civil, that has the use of all their powers depending on his will."[74]

So wie die „volonté générale" in seiner Philosophie nur in der „persona" des Despotismus auftreten kann, so ist die Bildung von Universalien an den Verlust von Akzidentien gekoppelt. Die allgemeinsten Namen ‚verfügen' über die weniger allgemeinen; deren Spuren werden sozusagen in die breiten Spuren der Prädikamente eingeschrieben. Aber so wie eine Spur erst als solche bezeichnet werden kann, wenn eine Leserichtung und eine Produktionsrichtung zu unterscheiden sind, so eröffnet der ‚Lesevorgang' die Möglichkeit einer Wiederkehr der Akzidentien. Gleichzeitig ist dieser eine neue Runde in der Produktion der Spur, indem die Operationen des Geistes, die der Lesevorgang beinhaltet, ebenfalls Gegenstände der Prädikation werden können.

So erst ist es möglich, Prinzipien auch der Philosophie, nicht nur der Geometrie und der Staatswissenschaft, zu debattieren. Damit werden Prinzipien jedoch zum genauen Gegenteil dessen, was man sich unter ihnen in einem deduktiven System vorstellt. Sie werden erst wahrnehmbar, wenn der Weg von der sinnlichen Wahrnehmung zur Bildung von Namen häufig und auf je ähnliche Weise begangen worden ist.

IX. Die Heckenschützen aus Oxford

Gott kann dieselbe Wirkung durch unterschiedliche Kombinationen von Ursachen bewirken; d. h., er muß seine eigenen Gesetze nicht durchbrechen, um seine Allmacht unter Beweis zu stellen. Genauso kann der Mensch als Imitator Gottes verschiedene Wirkmechanismen konstruieren, um die Erscheinungen zu erklären. Diese konstruierten Ursache-Wirkungsketten sind die bestmögliche

73 OL I, 24.

74 EW III, 74; zum physiologischen und staatlichen Zentralismus vgl. Cohen 1994.

Annäherung des Menschen an die Wahrheit. Das heißt aber nicht, daß von Menschen gefundene Erklärungen für Erscheinungen prinzipiell untereinander gleichwertig sind. Erklärungen, die sich auf die „ewige Ursache“ der Bewegung zurückführen lassen, haben Vorrang; andere müssen diese Möglichkeit zumindest für die Zukunft in sich bergen.[75]

Werfen wir zum Schluß noch einen Blick auf konkretere Aussagen von Hobbes darüber, wie Wissenschaft vorzugehen habe.

Der Kontroverse über die Luftpumpe ist eine gründliche Studie gewidmet worden, die besonderen Wert auf die unterschiedlichen sozialen Modelle legt, welche die Gruppe um Robert Boyle von Hobbes unterschied.[76] Hobbes' heftigste Angriffe galten den Ansprüchen der Experimentatoren, durch Konsens aufgrund gemeinsamer Beobachtung wissenschaftliche Tatsachen konstituieren zu wollen. Shapin und Schaffer vermuten hier, daß Hobbes die Aufrührer des vergangenen Bürgerkriegs erneut am Werk sieht und eine Gefahr für seine staatliche Zentralgewalt wittert.[77] Das ist eine plausible Erklärung für die Heftigkeit, mit der Hobbes seine Gegner angreift. Man kann seine Argumente aber auch als Plädoyer gegen eine voreilige Privilegierung bestimmter Beobachter und bestimmter Formen der sinnlichen Evidenz lesen.[78] – Zwei Begriffe vor allem werden in dem Dialog *De natura aeris* kritisch beleuchtet: die Annahme der Elastizität der Luft („spring of the air“) und das Vakuum. – Zur Widerlegung der ersten Annahme bemüht sich Hobbes vor allem zu zeigen, daß sie unnötig ist. Statt dessen lasse sich seine in *De Corpore* definierte einfache Kreisbewegung zur Erklärung heranziehen.[79] Im Fall der Elastizität der Luft hat Boyle Hobbes zufolge den Fehler gemacht, keine der beiden zugelassenen „Leserichtungen“ im Ursache-Wirkungsbaum einzuschlagen. Wenn er die Elastizität aus der Analogie mit einem Bündel von Wollfäden erklärt, die sich in der Hand zusammendrücken lassen und dann wieder wie von selbst aufrichten, so ist er sozusagen von einem der äußeren Zweige des Baums der Erkenntnis auf einen anderen äußeren Zweig gesprungen. Die Einwände gegen das Vakuum sind zum einen kategorialer Natur: „Glauben Sie nicht auch“, so läßt

75 „Causa enim eorum omnium universalis una, est motus; [...] nec motus aliam causam habere intelligi potest praeter alium motum“ (OL I, 62). – „Nam ubi ad causam veneris aliquam aeternam, ibi te interrogare desinam“ (OL IV, 249); Shapin/Schaffer 1985, 140f.

76 Shapin/Schaffer 1985.

77 OL IV, 240–242; Shapin/Schaffer 1985, 112–115.

78 Vgl. bes. OL IV, 241. Der Dialogpartner A (der die Meinung von Hobbes wiedergibt) bezweifelt zum einen, daß die Gegenwart einiger Mitglieder der Gesellschaft die Richtigkeit des Gesehenen garantiert und stellt zum anderen die Frage, ob nicht das, was „euch täglich der hohe Himmel, Meer und die weite Erde zeigen“, sehr viel mehr lehren kann.

79 OL IV, 251–254.

er A den über Boyle und dessen Freunde berichtenden B fragen, „daß jedes Geschehen eine Bewegung ist und daß jede Bewegung die Bewegung eines Körpers ist? Wodurch konnte dann vor Ihren Augen die Bewegung eines Körpers, nämlich des Wassers, durch einen Nicht-Körper, d. h. durch ein Vakuum, hindurch geschehen?“[80] Hier wurde also ein Kategorienfehler begangen; der „Baum der Erkenntnis“ wurde sozusagen mit einem unautorisierten Gestrüpp verwechselt. Ein Raum, in dem sich kein Körper befindet, ist – wie oben gezeigt – bei Hobbes nur als „bloßes Phantasma“ denkbar. Er kann deshalb auch nicht experimentell hergestellt werden.

Der Bruch mit der Natur ermöglicht erst die Entstehung einer Welt, in welcher der Mensch als Ebenbild Gottes aufgefordert ist, mit dem *Leviathan* ein Vor-Bild des Reichs Gottes zu schaffen. Insofern ist es konsequent, daß Hobbes den Auszug des Menschen aus dem Paradies als den Beginn der menschlichen Geschichte ansieht. Wenn die Menschen aber das Paradies verlassen, so rücken sie notwendig auch aus dem Schatten des Baums der Erkenntnis heraus.

Literatur

Barnouw, Jeffrey (1980): Hobbes's Causal Account of Sensation. Journal of the History of Philosophy 18, 115–130.

Barnouw, Jeffrey (1992): Le vocabulaire du conatus. In: Yves Charles Zarka (Hrsg.): Hobbes et son vocabulaire. Etudes de lexicographie philosophique. Paris, 103–124.

Baumann, Frank (1991): Der Staat als Kunstwerk. Zur Interpretation des Leviathan von Thomas Hobbes. Wissenschaftliche Hausarbeit zur Erlangung des akademischen Grades eines Magister Artium der Universität Hamburg. Masch.schr. Hamburg.

Bernstein, Howard R. (1980): Conatus, Hobbes and the Young Leibniz. Studies in the History and Philosophy of Science 11, 25–37.

Berthold, Heinz (1968): Die Metaphern und Allegorien vom Staatsschiff, Staatskörper und Staatsgebäude in der römischen Literatur der ausgehenden Republik und frühen Kaiserzeit. In: J. Burian/ L. Vidman (Hrsg.): Antiquitas Graeco-Romana ac tempora nostra. Prag, 95–105.

Cohen, I. Bernard (1994): Harrington and Harvey: A Theory of the State based on the New Physiology. Journal of the History of Ideas 55, 187–210.

Descartes, René (1974–1989): Œuvres. Hrsg. v. Charles Adam und Paul Tannery, 11 Bde., Paris (Kürzel: AT).

Frank, Robert G. (1980): Harvey and the Oxford Physiologists. Scientific Ideas and Social Interaction. Berkeley, Los Angeles, London.

Goyard-Fabre, Simone (1992): La notion de souveraineté de Bodin à Hobbes. In: Yves Charles Zarka (Hrsg.): Hobbes et son vocabulaire. Etudes de lexicographie philosophique. Paris, 207–230.

Hobbes, Thomas (1984): Leviathan. Übs. v. W. Euchner, hrsg. v. Iring Fetscher, Frankfurt am Main.

80 OL IV, 268; vgl. Shapin/Schaffer, 123, 366. Hobbes ist der Meinung, daß für den Sehvorgang die Luft zur Übertragung der Lichtwirkung notwendig ist (OL I, Kap. 25); vgl. Shapiro 1973; Barnouw 1980.

Hobbes, Thomas (1984): The Elements of Law Natural and Politic. Hrsg. v. Ferdinand Tönnies. 2. Aufl., London. Kürzel: EL.

Hobbes, Thomas (1966): The English Works of Thomas Hobbes of Malmesbury. Hrsg. v. William Molesworth, 11 Bde., London (1839–1845). Reprint Aalen. Kürzel: EW.

Hobbes, Thomas (1966): Thomae Hobbes Malmesburiensis Opera philosophica quae latine scripsit omina. Hrsg. v. William Molesworth, 6 Bde., London (1839–1845). Reprint Aalen. Kürzel: OL.

Hobbes, Thomas (1967): Vom Körper (Elemente der Philosophie I). Ausgew. u. übs. v. M. Frischeisen-Köhler. 2. Aufl., Hamburg.

Hobbes, Thomas (1977): Vom Menschen. Vom Bürger (Elemente der Philosophie II/III). Eingl. u. hrsg. v. Günther Gawlick. Übs. v. M. Frischeisen-Köhler. 2. Aufl., Hamburg.

Holz, Hans Heinz (1983): Dialektik und Widerspiegelung. Köln.

Melis, Pietro (1972): Studio sulla fisica di Hobbes. Annali delle facoltà di lettere filosofia e magistero dell'Università di Cagliari 35, 257–325.

Sacksteder, William (1981): Hobbes: Geometrical Objects. Philosophy of Science 48, 573–590.

Sarasohn, Lisa T. (1985): Motion and Morality: Pierre Gassendi, Thomas Hobbes and the Mechanical World-View. Journal of the History of Ideas 56, 363–379.

Shapin, Steven/Schaffer, Simon (1985): Leviathan and the Air-Pump. Hobbes, Boyle, and the Experimental Life. Princeton.

Shapiro, Alan E. (1973): Kinematic Optics: A Study of Wave Theory of Light in the Seventeenth Century. Archive for History of Exact Sciences 11, 134–266.

Sorell, Tom (1991): Hobbes. 2. Aufl., London, Berkeley.

Tuck, Richard (1988): Hobbes and Descartes. In: G. A. J. Rogers/Alan Ryan (Hrsg.): Perspectives on Thomas Hobbes. Oxford, 11–41.

Verdon, Michel (1982): On the Laws of Physical and Human Nature: Hobbes' Physical and Social Cosmologies. Journal of the History of Ideas 43, 653–663.

Wahrig-Schmidt, Bettina (1994): Thomas Hobbes und der Doppelcharakter des Zeichens. In: Norbert Haas, Rainer Nägele, Hans-Jörg Rheinberger (Hrsg.): Im Zug der Schrift. Liechtensteiner Exkurse I. München, 77–96.

Weiß, Ulrich (1980): Das philosophische System von Thomas Hobbes. Stuttgart.

Zarka, Yves Charles (1992): Le vocabulaire de l'apparaître: Le champ sémantique de la notion de phantasma. In: Yves Charles Zarka (Hrsg.): Hobbes et son vocabulaire. Etudes de lexicographie philosophique. Paris, 13–29.

Helmut Müller-Sievers

Über Zeugungskraft

Biologische, philosophische und sprachliche Generativität

„Überzeugen ist unfruchtbar"
(W. Benjamin)

I.

Die pragmatischen Konsequenzen wissenschaftlicher Symbolproduktion können nur selten als univoke Ausbreitung einer urprünglichen Entdeckung in andere Diskursbereiche verstanden werden. Die gegenwärtige Hochkonjunktur der Selbstorganisation etwa „begann" nicht mit einem Fund, der in benachbarten Diskursen aufgegriffen wurde, bis auch der letzte Zweifler von seiner Validität überzeugt war; sie entsprang vielmehr einer Neuinterpretation bekannter Phänomene – einem im weitesten Sinne textuellen Ereignis also –, die, auf Entwicklungen der Nachbardisziplinen zurückgreifend oder von ihnen aktiv unterstützt, sich immer weitere Bereiche wissenschaftlicher Sprache erobert hat. Kybernetik, Informatik, Meteorologie, Linguistik (um nur einige der Gründungsväter zu nennen) haben alle zum Erstarken des neuen Modells beigetragen und gleichzeitig von ihm neue Kraft empfangen. Diese selbst wieder autopoietische Mischung von Wirkung und Rückwirkung, die das Wachstum der Selbstorganisation befördert hat, ist ihren Theoretikern natürlich nicht entgangen und zum weiteren Beweis für ihre grundsätzliche Bedeutung aufgerufen worden, müssen doch, wie schon Schelling, der philosophische Schutzheilige der Autopoiesis, behauptet hat, in jeder wahrhaft fundamentalen Theorie Form und Inhalt zusammenfallen.

So unfaßbar auch der Ursprung oder die Substanz des autopoietischen Modells sein mag, seine Auswirkung ist allen faßbar: davon zeugen nicht nur seine Implantation in die verschiedensten Bereiche gesellschaftlicher Administration, sondern seine ungebrochene Popularität bei dem sich so als gebildet erfahrenden Publikum. Der vielleicht letzte Gipfel dieser Entwicklung kann in der autopoietischen Kehre der Luhmannschen Systemtheorie erblickt werden, die es der „Gesellschaft" erlaubt, sich selbst als irgendwie natürlich verfaßt und damit nicht länger als politischen Zwangsverband zu begreifen.

Vieles wäre zu sagen davon. Vielleicht könnte man sich vorerst darauf vereinigen, die autopoietisch verwischte Unterscheidung zwischen notwendiger und hinreichender Begründung wieder aufzunehmen und probeweise zu statuieren: Ohne Kybernetik, ohne Theorie der rekursiven Funktionen, ohne extensive Computersimulation usw., kein Triumph der Selbstorganisation. Ohne den Schwund sozialer Distinktionen und ihrer historischen und politischen Artikulation keine allgemeine Befürwortung einer autopoietischen Theorie der Gesellschaft. Damit sei nicht ihr Wahrheitsgehalt oder ihre interne Plausibilität angezweifelt, sondern nur die historische Konstellation markiert, in der sich ein wissenschaftlicher Diskurs durchsetzen kann. In dieser Sichtweise bleibt zumindest die Möglichkeit offen, daß es sich bei der Übertragung eines interpretatorischen Ereignisses in die gesellschaftliche Wirklichkeit um das handelt, was verschiedentlich Ideologie genannt wird, auch wenn sich für deren Durchsetzung keine Interessengruppe oder gar Klasse im traditionellen Sinne namhaft machen läßt.

Dergleichen Überlegungen und Vorsichten drängen sich beim Studium eines Phänomens auf, das in Relation zu den heutigen Debatten gesehen werden kann: des Übergangs von präformationistischen zu epigenetischen Theorien der Erzeugung von Organismen am Ende des achtzehnten Jahrhunderts. Zumal in ihrer spekulativen Überhöhung durch Schellings Naturphilosophie hat die Epigenesis eine gewisse Fanalwirkung für den zeitgenössischen Ökologismus erhalten.[1] Auf die Fragwürdigkeit solcher Vorläuferschaft, die sich vor allem um die für Schelling zunehmend wichtiger werdende Freiheitsproblematik rankt, kann hier nicht näher eingegangen werden. Die Genealogie der Erzeugungsdebatte und mit ihr die Demonstration der Interdependenz „biologischer“, philosophischer, sprachwissenschaftlicher und literarischer Begriffsbildung jedoch verhilft zur Ansicht eines eigentümlich hybriden Diskurses, der unter anderem in Pädagogik, Heiratspraxis und Dichtungsinterpretation seine Spuren in der Welt des Sozialen hinterlassen hat.[2]

II.

Zunächst ein Blick auf die der Epigenesis vorgängige Hypothese über den Urprung der Organismen.[3] Der seit Mitte des 18. Jahrhunderts dominierende ovistische Präformationismus, demzufolge die Embryonen seit Anbeginn der

1 Vgl. stellvertretend Schmied-Kowarzik 1985.

2 Das Folgende ist ein Kondensat zweier längerer Arbeiten (Müller-Sievers 1993, 1997), in denen sich zu allen Punkten ausführlicheres Belegmaterial findet.

3 Zum folgenden vgl., neben den Klassikern von Jacob 1967 und Roger ²1971, drei wichtige italieni-

Schöpfung eingeschachtelt in den weiblichen Eierstöcken logierten und vom männlichen Samen gleichsam nur ins Leben geschreckt wurden, entsprach dem aufklärerischen Ideal mechanistischer Erklärbarkeit, um den Preis allerdings, den Ursprung der natürlichen Formen an die göttliche Hand zu delegieren. So aber konnte die Regularität der Gattungsmerkmale erklärt werden, ohne mit dem Rekurs auf *qualitates occultae* theologischen und weltlichen Gewalten Einlaß in den wissenschaftlichen Diskurs zu gewähren. Der emanzipatorische Impetus hinter dieser bekannten wissenschaftlichen Schutzgeste – die Gesetzlichkeit beobachteter Phänomene wird durch die Ausgrenzung der Ursprungsproblematik gewährleistet – sollte nicht vergessen werden, denn die Theoretiker der Epigenesis werden mit viel Aufwand wiederum die Frage nach der Freiheit in ihrer biologischen Theorie aufwerfen.

Die enormen anschaulichen Schwierigkeiten einer Einschachtelung alles vergangenen und künftigen organischen Lebens – der Epigenetiker Erasmus Darwin sprach süffisant davon, die eingeschachtelten Embryonen besäßen wohl „a much greater degree of minuteness, than that which was ascribed to the devils that tempted St. Anthony; of whom 20,000 were said to have been able to dance a saraband on the point of the finest needle without incommoding each other“[4] – waren in der Ästhetik des Erhabenen aufgehoben, deren sich das Oberhaupt der Präformationisten, Albrecht von Haller, in seiner Dichtung auch allenthalben bediente. Ästhetische Beweggründe waren es auch, die Charles Bonnet trotz aller zugegebenen Schwierigkeiten an der Präformationshypothese festhalten ließen.[5]

An diese physiologische Position, mit der die Mutter zur nicht-verantwortlichen Trägerin der Generationen gemacht ist, schießen soziale und weitere ästhetische Phänomene an. So trägt sie den anscheinenden Widerspruch zwischen arrangierten Hochzeiten – in denen das weibliche Embryonengut einem nicht notwendig geliebten Mann zugeschlagen wird – und gleichzeitiger zumindest geistiger Gleichberechtigung der Frau, die für das mittlere 18. Jahrhundert so charakteristisch ist. Denn unter präformationistischen, d. h. mechanistischen Vorzeichen ist noch keine Sonderanthropologie vonnöten, die physiologische Unterschiede in einer metaphysischen Differenz begründete. Dies zeigt sich nicht zuletzt daran, daß die Konkurrenzhypothese von der Präformation der Spermatozoen aus vornehmlich statistischen Gründen abgelehnt wird;

sche Arbeiten: Solinas 1967, Bernardi 1980 und 1986. Die umfassendste Versammlung der Quellen zur Zeugungsproblematik bis hin zu W. v. Humboldt bietet jetzt Jantzen 1994.

4 Darwin 1794, 490.

5 Vgl. u. a. „Die Alpen“, Vers 325ff. und „Unvolkommenes Gedicht über die Ewigkeit“ in Haller 1917 sowie Bonnet 1762, 37.

weiterhin an der selbstverständlichen Deutung der weiblichen Geschlechtsorgane als Inversion, nicht als Gegensatz der männlichen.[6]

Die Gleichgültigkeit, mit welcher der Präformationismus der Individualität des Mannes begegnet, wird also, um nicht in ein matrilineares Naturrecht zu entarten, durch das väterliche Gesetz kontrolliert. Umgekehrt und mit gleichem Recht ließe sich sagen, daß gerade die Äußerlichkeit und Unbefragbarkeit des väterlichen Gesetzes und seiner juristischen Derivate den oft bemerkten sozialen Freiraum weiblicher Aktivität im 18. Jahrhundert sicherte. Für die Theaterdichter und Romanciers jedenfalls bildet die im Ehe-Arrangement rein äußerlich bleibende Verschränkung von Rechts- und Liebeshandel den tausendfach bewährten amüsanten oder larmoyanten Vorwurf, in dem allererst die von Marivaux thematisierte Verbindung von Spiel, Liebe und Zufall – ein Zufall, der mit der Gleichgültigkeit des Ovums spielt – verständlich wird. Ein weiteres Indiz für die zumindest literarische Ergiebigkeit des Ovismus ist die merkwürdige *hausse* der vorrevolutionären Polemik gegen ein *ius primae noctis*, dem bekanntlich nicht nur im 18. Jahrhundert keinerlei juristische oder soziale Realität entsprach.[7] Es bündelt jedoch gerade die Aspekte der Gleichgültigkeit des Mannes für die Zeugung – der darum vom Landesherrn ersetzt werden kann – und den der unbefragbaren Mächtigkeit des Gesetzes. Der *Droit du Seigneur* Voltaires, vor allem aber Beaumarchais' *Le Mariage de Figaro* inszenieren vor diesem Hintergrund die unwillkürliche Paradoxie und Komik eines Patriarchats, das sich unter den Vorzeichen der Präformation alle Frauen verschaffen will und darüber der einzelnen gleichgültig wird.

In der Dichtungstheorie – wie übrigens auch in der Musik – werden die präformationistischen Aspekte mit der Insistenz auf Regelpoetik und rhetorischer Konvention unterstrichen, die Originalität und Selbstschöpfung weit hinter die perfekte Ausführung eines allgemein verstandenen Modells setzen. Nicht von ungefähr opponiert diesem strikten Gefüge eine Figur, in der sich Männlichkeit und Zeugungskraft auch buchstäblich zusammenfinden: das Genie. Es bedürfte weitgehenderer Ausführungen, um zu zeigen, daß dem präformationistischen Verhältnis der Einschachtelung mit seiner nie ganz auflösbaren Äußerlichkeit der Generationen zeichen- und dichtungstheoretisch die Allegorie kongruiert, die folgerichtig von der epigenetischen Figur des Symbols verdrängt wird.[8]

Die vorkritische Philosophie, wenn man der Polemik Kants und seiner Nachfolger glaubt, ist in eben diese Falle des Präformationismus verstrickt, da

6 Vgl. dazu Laqueur 1992, 25–148.

7 Vgl. die Einleitung des Hrsg. zu Voltaire 1986, 3–18.

8 Die theoretische und materiale Aufarbeitung dieser „Rhetoriktilgung" ist nun geleistet von Campe 1990; zu ihrer spekulativen Ausweitung vgl. de Man 1969.

sie unbefragt die Formen der Gegenstände als gegeben und eben nicht, wie Kant nachweisen wird, als vom Subjekt geformt anerkennt. Sie muß darum eine göttlich garantierte Präformation zwischen Erkennendem und Erkanntem oder zumindest, wenn denn alles mehr oder weniger mit Perzeption begabt ist, der Monaden untereinander annehmen. Nicht umsonst hat Leibniz die Präformation, allerdings in der für ihn aktuellen Form des Animalculismus, als beweiskräftig in seine Monadologie integriert. Kant selbst hat an prominenter Stelle Leibniz' System der prästabilierten Harmonie „eine Art von Präformationssystem der reinen Vernunft" genannt.[9]

Die Sprachphilosophie des 18. Jahrhunderts, zumal in der so oft und öffentlich erhobenen Frage nach dem Ursprung der Sprache, bedient sich eines zusätzlichen Zeugungsvorbildes, nämlich der seit altersher diskutierten *generatio aequivoca*, derzufolge niedere Organismen auch aus unorganisierter Materie entstehen können. Analog stellen die Sensualisten auch den Ursprung der Sprache dar: Am Gipfelpunkt des sukzessiven Erwachens der menschlichen Sinne entsteht aus zunächst unorganisierten Lauten im Zusammenspiel mit immer klarer gegliederten Gedanken die konventionelle Sprache, die darum auch so etwas wie eine durch ständigen Gebrauch abgenutzte Logik darstellt. Aufgrund dieser Einbeziehung eines vorsprachlichen Stadiums – Buffons Adam legt davon vielleicht das charmanteste Zeugnis ab – eignet sich die sensualistische Spachursprungshypothese auch besonders gut zur narrativen Darstellung.[10] Ihr gegenüber steht die präformationistische These vom göttlichen Ursprung der Sprache, die zwar ebenfalls, z. B. von Herder (s. u.), der logischen Zirkularität bezichtigt wird, jedoch zumindest Gott und nicht den Menschen diesen Fehler begehen läßt. Für beide Konstruktionen, so gegensätzlich sie sich auch gebärdeten, ist wiederum die für den Präformationismus charakteristische Gleichgültigkeit des (Gedanken-)Inhalts gegenüber der (Laut-)Form grundlegend.

Doch schon die Physiologie Albrecht von Hallers beginnt, Verbindungen zwischen Form und Funktion herzustellen, um somit Phänomenen der Lebendigkeit, wie etwa der willkürlichen und unwillkürlichen Bewegung, Rechnung tragen zu können.[11] Haller beweist die Begabung der organischen Materie mit den eigentümlichen Kräften Sensibilität und Irritabilität und ihre Lokalisierung im Nerven- bzw. Muskelgewebe in großangelegten Experimenten und entgeht

9 Kant, KrV B, 167.

10 Buffon 1954, 309ff. Zu den hier nicht berücksichtigten Problemen der genetischen Sprachphilosophie des Sensualismus vgl. Derrida 1973, 54ff. und 44 (zur Präformation-Epigenesis-Debatte), sowie Campe 1990, 497ff.

11 Vgl. Haller 1752, 672 u. 682. Vgl. dazu Honegger 1991, 132ff.

damit, unterstützt durch seine an Newton geschulte spekulative Vorsicht, dem Vorwurf des Vitalismus. Dennoch bleibt nicht nur der ontologische Status dieser Kräfte, sondern auch ihr Verhältnis zueinander unausgemacht. Tragen sie zur Bildung und zum Wachstum des Körpers bei? Können sie auf eine Grundkraft reduziert werden?

III.

Die Theoretiker der Epigenesis, zunächst Caspar F. Wolff, dann Friedrich Blumenbach, stellen genau diese Fragen.[12] Der vordergründige Antagonismus von Sensibilität und Irritabilität wird nun als zwiefache Repräsentation einer wesentlichen oder bildenden Kraft gesehen, deren Begründung wie die der – ebenso erfolgreichen wie unbegründbaren – Schwerkraft unter dem Titel einer *qualitas occulta* aufgeschoben werden kann. Epigenesis heißt: triebgeleitete Selbsterzeugung der Organismen aus organischem Stoff nach gesetzmäßiger Form. Blumenbachs Schrift über den Bildungstrieb, die 1781 den endgültigen Durchbruch der Epigenesis zumindest im deutschen Sprachraum ankündigt, setzt mit Hilfe von Seitenargumenten, wie z. B. dem Hinweis auf die im Präformationismus nicht erklärliche Ähnlichkeit der Kinder mit beiden Eltern, einen Kraft- oder Triebbegriff durch, dem geistige Residuen, in diesem Fall zumindest eine Art Formengedächtnis, beigemischt sind. Da nun die Vorstellung der mechanischen Erweckung eines nur schlafenden Keims nicht mehr überzeugte, wird der Beitrag *beider* Eltern für die Erzeugung des Nachwuchses wesentlich, ohne daß damit aber angegeben werden könnte oder müßte, wie genau dieser Beitrag aussähe.

Dieser bei Blumenbach (einem Schüler Hallers) mit ausdrücklichem Hinweis auf Newton akzeptierte Verzicht auf eine ontologische Bestimmung der bildenden Kraft, der für Kant zu den ganz wesentlichen Gesten kritischen Philosophierens gehört, sollte in der Folge zur eigentlichen Befallsstelle für die ideologische Verwendung des Epigenesis-Arguments werden. Sobald nämlich die epigenetische Begründung der Zeugung in einem sich in zwei komplementäre Pole entfaltenden Trieb der Natur generalisiert wird, zeigt sich die Lücke, die im Präformationismus durch das Mysterium der göttlichen Schöpfung einerseits, durch das Spiel des Zufalls der Liebe andererseits ausgefüllt war. Denn dort war ja je schon alles erzeugt und erwachte allenfalls, in einer womöglich arrangierten Beziehung, zum Leben; nun aber, in der epigenetischen Geste der vollständigen Selbstbegründung, muß nicht nur erläutert wer-

12 Wolff 1764, 1966; Blumenbach 1781.

den, was passiert, wenn es zur Zeugung kommt, sondern warum und wie es überhaupt zur Zeugung kommt. Die Beziehung der Geschlechter, die im *ancien régime* des Präformationismus noch Gegenstand amüsierter Betrachtung oder eindringlicher para-medizinischer Warnung war, erfährt so ihre im eigentlichen Sinne metaphysische Aufwertung. Unter dem sicher nicht neuen Namen Liebe begründet sie die emotionale Zuneigung, aber nun zugleich auch die physiologische Verantwortung der Partner beim Zeugungsgeschäft. Mit Rückgriff auf die Biologie des Aristoteles, von dem der Begriff Epigenesis ja geborgt ist, wird die physiologische Arbeitsteilung in geschlechtsspezifische Philosopheme übersetzt. Materie, Passivität und Empfänglichkeit sind nun weibliche Charakteristika, die der männlichen Form, Aktivität und Selbsttätigkeit den zur Formation des Organismus notwendigen Widerstand entgegensetzen. Dieses Verhältnis, nach dem die beiden Geschlechter Repräsentanten komplementärer Naturkräfte sind, die ihrerseits als Spaltprodukte einer ungeschiedenen Grundkraft vorgestellt werden, gibt den metaphysischen Rahmen jedes epigenetischen Ansatzes ab.

Die komplementäre Definition der Geschlechter und der Form ihrer Liebe zueinander, die eine Hochkonjunktur in der Geschlechterphilosophie des frühen 19. Jahrhunderts findet und mit dramatischen Veränderungen im sozialen Status der Frau einhergeht, ist also von einer physiologischen Hypothese gestützt, für die kein durchschlagender experimenteller Beweis vorlag.[13] Dennoch erfüllt sie, wie die im letzten Drittel des 18. Jahrhunderts einsetzende massive Polemik gegen die arrangierten Ehen zeigt, eine wichtige Funktion in der Konsolidierung bürgerlicher Ehemoral, die die destabilisierende aristokratische Trennung von Liebe und Heirat überwinden sollte. So setzt Fichte, dessen – zugegebenermaßen drastisches – Eherecht ganz auf der Deduktion der Pflichten aus der epigenetischen Verfassung der Natur basiert, mit seiner Abwertung der ehelichen Vergewaltigung gesetzgeberische Maßstäbe, die erst spät fragwürdig geworden sind. Für ihn ist „diese Art des Zwanges [sc. arrangierte Heiraten] (...) die schändlichste, und weit beleidigender, als die erstangezeigte physische Gewalt [sc. Vergewaltigung], wenn auch nicht der Form, doch dem Erfolge nach“[14] – der „Erfolg“ ist natürlich die epigenetisch unverantwortbare Zeugung von Kindern. Nicht zuletzt aber wird mit den Attributen Empfänglichkeit und Stofflichkeit die weibliche Sexualität jeglichen Anspruchs auf aktiven Genuß beraubt, der z. B. für Buffon noch notwendige Bedingung der Zeugung war.[15]

13 Bernardi 1986, 8f.

14 Vgl. Fichte, GA I, 4 (Naturrecht), 108.

15 Vgl. Laqueur 1986.

IV.

Die rapide und alle Schichten des Diskurses erreichende Durchsetzung des Epigenesis-Modells wird auf philosophischer Ebene von Kant begonnen. So wie als selbsterzeugte die Organismen widerspruchslos als immanent notwendig *und* als frei entstanden gedacht werden, so können auch die Kategorien des Verstandes als notwendige und apriorische Formen des Gegenstandsbezugs verstanden werden. Die „Selbstgebärung unseres Verstandes (samt der Vernunft), ohne durch Erfahrung geschwängert zu sein“[16] beschreibt Kant 1787 in der zweiten Auflage der *Kritik der reinen Vernunft* explizit als epigenetischen Vorgang, der allein die Stichhaltigkeit und tiefere Begründungsebene der Transzendentalphilosophie gegenüber Dogmatismus und Empirismus sichere:

> „Nun sind nur zwei Wege, auf welchen eine nothwendige Übereinstimmung der Erfahrung mit den Begriffen von ihren Gegenständen gedacht werden kann: entweder die Erfahrung macht diese Begriffe, oder diese Begriffe machen die Erfahrung möglich. Das erstere findet nicht in Ansehung der Kategorien (auch nicht der reinen sinnlichen Anschauung) statt; denn sie sind Begriffe a priori, mithin unabhängig von der Erfahrung (die Behauptung eines empirischen Ursprungs wäre eine Art von *generatio aequivoca*). Folglich bleibt nur das zweite übrig (gleichsam ein System der Epigenesis der reinen Vernunft): daß nämlich die Kategorien von seiten des Verstandes die Gründe der Möglichkeit aller Erfahrung überhaupt enthalten [...] Wollte jemand zwischen den zwei genannten einzigen Wegen noch einen Mittelweg vorschlagen, nämlich daß sie weder selbstgedachte erste Principien *a priori* unserer Erkenntniß, noch auch aus der Erfahrung geschöpft, sondern subjective, uns mit unserer Existenz zugleich eingepflanzte Anlagen zum Denken wären, die von unserm Urheber so eingerichtet worden, daß ihr Gebrauch mit den Gesetzen der Natur, an welchen die Erfahrung fortläuft, genau stimmte (eine Art von Präformationssystem der reinen Vernunft), so würde (außer dem, daß bei einer solchen Hypothese kein Ende abzusehen ist, wie weit man die Voraussetzung vorbestimmter Anlagen zu künftigen Urtheilen treiben möchte) das wider gedachten Mittelweg entscheidend sein: daß in solchem Falle den Kategorien die Nothwendigkeit mangeln würde, die ihrem Begriffe wesentlich angehört.“[17]

16 Kant, KrV, A 765/B 793.
17 Kant, KrV, B 167f.

Aufgrund dieser Ursprünglichkeit ihrer leitenden Kategorien darf nach Kant auch die Philosophie nicht weiter als schematischer Katalog, sondern muß als organisches, d. h. wechselseitig sich begründendes System dargestellt werden, das sich erweitert „wie ein thierischer Körper, dessen Wachsthum kein Glied hinzusetzt, sondern ohne Veränderung der Proportion ein jedes zu seinen Zwecken stärker und tüchtiger macht".[18]

Aber Kant war sich des metaphorischen Status der Rede von der Epigenesis völlig bewußt, spricht er den Kategorien doch nur (und dazu in Klammern) „gleichsam ein System der Epigenesis der reinen Vernunft" zu. Ganz wie Blumenbach hinsichtlich der physiologischen Natur des Bildungstriebes verweigert er sich jeder weiteren Frage nach letztem Grund und Zahl der Kategorien. Denn gerade deren letztendliche Grundlosigkeit verbürgt für ihn jenen Zwischenraum, den er in seiner praktischen Philosophie als Domäne menschlicher Freiheit reklamiert. Während nämlich die ihn kritisierende idealistische Philosophie die Diskontinuität von Wille und Erfolg nur als Aussetzung ihrer grundlegenden Identität versteht – sei es als Kampf zwischen Ich und Nicht-Ich (Fichte), als unvollendete Geschichte des Selbstbewußtseins (Schelling) oder als Zu-sich-selbst-Kommen des Begriffs (Hegel) – interpretiert Kant dieses Verhältnis als epigenetisches in genau dem kritisch-heuristischen Sinne, den er dem Begriff in der *Kritik der reinen Vernunft* beigelegt hatte. „Das principium der Moral ist autocratie der freyheit in Ansehung aller Glükseeligkeit oder die Epigenesis der Glükseeligkeit nach allgemeinen Gesetzen der freyheit."[19] Um menschliche Freiheit sowohl vor Naturgesetzlichkeit als auch vor theologischer Determination zu bewahren, heißt das, darf der Erfolg unserer Handlungen nicht nur nicht garantiert sein, sondern auch nicht nur aufgeschoben; vielmehr ist „Glükseeligkeit" genauso möglich wie etwa die Epigenesis der Organismen, über deren letzten Grund wir Gesetzmäßigkeit nur annehmen können, ohne darum an ihrer nicht-mechanischen Besonderheit zu zweifeln. Nur in dieser Gelassenheit in die Epigenese läßt sich die Moral freier Menschen gründen: „die Epigenesis der Glükseeligkeit (Selbstgeschöpf) aus der freyheit, die durch die Bedingungen der allgemeingültigkeit eingeschränkt wird, ist der Grund des moralischen Gefühls".[20] Aus dieser Interpretation ergibt sich auch die Bedeutung, die Kant der Epigenesis in der *Kritik der Urteilskraft* zuspricht, wo er sie als Muster einer wisssenschaftlich tragfähigen und philosophisch akzeptablen Theorie preist, gerade weil sie keine metaphysi-

18 Kant, KrV, A 833/B 861.

19 Kant, AA XIX, 186 (Reflexion 6867).

20 Kant, AA XIX, 185 (Reflexion 6864).

schen Zusatzannahmen über grundlegende Kräfte machen muß.[21] Gleichsam in Antizipation der Gefahren, die eine unkritische Applikation des Epigenesis-Modells selbst unter der Fahne vollständiger Befreiung bringen wird, warnt Kant immer wieder vor der Annahme eines zugrundeliegenden Triebes oder einer Grundkraft, auf die sich die phänomenal widerstreitenden Kräfte in der Natur reduzieren ließen.[22]

V.

Gerade diese grundlegende Unbestimmtheit ist für Fichte unerträglich. Als guter Hermeneut unternimmt er es, den „Geist" des Kantischen Systems zu verkünden, auch wo dieser im Widerspruch zum Buchstaben des kritischen System steht.[23] Unter Berufung auf das „Blumenbachische System"[24] der Selbsterzeugung versucht er, dem vermeintlichen Mangel der Kantischen Philosophie, nämlich die notwendige Geltung der Kategorien zu behaupten, ohne indes über ihre Genesis Rechenschaft geben zu können, mit einer Rekonstruktion des Ursprungs der Grundbegriffe zu begegnen. Nur wenn dieser einsichtig gemacht werden könne, so Fichte, ließe sich auch das Ziel der Transzendentalphilosophie, die letztliche Begründung und Sicherung der Freiheit, erreichen. In Fichtes Organisierung der Philosophie darf das oberste Prinzip nicht länger, wie bei Kant, eine unerklärliche Leerstelle (das „Ich denke") sein, noch nur ein oberster Grundsatz, wie bei Reinhold, von dem die Folgesätze nur logisch univok dependieren. Seine vielbeschworene „ursprüngliche Einsicht" ist Einsicht in den epigenetischen Ursprung des absoluten Selbstbewußtseins: nach der Vorgabe epigenetischer Polemik in den Naturwissenschaften versucht er nämlich zu zeigen, daß das Selbstbewußtsein nicht das Gegenstandsbewußtsein

21 Kant, KU (AA V), 423.

22 Siehe stellvertretend Kant, AA VIII, 180: „Wahre Metaphysik kennt die Grenzen der menschlichen Vernunft und unter anderen diesen ihren Erbfehler, den sie nie verläugnen kann: daß sie schlechterdings keine Grundkräfte *a priori* erdenken kann und darf (weil sie alsdann lauter leere Begriffe aushecken würde), sondern nichts weiter thun kann, als die, so ihr die Erfahrung lehrt (so fern sie nur dem Anscheine nach verschieden, im Grunde aber identisch sind) auf die kleinstmögliche Zahl zurück zu führen und die dazu gehörige Grundkraft, wenns die Physik gilt, in der Welt, wenn es aber die Metaphysik angeht (nämlich die nicht weiter abhängige anzugeben), allenfalls außer der Welt zu suchen. Von einer Grundkraft aber (da wir sie nicht anders als durch die Beziehung einer Ursache auf eine Wirkung kennen) können wir keinen andern Begriff geben und keine Benennung dafür ausfinden, als der von der Wirkung hergenommen ist und gerade nur diese Beziehung ausdrückt." Vgl. hierzu Henrich 1960.

23 Vgl. z. B. Fichte, GA I, 2 (Grundlage), 335, Fn.

24 Fichte, GA II, 3 (Eigne Meditationen), 256.

und das Gegenstandsbewußtsein nicht die Gegenstände wie ovistische Einschachtelungen enthalten kann. Aus dieser Position der Reflexionsphilosophie war nicht nur ein unzulässiger *regressus ad infinitum* entstanden, sie hat es, wie die Präformationisten, ebenfalls nicht vermocht, die wesentliche Beziehung zwischen Behälter und Behaltenem, zwischen Wissen und Gewußtem, zu demonstrieren.

Das Selbstbewußtsein, um oberstes Prinzip zu sein, muß seine Gegenstände erzeugen – nicht im naiven Sinne einer Verdoppelung seines Inhalts, sondern im Sinne einer epigenetischen Erzeugung, in der Zeuger und Zeugnis sowohl verschieden als auch wesentlich miteinander verbunden sind. Das Selbstbewußtsein ist daher mit „Selbstthätigkeit" begabt, oder richtiger: es ist wesentlich selbsttätig und strebt danach, alle ihm begegnenden Gegenstände zu aktivieren und somit zu den seinen zu machen. Die Verwirklichung der Freiheit wäre somit die vollständige Übersetzung aller Gegenstände in Tätigkeit – eine unendliche, aber darum nicht weniger wesentliche Aufgabe. In diesem Zusammenhange entwirft Fichte eine Theorie der konstitutiven Bedeutung des Bildungstriebes, der gewissermaßen die trübe Vorform selbsttätiger Subjektivität abgibt.[25] Wie die aus dem Fichte-Fanclub „Bund freier Männer" stammende, im Jahre 1798 erschienene Schrift *Ueber den BildungsTrieb* zeigt, in der an keiner Stelle mehr der physiologischen Herkunft des Begriffes Erwähnung getan wird, hat sich innerhalb von nur 17 Jahren die Reinigung der zentralen Kategorie der Epigenesis vom Geruch des Seziertischs vollzogen.[26]

Die Prozedur sukzessiver Überwältigung des Nicht-Ichs überträgt Fichte in seiner Rechts- und Morallehre auf das Verhältnis der Geschlechter. Selbsttätig jedoch ist nun nur noch die männliche Sexualität, da das Weibliche ihr als Empfangendes, Materielles, sanften Widerstand zu leisten hat. Einzig die Befriedigung der männlichen Sexualität darf darum auch für vernünftig gelten, während Ekel, Sittenverfall und Unvernunft die unausweichliche Folge weiblicher Aktivität wäre, der eben darum rechtlich Einhalt geboten werden muß. Auf das daraus konsequent folgende horrende Eherecht ist oft hingewiesen worden.[27] Festzuhalten ist jedoch, daß Fichtes Misogynie nicht (nur) ein persönlicher, sondern ein systemischer Zug solcher Philosophie ist, die sich Absolutheit durch die Annahme letzter Kräfte und Differenzierung nach dem Modell der Epigenesis sichern will.

Auf Schellings Naturphilosophie, die sich in der Auseinandersetzung mit Fichte herausbildet und ihre wesentlichen Strukturen erst übernimmt, dann

25 Hülsen 1798.

26 Vgl. z. B. Fichte, GA I, 5 (Sittenlehre), 117f.

27 Vgl. Fichte, GA I, 4 (Naturrecht), 97f.; Honegger 1991.

durcharbeitet, kann hier nur im Vorübergehen hingewiesen werden. Für sie ist nicht nur die epigenetische Erzeugung der Organismen selbstverständliche Tatsache, sie versucht darüberhinaus, die epigenetische Verfassung der gesamten Natur zur Basis jeglicher Spekulation über das Prinzip des Wissens zu machen. Dabei verwandelt sich das Problem des unüberwindlichen Aufschubs der Freiheit in Fichtes Philosophie zunehmend in das Problem des Abfalls des Endlichen aus dem Absoluten. Das Schellingsche Absolute ist wie ein epigenetisch sich fortzeugender Total-Organismus verfaßt, und Aufgabe einer dem gewachsenen Philosophie ist es, Spuren des Absoluten in allen Dingen und ihrem Verhältnis zueinander aufzulesen. Nicht von ungefähr bricht dieses Modell wiederum an der Frage der Freiheit auseinander, wenn Schelling nämlich bei dem Unternehmen, der menschlichen Freiheit einen Ort im Organismus des Absoluten anzuweisen, sich gezwungen sieht, auch noch den epigenetischen Ursprung der Welt aus Gott zu demonstrieren.

VI.

Als erster – verfrühter und gescheiterter – Versuch, die Sprachphilosophie in eben der Gestalt, die sie im 18. Jahrhundert so oft annahm, nämlich als Theorie vom Ursprung der Sprache, nach der Epigenesis zu modellieren, ist Herders Sprachursprungsschrift von 1770 anzusehen. Dies deutet sich schon daran an, daß Herder die Preisfrage der Akademie, die nur hatte wissen wollen, ob der Mensch sich Sprache habe erfinden können, mit seiner These, der Mensch habe sich die Sprache gar erfinden müssen, epigenetisch überbietet, fallen im Begriff der notwendigen Selbsterfindung doch eben die beiden Pole der Natur und der Freiheit zusammen, deren Versöhnung die Epigenesis versprach.

Grundlegend für Herders Vorgehen ist die Bestimmung der Vernunft nicht als Vermögen, sondern als „positive Kraft“,[28] die sich ohne ein inneres Merkwort von sich selbst nicht unterscheiden und zur Reflexion kommen könnte. Diese Selbst-Unterscheidung der Vernunft, wie die des ungestalten Bildungstriebs in der Natur, nimmt sofort geschlechtliche Züge an: In der famosen Narration der Genese des Merkworts erweist sich der Wiedererkennungsakt angesichts des wollichten Schafs als Frucht der Negation und des Aufschubs des Geschlechtsakts. Während dem „brünstigen Schafmanne“ das vorbeiziehende (und offensichtlich weibliche) Schaf so attraktiv wird, daß „der Instinkt [ihn]

28 Herder 1770 (1985), 717.

darüber herwirft", hält sich der Menschmann besonnen zurück und nimmt die Erscheinung lieber beim Wort: „Das Schaf kommt wieder. Weiß, sanft wollicht – sie [sc. die Seele] sieht, tastet, besinnet sich, sucht Merkmal – es blökt, und nun erkennet sies wieder! „Ha! du bist das Blökende!" fühlt sie innerlich, sie hat es menschlich erkannt, da sies deutlich, das ist mit einem Merkmal erkennet und nennet."[29]

Trotz aller wohlgemeinter Versuche, Herder aufgrund dieses Beweises und der Folgerungen, die er daraus zieht, daß nämlich die menschliche Vernunft immer schon sprachlich verfaßt ist, auf einen Rang noch über Kant zu erheben:[30] die Stimmigkeit dieser Urszene ist nicht zu retten. Handelt es sich doch um das Paradox der Narration eines ursprünglichen Wiedererkennens, über das Herder sich nur durch den massiven Einsatz seiner (nicht nur epochenbedingten) Rhetorik hinwegrettet. Ihm gelingt es nicht, den Übergang von äußerlich differenzierendem Merkmal zu innerlichem Merkwort und dann vom Merkwort zum Mitteilungswort lückenlos darzulegen. Sowohl der vom Schaf emanierende Schall wie auch die geschichtlichen Sprachen bleiben letztendlich in zufälligem Verhältnis zum inneren Geschehen der Spracherfindung. Für sein selbstauferlegtes Beweisziel, wie die Menschen notwendig sich eine Sprache haben erfinden müssen, will und kann Herder sich nicht, wie später die epigenetische Physiologie, auf eine *qualitas occulta*, z. B. eine Sprachkraft, berufen, da er sich so eben der Zirkularität schuldig machte, deren er seine Widersacher unermüdlich anklagt. Erst unter dem Eindruck der idealistischen Interpretation des Kantschen Organismusbegriffs wird sich die Figur des Zirkels auch in der Philosophie der Sprache und Dichtung als positive durchsetzen. Herder muß sich noch auf eine präformierte Identität von Schall und Ton stützen, die es, mit dem Ohr als notwendigem mittleren Sinn und Transformer, der Seele ermöglicht, die Laute einer sprechenden Natur zu erhaschen und ihrer inneren Sprache zuzufügen.

Zu Herders Erbe gehört die Bestimmung der sprachermöglichenden Freiheit als Instinktfreiheit. Die epigenetische Philosophie der Sprache versieht den Sprechakt fortan mit einer sexuellen Energie, die durch die zugleich aufschiebende und überwältigende Tendenz ursprünglicher Signifikation aufgestaut wird.[31] Gingen für Buffons Adam Sprach- und Liebesspiel noch Hand in Hand, so treten Zeugen und Sprechen nun in ein hierarchisches Verhältnis, in dem ersteres in letzterem – idealerweise im Gedicht – sublimiert werden kann. Die

29 Herder 1770 (1985), 724.

30 Dies die einhellige Meinung der sich sonst bitter befehdenden Herder-Herausgeber Proß (Herder 1987ff.) und Gaier (Herder 1985ff.).

31 Vgl. Trabant 1986, 19ff.

Logofizierung der Sexualität im System Fichtes findet so eine Entsprechung in der Sexualisierung des Sprechens erst bei Herder, dann bei Humboldt; und wie bei Fichte finden sich auch bei Herder ausführliche Hinweise für die rechte Ordnung eines erfülllten Familienlebens: „Ists denn nicht Gesetz und Verewigung gnug, diese Familienfortbildung der Sprache? Das Weib, in der Natur so sehr der schwächere Teil, muß es nicht von dem erfahrnen, versorgenden, sprachbildenden Manne Gesetz annehmen?“[32]

Trotz oder vielleicht gerade wegen aller logischen Untiefen in der Argumentation der Ursprungsschrift ist von Herder der entscheidende Schritt für die Ausbildung einer epigenetischen Sprachtheorie getan. Die die gesamte vorgängige Sprachphilosophie beherrschende Frage, wie und auf welchem Grund sprachliche Zeichen ihre Repräsentationsfunktion erfüllen können, unterläuft er mit der Konzentration auf die sprachgenerierende Kraft der Subjektivität. Daß er am Problem der Artikulation von Innen und Außen, von Aufmerken und Mitteilen scheitert, ist seiner linearen Argumentationsstrategie zuzuschreiben, mit der er den Sensualisten Konkurrenz machen und deshalb eine Geschichte der Sprachentstehung im historischen Raum nachzeichnen will.

VII.

Wilhelm von Humboldt zieht mit seiner Einsicht in die unhintergehbare historische Mittigkeit aller Sprachphilosophie die Konsequenzen aus Herders Scheitern. Wie die Entstehung der Organismen epigenetisch sich nicht mehr einem einmaligen Schöpfungsakt verdankt, sondern als jeweilig spezifisches Resultat der Konjunktion komplementärer Kräfte gedacht wird, so wiederholt sich nach Humboldt auch der Ursprung der Sprache im jedesmaligen Sprechen, dem darum die ganze Aufmerksamkeit der Sprachphilosophie gelten muß. Erst von diesen grundsätzlichen Überlegungen kann dann ein philosophisches Sprachstudium abgezweigt werden, in dem die geschichtlichen Sprachen anhand ihrer Nähe zum idealen Ursprung – meßbar an ihrer Artikulationsbereitschaft – geordnet werden können.

Oft wird übersehen, daß Humboldts Sprachphilosophie sich nicht nur allgemein und abstrakt aus den dargestellten epigenetischen Tendenzen der Philosophie und Ästhetik der späten 90er Jahre des 18. Jahrhunderts herschreibt. Vielmehr hatte er in Göttingen bei Blumenbach, dem Papst der epigenetischen Naturforschung, gehört und war mit anderen Forschern dieser Überzeugung, wie etwa Lichtenberg, Girtanner und Ith bekannt oder gar befreundet. Mit

32 Herder 1770 (1985), 787.

Alexander, dessen (später widerrufene) „Erzählung“ *Die Lebenskraft oder der rhodische Genius*[33] eine in sich kraftbegabte Natur gefeiert hatte und zusammen mit dem ersten Aufsatz des Bruders in Schillers *Horen* im Jahre 1795 erschienen war, widmete er sich der Vivisektion tausender Tiere. So findet Wilhelm auch in Alexanders *Versuche[n] über die gereizte Muskel- und Nervenfaser* lobend Erwähnung: „Mein Bruder ließ hintereinander einen Fuchs und zwei Kaninchen schlachten. Allen dreien wurde das Herz schnell herausgenommen und ein Nervenfaden daran so weit präpariert, daß man ihn, ohne das Herz zu berühren, armiren konnte.“[34] Doch nicht nur als *famulus* des Bruders betrieb Wilhelm das Schlachten; wie Alexander an Markus Herz vermelden konnte, arbeitete er auch selbständig: „Wilhelm lebt und webt in Cadavern. Er hat sich einen ganzen Bettelmann gekauft und (wie Göthe ihm schreibt) frißt menschliches Hirn“.[35] Aus den spärlichen erhaltenen Aufzeichnungen scheint hervorzugehen, daß sein besonderes Interesse dem Unterschied der Reizdauer in männlichen und weiblichen Präparaten galt.[36]

So wenig wie den der Experimentalphysiologie wird man den Einfluß unterschätzen dürfen, den die in der Altphilologie und im Kreise um Schleiermacher entstehende philosophische Hermeneutik auf Humboldt ausübte. Auch hier war er, der Schüler, Freund und spätere Mentor F. A. Wolffs und Übersetzer Pindars und Aischylos', mehr als nur Zeitgenosse. Die in der Naturphilosophie validierte Zirkelfigur des Organismus – alles ist gleichzeitig Mittel und Zweck – wurde von Schleiermacher emphatisch auf die Sprache und das sprachliche Verstehen angewandt. So heißt es in dessen Ethik-Vorlesung von 1812/13:

> „§ 178. Das Innere des Bewußtseins kann nur ein Äußeres werden in der Mannigfaltigkeit des Organismus, und das Äußere solche, was einem einzelnen Akt entspricht, kann im Organismus nur sein als eine Bewegung.
>
> § 179. Dieses System von organischen Bewegungen, welche zugleich Ausdruck und Zeichen der Akte des Bewußtseins als erkennenden Vermögens unter dem Charakter der Identität des Schematismus, ist die Sprache.“[37]

33 A. v. Humboldt 1795; der Widerruf in A. v. Humboldt 1987ff., 323–325.

34 A. v. Humboldt 1797–98, 342.

35 In Jahn 1973, 433.

36 Dazu gibt es nur wenige Hinweise des Herausgebers in W. v. Humboldt, GS VII, 580.

37 Schleiermacher 1977, 380.

Aus dieser Grundlegung folgt dann das für die Entwicklung der Hermeneutik zentrale Dogma, daß das Einzelne nur aus dem Ganzen, das Ganze nur aus dem Einzelnen verstanden werden kann. Humboldt hat es früh beherzigt und in seinen ersten Versuchen zur Ästhetik und Anthropologie zum Ausdruck gebracht.

Wie oft bemerkt, finden sich die Wurzeln von Humboldts Sprachdenken teilweise *verbatim* in seinen ersten anthropologisch-ästhetischen Entwürfen, die, ebenfalls in Schillers *Horen* erschienen, dem Phänomen des Geschlechtsunterschieds gewidmet sind. Die schon von Fichte erprobte Charakterisierung der Geschlechter nach komplementären Begriffen philosophischer Provenienz (männliche Selbstthätigkeit und Form; weibliche Empfänglichkeit und Stoff) werden hier bewußt „in ein unermessliches Feld"[38] versetzt. Der Geschlechtsunterschied erhält darum eine so exaltierte Position, weil sich durch ihn philosophisch erklären läßt, wie die unendliche und ungestalte Kraft der Natur sich in dauernden Formgebilden beruhigt – ohne ihn würde die Natur sich in regellosen Gestaltungen immer weiter fortzeugen und sich somit der Erkenntnis völlig entziehen. Analog dieser Bestimmung erklärt Humboldt dann das Phänomen künstlerischer Produktivität. Auch das Genie, so erweitert er die berühmte Kantsche Definition, gebiert nämlich sein Werk als Agent der Naturkraft; nur daß Humboldt im Unterschied zu Kant den Konflikt von Ungestüm und Regelhaftigkeit als geschlechtlichen interpretiert. Mit ausdrücklichem Hinweis auf Blumenbachs Bildungstrieb wird so eine unter dem Einfluß Schillers sprachlich orientierte Ästhetik dem avanciertesten Stand der Physiologie angeglichen.[39]

Diese frühen Erkenntnisse werden in Humboldts sprachtheoretischem Werk, das in der postum erschienenen „Kawi-Einleitung" von 1835 gipfelt,[40] vertieft und seiner überaus einflußreichen Sprachphilosophie zu Grunde gelegt. Eingedenk der Herderschen Aporie des Übergangs von Schall zu Ton – und entweder in Unkenntnis oder Ablehnung des Hegelschen Vermittlungsbegriffs –, konzentriert sich Humboldt ganz auf das Problem der sprachlichen Artikulation, in der er das „Wesen der Sprache"[41] enthalten sieht. Nach zwei Seiten, so resümiert er sein linguistisches Forschungsprogramm, müsse die Sprache untersucht werden: als ausgezeichnete menschliche Aktivität und als historisch gewachsener Stoff.

Die letztere Perspektive führt zu einer Analyse der sprachlichen Erscheinungen, die ganz dem Verfahren der Physiologie nachgebildet ist und die Sprache

38 Humboldt, GS I (Geschlechtsunterschied), 311.

39 Da alle Beiträge in den *Horen* anonym erscheinen sollten, bat Schiller den Verleger, in Humboldts Aufsatz „die beyden Citate von Blumenbach und Alex. von Humboldt" wegzulassen, vgl. Vollmer 1876, 61.

40 Eigentlicher Titel: Ueber die Verschiedenheit des menschlichen Sprachbaues und ihren Einfluß auf die geistige Entwicklung des Menschengeschlechts. W. v. Humboldt, GS VII.

41 W. v. Humboldt, GS V (Buchstabenschrift), 116.

als lebenden Organismus begreift. Als solcher sind ihre Glieder und Unterscheidungsebenen, von der Syntax, ja vom Stil einer bestimmten Epoche bis hinunter zu den feinsten Lautverschiebungen, organisch verbunden und artikuliert. Sie bedingen sich wechselseitig und sind willentlichen Eingriffen nur in begrenztem Maße unterworfen. „Unmittelbarer Aushauch eines organischen Wesens in dessen sinnlicher und geistiger Geltung, theilt sie [sc. die Sprache] darin die Natur alles Organischen, dass Jedes in ihr nur durch das Andre, und Alles nur durch die eine, das Ganze durchdringende Kraft besteht."[42] Die einzelnen Sprachorganismen, die selbst wieder organisch aufeinander einwirken, haben für Humboldt Macht über den Menschen, insofern sie den Drang nach individuellem Ausdruck notwendig hemmen. Daraus ergibt sich das von Humboldt zwar nicht inaugurierte, aber erstmals konsequent vertretene linguistische Relativitätsprinzip, wonach die Grenzen meiner Landessprache auch die Grenzen meiner Welt bestimmen. Aus dieser Perspektive können Sprachen nach ihrer internen Artikulationsfähigkeit gewertet werden – je flexibler die Syntax und ihr Lautmaterial, desto besser ist eine Sprache in der Lage, der unendlichen Geschmeidigkeit des Geistes Audsruck zu verleihen. Obwohl Humboldt, belehrt durch den Umgang mit so vielen empirischen Sprachen, kein Logozentriker der alten Schule ist, läßt sich dennoch seine Bevorzugung des Griechischen und vor allem des Sanskrits, sowie des Deutschen als deren legitimer Nachfahre, nicht überhören.

Diesem gleichsam materialen Studium der Beschaffenheit des geschichtlich gewachsenen Lautmaterials zum Ausdruck der Geistestätigkeit geht aber die quasi-transzendentale Untersuchung der „Arbeit des Geistes" voraus.[43] Die extensive Problematik der Artikulation von nationaler und historischer Sprache wiederholt sich in intensiver Form in der nun für die Herdersche Ursprungshypothese einstehenden Deduktion des jedesmaligen Sprechens. Mit den Begriffen „Thätigkeit" des Geistes und „Empfänglichkeit" des Lautes spielt Humboldt bei der Beschreibung des Sprachakts unüberhörbar auf dem philosophisch-sexuellen Register, das ihm aus der Fichteschen Philosophie geläufig war. Die „subjective Thätigkeit",[44] von Humboldt als ungestalte Kraft aufgefaßt, muß sich zu ihrer Darstellung der Objektivität des sprachlichen Lauts aussetzen, um so sich rückwirkend Eingang ins Gehör nicht nur des Angesprochenen, sondern vor allem des Sprechers selbst zu verschaffen.[45] In dieser epi-

42 W. v. Humboldt, GS IV (Vergl. Sprachstudium), 3.

43 Vgl. hierzu ausführlich Scharf 1994.

44 W. v. Humboldt, GS VII (Kawi-Einleitung), 55.

45 W. v. Humboldt, GS VI (Verschiedenheiten), 152: „Die intellectuelle Thätigkeit ist an die Nothwendigkeit geknüpft, eine Verbindung mit dem Ton einzugehen, das Denken kann sonst nicht zur Deutlichkeit gelangen, die Vorstellung nicht zum Begriff werden. Den Ton erzeugt sie aus freiem Ent-

genetischen Konstruktion zeigt sich der Preis, den Humboldt für die Lösung des Ursprungsproblems zu entrichten hat. Zwar stellt sich für ihn nicht mehr die Frage, wie Sprache überhaupt das Geschäft der Repräsentation übernehmen kann: sie ist ja, trotz aller geschichtlichen Gegebenheit, markiert von subjektiver Intention und schon deshalb bedeutsam. Darum ist im Gefolge Humboldts auch nicht mehr Repräsentation, sondern Kommunikation das Hauptproblem der Sprachphilosophie, eine Verschiebung, die Foucault mit der Verschiebung von klassifikatorischen Ordnungsmodellen in der Naturgeschichte hin zu den an produktiven Kräften interessierten Wissenschaften vom Leben analogisiert hat. Doch die Selbst-Kommunikation ist eben durch den Aussatz in den Laut immer bedroht sowohl von der Nachträglichkeit, die sich durch die lineare Zeit sprachlicher Artikulation in die Rede einschleicht, als auch von der Bedeutungslosigkeit, der Dummheit des sprachlichen Materials.

Diesen für die epigenetische Sprachphilosophie letztlich destruktiven Aspekten ist Humboldt sowohl in seinen großen programmatischen Schriften als auch in seinen erstaunlich nüchternen Essays über die Buchstabenschrift nachgegangen. Denn je konkreter die Analyse wird, desto deutlicher zeigt sich, daß die vorgeblich harmonische Ehe von Denkkraft und Sprachmaterial zur Erzeugung des sprachlichen Lauts ernstlich nicht anders dargestellt werden kann denn als Zwang, als Nötigung, als unendlicher Kampf von Gewalt und Macht: „Die Articulation beruht auf der Gewalt des Geistes über die Sprachwerkzeuge, sie zu einer Form seines Wirkens entsprechenden Behandlung des Lautes zu nöthigen.“[46] Die unendlich bedeutsame, deswegen aber unartikulierte Subjektivität ist zum „nüchternen Gebrauch an sich bedeutungsloser Züge“[47] gezwungen. Das Schriftzeichen, und *a fortiori* der Sprachlaut, streift nie seine Herkunft aus unsinnigem und von Subjektivität nicht belangbarem Geräusch und Graphie ab; und darin liegt der Skandal der Humboldtschen Sprachphilosophie, daß sie in der Geburt sprachlicher Bedeutung aus dem Geiste letztlich ein unverzichtbares Element des gänzlich Bedeutungslosen anerkennen muß. Die Gewalt, mit der sich die Geisteskraft des passiven, aber eben darum mächtigen Sprachmaterials zu bemächtigen sucht, ist eben die überwältigende Energie, die Fichte dem rastlos selbsttätigen Ich attestiert hatte. In schier endlosen Versuchen hat Humboldt dieses Problem so zu fassen versucht, daß der Gewalt-Macht-Konflikt zumindest unter der Oberfläche bleibt. Die obsessive Versenkung in empirisches Sprachmaterial, die nun eine neue Humboldt-Edi-

schluss und formt ihn durch ihre Kraft, denn vermöge ihrer Durchdringung wird er zum articulirten Laut (wenn es möglich wäre, einen Anfang aller Sprache zu denken), begründet ein Gebiet solcher Laute, das selbständig, bestimmend und beschränkend, auf sie zurückwirkt.“

46 W. v. Humboldt, GS VII (Kawi-Einleitung), 66.

47 W. v. Humboldt, GS V (Buchstabenschrift), 114.

tion nötig gemacht hat, ist auch als Suche nach einem Ausweg aus diesem Dilemma zu verstehen.[48]

Eine weiterführende Parallelisierung der Humboldtschen Sprach-Epigenese mit der Entwicklung der Physiologie könnte ergeben, das seine Insistenz auf einem Aufbau der Sprache aus je schon bedeutungsvollen Elementen – sei es theoretisch der Laut oder empirisch das Wort – in Parallele zu den Grenzen der ihn prägenden Wissenschaft zu sehen ist, ebenfalls keine kleineren Einheiten als schon funktionsgerichtete Organe zuzulassen. Eine der Zelltheorie verwandte weniger gewaltsame Theorie der Sprache hat in der Folge dann auch eine unterhalb der Bedeutsamkeitsgrenze des Worts operierende Phonologie entworfen, bei der allerdings die unangefochten schöpferische Stellung der epigenetischen Subjektivität durch solche Faktoren wie Kehlkopfstellungen und historische Lautverschiebungen in Bedrängnis geriet.

Anzufügen wäre noch, daß im speziellen Falle Humboldts der aus der Epigenesis kommende Organismusbegriff direkten Eingang in die Institutionengeschichte gefunden hat. Seine Direktiven zur Universitätsreform versuchen, sämtliches Wissen „aus einem ursprünglichen Princip abzuleiten“[49] und den Lehr- und Studentenkörper so zu einander zu verhalten, daß eine organische Symbiose von Lehre und Forschung gebildete Staatsbeamte erzeugt. Auch hier wäre genauer zu untersuchen, welchen Niederschlag epigenetisches Denken in einer Institution findet, die, zumindest als Ideal, immer noch die unsere sein will.

Literatur

Bernardi, Walter (1980): Filosofia e Scienze della Vita. La generazione animale da Cartesio a Spallanzani. Torino.

Bernardi, Walter (1986): Le Metafisiche dell' Embrione. Scienza della Vita e Filosofia da Malpighi a Spallanzani. Firenze.

Blumenbach, Friedrich (1781): Ueber den Bildungstrieb und das Zeugungsgeschäfte. Göttingen.

Bonnet, Charles (1762): Considérations sur les corps organisés. Genève.

Buffon, Comte de (1954): Œuvres philosophiques de Buffon. Paris.

Campe, Rüdiger (1990): Affekt und Ausdruck. Zur Umwandlung der literarischen Rede im 17. und 18. Jahrhundert. Tübingen.

Darwin, Erasmus (1794, 1974): Zoonomia. London.

de Man, Paul (1969): The Rhetoric of Temporality, in: Charles S. Singleton (Hrsg.), Interpretation. Theory and Practice. Baltimore, 173–209.

48 Mueller-Vollmer 1993 ff. Diese Edition bringt u. a. vier Bände mit Material zu indianischen und vier mit Material zu ozeanischen Sprachen, das Humboldt mit unermüdlichem Eifer gesammelt hat.

49 W. v. Humboldt, GS X (Organisation der höheren wissenschaftlichen Anstalten), 253.

Derrida, Jacques (1973): L'Archéologie du Frivole. Paris.
Fichte, Johann G. (1962ff.): Gesamtausgabe der Bayerischen Akademie der Wissenschaft (GA). Stuttgart – Bad Cannstatt.
Haller, Albrecht v. (1917): Gedichte. Frauenfeld.
Haller, Albrecht v. (1752): De partibus corporis humani sensibilibus et irritabilibus. Göttingen.
Henrich, Dieter (1960): Über die Einheit der Subjektivität. Philosophische Rundschau 3, 28–69.
Herder, Johann G. (1985ff.): Werke in zehn Bänden. Frankfurt.
Herder, Johann G. (1987ff.): Werke. München.
Honnegger, Claudia (1991): Die Ordnung der Geschlechter. Frankfurt/New York.
Hülsen, August L. (1798, 1987): Ueber den Bildungstrieb. In: M. Oesch (Hrsg.), Aus der Frühzeit des deutschen Idealismus. Würzburg, 100–112.
Humboldt, Alexander v. (1795): Die Lebenskraft oder der rhodische Genius. Die Horen 5, 90–96.
Humboldt, Alexander v. (1797): Versuche über die gereizte Muskel- und Nervenfaser nebst Vermuthungen über den chemischen Proceß des Lebens in der Thier- und Pflanzenwelt. Posen/Berlin.
Humboldt, Alexander v. (1987 ff.): Studienausgabe. Darmstadt.
Humboldt, Wilhelm v. (1903–36): Gesammelte Schriften (GS). Berlin.
Jacob, François (1967): La logique du vivant. Paris.
Jahn, Ilse/Lange, Fritz G. (Hrsg.) (1973): Die Jugendbriefe Alexander von Humboldts 1787–1799. Berlin.
Jantzen, Jörg (1994): Physiologische Theorien, in: H. M. Baumgartner, W. G. Jacobs, H. Krings (Hrsg.), Friedrich Wilhelm Joseph Schelling, Historisch-kritische Ausgabe. Ergänzungsband zu Werke Band 5 bis 9. Stuttgart, 373–668.
Kant, Immanuel (1908ff.): Gesammelte Schriften, Akademie-Ausgabe (AA). Berlin.
Küppers, Bernd-Olaf (1992): Natur als Organismus. Frankfurt am Main.
Laqueur, Thomas (1986): Orgasm, Generation, and the Politics of Reproductive Biology. Representations 14, 1–41.
Laqueur, Thomas (1992): Making Sex. Cambridge (Mass.).
Müller-Sievers, Helmut (1993): Epigenesis. Naturphilosophie im Sprachdenken Wilhelm von Humboldts. Paderborn.
Müller-Sievers, Helmut (1997): Self-Generation. Biology, Philosophy and Literature around 1800.
Mueller-Vollmer, Kurt (1993ff., Hrsg. mit F. Plank u. J. Trabant), Wilhelm von Humboldt. Schriften zur Sprachwissenschaft. Paderborn.
Roger, Jacques (1971): Les Sciences de la Vie dans la Pensée française du XVIIIe Siècle. Paris.
Scharf, Hans-Werner (1994): Das Verfahren der Sprache. Schöningh.
Schleiermacher, Friedrich (1977): Hermeneutik und Kritik (Hrsg. M. Frank). Frankfurt am Main.
Schmied-Kowarzik, Wolfdietrich (1985): Die existentiell-praktische Einheit von Mensch und Natur. Zur Bedeutsamkeit der Naturphilosophie Schellings für die Ökologiedebatte, in: R. Heckmann, H. Krings, R. W. Meyer (Hrsg.), Natur und Subjektivität. Stuttgart.
Solinas, Giorgio (1967): Il microscopio e le metafisiche. Epigenesi e preesistenza da Cartesio a Kant. Torino.
Trabant, Jürgen (1986): Apeliotes oder Der Sinn der Sprache. München.
Vollmer, Werner (1876): Briefwechsel zwischen Schiller und Cotta. Stuttgart.
Voltaire (1986): Œuvres Completes, Vol. 50. Oxford.
Wolff, Caspar F. (1764, 1966): Theorie der Generation. Theoria Generationis. Hildesheim.

Thomas Schlich

Repräsentationen von Krankheitserregern

Wie Robert Koch Bakterien als Krankheitsursache dargestellt hat

Bakterien gehören heute zu den Dingen, deren Existenz selbstverständlich erscheint. Jeder kennt sie und weiß, daß sie Krankheiten verursachen können. Dennoch würden nur wenige von sich sagen, Bakterien selbst gesehen zu haben. Wir akzeptieren, was Wissenschaftler über sie sagen. Sie können uns die Bakterien auch tatsächlich *zeigen*: Populäre Darstellungen enthalten *Bilder* von Krankheitserregern, medizinische Lehrbücher stellen ihr Aussehen dar, Zeitungen bilden sie ab, Publikumsausstellungen führen Modelle von Bakterien vor.

Die Bilder der Bakterien allein – ihre „visuelle" Repräsentation – begründen nicht unser Interesse an den Mikroorganismen. Bakterien sind für die meisten Menschen deshalb relevant, weil sie Krankheiten hervorrufen können. Nicht nur ihr Aussehen, auch die ihnen zugeordneten Krankheitserscheinungen – Symptome, anatomisch-pathologische Veränderungen – gelten als Identitätsmerkmale der Bakterien. Wie der „Milzbrand-" oder der „Tuberkulose"-Bazillus sind sie nach der mit ihnen verbundenen Krankheit benannt. Wenn aus dem Vorliegen einer bestimmten Krankheit auf die Präsenz eines Mikroorganismus geschlossen wird, möchte ich in Analogie zur Sichtbarmachung von einer „funktionellen" Repräsentation der Bakterien sprechen.[1]

Die heute selbstverständlich erscheinende Auffassung, daß bestimmte Mikroorganismen jeweils spezifische Krankheiten verursachen, geht in wesent-

1 Daß eine Bakterie durch Interaktion mit Lichtstrahlen ein bestimmtes Bild ermöglicht, könnte man in gewisser Hinsicht auch als eine „Funktion" der Bakterie auffassen, vergleichbar etwa der Produktion von Gärungsstoffen. Andersherum ist die Wahrnehmung einer funktionellen Repräsentation letztlich meist auch visueller Natur, wenn der Untersuchende z. B. *sieht*, daß ein mit der Bakterie inokuliertes Versuchstier gestorben ist. Dennoch ist es sinnvoll, funktionelle und visuelle Repräsentation zu unterscheiden: Die Abbildung der Bakterie „selbst" wirkt anders als die Beschreibung ihrer Funktion, z. B. in Form einer Liste von Krankheitserscheinungen. Ein Bild wirkt wie das „Portrait" eines Krankheitserregers, nicht wie das Produkt eines langwierigen und aufwendigen Herstellungsprozesses im Labor. Über funktionale und morphologische Bilder in einem anderen Bereich s. Hagner 1994.

lichen Teilen auf die von Robert Koch im letzten Drittel des 19. Jahrhunderts vorgebrachten Argumente zurück. Seine Herangehensweise, die in den nach wie vor maßgeblichen „Kochschen Postulaten" formalisiert ist, gilt als Basis der Bakteriologie.[2] Charakteristisch und für die Zeit neu war dabei, daß die als Äußerung eines mikroskopischen Lebewesens verstandenen Krankheitserscheinungen in einer bestimmten Weise mit der *Visualisierung* dieses Mikroorganismus verknüpft wurden. Koch legte größten Wert auf die bildliche Darstellung von Krankheitserregern. Dazu übernahm er nicht nur bereits vorhandene Visualisierungstechniken und setzte sie auf neue Art ein, er entwickelte auch neue Arten der Bildherstellung, z. B. zur Fotografie von Bakterien. Koch schuf seine Lehre natürlich nicht *ex nihilo*. Er griff existierende Techniken und Konzepte auf, er kritisierte seine Vorgänger und Kollegen, er reagierte auf die Einwände seiner Kritiker. Aus diesen Wechselbeziehungen heraus erst entstand Kochs Vorgehen.[3] Diese Beziehungen können hier jedoch nur punktuell beleuchtet werden. Anstatt der Entwicklung der Kochschen Bakteriologie insgesamt nachzugehen, möchte ich anhand der Schriften Kochs verdeutlichen, worin überhaupt die charakteristische Vorgehensweise bestand, mit der er sich selbst – und mit großem Erfolg auch andere – davon überzeugte, daß bestimmte Bakterien bestimmte Krankheiten verursachen.

Zur Orientierung ist es nützlich, die Kochschen Postulate den weiteren Schilderungen voranzustellen. Gemäß diesen Postulaten müssen folgende Kriterien im Tierversuch erfüllt sein, damit ein Mikroorganismus als spezifische Ursache einer Krankheit gelten kann:[4]

1. Im Organismus muß eine ihm fremde Struktur nachweisbar sein.
2. Diese Struktur muß Zeichen eigenen Lebens aufweisen und von allen anderen Mikroorganismen zu unterscheiden sein.
3. Die Verteilung der Mikroorganismen muß mit den Krankheitssymptomen korrelieren und diese erklären.
4. Der Mikroorganismus muß aus dem erkrankten Tier isoliert und von allen Krankheitsprodukten getrennt werden können.
5. Der rein isolierte Mikroorganismus muß, wenn er auf ein anderes Tier übertragen wird, dort dieselben Symptome hervorrufen wie an dem Tier, von dem er gewonnen wurde.

2 Sie gehen dem Inhalt nach, wenn auch nicht in der exakten Formulierung, auf Robert Koch zurück, Carter 1985. Zur Rezeption bis heute vgl. Harden 1992.

3 Vgl. als Beispiel die Entwicklung einer patho-physiologischen Theorie des Diabetes im Geflecht solcher Beziehungen, Schlich 1993.

4 Nach: Carter 1985, 361. Als Beispiel s. Koch 1912, 10–38.

Identifizieren

Zwar steht in den Postulaten der Mikroorganismus im Vordergrund, Kochs Interesse an der wissenschaftlichen Beschäftigung mit diesem Thema aber beruhte auf Krankheitserscheinungen. Er ging nicht von der visuellen Darstellung irgendeiner Bakterie aus, etwa um dazu eine passende Krankheit zu suchen. Im Gegenteil, die angenommene funktionelle Äußerung der Bakterie, die Krankheit, war der Anlaß, um überhaupt tätig zu werden. Das weitere Vorgehen konzentrierte sich dann jedoch ganz auf den Mikroorganismus und zielte darauf, diesen zu identifizieren, zu isolieren und die Wirkung seiner Anwesenheit oder Abwesenheit in einem größeren Organismus zu registrieren.[5] Um derart argumentieren zu können, kombinierte Koch Krankheitserscheinungen mit mikroskopischen Bildern von Bakterien in einer ganz spezifischen Weise.

Dazu mußten Mikroorganismen zunächst einmal faßbar gemacht werden: „Bei jeder Section eines Tieres, das einer Infectionskrankheit erlegen ist, wird", so schilderte Koch, „sofort Blut, Gewebssaft von der Impfstelle [nach künstlicher Inokulation, TS], aus der Lunge, Milz und wenn erforderlich auch aus anderen Organen [...] untersucht [...]."[6] In einer einfachen Probe sah man jedoch selbst mit Hilfe eines Mikroskops nicht viel: „Wenn es sich darum handelt, die im erkrankten Körper vermutheten pathogenen Organismen [...] aufzusuchen, so begegnet man bei der gewöhnlichen ohne besondere Vorbereitungen oder Kunstgriffe ausgeführten mikroskopischen Untersuchung den erheblichsten, stellenweise geradezu unübersteiglichen Hindernissen", schrieb Koch.[7] Erst die Herstellung eines Präparates und dessen Färbung erzeugte einen ausreichenden Kontrast zwischen dem darzustellenden Objekt und dem, was lediglich Hintergrund sein sollte: „Das Verfahren, die Bacterien in Flüssigkeiten, z. B. in Blut, Eiter, Gewebssaft durch Farbstoffe kenntlich zu machen, besteht darin, dass die betreffende Flüssigkeit in möglichst dünner Schicht auf dem Deckglas ausgebreitet, getrocknet und dann der Einwirkung der Farbstofflösungen ausgesetzt wird."[8]

Zum Zweck der „Kenntlichmachung" mußte der verwendete Farbstoff die Bakterien anders anfärben als die Bestandteile des Präparates, die den Hintergrund bilden sollten. Dies gelang Koch am besten mit Anilinfarbstoffen. Durch differentielle Färbung mit solchen Stoffen konnten Bakterien von nicht-lebenden Niederschlägen, Fetttröpfchen und anderen winzigen Körpern unterschie-

5 Zu diesem Prinzip vgl. Schlich 1996.

6 Koch 1881, 5.

7 Ebd., 3.

8 Ebd.

den werden. Um das für ihn Wesentliche vom Unwesentlichen zu trennen, mußte Koch herumprobieren: „Für manche Objecte eignet sich Fuchsin am besten, für andere passen wieder mehr die Methylfarben.“ Wegen der unterschiedlichen Färbeeigenschaften blieb bei Gewebeuntersuchungen „nichts weiteres übrig, als eine große Menge Schnitte auf einmal in Arbeit zu nehmen und den geeignetsten Farbstoff, sowie die Zeitdauer der Färbung auszuprobiren.“[9] Nur „wenn die Färbung nicht zu schwach oder zu stark ausgefallen ist“, wurden Bakterien selektiv angefärbt.[10]

Auch das Abgleichen mikroskopischer Bilder, die auf unterschiedliche Art erzeugt worden waren, diente Koch dazu, bestimmte Objekte gegenüber dem Hintergrund hervortreten zu lassen. In seinen Untersuchungen zu den Wundinfektionskrankheiten stellte er zwei Prinzipien der mikroskopischen Visualisierung einander gegenüber. Das „Strukturbild“ erklärte er als Folge der Brechung von Lichtstrahlen in verschiedenen Medien: „Fasern, Kerne und manche andere Theile des Gewebes differiren in ihrem Lichtbrechungsvermögen vom Canadabalsam [dem Fixierungsmittel, T. S.] und erzeugen durch Diffraction der durchgehenden Lichtstrahlen ein aus Linien und Schatten bestehendes Bild [...].“[11] Das „Farbbild“, das durch eine andersartige Beleuchtung zu erzeugen war, beschrieb er als Effekt des Durchgangs von Lichtstrahlen durch gefärbte Gegenstände. Dabei „würden Kerne und Bakterien zu sehen sein und zwar vermöge des Farbstoffes, mit dem sie imprägniert sind“.[12] Um Strukturbild und Farbbild zunächst voneinander zu trennen und anschließend abzugleichen, fand Koch „in dem von Carl Zeiss in Jena angefertigten von Abbe angegebenen Beleuchtungsapparat ein [seinem] Zweck vollkommen entsprechendes Instrument“.[13] Damit konnte der Winkel der auf das Objekt treffenden Strahlen in einer Weise variiert werden, die eine Auftrennung der Bilder gestattete. Koch ließ nun durch eine graduelle Veränderung der Beleuchtung das Strukturbild eines bestimmten Präparates nach und nach ohne irgendeine sonstige Veränderung in das Farbbild desselben Präparates übergehen. Durch diese sequentielle Superposition der beiden Bildarten ließen sich „Umrisse und Größenverhältnisse der Bakterien [...] erkennen und durch die gleichmäßige Form sind die Bakterien von anderen etwa mit gefärbten körnigen Massen, z. B. zerfallenden Zellkernen [sic] sofort mit Sicherheit zu unterscheiden“.[14] Ausgehend von der Gleichartigkeit mikroskopischen und makroskopischen Sehens regte Koch ein

9 Koch 1878, 31.
10 Koch 1881, 6.
11 Koch 1878, 31f.
12 Ebd., 32.
13 Ebd.
14 Ebd., 36.

experimentelles Modell für „dieselbe Erscheinung“[15] im makroskopischen Raum an: Ein Glasgefäß wird mit Kanadabalsam und gefärbten sowie ungefärbten Glasperlen gefüllt. Durch unterschiedliche Beleuchtung können die gefärbten Perlen als solche sichtbar gemacht oder, alternativ, zugunsten einer Darstellung der Umrisse sämtlicher Perlen unsichtbar gemacht werden.

Durch die koordinierte Anwendung unterschiedlicher Methoden zur Darstellung eines Objektes reduzierte Koch die Unsicherheit in der Deutung des Gesehenen. Analog der Methode, bei der ein Territorium durch das Anlegen von Dreiecken vermessen oder die Position eines Schiffes im Schnittpunkt zweier Richtungslinien festgelegt wird, kann man hier von „Triangulation“ sprechen. Mittels Triangulation stabilisierte Koch seine Repräsentation von Bakterien. Dies bewirkte wiederum eine Stabilisierung der benutzten Methoden: Koch kalibrierte die verschiedenen Darstellungsweisen gegeneinander, d. h., er verwendete die Resultate der einen Prozedur als Standard für die Stabilisierung der anderen Methode.[16]

Noch weitere Darstellungsweisen sollten für eine Triangulation zur Anwendung kommen: „Ueberhaupt ist es nothwendig, neben der Untersuchung der Bakterien vermittelst des reinen Farbenbildes auch andere Methoden, also gleichzeitige Beobachtung der Gewebsstructur, ferner die Untersuchung der frischen Objecte mit und ohne Anwendung von Alkalien und Säuren zu benutzen und ich erwähne hier ausdrücklich, dass ich auch diese Verfahren häufig in controllirender Weise neben meiner hauptsächlichen Untersuchungsmethode verwerthet habe.“[17]

Aber woher wußte Koch, ob er es bei dem, was er unter dem Mikroskop sah, mit Bakterien, Artefakten oder anderen Objekten zu tun hatte? Er hatte, wie er selbst berichtete, erst lernen müssen, Bakterien als solche zu „erkennen“ und von „zufälligen Verunreinigungen“ zu unterscheiden.[18] Er mußte also bereits wissen, wie eine angefärbte Bakterie auszusehen hatte, wenn er entschied, ob das, was er sah, eine „korrekte“ Repräsentation einer Bakterie war. Eine andere – sozusagen komplementäre – Möglichkeit war das Ausschlußverfahren: Dazu mußte man wissen, wie Strukturen oder Objekte, die keine Bakterien sind, unter dem Mikroskop aussehen. Um Bakterien durch „Abgleichen“ gegen Nicht-Bakterien zu identifizieren, konnte Koch auf das von anderen bereitgestellte Wissen über das Aussehen nichtbakterieller Objekte, z. B. bestimmter Körperzellen, zurückgreifen: „Um sich die erforderliche Erfahrung

15 Koch 1878, 36.
16 Zu Triangulation und Kalibrierung: Woolgar 1988, 72f.; Gaudillière 1994, 248–252.
17 Koch 1878, 36.
18 Ebd., 37.

auf diesem Gebiete zu verschaffen, ist Jedem, der sich mit experimentellen Untersuchungen über Infectionskrankheiten beschäftigt, dringend zu rathen, sich mit den Resultaten der Ehrlich'schen Arbeiten über die granulirten Zellen bekannt zu machen."[19]

Der Untersuchende mußte sich sozusagen eine „Kultur mikroskopischen Sehens" aneignen, um überhaupt in der Lage zu sein, Bakterien mit Hilfe des Mikroskops darzustellen.[20] Mit neuen Methoden gelang es Koch immer wieder, Erreger sichtbar zu machen, wo man vorher keine gesehen hatte.[21] Das visuelle Vorzeigen war für ihn ein schlagendes Argument: Denjenigen, die, wie er schrieb, den Milzbrand „immer noch nicht für eine parasitische Krankheit halten", empfahl Koch 1878 „das Studium von milzbrandigen Organen mit Hülfe der isolirten Färbung".[22] Als er den kausalen Zusammenhang von Wundinfektion und Mikroorganismen postulierte, betonte Koch, es komme darauf an, die Mikroorganismen in jedem einzelnen Fall von Wundinfektion zeigen zu können, was ihm nur durch die Einführung neuer Färbe- und Beleuchtungstechniken gelang.[23] Die Fähigkeit, einen kausalen Zusammenhang zwischen Wundbrand und Mikroorganismus festzustellen, wurde für Koch begrenzt durch die Fähigkeit zur Visualisierung, die „Grenze der Leistungsfähigkeit unserer optischen Hülfmittel", wie er 1878 schrieb.[24] Die Grenzen des Erkennens fielen zusammen mit den Grenzen der Visualisierungstechnik. Nur unter spezifischen, vom Forscher zu schaffenden Bedingungen konstituierte sich das Objekt Bakterie. Wollte Koch zu weitergehenden Aussagen über das Objekt gelangen, so mußte er gleichzeitig seine Darstellungstechniken weiter ausbauen – er mußte das Netzwerk der bakteriologischen Wissenschaft erweitern, wie Bruno Latour es ausdrücken würde.[25]

Vorzeigen

Es war anfangs nicht einfach für Koch, andere an seinen Beobachtungen teilhaben zu lassen. Noch als Kreisphysikus in Wollstein hatte er 1876 eine Lücke in der Argumentationskette der Infektionslehre geschlossen, indem er nachwies, daß der Milzbranderreger, *Bacillus anthracis*, als Endospore im Erdreich

19 Koch 1881, 7.
20 Zu einem anderen Beispiel der „Kultur mikroskopischen Sehens" s. Wahrig-Schmidt 1994.
21 Carter 1985, 358f.
22 Koch 1878, 67.
23 Ebd.; Carter 1985, 357.
24 Koch 1878, 27.
25 Vgl. Latour 1993, 167f.

überleben konnte. Mit seinen Ergebnissen wandte er sich zunächst an Ferdinand Cohn in Breslau, der sich als Botaniker ebenfalls mit der visuellen Darstellung von Bakterien beschäftigte. In seinem Brief an Cohn stellte Koch bedauernd fest, daß er keine Präparate verschicken könne, die die verschiedenen Stadien des Lebenszyklus der Bakterie zeigten, da diese sich nicht konservieren ließen. Koch mußte daher selbst nach Breslau reisen, und er nahm seine ganze Laborausrüstung – Instrumente, Gefäße, Reagentien, lebende Kaninchen, Mäuse und Frösche – mit. Mit Hilfe dieser Ausrüstung wiederholte er in Cohns Institut all das, was er zuvor in Wollstein getan hatte: Frisches Blut wurde einer soeben an Milzbrand gestorbenen Maus entnommen und in ein von Koch entwickeltes Kulturmedium zur Züchtung von Bakterien gebracht. Teile der befallenen Milz pflanzte er unter die gesunde Haut eines Frosches, um demonstrieren zu können, wie die Bakterien sich im Epithelgewebe vermehrten. Erst am folgenden Tag waren die Versuche beendet. Cohn war tief beeindruckt. Weiterverbreitet wurden die Ergebnisse zunächst wiederum durch persönliche Anwesenheit: Cohn ließ Julius Cohnheim vom Pathologischen Institut kommen, damit er sich Kochs Präparate ansehen konnte.[26]

Da eine solche direkte Vorführung nur für eine beschränkte Verbreitung sorgte, bot Cohn nach der erfolgreichen Demonstration die Veröffentlichung der Ergebnisse in der von ihm redigierten Fachzeitschrift „Biologie der Pflanzen“ an, wo noch im Jahre 1876 Kochs erster Artikel über den Milzbrand erschien. Ein wissenschaftlicher Artikel ist als Endprodukt des Labors flach, mobil, kombinierbar und durch den Druck unverändert in beliebiger Zahl kopierbar.[27] Wird er veröffentlicht, müssen nicht mehr Patienten oder Versuchstiere vorgezeigt werden, ebensowenig die ihnen entnommenen Proben, die Kulturen, die mikroskopischen Präparate. Gleichzeitig und an einem Ort – synoptisch – können Dinge, die nacheinander an verschiedenen Orten getan wurden, präsentiert werden.[28] Neben dem Text enthielt Kochs Aufsatz auch Zeichnungen. Auf diesen Bildern konnte der Leser das sehen, was Koch gesehen hatte, ohne seine Verfahrensschritte wiederholen zu müssen. Bei der Präsentation einer solchen wissenschaftlichen Abbildung erscheint das dargestellte Objekt selbst völlig getrennt vom Darstellungsvorgang: Die nun sichtbare Bakterie wird nicht als Produkt eines Herstellungsprozesses angesehen, sie hat, so wie man sie sieht, unabhängig von ihrer Darstellung schon immer existiert.[29]

26 Brock 1988, 44–49.
27 Latour 1986, 17, 21f.
28 Ebd., 11–14.
29 Latour/Woolgar 1979, 69.

Beim Übergang vom mikroskopischen zum Papierbild ergibt sich jedoch in dieser Hinsicht ein Problem: Es stellt sich die Frage, ob das gezeichnete Bild das Gesehene getreu wiedergibt. Hat der Zeichner – mit oder ohne Absicht – das Bild verfälscht? Im Falle der bloßen Betrachtung durch das Mikroskop braucht es keinen Zeichner. Was man sieht, wird als Folge der direkten Interaktion zwischen der Strahlenquelle und dem anwesenden Objekt interpretiert. Beim Bild auf Papier jedoch hat man es mit einer durch den Zeichner hergestellten Aufzeichnung der stattgehabten Interaktion mit dem Objekt zu tun.[30] Soll die Abbildung den Zweck erfüllen, die Präsenz einer abwesenden Sache zu vermitteln, dann muß ihr Repräsentationscharakter Anfechtungen standhalten. Es muß anerkannt sein, daß das Bild die relevanten Aspekte des Objekts wiedergibt.[31] Dies hat eine andere Art der Bildherstellung, die Koch in die Bakteriologie einführte, die Fotografie,[32] in besonderer Weise für sich reklamiert.

Fotografie

Die Fotografie galt von Anfang an als Inbegriff einer unverfälschten Abbildung von Objekten.[33] Sie wurde propagiert als eine Methode, bei der sich die Gegenstände *selbst* abbildeten, ohne die subjektive Vermittlung durch einen menschlichen Zeichner. Bereits 1844 wurde die Metapher „Bleistift der Natur" geprägt.[34] Fotografische Aufnahmen erschienen z. B. schon früh als zulässiges Beweismittel vor Gericht. Die Fotografie übte eine „high-tech"-Faszination aus, sie galt als modern und wissenschaftlich und wurde in einem Atemzug mit der Elektrizität und der Eisenbahn genannt.[35] Schon kurz nach der Erfindung der Daguerrographie 1839 fand die neue Methode Anwendung in der Medizin. Im Jahre 1840 wurden erste mikroskopische Bilder von Knochen und Zähnen angefertigt, im selben Jahrzehnt begann man, Patienten fotografisch festzuhalten. Im Verlaufe der zweiten Jahrhunderthälfte fand die Technik in praktisch jedem Bereich der Medizin, zumindest versuchsweise, Verwendung. Die Ver-

30 Vgl. Hacking 1983, 207. In dieser Hinsicht ist die Unterscheidung einer Repräsentationstechnik, die auf der Verwandlung von Materie von einem Zustand in einen anderen – die Herstellung des Präparates – beruht, gegenüber einer Repräsentation durch Inskription – das Herstellen des Bildes der Bakterie auf Papier – von Belang, vgl. dagegen Rheinberger 1992, 31, Fußnote 37.

31 Vgl. Latour 1986, 7–9.

32 Vgl. Schlich 1995.

33 Henisch/Henisch 1994.

34 „Pencil of Nature", Talbot 1844.

35 Henisch/Henisch 1994, 211–216.

besserung der fotografischen Technik und die Erfindung fotomechanischer Druckmethoden in den 1860er Jahren steigerten die Attraktivität der Fotografie weiter.[36] Besonders schätzte man die Objektivierung der Wahrnehmung durch die fotografische Abbildung. Die Fotografie galt als „Kunst der Wahrheit", wie es die medizinische Fachzeitschrift „The Lancet" 1859 in einem Artikel zu diesem Thema formulierte.[37]

Die Auffassung einer „Selbstabbildung" rührte von der Deutung des Herstellungprozesses der Bilder: Wenn man nur den chemischen Vorgang, der sich unter Lichteinwirkung auf der fotografischen Platte oder dem Film abspielt, betrachtet und gleichzeitig alles andere – also die Vorbereitung des Objekts, den Aufbau der Apparatur, die Entwicklung des Bildes – ausblendet, dann ist bei der Abbildung der Mensch nicht involviert. Der Gegenstand bildet sich selbst ab. Derartige Instrumente, mit deren Hilfe sich, wie es heißt, Phänomene selbst aufschreiben, spielen eine große Rolle in der Naturwissenschaft.[38] Da die Instrumente sowie deren Konstruktion und Bedienung durch Menschen als „bloße Technik" von der eigentlichen wissenschaftlichen Tatsache streng abgetrennt werden,[39] scheint die Existenz des repräsentierten Phänomens unabhängig von seiner Repräsentation zu sein. Daß darauf auch die objektivitätsherstellende Deutung der Fotografie beruhte, wird besonders deutlich anhand von Zweifelsfällen: Schon die ganz frühen Fotografien büßten ihren Dokumentationscharakter ein, sobald der Mensch doch wieder seine Hand im Spiel hatte, im Falle von Retuschierungen oder Übermalungen nämlich. Von Anfang an witterte man die Gefahr der Manipulation, z. B. durch die Technik der Fotomontage.[40]

Die gegenüber der Zeichnung erschwerte Lesbarkeit des fotografischen Bildes wurde so als Merkmal einer objektiven Abbildung bewertet: „Zeichnungen mikroskopischer Gegenstände sind fast niemals naturgetreu, sie sind immer schöner als das Original, mit schärferen Linien, kräftigeren Schatten als diese versehen [...]", schrieb Koch.[41] Bei der fotografischen Abbildung, werde „ja der Schatten des Präparates selbst als Bild festgehalten und der mikroskopische Gegenstand zeichnet sich selbst; dabei ist es auch nicht im Geringsten möglich, einen verbessernden Einfluss auf die einzelnen Theile des Bildes auszuüben"[42]. Die für diese „Selbstabbildung" notwendigen Instrumente, das Ein-

36 Maehle 1993.
37 „Art of truth", zit. n. Reiser 1978, 56–58.
38 Vgl. z. B. über den Kymographen: de Chadarevian 1993.
39 Latour/Woolgar 1979, 63–69.
40 Henisch/Henisch 1994, 24–48, 90–117.
41 Koch 1881, 11f.
42 Ebd., 11.

richten und Bedienen der Instrumente durch den Untersuchenden wurden bei dieser Sicht der Dinge ausgeblendet. Die geringste Retuschierung nach der „Selbstabbildung“ jedoch entwertete das fotografische Bild: „[...] bei der weiteren Behandlung der Negative und der Herstellung der Abdrücke vergesse man nie, dass das photographische Bild nicht allein eine Illustration, sondern in erster Linie ein Beweisstück, gewissermaßen ein Document sein soll, an dessen Glaubwürdigkeit auch nicht der geringste Zweifel haften darf. Also würde jede und sei es auch die unbedeutendste Retouche des Negatives oder des Abdruckes demselben seinen ganzen Werth rauben.“[43] Kleinere Mängel an den Bildern wurden so zu einer Echtheitsgarantie: Die Bilder „entbehren“, schrieb Koch, „jeder Art von Retouche und geben das unverfälschte und vollkommen naturgetreue Bild der Objecte wieder. Ich muß deswegen den Beschauer bitten, die hier und da, namentlich an den Ecken und Rändern der Bilder befindlichen Streifen, Flecke u. s. w., die sich übrigens leicht als nicht zum eigentlichen Bild gehörig erkennen lassen, zu übersehen oder wenigstens für einen Beweis des rein objectiven Charakters der Bilder nehmen zu wollen.“[44]

Vor dem eigentlichen Abbildungsvorgang war der Einfluß des Menschen jedoch nicht nur legitim, die Tätigkeit des Untersuchers war zum Erzielen einer klaren Darstellung des Objekts sogar unabdingbar: Im Gegensatz zur Zeichnung bleibe bei der Fotografie „nichts übrig, als solche Präparate herzustellen, die nicht allein den eigenen Ansprüchen genügen, sondern auch allseitiger Kritik in Bezug auf ihre Beweiskraft Stand zu halten vermögen“.[45] Es reichte nicht aus, daß der Forscher selbst von der Richtigkeit der Abbildung überzeugt war, sie mußte auch „allseitiger Kritik“ standhalten: Repräsentation ist auf eine Rezeption durch andere angewiesen, sie ist ein sozialer Vorgang.

Damit das Objekt Bakterie beim Übergang vom Bild „im Mikroskop“ zur fotografischen Aufnahme überhaupt erhalten blieb, mußte Koch – genauso wie beim Färben – so lange herumprobieren, bis die Repräsentation dem Vorwissen der Wissenschaftler über das zu repräsentierende Objekt entsprach: Bakterien mußten auch auf der fotografischen Platte das bekannte Aussehen zeigen, sonst waren die Bilder wertlos.[46] Die neue Repräsentationsmethode Fotografie wurde gegen die ältere Darstellungsmethode der direkten mikroskopischen Betrachtung kalibriert.

43 Ebd., 14.
44 Ebd., 38. Siehe auch Günther 1895, 461.
45 Koch 1881, 11.
46 Ebd., 14.

Die Bedeutung der Fotografie ging jedoch gelegentlich über die originalgetreue Wiedergabe des im Mikroskop Gesehenen hinaus. Koch war bereits 1877 der Ansicht, daß sich die fotografische Platte oft besser zur Untersuchung von Bakterien in einem Präparat eigne als die direkte Betrachtung durchs Mikroskop. Häufig habe er feine Objekte auf dem Negativ leicht finden können, die er unter dem Mikroskop nur mit Schwierigkeiten sah.[47] Hier trat die Funktion der Verbreitung des vom Bakteriologen Gesehenen in den Hintergrund. Der Apparat „sah" nicht nur das, was auch das menschliche Auge mit Hilfe des Mikroskops sehen konnte. Die Fotografie als Repräsentationsmethode produzierte selbst das Wissen über die Objekte. Die fotografische Bildanfertigung war in solchen Fällen ein unerläßlicher Bestandteil der Faktenherstellung.

Für beide Funktionen – Herstellung von Objektivität und Produktion neuer wissenschaftlicher Tatsachen – mußten die Betrachter der Bilder jedoch einer „Kultur des fotografischen Sehens" angehören. So mußten sie z. B. bestimmte Vorannahmen darüber teilen, welche Interventionen von seiten des Untersuchers erlaubt sind und welche nicht. Solche gemeinsamen Regeln der Beurteilung hatten sich, wie beschrieben, schon früh herausgebildet. Im Einzelfall jedoch konnten die Meinungen dazu durchaus auseinandergehen, so daß Koch sich veranlaßt sah, in die Rezeption seiner Bilder argumentativ einzugreifen. Nach der Schilderung einiger Manipulationen zur Erzeugung besonders guter Aufnahmen schrieb er: „[...] nur wer für die Photographie nicht das geringste Verständnis hat, kann darin etwa besondere Kunstgriffe argwöhnen, mit Hülfe deren sich mehr photographieren liesse als in Wirklichkeit vorhanden ist."[48] Die Rezeption der Fotografie als gültige Repräsentation benötigte einen entsprechenden kulturellen Hintergrund – wer „nichts von Fotografie versteht", kann ihren Beweiswert nicht richtig einschätzen.

Daß es offenbar jeweils spezifische Kulturen mikroskopischen und fotografischen Sehens gab, zeigte sich bei der Einführung der Fotografie von Bakterien: Die mikroskopisch orientierten Bakteriologen hatten sich nun zusätzlich zur Kultur des mikroskopischen Sehens die Kultur des fotografischen Sehens anzueignen. Daran gewöhnt, zum Erkennen von Gegenständen sowohl das Objekt als auch den Fokus des Mikroskops ständig zu bewegen, mußten die Mikroskopiker, wie Koch berichtete, erst lernen, die auf der Fotografie dargestellten Gegenstände auch ohne ständige Vergleiche mit der Umgebung und anderen Schichten des Präparates als dieselben anzusehen, die sie sonst unter dem Mikroskop hatten (vgl. Abb. 1). Damit sich der Betrachter von der Iden-

47 Brock 1988, 56f., 119.
48 Ebd., 14.

tität der mit den unterschiedlichen Methoden dargestellten Objekte überzeugen konnte, galt es, das Aussehen des fotografischen Bildes dem mikroskopischen Aspekt möglichst anzugleichen.[49]

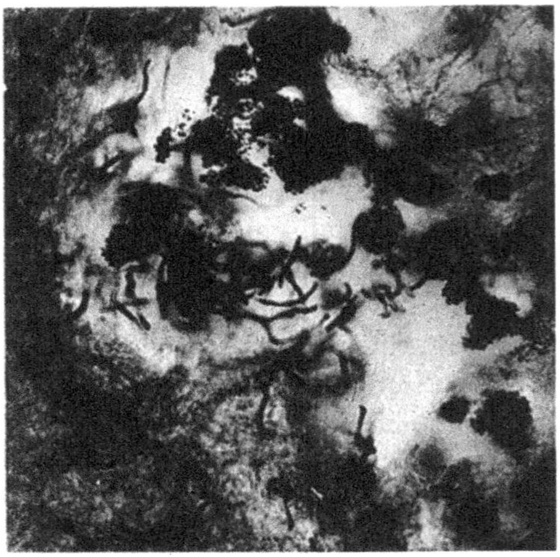

Abb. 1: Fotografie Kochs: „Ausschnitt aus der Niere von einem milzbrandigen Kaninchen. Glomerulus mit Milzbrandbacillen." Aus: Koch 1881, Tab. V, Nr. 27.

Die Bilder wurden zu dem Zweck hergestellt, den Betrachter zum Zeugen zu machen. Der Koch-Schüler Friedrich Loeffler stellte 1887 rückblickend fest, daß die „Photogramme lebender Milzbrandbacillen in allen ihren Entwicklungsstadien vom kurzen blassen Stäbchen bis zum langen sporentragenden Faden [...] nun auch den ärgsten Zweifler von der Realität dieser pathogenen Bacillen überzeugen" mußten.[50] Bezweifelte jemand diese Realität, so konnte Koch ohne große Mühen vor den Augen des Kritikers seine Fotografien ausbreiten und Dinge zeigen, die in diesem Moment und an diesem Ort nicht präsent waren: „[Wer] ein Photogramm veröffentlicht", schrieb er, „legt gewissermaassen das Untersuchungsobject selbst seinem Publikum vor und lässt letzteres unmittelbar an seiner Beobachtung Theil nehmen."[51] So etwas funktionierte nur mit einer Vermittlungstechnik, die als „Kunst der Wahrheit" galt, deren Objektivität nicht mehr, wie noch bei der Zeichnung, in Frage gestellt wurde. Bei seinem nächsten Besuch in Breslau mußte Koch keine Frösche und Kaninchen mehr mitnehmen, um seine Kollegen zu überzeugen; stattdessen genügte eine Serie mikrofotografischer Negative.[52] „Nichts ist einfacher",

49 Koch 1881, 37.
50 Loeffler 1887, 220.
51 Koch 1881, 11f.
52 Brock 1988, 64.

schrieb er, „als sich über das, was ein Photogramm darstellt, zu verständigen, denn beliebig viele Beobachter können zu gleicher Zeit das bisher nur einem Einzelnen zugängliche Bild in Augenschein nehmen, man kann das Object, auf welches es ankommt, mit dem Finger bezeichnen, mit dem Zirkel messen, mit anderen Photogrammen desselben oder anderer Objecte unmittelbar vergleichen, kurz alles vornehmen, was zur Verständigung über den streitigen Gegenstand dienen kann."[53] Koch bediente sich hier einer „Rhetorik der Evidenz".[54] Dies war ihm möglich, weil mit der Abbildung auf dem fotografischen Bild das Objekt Bakterie aus der Serie von Repräsentationen in einer Form hervorging, die es erlaubte, die Aufmerksamkeit anderer Menschen auf die Bakterie wie auf ein für alle sichtbares Alltagsobjekt zu lenken und darüber gemeinsam zu diskutieren (vgl. Abb. 2).

Abb. 2: Koch im Labor im Kreis von Mitarbeitern, denen er anscheinend eine Abbildung (vielleicht eine Fotografie von Bakterien) zeigt. Holzstich 1890, nach einer Zeichnung von N. H. Lüders, Bildarchiv Preuß. Kulturbesitz.

Die Fotografie hatte gegenüber der direkten Demonstration unter dem Mikroskop den zusätzlichen Vorteil, daß die Zuordnung der Repräsentation zum Objekt gewissermaßen fixiert war: Bei der direkten mikroskopischen Betrachtung mußte der Untersucher die Bakterie „erkennen", d. h., die sicht-

53 Koch 1881, 11.

54 Ich danke Hans-Jörg Rheinberger für die Anregung zu dieser Bezeichnung.

bare Gestalt unter seinem Mikroskop erzeugen und als Darstellung der Bakterie identifizieren. Dazu mußten – wie Koch selbst erklärte – alle Einzelheiten des Abbildungsvorganges stimmen: Beleuchtung, Linsensystem, Vergrößerung, Öffnung der Blende, Präparation und Färbung des Objekts, das Brechungsvermögen der Flüssigkeit, in die das Objekt eingelegt ist. Dabei blieb ein unerwünschter Spielraum bestehen: „[...] wenn ich Jemanden ein mikroskopisches Präparat in die Hand gebe in der Absicht, dass ganz bestimmte Teile desselben, z. B. bakterienführende Lymphgefässe, in Augenschein genommen werden sollen, so habe ich nicht die Sicherheit, dass nun auch wirklich die richtige Stelle gefunden und, wenn dies der Fall sein sollte, die richtige Einstellung, Beleuchtung u. s. w. gewählt wird." Ohne Fotografie war das Gelingen der Darstellung von den Fertigkeiten des jeweiligen Betrachters abhängig. Die Bedingungen waren nicht fixiert, Koch konnte die Zuordnung von Objekt und Repräsentation nicht kontrollieren. Er beklagte, „dass beim Mikroskopiren nicht zwei Beobachter zu gleicher Zeit dasselbe Object ins Auge fassen und sich darüber verständigen können [...] und, wie jeder Mikroskopiker weiss, schon die geringste Verschiebung der Mikrometerschraube zur Folge hat, dass so kleine Objecte, wie Bacterien, entweder ganz aus dem Gesichtsfelde verschwinden oder mit ganz anderen Umrissen und Schatten erscheinen."[55] Der mit einem Mikroskop ausgerüstete Kritiker kann immer behaupten, einen Gegenstand „ganz anders, vielleicht dicker, dünner, mehr oder weniger glänzend gesehen zu haben" oder sogar, „wenn er ihn möglicherweise überhaupt nicht findet", sein Vorhandensein bestreiten.[56]

Da so viele Variationen in der Herstellung und Betrachtung von Präparaten möglich waren, konnte im Konfliktfall kein Konsens herbeigeführt werden. So hatten sich die Wissenschaftler, um nur ein Beispiel anzuführen, nicht darüber einigen können, ob bestimmte Bakterienarten Bewegungsapparate – Geißeln – besitzen oder nicht. Die Beseitigung dieser Meinungsverschiedenheit durch Koch beschrieb Loeffler wie folgt: „Durch die scharfen Photogramme derselben [der Geißeln, T. S.] konnte er mit einem Schlage die Existenz dieser von Ehrenberg bei seinem Bacterium triloculare, von Cohn bei Spirillum volutans, von Dallinger und Drysdale bei Bacterium termo, von Warming bei röthlich gefärbten Vibrionen und Spirillen gesehenen, von Vielen jedoch angezweifelten Gebilde gegen jeden Zweifel sicher stellen"; und damit auch der Leser sich mit eigenen Augen überzeugen konnte, verwies er auf die beigebenen Abbildungen: „(s. Tafel I, Fig. 5 u. 6)"[57] Ohne das Medium der Fotografie jedoch, so

55 Koch 1881, 10.
56 Ebd., 11.
57 Loeffler 1887, S. 219f.

stellte Koch fest,[58] bleibe „ein jeder der Streitenden [...] natürlich bei seiner Meinung, und die medicinische Wissenschaft weiss nicht, wem sie Glauben schenken soll. Für diese Missstände," so fuhr er fort, „die sich in der Mikroskopie zum grössten Schaden der Wissenschaft schon unendlich oft geltend gemacht haben, giebt es nur ein Hülfsmittel, das ist die Photographie, die hier vermittelnd, ausgleichend und belehrend zugleich einzutreten hat. [...] Die Photographie giebt ein für alle mal und ohne dass auch nur geringste Täuschung möglich wäre, das mikroskopische Bild genau in der Einstellung, Vergrößerung und Beleuchtung wieder, in der es bei Aufnahme sich befand." – „Das photographische Bild eines Gegenstandes ist unter Umständen wichtiger als dieser selbst."[59]

Isolieren und Darstellen

Das bisher beschriebene Vorgehen diente der Darstellung der Gestalt der Bakterien als Fremdkörper in einem von ihnen befallenen Organismus. Um als Krankheitserreger zu gelten, mußte der Mikroorganismus aber auch Zeichen eigenen Lebens aufweisen und von anderen Mikroorganismen unterscheidbar sein (2. Postulat) sowie aus dem erkrankten Tier oder Menschen isoliert werden können (4. Postulat). Diese Forderungen erfüllte Koch durch ein besonderes Verfahren, das eine wiederholte mikroskopische Darstellung der Krankheitserreger einschloß.

Die dem erkrankten Organismus entnommene Probe wurde in ein Medium gebracht, das sich zur Vermehrung von Bakterien eignete. Von der vermehrten Kultur wurde wiederum eine Probe entnommen, die jetzt nur noch aus den fraglichen Mikroorganismen bestehen sollte. Es liegt also eine Art „Extraktionsverfahren" vor, ein Herausziehen des interessierenden Anteils einer Probe. Kochs Programm ging aber weiter. Es zielte auf eine weitere Extraktionsstufe, die Trennung der unterschiedlichen Bakterienarten voneinander, um jeweils nur eine bestimmte Art in „Reinkultur" weiterzuzüchten. Dies gestaltete sich jedoch sehr schwierig. Wie konnte man Kontrolle über mikroskopisch kleine Lebewesen ausüben, die sich in einer Flüssigkeit frei bewegten? Wäre Koch bei der Anzüchtung beim flüssigen Medium geblieben, so hätten sich immer, wie er rückblickend schrieb, „die beweglichen Bakterien [...] schleunigst in der Flüssigkeit verteilt, würden sich unter die anfangs noch einigermaassen in kleinen schwimmenden Colonien zusammengehaltenen unbeweglichen ge-

58 Koch 1881, 11.
59 Ebd.

mischt und diese ebenfalls durch ihre lebhaften Bewegungen durcheinander gewirbelt und überall hin verschleppt haben. [...] Kurz, die ganze Flüssigkeit würde von Anfang an bei einer mikroskopischen Untersuchung das Bild eines wirren Gemisches von Formen und Gestalten geboten, aber niemals auch nur im entferntesten an eine Reincultur erinnert haben."[60] Durch Visualisierung allein konnte er das Problem nicht lösen: „[...] und wenn nun zufällig die Weiterimpfung von einer [...] vermeintlich reinen aber in Wirklichkeit schon unreinen Cultur gemacht wird und die eingedrungenen Organismen den gezüchteten in der Entwicklungsfähigkeit überlegen sind, dann ist die weitere Reinkultur unrettbar verloren; schon in der nächsten Generation wird das Mikroskop kaum noch einen Zweifel über die Verunreinigung lassen, aber diese Einsicht kommt zu spät, weil es unmöglich ist, die nun schon massenhaft vorhandenen Gäste wieder los zu werden."[61]

Koch ging zu halbfesten Nährböden über, zunächst zu halbierten Kartoffeln. Dazu erklärte er: „Worin liegt denn aber dieser durchgreifende Unterschied zwischen dem Nährboden, den die Kartoffel den Mikroorganismen bietet, und demjenigen, den ihnen die Nährflüssigkeit gewährt? Doch nur darin, dass der eine fest ist, und verhindert, dass die verschiedenen Arten, auch wenn sie beweglich sind, durcheinander gemengt werden, während in dem anderen flüssigen Nährsubstrat von einem Getrenntbleiben der Arten überhaupt nicht die Rede sein kann."[62]

Zur Trennung der Bakterienarten entwickelte Koch eine neue Kulturmethode, indem er durch Zusatz von Gelatine „die schon bekannten und andere neue bewährte Nährlösungen aus der flüssigen in eine feste, starre Form" überführte.[63] In einer derartigen flach ausgegossenen und erhärteten Nährgelatine konnten Bakterienkulturen planmäßig angelegt werden: „Die Aussaat der zu züchtenden Organismen geschieht nun in der Weise, dass mit einer geglühten Nadel oder einem geglühten Platindraht eine möglichst geringe Menge der dieselben enthaltenden Flüssigkeit oder Substanz aufgenommen und dann in mehreren, etwa drei bis sechs, Querlinien auf die Gelatine gebracht wird."[64] Man wird „am nächsten Tage oder etwas später [...] in der bis dahin ganz kalten erstarrten Gelatine ziemlich gleichmäßig verstreut einige wenige oder auch zahlreiche sehr kleine undurchsichtige, bei auffallendem Lichte weissliche Pünktchen bemerken. [...] Die kleinen, aus den weisslichen Pünktchen heran-

60 Ebd., 22.
61 Ebd., 20.
62 Ebd., 22f.
63 Ebd., 23.
64 Ebd., 26.

wachsenden Colonien bestehen aus Bacillen, wovon man sich leicht durch die mikroskopische Untersuchung derselben überzeugen kann"[65]. Um darüber hinaus sicher zu sein, es in den tröpfchenförmigen Kolonien mit einer einzigen Art von Organismen zu tun zu haben, waren die Kleinstlebewesen wiederum sichtbar zu machen: „Werden nun diese Tröpfchen, so lange sie noch isolirt stehen, mikroskopisch untersucht [...], dann stellt sich heraus, dass jedes einzelne derselben aus einer bestimmten Art von Mikroorganismen besteht."[66] Überhaupt böten die Kulturen „den ganz erheblichen Vorteil, dass sie jederzeit, ohne beschädigt [...] zu werden, der Controle durch das Mikroskop unterzogen werden" könnten.[67] Die „fortwährende Controle über die Beschaffenheit der Culturen mit dem Mikroskop" stellte Koch als den entscheidenden Vorteil seiner Kulturmethode gegenüber anderen heraus.[68] „Man ist [...] stets in der Lage, den Zustand des Nährmaterials für die Reinkulturen zu controliren und alle Fehler, die etwa bei der Zubereitung sich einschlichen, sofort zu erkennen und auch bald zu beseitigen."[69] Koch konnte nun die Bakterien mit seinen Händen und Augen beherrschen, sie nach Belieben isolieren und weiterverwenden.[70]

Die von Koch nachdrücklich vertretene These, daß sich Mikrobenarten nicht ineinander verwandeln können, war abhängig von einer präzisen Identifizierung der Krankheitserreger durch solche Formen der Visualisierung.[71] Es waren Bilder, durch die die Forscher sich und andere von den Unterschieden zwischen den Bakterienarten überzeugten. So schrieb Loeffler 1887 über einen solchen Fall der Differenzierung: „Durch einen Blick auf die von der Natur selbst gezeichneten Photogramme [...] konnte nunmehr ein Jeder sich von den großen morphologischen Unterschieden dieser drei Spirochätenarten überzeugen."[72]

Das Vergleichen, das Herausarbeiten von Mustern, erforderte, daß die Darstellungen miteinander kompatibel waren: „Zu Vergleichen unter einander können [...] nur nach einem vollständig gleichartigen Verfahren hergestellte Präparate benutzt werden", schrieb Koch.[73] Die Kompatibilität mußte auch

65 Ebd., 25.
66 Ebd., 22.
67 Ebd., 28.
68 Ebd., 32.
69 Ebd., 25.
70 Zur Eigenschaft des Labors, Macht und Kontrolle zu ermöglichen, s. z. B. Cunningham 1992, 209–219. Dies trifft auch auf die Visualisierung zu: „Vision is always a question of power to see", Haraway 1991, 192.
71 Vgl. die Beschreibung dieses Vorgehens und die Argumentationsweise bei Koch 1881, 29–30.
72 Loeffler 1887, 220.
73 Koch 1881, 5. Zur Kompatibilität vgl. Latour, in diesem Band.

beim Wechsel vom Bild im Mikroskop zum fotografischen Bild gewährleistet bleiben; es sei „nie aus dem Auge zu lassen, dass die Photographie den Gegenstand so wiedergeben soll, wie er bei der gewöhnlichen Art und Weise des Mikroskopirens erscheint".[74]

Die Sichtbarmachung der Krankheitserreger wurde nicht von allen Forschern für so wichtig gehalten wie Koch dies tat: Diejenigen, die, wie Louis Pasteur und seine Schüler, die Infektionskrankheiten durch Immunisierung zu kontrollieren suchten, zeigten zunächst wenig Interesse an der genauen Identifizierung des Krankheitserregers – und damit ebensowenig an der dafür erforderlichen visuellen Darstellung. In Frankreich ging man zudem lange Zeit davon aus, daß sich Bakterienarten ineinander verwandeln können.[75] Koch dagegen hielt die Bakterienspezies für stabil und invariabel, was zu seiner erklärten Strategie der Krankheitsbekämpfung paßte: Als Basis für die praktischen Aufgaben der „Prophylaxis und Therapie", schrieb er 1878, „brauchen wir die zwingende Gewissheit darüber, dass dieser oder jener bestimmte und unter veränderten Verhältnissen an gewissen Kennzeichen immer wieder zu erkennende Mikrokokkus die einzige Ursache der gegebenen Krankheit ist."[76] Krankheitserreger mußten zuerst einfach und sicher zu erkennen sein, dann konnte man sie beseitigen.

Funktionelle und visuelle Repräsentation

So bestand Kochs Vorgehen aus einem Übereinanderschichten funktioneller und visueller Repräsentationen, die zusammen, in der Überlagerung, den Krankheitserreger als solchen dingfest machten. Zoologen oder Botaniker, denen es lediglich um den Nachweis der Existenz von Mikroorganismen ging, konnten sich auf die visuelle Darstellung beschränken. Koch verwies selbst auf das Beispiel der Zoologie und Botanik,[77] in deren Tradition der visuellen Wie-

74 Koch 1881, 14; vgl. auch ebd., 37.

75 Amsterdamska 1987, 669–670. Dieser Aufsatz beschäftigt sich eingehend mit der (hier nicht behandelten) Frage, wie solche Unterschiede in den Auffassungen erklärt werden können.

76 Koch 1878, 26f. So ist es kein Zufall, daß die meisten größeren „Entdeckungen" der Bakteriologie – d. h. Zuordnungen von Krankheit und Erreger – in den Jahren 1876 bis 1900 von Wissenschaftlern gemacht wurden, die der deutschen morphologischen Herangehensweise verpflichtet waren und daß schließlich auch Pasteur-Schüler diese mit in ihre Arbeiten einbezogen, Weindling 1992, 176.

77 Koch 1881, 30. Merkmale der Form lagen bereits der von dem Botaniker Ferdinand Cohn 1872 aufgestellten und in der Folge durchgesetzten systematischen Einteilung der Bakterien zugrunde. Günther 1895, 7.

dergabe von Tieren und Pflanzen die Abbildung von Bakterien sich einreiht. In der Kochschen Bakteriologie ging es jedoch nicht einfach um den Nachweis der Existenz von Bakterien und deren Beschreibung, sondern darum, sie als *Krankheitserreger* zu identifizieren, denn, wie Koch formulierte, „es ist der Hygiene [...] durchaus nicht allein darum zu thun, zu erfahren, ob in diesem oder jenem Boden oder Trinkwasser überhaupt Pilze, Bacterien und andere niedere Mikroorganismen vorhanden, sondern ob speciell unter denselben solche, welche Krankheiten bewirken können, enthalten sind".[78]

Die Fähigkeit, Krankheiten hervorzurufen, galt für Koch in Analogie zum visuellen Nachweis als eine funktionelle Repräsentation der Mikroorganismen: So wie unterschiedliche, für das Wachstum der Bakterien „selektive", Nährböden ihm die Unterscheidung zwischen verschiedenen Bakterienarten ermöglichten, dienten ihm auch die Folgen ihrer Übertragung auf unterschiedliche tierische Organismen zur Differenzierung der Bakterien. Mäuse seien „so empfindlich für Milzbrandinfection, daß sie als ein ganz sicheres Reagens auf die Wirksamkeit der Milzbrandbazillen gebraucht werden können," meinte er, und fuhr fort: „Die Septicämie der Kaninchen tödtet Kaninchen und Mäuse mit absoluter Sicherheit, Meerschweinchen und Ratten lässt sie unberührt, lässt sich aber noch auf Sperlinge und Tauben leicht übertragen."[79]

Um als Ursache einer Krankheit zugeordnet werden zu können, wurden die Bakterien im Experiment funktionell repräsentiert, nämlich in ihrer Eigenschaft, in einem „bis dahin gesunden Individuum" „Krankheit zu bewirken" (vgl. 5. Kochsches Postulat).[80] Daß Koch in der Lage war, bei einer großen Zahl von Meerschweinchen konstant Tuberkulose hervorzurufen, war ein Hauptargument für die von ihm postulierte bakterielle Ätiologie der Krankheit.[81] Um aber die Identität der in einem solchen funktionellen Nachweis verwendeten Mikroorganismen sicherzustellen, war nach wie vor auch die visuelle Darstellung des Erregers erforderlich.

Immer wieder wurden funktionelle und visuelle Darstellungsweisen überlagert. Wenn Koch z. B. feststellte, daß ein Bild bestimmter Bakterien von einem „grauen Tuberkelknötchen aus der Lunge eines an Impftuberkulose gestorbenen Meerschweinchens"[82] stamme, verband er die Beschreibung der Krankheitserscheinung mit dem Bild ihres Verursachers. Als Darstellung eines Krankheitserregers war auch ein fotografisches Bild ohnehin nur dann wirk-

78 Koch 1881, 1.
79 Ebd., 16. Über selektive Nährböden s. 27–29, 34.
80 Koch 1881, 1.
81 Koch 1912, 23–33.
82 Ebd., 14.

sam, wenn es glaubhaft als Produkt einer ununterbrochenen Kette von Repräsentationen kenntlich gemacht wurde. Die Aneinandereihung von Repräsentationen mußte im Prinzip *reversibel* sein, sie mußte vom Untersuchenden oder von anderen Wissenschaftlern in der umgekehrten Reihenfolge nachverfolgt werden können, ansonsten ging der Anspruch auf Wissenschaftlichkeit verloren.[83] Diesem Zweck diente schließlich ein Text, der es erlaubte, den Weg zurückfinden: vom Bild zum Präparat und von dort zum kranken Organismus, dessen Krankheitszeichen als Hinweis auf die Präsenz des Erregers bewertet wurden und die den Anlaß für die bakteriologischen Untersuchungen gegeben hatten. Zu diesem Zweck stellte Koch seinen Fotografien genaue Beschreibungen der Krankheitsfälle zur Seite, von denen die Bilder jeweils stammten. Auch die Angabe, von welcher Stelle des Körpers („aus einer solchen Randpartie der Geschwulst") die Proben für welche Fotografien entnommen und wie sie weiter aufbereitet worden waren, durfte nicht fehlen.[84] Um zu entscheiden, ob die Verteilung des Mikrorganismus im Körper mit den Krankheitssymptomen korrelierte (vgl. 3. Postulat), mußte Koch ebenfalls die Krankheitssymptome registrieren und gleichzeitig die Mikroorganismen im Körper sichtbar darstellen.

Schließlich dienten morphologische Kriterien sogar der Zuordnung von Bakterien zu ihrer „Funktion" als Krankheitserreger: „Formunterschiede zwischen dem vermuthlich pathogenen und den als unschädlich bekannten gewöhnlich im oder am Körper schmarotzenden Organismen" seien für das Identifizieren von Krankheitserregern „maasgebend".[85] Auch für die spezifische Zuordnung zu bestimmten Krankheiten orientierte Koch sich am Aussehen der Bakterien, so z. B., wenn er über die Abbildungen eines Kollegen schrieb: „Ich will durchaus nicht behaupten, dass Semmer überhaupt keine Bacterien vor sich gehabt hat [...], aber was das für Bacterien gewesen und ob dieselben wirklich als pathogene zu beanspruchen sind, das scheint mir doch mindestens zweifelhaft, namentlich, wenn man die Bacterien der Hundswuth mit denen der Wuth beim Rinde und die Milzbrandbakterien, welche fast wie Zahnspirochäten aussehen, mit den Staupe- und Typhusbacterien vergleicht."[86]

Die Sichtbarmachung war für Koch eine *conditio sine qua non* jeder ernstzunehmenden wissenschaftlichen Beschäftigung mit Krankheitserregern: Behauptungen über das Vorkommen von Bakterien, die sich *nicht* auf den „directen Nachweis durch das Mikroskop" stützten, wies er zurück.[87] Den

83 Zur Reversibilität vgl. Latour, in diesem Band.

84 Koch 1881, 38–48.

85 Ebd., 2.

86 Ebd., 13.

87 Ebd., 2.

Arbeiten der Pasteurschen Schule sprach Koch die wissenschaftliche Beweiskraft ab. Sie seien mit „einem anerkennenswerten aber“, so schrieb er bezeichnenderweise, „*blinden* Eifer“ ausgeführt.[88]

Kochs Vorgehensweise wurde, zusammen mit seinen Visualierungstechniken, gegen Ende des 19. Jahrhunderts maßgeblich für die Infektionslehre. Ihr folgten schließlich auch die Pasteur-Schüler. Wo immer eine Seuche bekämpft werden sollte, machte man alles so, wie Koch es gefordert hatte. Als der Pasteur-Schüler Alexandre Yersin und der Koch-Schüler Shibasaburo Kitasato im Sommer 1894 in Hong-Kong gleichzeitig nach der Ursache der Pest suchten, hatten sie ihr Mikroskop dabei und bauten – jeder für sich, sie waren Konkurrenten – ein Labor auf. Sie taten nichts anderes, als sofort das für sie Wesentliche aus dem komplexen Seuchengeschehen zu extrahieren und gingen umgehend auf die Suche nach einem Mikroorganismus in den Körpern der Pestopfer, konnten ihn mühelos sichtbar machen, in Reinkultur züchten und Versuchstiere damit inokulieren. Nachdem die in den Kochschen Postulaten formulierten Bedingungen erfüllt waren, verkündeten die Forscher, daß sie die wirkliche Ursache der Pest herausgefunden hatten. Beide taten dies schnellstmöglich in Form eines wissenschaftlichen Artikels, in dem Abbildungen von Bakterien eine Schlüsselrolle einnahmen.[89]

Bakterien zum Anfassen

Unser Wissen von Bakterien ist – ebenso wie die Bilder, die wir gezeigt bekommen – an bestimmte technische und kulturelle Vermittlungsprozesse geknüpft. Dies wird aber nur klar, wenn man sich die Repräsentationsvorgänge ansieht, ohne bereits die Existenz bakterieller Krankheitserreger zum Ausgangspunkt und zur Basis der Betrachtung zu machen. Ich habe versucht zu zeigen, wie Koch in jeweils spezifischer Weise neue Darstellungstechniken geschaffen, miteinander verknüpft, überlagert, gegeneinander kalibriert und seine Schlüsse der Rezeption durch andere dargeboten hat, und wie erst damit das Objekt „bakterieller Krankheitserreger“ aus der Kette von Vermittlungen, Abbildungen und sonstigen Repräsentationen hervorging.

Im Gegensatz dazu erscheint heute die Existenz von Bakterien und ihre Rolle bei der Krankheitsentstehung naturgegeben. Die Selbstverständlichkeit, mit der man dies auch außerhalb des Kreises der Wissenschaftler akzeptiert, ist eine Folge der Weitervermittlung des Objekts Bakterie über den Bereich der

88 Ebd., 21 (meine Hervorhebung).
89 Cunningham 1992, 224–238.

Wissenschaft hinaus, einer weiteren Verlängerung der Kette von Repräsentationen. Dabei spielten wiederum bildliche Darstellungen eine wichtige Rolle. Es waren vor allem Bilder von Bakterien, die den Eindruck einer unvermittelten Realität und Erfahrbarkeit von Krankheitserregern erzeugten. Sobald die Ergebnisse der Bakteriologie einem größeren Publikum präsentiert wurden, stand das mikroskopische Bild des Erregers – sein „Portrait" – im Zentrum. Wenn die Bakteriologen Autorität beanspruchten, so taten sie dies unter Anfügung von Bildern ihrer Objekte (vgl. Abb. 3). Obwohl sie ohne Vermittlung

Abb. 3: „Tuberkulose-Merkblatt", auf dem zur Legitimation der darin gegebenen Anweisungen ein „Portrait" des Tuberkuloseerregers wiedergegeben wird. Sammlung des Medizinhistorischen Instituts und Museums Zürich.

nicht sichtbar waren, prägten Bakterien zunehmend die populären Vorstellungen von Krankheit und ihrer Übertragung. Der Erreger und die Krankheit selbst wurden immer ununterscheidbarer, das mikroskopische Bild der Bakterien wurde stellvertretend für deren „Funktion", die Krankheit: Das ging so weit, daß mikroskopische Darstellungen von Bakterien mit den Krankheitsnamen, nicht mit den Speziesbezeichnungen versehen wurden (vgl. Abb. 4).[90] Waren Krankheiten ikonographisch traditionell durch menschenähnliche Gestalten wie Skelette oder koboldartige Wesen dargestellt worden, so kamen mit dem Siegeszug der Bakteriologie immer häufiger Darstellungen mikroskopischer Erreger (die meist zum Aussehen von Insekten tendierten) vor (vgl. Abb. 5).[91]

90 Fülöp-Miller 1938, 189.

91 Bourdelais/Dodin 1987, 58–72, vgl. dazu auch Gradmann 1996.

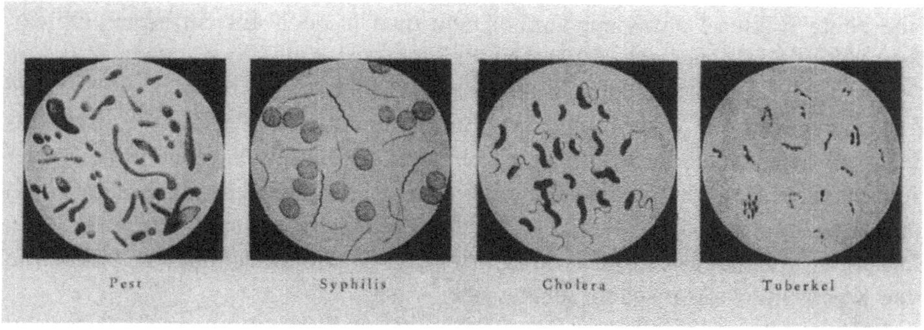

Abb. 4: Infektionskrankheiten, dargestellt als durch das Mikroskop betrachtete Bakterien. Aus: Fülöp-Miller 1938, 189.

Eine Sonderausstellung „Volkskrankheiten und ihre Bekämpfung", die im Jahre 1903 zunächst in Dresden im Rahmen der großen Städteausstellung, in den folgenden Jahren auch in anderen deutschen Städten gezeigt wurde, führte dem Publikum in ganz neuer Art das Wesen und die Entstehung der Infektionskrankheiten vor. In einem Pavillon wurden den Besuchern nicht nur Originalreinkulturen von Bakterien aus dem Institut Pasteur in Paris gezeigt, sie konnten sich auch ein Bild von den Krankheitserregern durch dreidimensionale Modelle stark vergrößerter Bakterien machen.[92]

Eine solche dreidimensionale Darstellung machte die Existenz von Bakterien im Wortsinn „handgreiflich": Man kann hingehen und die künstliche Bakterie anfassen. Da der Mikroorganismus lediglich seine Größe geändert, die Gestalt aber beibehalten haben soll, könnte man, wäre man selbst nur kleiner,

Abb. 5: Choleraerreger in der Karikatur 1884 als Insekt dargestellt. Aus: Bourdelais/Dodin 1987, 63.

92 Greimer 1935, 123ff. Ich danke Sylvelyn Hähner-Rombach dafür, daß sie mich auf das Bakterienmodell aufmerksam gemacht und mir die Quelle zur Verfügung gestellt hat.

eine echte Bakterie anfassen, ähnlich wie man ja auch ein entferntes Objekt, das man im Fernglas sieht, aufsuchen und anfassen kann.[93]

Bei der Präsentation eines Bakterienmodells verschwinden all die vielen Zwischenstufen der Vermittlung. Der Betrachter wird direkt, quasi „unvermittelt", mit dem Objekt konfrontiert. Es entsteht der Eindruck, man könne Bakterien ebenso sehen wie Gegenstände des Alltags.[94] Spätestens an diesem Punkt ist vergessen, daß das Sehen von Bakterien eine ganz spezifische Art von Sehen ist, gebunden an Extraktionschritte, an Sichtbarmachungstechniken, an eine Kultur mikroskopischen Sehens usw.

Andererseits muß selbst in popularisierenden Darstellungen die Kette der Repräsentationen im Prinzip reversibel bleiben. Dazu kann man einen Text beifügen oder die Herkunft einer Abbildung aus dem Mikroskop durch eine runde Bildbegrenzung symbolisieren (vgl. Abb. 4). Man kann aber auch den Betrachter tatsächlich einen Repräsentationsschritt zurück gehen lassen. Dies wurde in der Dresdener Ausstellung verwirklicht: Um der, wie es heißt, verbreiteten und von „Kurpfuschern" genährten Ansicht, es gäbe überhaupt keine Bakterien, entgegenzutreten, forderte man die Besucher auf, sich mit eigenen Augen von deren Existenz zu überzeugen. Dutzende von Mikroskopen wurden aufgestellt und mit einer einfachen Vorrichtung versehen, die es dem Unkundigen gestattete, die Instrumente für seine Augen auf die unter den Linsen befindlichen Präparate einzustellen, ohne die Instrumente oder die mikroskopischen Proben zu beschädigen. Um den Einstieg in die Kultur des mikroskopischen Sehens zu erleichtern und die Demonstration um so überzeugender zu machen, waren es lebendige und bewegliche Bakterien, die man durch die Okulare erblicken konnte. Damit, so heißt es, war es zum ersten Mal überhaupt möglich, dem Laienpublikum, dem die Handhabung von Mikroskopen noch völlig unbekannt war, lebende Bakterien zu zeigen. Dieser Teil der Ausstellung fand großen Anklang, das Publikum soll die Instrumente ständig belagert haben und kaum von ihnen zu trennen gewesen sein.[95]

93 Vgl. Hacking 1983, 188.
94 Ebd., 188–189. Haraway 1991, 189ff.
95 Greimer 1935, 123ff.

Literatur

Amsterdamska, Olga (1987): Medical and Biological Constraints: Early Research on Variation in Bacteriology. Social Studies of Science 17, 657–687.

Bourdelais, Patrice/Dodin, André (1987): Visages du choléra, Paris.

Brock, Thomas (1988): Robert Koch. A Life in Medicine and Bacteriology. Madison, Wisconsin und Berlin.

Carter, K. Codell (1985): Koch's Postulates in Relation to the Work of Jacob Henle and Edwin Klebs. Medical History 29, 353–374.

Cunningham, Andrew (1992): Transforming Plague. The Laboratory and the Identity of Infectious Disease. In: Cunningham/Williams, 209–243.

Cunningham, Andrew/Williams, Perry (Hrsg.) (1992): The Laboratory Revolution in Medicine. Cambridge.

de Chadarevian, Soraya (1993): Die „Methode der Kurven" in der Physiologie zwischen 1850 und 1900. In: Hans-Jörg Rheinberger, Michael Hagner (Hrsg.): Die Experimentalisierung des Lebens. Experimentalsysteme in den biologischen Wissenschaften 1850/1950. Berlin, 28–49.

Fülöp-Miller, René (1938): Kampf gegen Schmerz und Tod. Kulturgeschichte der Heilkunde. Berlin.

Gaudillière, Jean-Paul (1994): Wie man Labormodelle für Krebsentstehung konstruiert. Viren und Transfektion am (US) National Cancer Institute. In: Hagner/Rheinberger/Wahrig-Schmidt, 233–257.

Gradmann, Christoph (1996): Bazillen, Krankheit und Krieg. Bakteriologie und politische Sprache im deutschen Kaiserreich. Berichte zur Wissenschaftsgeschichte 19, 81–94.

Greimer, Karl (1935): Zur Geschichte der Lingnerwerke. Typoskript, Dresden. Firmeninterne Schrift. Odol-Archiv, Bühl/Baden (ohne Signatur).

Günther, Carl (1895): Einführung in das Studium der Bakteriologie mit besonderer Berücksichtigung der mikroskopischen Technik. Leipzig.

Hagner, Michael (1994): Hirnbilder. Cerebrale Repräsentationen im 19. und 20. Jahrhundert. In: Michael Wetzel, Herta Wolf (Hrsg.): Der Entzug der Bilder. Visuelle Realitäten. München, 145–160.

Hagner, Michael/Rheinberger, Hans-Jörg/Wahrig-Schmidt, Bettina (Hrsg.) (1994): Objekte, Differenzen und Konjunkturen. Experimentalsysteme im historischen Kontext. Berlin.

Haraway, Donna J. (1991): Simians, Cyborgs and Women. The Reinvention of Nature. London.

Harden, Victoria A. (1992): Koch's Postulates and the Etiology of AIDS: An Historical Perspective. History and Philosophy of the Life Sciences 14, 249–269.

Henisch, Heinz K./Henisch, Bridget A. (1994): The Photographic Experience 1839–1914. Images and Attitudes. Philadelphia.

Koch, Robert (1877): Verfahren zur Untersuchung, zum Conservieren und Photographiren der Bakterien. Beiträge zur Biologie der Pflanzen 2, 399–434.

Koch, Robert (1878): Untersuchungen über die Aetiologie der Wundinfectionskrankheiten. Leipzig.

Koch, Robert (1881): Zur Untersuchung von pathogenen Organismen. Mittheilungen aus dem Kaiserlichen Gesundheitsamte 1, 1–48.

Koch, Robert (1912): Die Ätiologie und die Bekämpfung der Tuberkulose, Leipzig (= Klassiker der Medizin, hrsg. v. Karl Sudhoff).

Latour, Bruno (1986): Vizualization and Cognition: Thinking with Eyes and Hands. In: Knowledge and Society: Studies in the Sociology of Culture Past and Present, Vol. 6, 1–40.

Latour, Bruno (1988): The Pasteurization of France. Cambridge, Mass. und New York.

Latour, Bruno (1993): Le travail de l'image ou l'intelligence savante redistribuée. In: ders.: La clef de Berlin et autres leçons d'un amateur des sciences. Paris, 145–170.

Latour, Bruno/Woolgar, Steve (1979), Laboratory Life: The Social Construction of Scientific Facts. Los Angeles.

Loeffler, Friedrich (1887): Vorlesungen über die geschichtliche Entwicklung der Lehre von den Bacterien. Leipzig.

Maehle, Andreas-Holger (1993): The Search for Objective Communication: Medical Photography in the Nineteenth Century. In: Renato G. Mazzolini (Hrsg.): Non-Verbal Communication in Science Prior to 1900. Florenz, 563–586.

Reiser, Stanley Joel (1978): Medicine and the Reign of Technology. Cambridge.

Rheinberger, Hans-Jörg (1992): Experiment, Differenz, Schrift. Zur Geschichte epistemischer Dinge. Marburg/Lahn.

Schlich, Thomas (1993): Making Mistakes in Science: Eduard Pflüger, His Scientific and Professional Concept of Physiology, and His Unsuccessful Theory of Diabetes (1903–1910). Studies in History and Philosophy of Science 24, 411–441.

Schlich, Thomas (1995): „Wichtiger als der Gegenstand selbst“ – Die Bedeutung des fotografischen Bildes in der Begründung der bakteriologischen Krankheitsauffassung durch Robert Koch. In: Martin Dinges/Thomas Schlich (Hrsg.): Neue Wege in der Seuchengeschichte. Stuttgart, 143–174.

Schlich, Thomas (1996): Die Konstruktion der notwendigen Krankheitsursache: Wie die Medizin Krankheit beherrschen will. In: Cornelius Borck (Hrsg.): Anatomien medizinischen Wissens. Frankfurt a. M., 201–229.

Talbot, W. H. Fox (1844): The Pencil of Nature. London.

Wahrig-Schmidt, Bettina (1994): Das „geistige Auge“ des Beobachters und die Bewegungen der vorherrschenden Gedankendinge. Beobachtungen an Beobachtungen von Zellen in Bewegung zwischen 1860 und 1886. In: Hagner/Rheinberger/Wahrig-Schmidt, 23–47.

Weindling, Paul (1992): Scientific Elites and Laboratory Organization in *fin de siècle* Paris and Berlin. The Pasteur Institute and Robert Koch's Institute for Infectious Diseases Compared. In: Cunningham/Williams, 170–188.

Woolgar, Steve (1988): Science: The Very Idea. Chichester, London und New York.

Friedrich Cramer

Emil Fischers Schlüssel-Schloß-Hypothese der Enzymwirkung – 100 Jahre danach

I. Einführung

Vor genau 100 Jahren publizierte Emil Fischer seine berühmte Arbeit, in welcher er die Wechselwirkung zwischen Enzym und Substrat mit Schloß und Schlüssel verglich. Er schrieb darin unter dem Titel „Einfluß der Konfiguration auf die Wirkung der Enzyme“: *„Um ein Bild zu gebrauchen, will ich sagen, daß Enzym und Substrat wie Schloß und Schlüssel zueinander passen müssen, um eine chemische Wirkung aufeinander ausüben zu können. Die Vorstellung hat jedenfalls an Wahrscheinlichkeit und an Wert für die stereochemische Forschung gewonnen, nachdem die Erscheinung selbst aus dem biologischen auf das rein chemische Gebiet verlegt ist.“*[1]

Zwei für jene Zeit ungeheuerliche Behauptungen stecken in diesen Sätzen. Beide haben sich bestätigt; nämlich

1. Biologie ist Chemie geworden, nachdem man bis in die Bereiche der Moleküle vordringen kann, und
2. die Substanzen des Lebens passen aufeinander wie Schlüssel und Schloß.

Die Vision, die Fischer damals hatte, können wir heute kaum nachvollziehen, war doch damals noch nicht einmal der Begriff des Makromoleküls konzipiert. Auch das Konzept, daß Moleküle eine definierte *Raumerfüllung* haben könnten, war neu. Zwar hatte van't Hoff 1874 die Tetraeder-Theorie aufgestellt – übrigens bitter angefeindet von seinen Kollegen –, womit die Chemie endgültig dreidimensional geworden war, aber daß Moleküle auch eine *Paßform* haben könnten, war visionär. Im übrigen hat Emil Fischer damals einen Aspekt der molekularen Biologie vorweggenommen, wenn er sagte, daß *„die Erscheinung ... auf das rein chemische Gebiet verlegt ist“*.

1 Fischer 1894.

Ich will hier untersuchen, inwieweit Emil Fischers Hypothese stimmt, ob sie fruchtbar geworden ist, und ob sie sich mit der modernen Molekularbiologie und ihren wesentlich differenzierteren Sichtweisen und Methoden vereinbaren läßt. Eine Hypothese hat zunächst immer nur Modellcharakter, sie ist eine Anleitung zum experimentellen Vorgehen in eine bestimmte Richtung. Die sehr eingängige Metapher von *Schlüssel und Schloß* ist eine *Form der Repräsentation* für einen bestimmten *wissenschaftlichen Sachverhalt*, hier den der enzymatischen Spezifität. Aber sie ist eben nur eine Metapher (griech. metaforein = übertragen), eine Übertragung der damals weitgehend unbekannten und auch heute noch sehr abstrakten *chemischen Struktursprache* in unsere anschauliche *Alltagssprache*.

Der klassische Schlüssel, den Emil Fischer in seiner Vorstellung vor sich hatte, wird in das Schloß eingeführt und im allgemeinen gegen den Uhrzeigersinn gedreht, um das Schloß zu öffnen. Deshalb ist der Schlüssel-Schloß-Prozeß chiral, er hat einen Drehsinn, eine *Händigkeit*, wie viele Biomoleküle, zwischen denen die Enzyme unterscheiden können (D- und L-Form, z. B. bei

a)

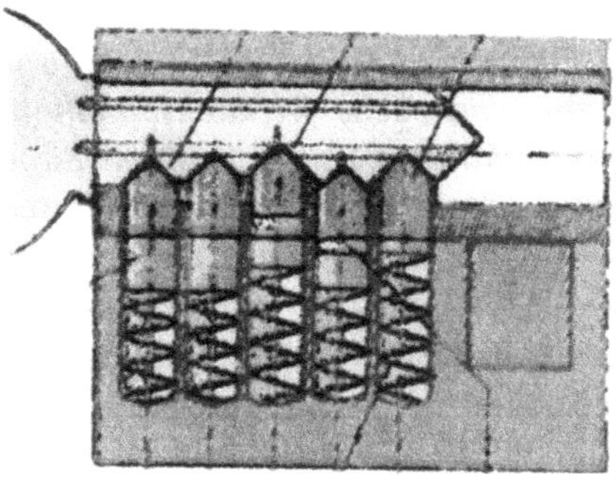

b)

c)

Abb. 1: Schlösser und Schlüssel der letzten hundert Jahre
a: ein klassischer Schlüssel aus dem Jahre 1853
b: ein Sicherheits- oder Zylinderschloß
c: eine Magnetkarte als Schlüssel.

Zuckern und Aminosäuren). Der Schlüssel in Abb. 1 stammt aus dem Jahre 1853, also ein Jahr, nachdem Fischer geboren war. Wir dürfen somit annehmen, daß diese Art von Schlüssel sich dem konzeptionellen Gedächtnis des jungen Fischer eingeprägt hat. Heutzutage sind Schlüssel natürlich viel raffinierter. Um 1900 wurde das *Sicherheits- oder Zylinderschloß* erfunden, mit dessen Hilfe ein *Abtasten oder Korrekturlesen* des Schlüssels vorgenommen wird. Gegenwärtig bürgert sich ein vollkommen neues Schlüsselsystem ein: die *Magnetkarte*. Eine solche Karte kann Hotelzimmer, Geldquellen und Informationsspeicher öffnen.

II. Klassische Schlösser

Ein schon fast klassisches Modellmolekül für Schlüssel-Schloß-Untersuchungen ist Cyclodextrin, ein Kohlenhydrat-Molekül, in welchem 6 bzw. 7 Glucosereste zu einer ringförmigen Verbindung so zusammengefügt sind, daß im Inneren ein molekularer Hohlraum gebildet wird (Abb. 2). Vor fast fünfzig Jahren habe ich mit der Strukturaufklärung dieser Verbindung mein Leben als Forscher begonnen, und damit erste Konzepte der *Supramolekularen Chemie* begründet, übrigens gegen große Widerstände der Fachkollegen, wie das oft bei wichtigen Neuerungen der Fall ist. Als ich als 28jähriger darüber auf einer Tagung in Lindau vortrug, bemerkte ich schon während des Vortrages Unruhe

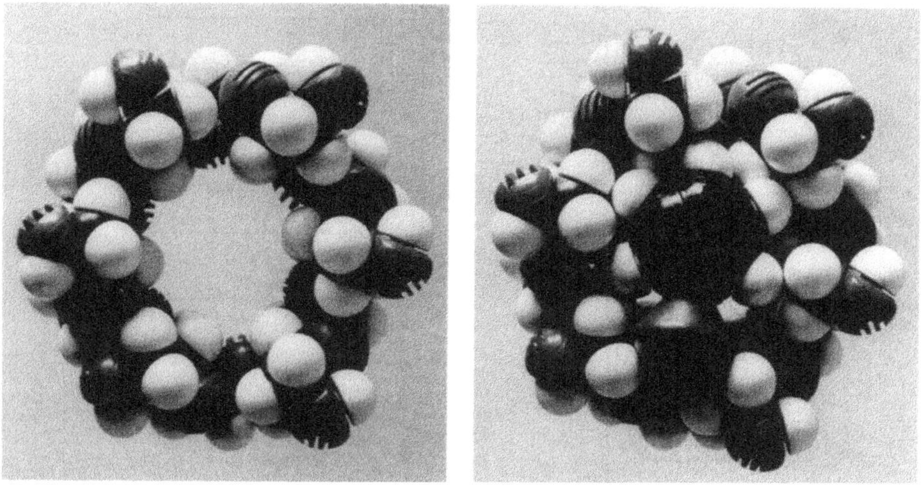

a) b)

Abb. 2: Geometrisches Einpassen von Molekülen in den Hohlräumen von a-Cyclodextrin
a: leerer Hohlraum
b: Hohlraum gefüllt mit Chlorbenzol.

in den vorderen Reihen der Ordinarien. Unmittelbar nachdem ich geendet hatte, sprang einer der Prominentesten auf und bemerkte bissig: „Herr Cramer, wenn sie weiter solche absurden Thesen vertreten, werde ich persönlich dafür sorgen, daß ihre akademische Laufbahn bald beendet ist!“ Sprachs und setzte sich. Jung und frech antwortete ich: „Vielen Dank, Herr Professor, für Ihren konstruktiven Diskussionsbeitrag. Theorien der jungen Generation können durchaus festgefahrene Vorstellungen einer alten Generation ins Wanken bringen, ich darf Sie nur an van't Hoffs Schwierigkeiten erinnern. Ob ich recht behalten werde, wird sich herausstellen!“ Und ich behielt recht.[2] Cyclodextrin hat einen in seiner Größe genau definierten hydrophoben inneren Hohlraum. Es bildet z. B. einen Komplex mit Chlorbenzol, aber nicht mit Brombenzol (Abb. 2), die Verbindungsbildung beruht allein auf der *Paßform*.

Diese Cyclodextrine können als Modelle für Emil Fischers Schlüssel-Schloß-Hypothese und die Enzymwirkung aufgefaßt werden. Von besonderem Interesse ist in diesem Zusammenhang die Kinetik der Bildung der Einschlußverbindung in Lösung.[3] In Abb. 3 sind verschiedene Farbstoffe gezeigt, die bei der Verbindungsbildung mit Cyclodextrin in wäßriger Lösung ihr Spektrum ändern, so daß man die schnelle Kinetik der Verbindungsbildung spektroskopisch verfolgen kann. Alle drei Moleküle haben unabhängig von der Seitengruppe R dieselbe Gleichgewichtskonstante. Im Gegensatz dazu variieren die

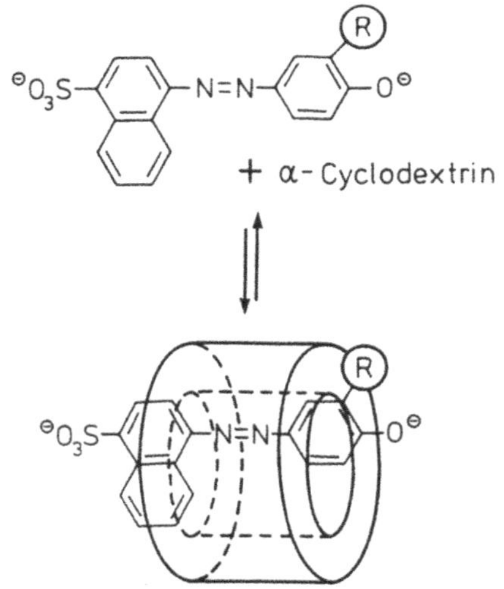

R	k $(l \cdot mol^{-1} \cdot sec^{-1})$
H	1.7×10^5
CH_3	1.5×10^2
C_2H_5	2.0

Abb. 3: Kinetische Erkennung verschiedener Azofarbstoffe durch den Cyclodextrin-Hohlraum (Cramer/Saenger/Spatz 1967).

2 Freudenberg/Cramer 1948; Cramer 1954; Cramer (Hrsg.) 1991; vgl. auch Cramer 1993.

3 Cramer/Saenger/Spatz 1967.

Geschwindigkeitskonstanten der Verbindungsbildung um fünf Größenordnungen, was anzeigt, daß der „Einfädel-Prozeß" umso schwieriger wird, je größer die Seitengruppe R ist. Wenn der Farbstoff einmal „eingefädelt" ist, ist die Energiebilanz für alle drei Verbindungen die gleiche. Die Stereochemie der Verbindungsbildung wird umso ungünstiger, je größer der Substituent R ist.

Zahlreiche Enzymmodelle sind auf diesem Prinzip aufgebaut. Z. B. werden Pyrophosphate, wenn sie in geeigneter Weise substituiert sind, so daß die Substituenten in den Hohlraum passen, durch den Cyclodextrin-Hohlraum etwa 400 mal schneller hydrolysiert. Dies kommt dadurch zustande, daß der Pyrophosphat-Rest auf die OH-Gruppen des Cyclodextrins gedrückt wird, so daß durch eine Art Nachbargruppen-Effekt eine Hydrolyse stattfindet (Abb. 4).

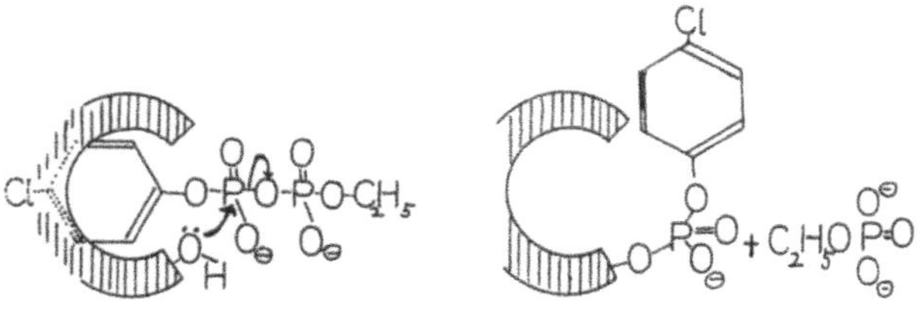

Abb. 4: Katalyse der Pyrophosphat-Spaltung durch Cyclodextrin (Hennrich/Cramer 1965).

Auf ähnlicher Grundlage konnten wir ein Chymotrypsin-Modell konstruieren (Abb. 5).[4]

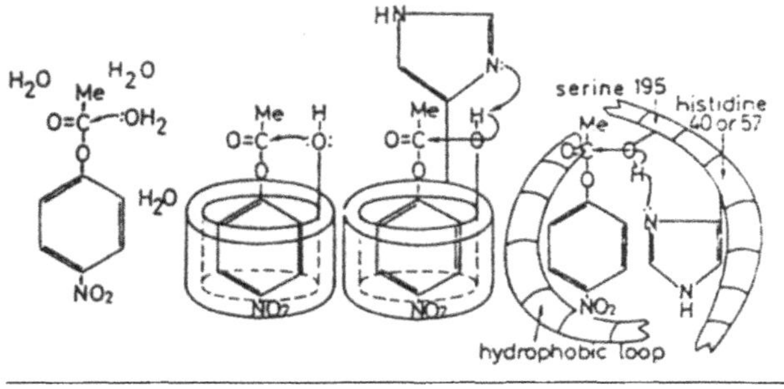

	water	α-CD-OH	β-CD-imidazole	chymotrypsin
M. W.	18	1000	1400	25000
p_k of cat. group	14.0	12.0	6.95	6.95
K_m	–	2.6×10^{-3}	$\sim 10^{-3}$	10^{-5}
$k_R{}^a$	–	$> 4 \times 10^{7}$	$\sim 10^{7}$	10^{7}
k_{cat}	0.13×10^{-1}	0.32×10^{-1}	38.4×10^{-1}	3.0
k_{cat}/k_{H_2O}	1.0	2.5	300	~ 10000

Abb. 5: Chymotrypsin-Modell (Cramer/Mackensen 1970).

4 Cramer/Mackensen 1970.

III. Catenane

Mit Hilfe des Schlüssel-Schloß-Prinzips lassen sich Catenane synthetisieren, wie das in Abb. 6 gezeigt ist. Catenane (von lat. catena = Kette) sind Moleküle, in denen die einzelnen Teile wie ringförmige Glieder einer Kette miteinander zusammenhängen ohne durch chemische Valenzen miteinander verbunden zu sein.

Substituiertes Hydrochinon bildet leicht einen Einschluß-Komplex. Dieser wurde oxidiert, in der Hoffnung, daß der Ring sich zu einem Catenan schließen würde.[4a] Dieses Experiment wurde seinerzeit ausgeführt, als es noch kein NMR gab, eine Situation, die man sich heute kaum mehr vorstellen kann. Deshalb konnten wir damals nicht schlüssig beweisen, daß das Catenan sich gebildet hatte. Damals trug ich über diesen Versuch vor und erzählte als Scherz die folgende Geschichte: Wenn man versucht, eine Abschätzung zu machen über die Frequenz, bei der die Molekülschwingungen der beiden Ringe gegeneinander

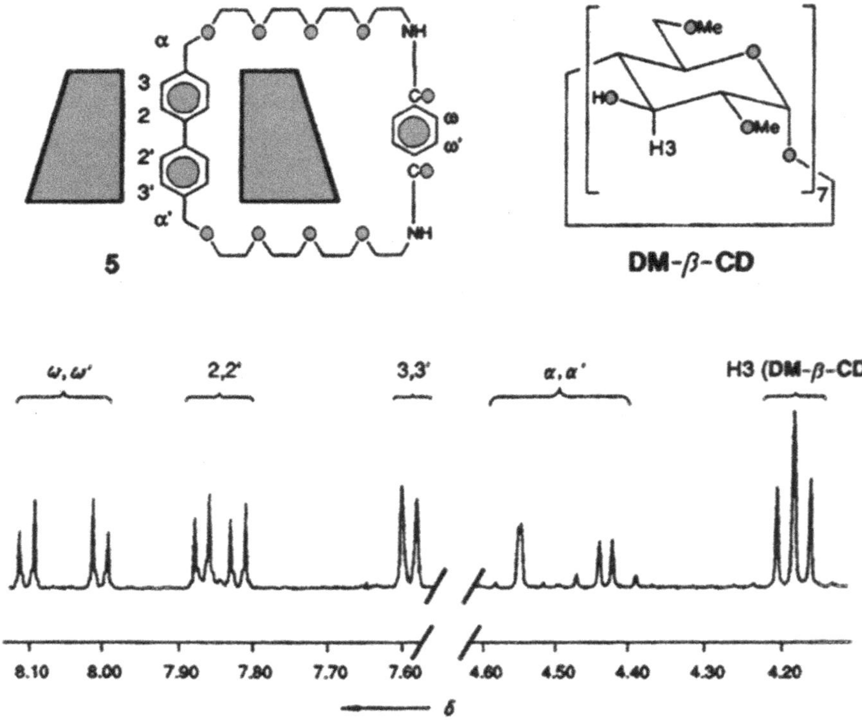

Abb. 6: Catenan eines parasubstituierten Benzolringes mit Cyclodextrin nach Harada (DM-β-CD: dimethyl-β-cyclodextrin) (aus: Harada et al. 1992).

4a Lüttinghaus et al. 1958.

stattfinden, sozusagen das „Rasseln der Kette" (wieder eine Metapher!), kommt man zu dem Schluß, daß diese Frequenz im Gebiet des kurzwelligen Ultraschalls zwischen 10000 und 20000 Hz liegt, eine Frequenz, die das menschliche Ohr nicht hören kann, wohingegen Hunde für Ultraschall besonders empfindlich sind. Eines Tages, als ein Freund mit seinem Hund mich im Labor besuchte, schüttelte ich das Gefäß, in dem sich die Verbindung in Lösung befand. Daraufhin fing der Hund an, heftig zu bellen. Jedesmal, wenn ich das Gefäß schüttelte, bellte der Hund. Das war für mich ein Beweis, daß die Verbindung sich tatsächlich gebildet hatte. Glücklicherweise genügen solche Beweise heute nicht mehr. Kürzlich haben Harada et al. die Synthese eines Catenans nach dem oben beschriebenen Prinzip publiziert,[5] dessen Existenz sich durch NMR beweisen ließ (Abb. 6).

Lange molekulare Röhren kann man auf folgendem Wege synthetisieren:[6] α-Cyclodextrin wird auf ein Polyethylenglycol-Molekül definierter Länge „aufgefädelt", dann wird der Komplex an den beiden Enden „versiegelt" und anschließend die Cyclodextrin-Ringe mit Epichlorhydrin vernetzt. Danach werden die „Siegel" von den Enden abgeschnitten, das Polyethylen-Molekül diffundiert heraus und die leere Röhre bleibt zurück, in die man Moleküle geeigneter Größe einschließen kann (Abb. 7).

IV. Sicherheitsschlösser

In einem Sicherheits- oder Zylinderschloß ist die Erkennung des Schlüssels wesentlich genauer dadurch, daß mechanische Stifte die kleinen Zacken des Schlüssels abtasten; nur wenn alle Zacken und Bolzen zusammenstimmen, wird das Schloß freigegeben. Der Öffnungsvorgang ist mit einem Verschieben von mehreren mechanischen Teilen innerhalb des Schlosses verknüpft. Diese Art von molekularer Erkennung wird offenbar immer dann benutzt, wenn eine besonders hohe Präzision in biosynthetischen Prozessen erforderlich ist, vor allem bei der Synthese von informationstragenden Makromolekülen. Hier soll allerdings nicht der Korrekturlese-Prozeß bei der DNA-Synthese diskutiert werden. Vielmehr haben wir uns mit der *Genauigkeit der Proteinbiosynthese* beschäftigt, besonders mit der Aminoacylierung von Transfer-RNA. Dieser enzymatische Prozeß ist der entscheidende Vorgang beim Einschleusen der *richtigen* Aminosäure auf den dafür vorgesehenen Platz im Protein.[7] Die Ami-

5 Harada/Li/Kamachi 1992.
6 Harada/Li/Kamachi 1993.
7 Cramer/Freist 1987.

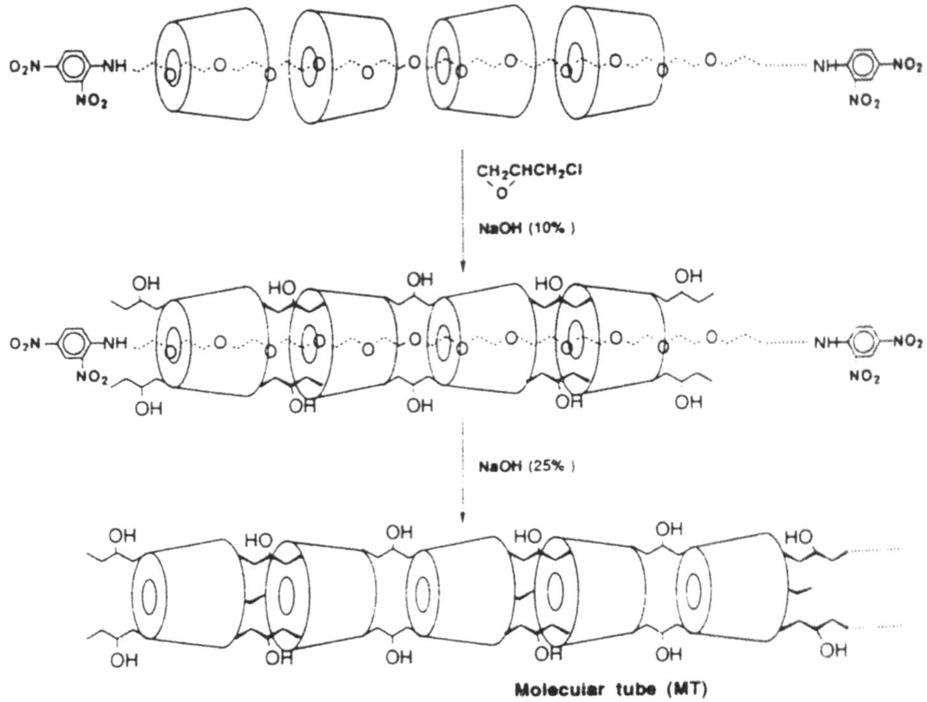

Abb. 7: Synthese einer molekularen Röhre nach Harada (aus: Harada et al. 1993).

noacyl-tRNA-Synthetasen haben eine zweifache Aufgabe bei ihrer Substrat-Erkennung. Zunächst müssen sie die richtige Aminosäure erkennen und aktivieren, wobei ein Aminoacyl-adenylat gebildet wird, dann muß das Enzym in einem zweiten Schritt die aktivierte Aminosäure auf die jeweils richtige tRNA übertragen. Das Enzym muß also die Aminosäure und das Makromolekül tRNA erkennen und richtig korrelieren.

Aminosäuren sind im Prinzip einander sehr ähnlich, sie unterscheiden sich z. T. nur geringfügig in den Seitenketten, wie etwa im Falle Isoleucin-Valin; sie *müssen* einander ähnlich sein, da sie ja die reguläre Grundstruktur eines jeden Proteins bilden. Auch die mehr als zwanzig verschiedenen tRNAs sind sehr ähnliche Moleküle, und das mit gutem Grund, denn sie müssen bei den weiteren Schritten der Proteinbiosynthese vom Ribosom, der Organelle, die diesen Vorgang steuert, als *gleich* behandelt werden. Hier liegt also ein besonders schwieriges Problem der molekularen Erkennung vor.

Als Beispiel sei die Unterscheidung von Isoleucin und Valin diskutiert (Abb. 8). Für den Fall einer einfachen Schlüssel-Schloß-Unterscheidung, also der spezifischen Adsorption an eine molekulare Oberfläche, kann man abschät-

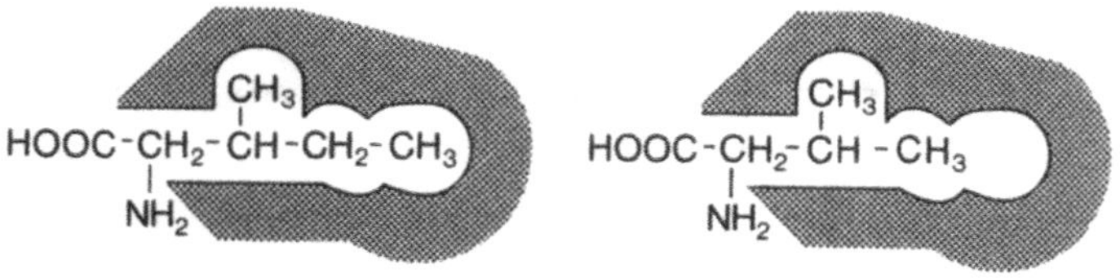

Abb. 8: Unterscheidung zwischen Isoleucin und Valin (aus: Cramer/Freist 1987).

zen, daß die Unterscheidung zwischen diesen beiden Aminosäuren nicht genauer als 20% sein kann, d. h. jede fünfte Aminosäure in einer Proteinkette wäre falsch. Das wäre natürlich eine Katastrophe für den Organismus und kann nicht der Wirklichkeit entsprechen, denn fehlerhafte Proteine im synthetischen Apparat der Zelle würden sehr bald zur Rückkopplung von Fehlern und zu einer Fehlerkatastrophe führen, wie sie Leslie Orgel diskutiert hat. Die Produkte der Proteinbiosynthese, die Proteine, werden z. B. im Ribosom und bei der Aminoacylierung der tRNA benutzt, um weitere Proteine herzustellen. Tatsächlich fanden wir, daß die Genauigkeit des Einbaus der Aminosäuren etwa einem Fehler in 10000 entspricht, also um viele Größenordnungen besser ist, als es die einfache Schlüssel-Schloß-Theorie voraussagen würde. Wie ist das möglich? Der enzymatische Selektionsprozeß geht durch eine Kaskade von Kontrollen, wie das in Abb. 9 gezeigt ist.

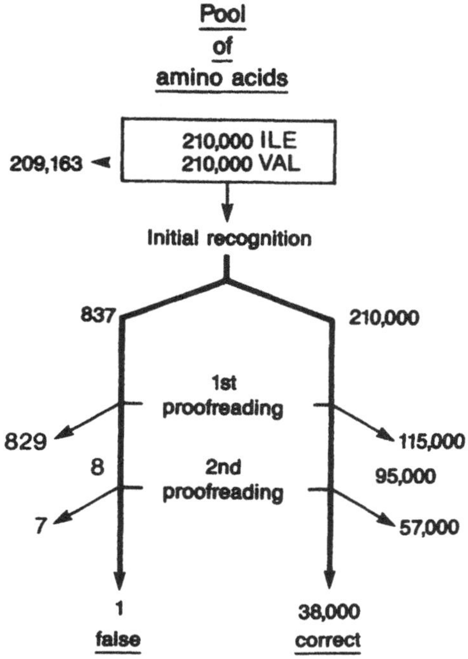

Abb. 9: Korrekturkaskade bei der Selektion von Isoleucin durch Isoleucyl-Synthetase (Cramer/Freist 1987).

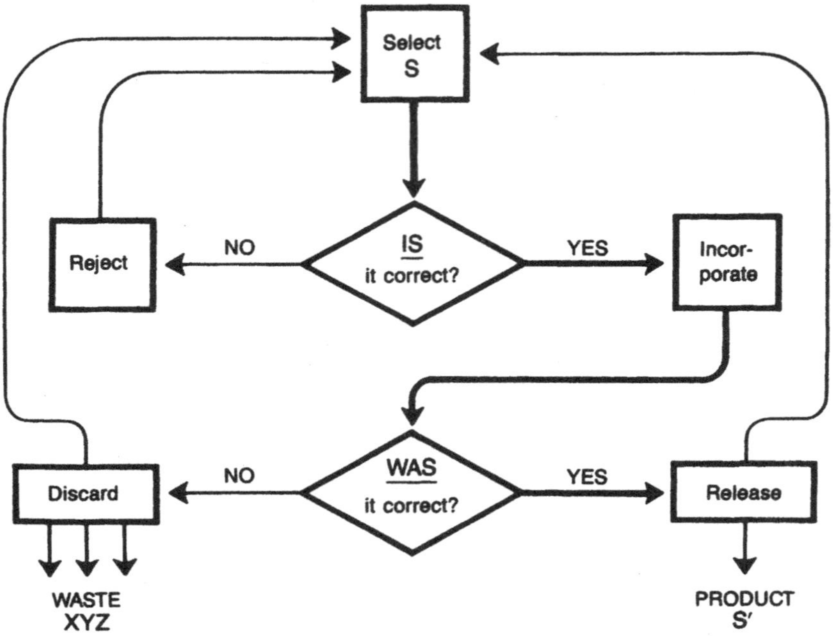

Abb. 10: Dissipativer Erkennungsprozeß von Isoleucin durch die Isoleucyl-Synthetase (Cramer/Freist 1993).

Die primäre Unterscheidung zwischen Isoleucin und Valin, wie man sie mit direkten Bindungsstudien messen kann, ist tatsächlich sehr schlecht. Das (richtige) Isoleucin wird nur dreimal besser gebunden als das (falsche) Valin. In einem zweiten Auswahlprozeß, der mit einer Konformationsänderung des Enzyms verknüpft zu sein scheint, wird die Genauigkeit auf 240 zu 1 verbessert. Diese zwei Schritte erfolgen nach dem klassischen Michaelis-Menten-Mechanismus; d. h. die Aminosäure wird auf *reversible* Weise erkannt. Wenn sie falsch ist und weniger gut in die Bindungsstelle paßt, wird sie wieder abdissoziieren, es wird keine Energie verbraucht. Aber ein Fehler in 240 bedeutet bei weitem noch keine ausreichende Genauigkeit, weil das bedeuten würde, daß jedes Protein bei einer fiktiven Durchschnittslänge von 240 Aminosäuren *einen* Fehler hätte, so daß es *keine richtigen* Proteine gäbe. Deswegen sind diesem klassischen Erkennungsprozeß zwei Korrekturschritte nachgeschaltet, in denen das falsche Produkt bevorzugt hydrolysiert wird. Aber auch das richtige Produkt muß z. T. hydrolysiert, d. h. geopfert, werden, weil ja auch die Korrektur-Erkennung nicht 100 % genau sein kann. Ein solcher korrigierender Hydrolyse-Schritt findet zweimal statt, so daß man schließlich zu einer Genauigkeit von einem Fehler in 38 000 kommt. Während dieses Korrekturlesens werden 80 %

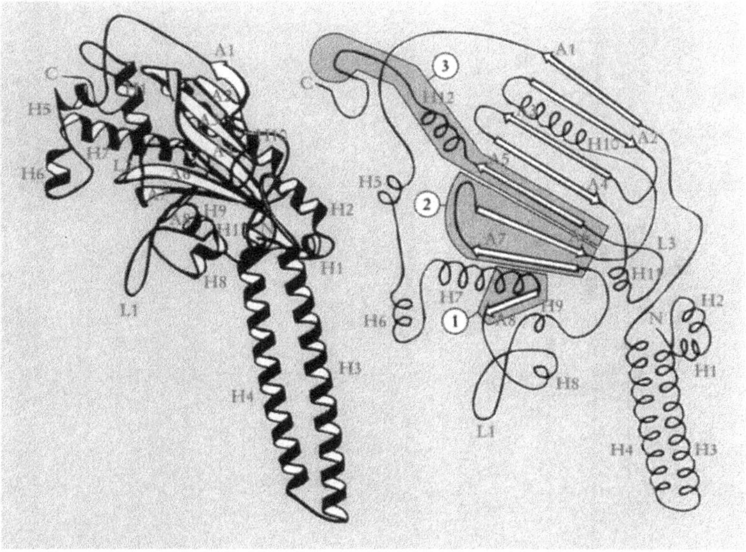

Abb. 11: Dreidimensionale Struktur von Seryl-tRNA-Synthetase aus E. coli in zwei verschiedenen Darstellungsweisen (aus: Freist 1993).

des ursprünglich aktivierten richtigen Isoleucyl-AMP *geopfert*. Deshalb ist dies eine *energieverbrauchende Erkennung*. Fünf Moleküle ATP werden zur Erkennung benötigt, und ein Molekül ATP zur Aktivierung der Aminosäure. Diese Reaktion ist daher ein *irreversibler dissipativer Prozeß*, in dem die Energie von ATP benutzt wird, um die enzymatische Spezifität zu erhöhen (Abb. 10).

Andere Synthetasen haben ähnliche Unterscheidungsmechanismen.[8] Ganz allgemein kann man sagen, daß die Genauigkeit der Aminosäure-Erkennung in der Größenordnung von einem Fehler in 10 000 ist, wobei ATP für die Erhöhung der Spezifität verbraucht wird. Die Aminoacyl-Synthetasen sind keine *klassischen* Enzyme mit *Mikroreversibilität*, wie sie für den Michaelis-Menten-Mechanismus gefordert wird, sondern sie arbeiten in einer Richtung, der Prozeß ist *irreversibel*. Was wissen wir über die strukturellen Einzelheiten dieses Erkennungsprozesses? Einige Synthetasen sind kristallisiert und ihre Strukturen durch Röntgenstrukturanalyse aufgeklärt worden (Abb. 11).[9]

Aspartyl- und Glutamyl-tRNA-Synthetasen konnte man mit ihren tRNAs co-kristallisieren und die entsprechenden Strukturen aufklären, so daß man ein klares Bild davon hat, wie diese Moleküle sich während des enzymatischen Prozesses spezifisch berühren. Trotzdem kann man keinerlei mechanistische

8 Cramer/Freist 1993.
9 Freist 1993.

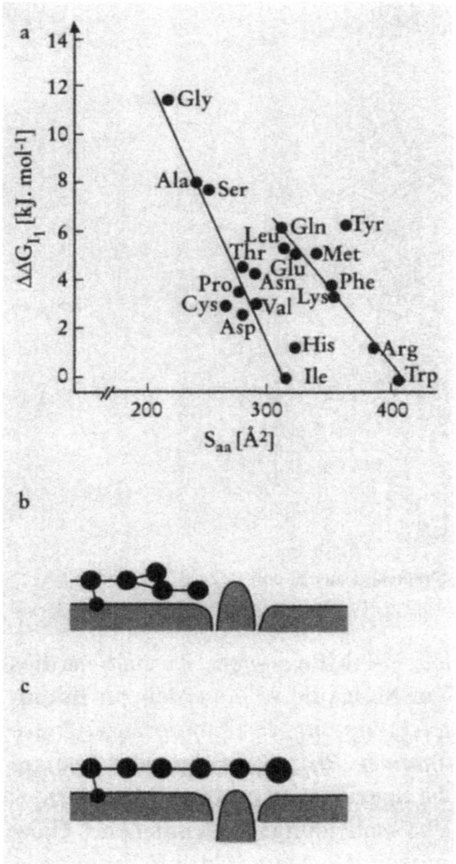

Abb. 12: (a) Auftragung von $\Delta\Delta G_{I1}$ gegen die Oberflächen der jeweiligen Aminosäure für den *ersten* Aktivierungsschritt verschiedener Aminosäuren. Erkennungsmechanismen für kleinere und größere Aminosäuren sind in (b) und (c) wiedergegeben (Freist 1993 und Freist et al. 1992).

Einzeldetails über die *Dynamik* des Erkennungsprozesses aus solchen Strukturen ersehen. Diese *kinetische* Information, die wahrscheinlich zum Verständnis des enzymatischen Prozesses wichtiger ist als die *strukturelle*, gewinnt man aus vergleichenden Untersuchungen des Reaktionsverlaufs. Wir haben die relativen Werte der Aktivierungsenergie verschiedener Aminosäuren gemessen und sie verglichen mit denen des richtigen Substrats für die Isoleucin-Synthetase. Wenn man diese Werte gegen die van der Waals'schen Oberflächen der verschiedenen Aminosäuren aufträgt, die man aus der Literatur entnehmen kann, erhält man charakteristische Geraden (Abb. 12 und 13).

Die Werte liegen sehr gut auf einer Geraden, mindestens die für die Aminosäuren, die kürzer sind als Isoleucin (Glycin, Leucin, Alanin, Valin). Dies verweist darauf, daß der wesentliche Beitrag zur Erkennung der Aminosäure im Einpassen der „van-der-Waals'schen Form" des „Aminosäureschlüssels" in

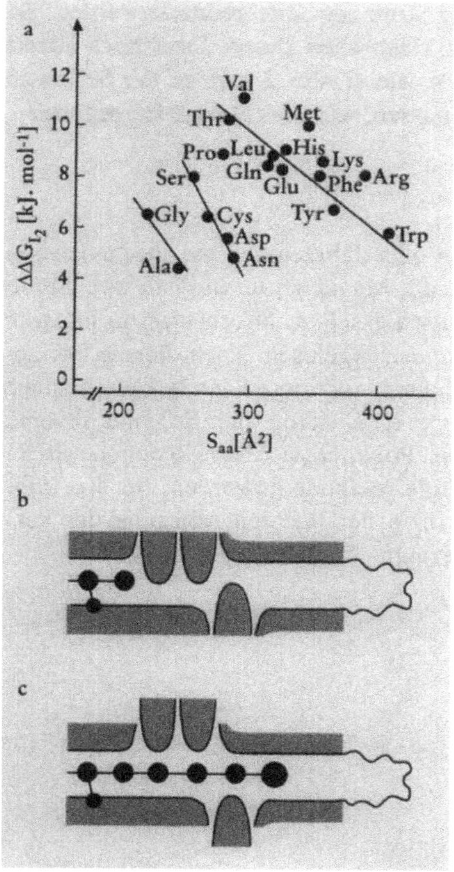

Abb. 13: Auftragung von $\Delta\Delta G_{I2}$ gegen die Oberflächen der jeweiligen Aminosäure für den *zweiten* Aktivierungsschritt verschiedener Aminosäuren. Erkennungsmechanismen für kleinere und größere Aminosäuren sind in (b) und (c) wiedergegeben (Freist 1993 und Freist et al. 1992).

das „molekulare Schlüsselloch“ in der inneren Oberfläche des Enzyms besteht. In dem Maße, wie die Aminosäuren länger werden, tritt ein Bruch in der Geraden ein: Leucin und alle längeren bzw. größeren Aminosäuren liegen auf einer anderen Geraden. Wir interpretieren das als eine Änderung der Konformation des Enzyms: ein Stift, der das Substrat kontrolliert oder abtastet, muß zurückgedrückt werden. Nachdem das stattgefunden hat, kann auch die längere Aminosäure in der Bindungsstelle des Enzyms untergebracht werden, allerdings in einer energetisch weniger begünstigten Situation, da ja erst eine Konformationsänderung stattfinden mußte. Das gilt für den ersten Bindungsschritt (Abb. 12). Wenn man dieselben Messungen für den zweiten Bindungsschritt durchführt (Abb. 13), wird das Ganze komplizierter, aber die Aminosäuren liegen auch hier noch alle auf einer Geraden. Die ganz kurzen, Glycin und Alanin, passen in den Eingangsteil des enzymatischen Hohlraums, die längeren können nur untergebracht werden, wenn *zwei* Stifte zur Seite gedrückt werden. Zu diesem Schluß kommen wir aufgrund der kinetischen Daten. Tatsächlich ähnelt dieses Prinzip dem der Sicherheitsschlösser, wie in Abb. 1 gezeigt: der Schlüssel wird abgetastet, und nur wenn alle Stifte passen, wird das Schloß freigegeben.

V. Magnetische Schlösser

Voraussichtlich werden in einigen Jahren oder Jahrzehnten die mechanischen Schlösser der Vergangenheit angehören; die Magnetkarte wird an ihre Stelle treten. Auf der Magnetkarte ist die zu entschlüsselnde Information in *linearer* Form aufgeschrieben und wird *hintereinander* abgelesen. Nach diesem Prinzip ist die Information in DNA und RNA enthalten, und diese kann bekanntlich auf verschiedene Weise transkribiert werden, etwa durch die Enzyme reverse Transkriptase oder DNA-Polymerase. Die Polymerase-Chain-Reaction (PCR) ist eine für die genetische Analyse wichtige Methode geworden, für die 1994 der Nobelpreis verliehen wurde. Das Prinzip der linearen Ablesung der verschiedenen Polymerasen ist in Abb. 14 gezeigt.

Technik der DNA-Rekombination

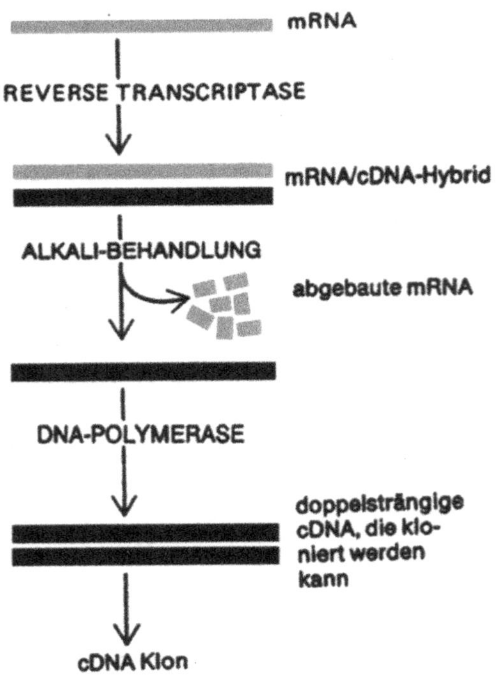

Abb. 14: Mechanismus verschiedener Polymerasen, wie sie bei Klonierungs-Verfahren verwendet werden.

Ein besonderes wichtiges Gebiet ist zur Zeit die Synthese und Anwendung von Antisense-RNA und -DNA, d. h. kurzen Nukleinsäuremolekülen, die eine zur Zielregion komplementäre Sequenz aufweisen und dort durch Basenpaarung sehr spezifisch binden. Man hofft damit, bestimmte schädliche Gene blockieren zu können, oder bestimmte Viren durch Hybridisieren mit Antisense-RNA oder -DNA in der Replikation zu blockieren. Das Wesen dieser Technik ist, die *Entschlüsselung* der linearen Information des betreffenden Makromoleküls zu verhindern. Wir haben einige Experimente dazu ausgeführt. Ein Oligonukleotid wurde am Ende mit Psoralen substituiert und danach mit einem anderen Oligonukleotid hybridisiert (Abb. 15). Psoralen hat die Eigenschaft, mit Nukleinsäuren zu interkalieren und bei Bestrahlung mit der benachbarten Base im Nukleinsäurestrang zu reagieren (Abb. 15). Die Reaktion wurde mit einem Antisense-Oligonukleotid ausgeführt, das die komplementäre Sequenz zur α-Kette des Hämoglobins hatte. Und tatsächlich wurde die in vitro-Biosynthese der α-Kette im Kaninchen-Reticulocyten-System durch dieses Antisense-Oligonukleotid inhibiert.[10]

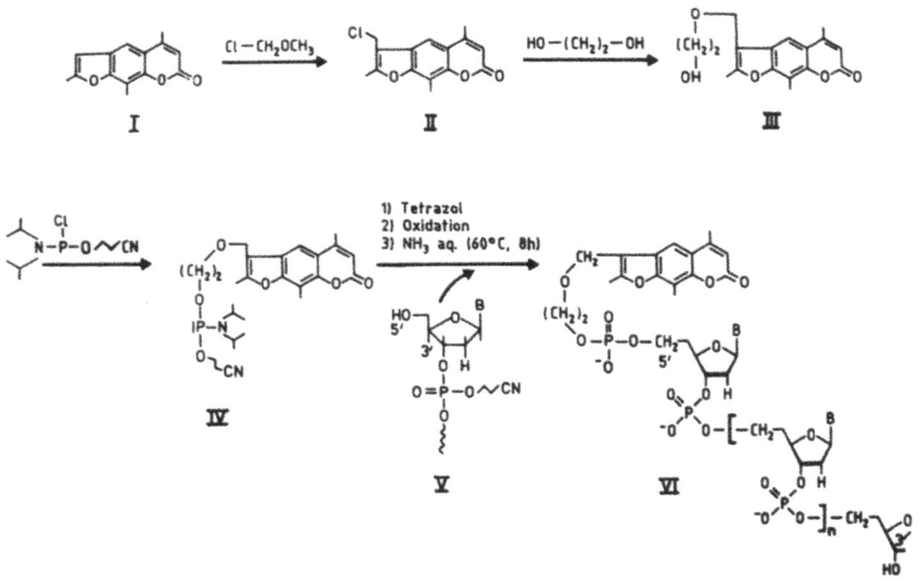

Abb. 15: Synthese eines Antisense-Oligonukleotides mit einer Psoralen-Gruppierung am Ende (Wolf 1990 und Cramer 1991, 210f.).

10 Wolf 1990; Cramer 1991, 210f.

VI. Kohlenhydrat-Lektin-Wechselwirkung: Suprazelluläre Chemie

Schließlich soll ein Gebiet der spezifischen Wechselwirkungen in der Biochemie behandelt werden, das gerade erst in den Anfängen seiner Erforschung steht: die Wechselwirkung zwischen Zelloberflächen. Zellmembranen sind aus verschiedenen Komponenten zusammengesetzt, davon sind besonders wichtig die Glycosyl-Reste der Glycoproteine. Dieses Gebiet der Kohlenhydratchemie ist in den letzten Jahrzehnten stark vernachlässigt worden, vielleicht wegen seiner großen methodischen Schwierigkeiten. Sogar in einem neueren Lehrbuch findet man in dem entsprechenden Kapitel nach einer hervorragenden Beschreibung der Chemie dieser Glycosyl-Reste die Feststellung: „Die Funktion der Oligosaccarid-Seitenketten von Membran-Glycoproteinen ist noch unbekannt“[10a] (Abb. 16).

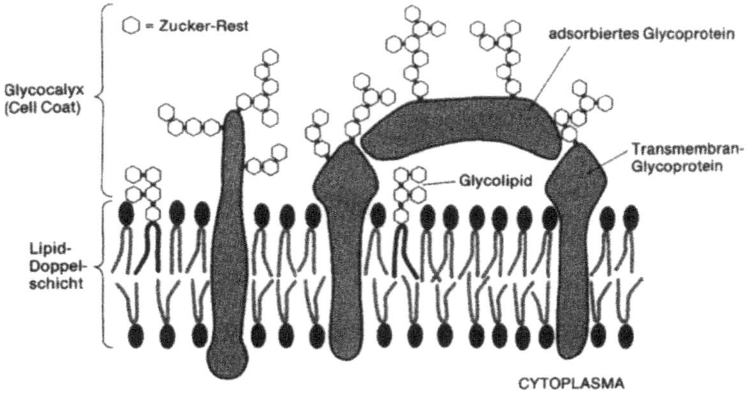

Abb. 16: Schematische Darstellung der Glycoproteine in der Zellmembran (Alberts et al. 1986).

Daß die Glycosylreste eine ganz wesentliche Erkennungsfunktion haben müssen, geht allein schon daraus hervor, daß sie in einer unglaublichen Vielfalt, aber mit höchster Präzision und unter genetischer Kontrolle von einem eigens dafür vorhandenen Enzymapparat synthetisiert werden. Man kann sich kaum vorstellen, daß die Natur einen so hohen Aufwand treibt, um etwas zu synthetisieren, was nicht von Bedeutung ist. Falls diese Zucker als eine Art von Schlüssel Verwendung finden sollten, müßte es Schlösser für diese Schlüssel geben. Mit dieser Hypothese haben wir verschiedene Zellmaterialien von höheren Tieren und menschlichem Gewebe durchforscht nach zuckerbindenden

10a Alberts et al. 1986, 311.

Proteinen, die als *Schlösser* für die *Zuckerschlüssel* dienen könnten; und tatsächlich gibt es eine solche Proteinklasse. Mit Hilfe der Affinitätschromatographie fanden wir eine große Vielfalt von zuckerbindenden Proteinen,[11] die man Lektine nennt, und die bisher nur aus pflanzlichem Material bekannt waren.[12] In Tabelle 1 sind als Beispiel die Lektine aus menschlicher Leber und den entsprechenden Lebertumoren gezeigt (hier die Lactose-, Asialofetuin-, Melibiose-, Mannose- und Fucose-bindenden Proteine). Man erkennt deutlich, daß zwischen gesundem Lebergewebe und dem daraus hervorgegangenen Tumorgewebe große Unterschiede in der Lektinzusammensetzung bestehen, die diagnostisch verwertet werden können.

Tab. 1: Kohlenhydrat-bindende Proteine aus menschlicher Leber und primären Lebertumoren (Gabius/Gabius 1991 und Gabius et al. 1985). Die Tabelle gibt die Molgewichte in Kilo-Dalton.

Zuckerspezifität:	Lac	Asi	Mel	Man	Fuc
menschl. Leber	58	27,5			80
		28			180
	44	28	27	28	180
	56	27	54	28	29
	46		28		
	56		54		
			58		
			62		
Hepatoblastom	66	28		28	66
	80				
	45				
Hepatom	21	28	28	28	28
	22		54		
	28				
	43				
	58				
	66				

Das Lektin-Kohlenhydrat-Muster spielt eine ganz entscheidende Rolle bei der Zelladhäsion und Zellaggregation. Wir haben diese endogenen Lektine Cell Adhesion Lectins (CALs) genannt.[13] Damit befinden wir uns auf dem Gebiet der suprazellulären Chemie, dargestellt in Abb. 17.

11 Cramer/Gabius 1985.

12 Ebd.; Gabius 1988.

13 Cramer/Gabius 1985.

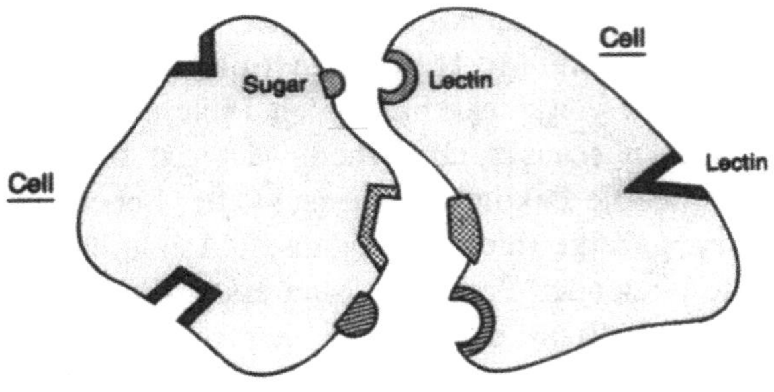

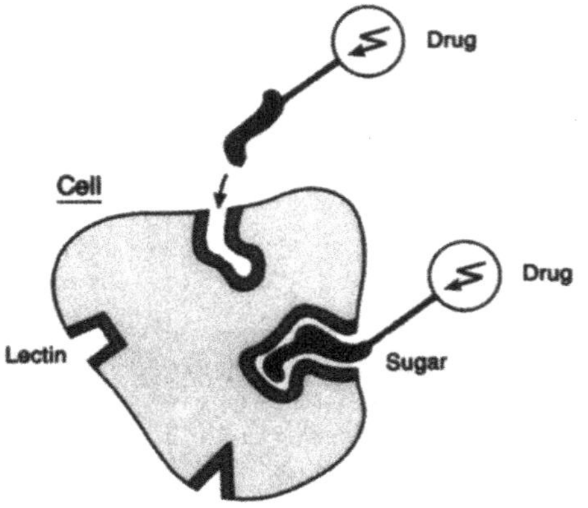

Abb. 17: Suprazelluläre Chemie, Zellwechselwirkungen durch endogene Lektine und die entsprechenden Kohlenhydrat-Reste (Cramer/Gabius 1985 und Gabius et al. 1985).

Nachdem man nun weiß, daß zelluläre Membranen nicht nur Kohlenhydrate sondern auch Kohlenhydrat-*Rezeptoren* tragen, kann man diese Erkennungselemente benutzen, um spezielle Zellen oder Zell-Linien zu charakterisieren. Durch Synthese von Neoglycoproteinen, d. h. synthetischen künstlichen Glycoproteinen, an die wiederum bestimmte Wirkgruppen gebunden sind, kann man bestimmte Zellen oder Zellgruppen spezifisch ansteuern, sie anfärben, Cytostatica dorthin plazieren usw.[14]

Für die Synthese von Neoglycoproteinen als Träger für die Histochemie und das „drug targeting“[15] wird der Zuckerrest R an Rinder-Serumalbumin (BSA) chemisch fixiert. BSA kann dann weiter derivatisiert werden mit Biotin. An das Biotin kann man leicht Farbstoffe, Antibiotika, Cytostatika, Hormone oder sonstige Signalmoleküle anheften. Im Organismus „suchen“ sich dann die entsprechenden Derivate das für den Zucker R passende Lektin.

14 Gabius/Gabius/Zemlyanukhina/Bovin/Brinck/Dunguy/Joshi/Kayser/Schottelius/Sinowatz/Tietze/Vidal-Vanaclocha/Zanetta 1993.

15 Ebd.

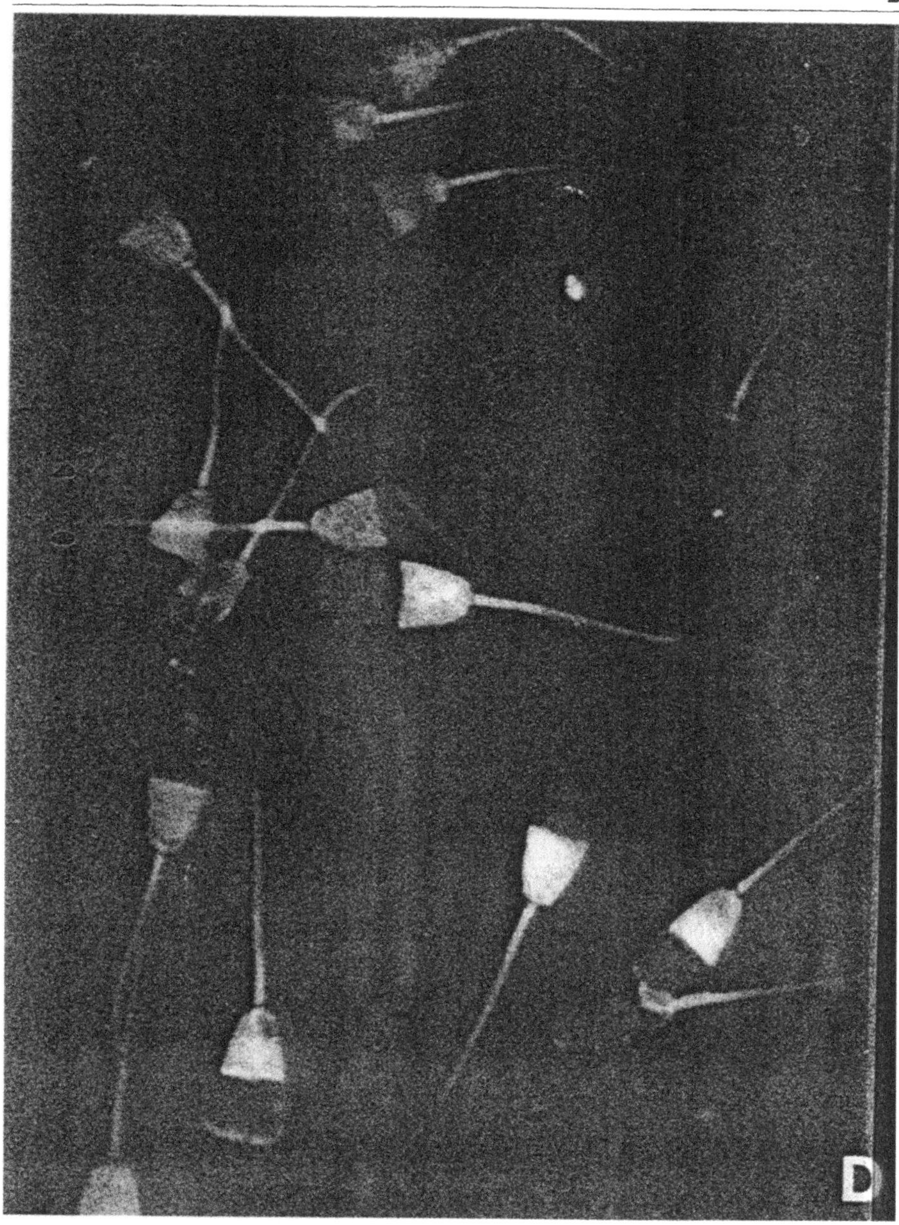

Abb. 18: Histochemische Anfärbung von Bullen-Testes mit einem fluoreszierenden Neoglycoprotein (Gabius et al. 1993). Nur die Teile des Spermatozoons werden angefärbt, die ein passendes Lektin besitzen.

Als Beispiel sei das „drug targeting“ mit 5-Bromouridin angeführt. Dieses Cytostatikum wird an ein Neoglycoprotein in der beschriebenen Weise angeheftet. Es wirkt auf transformierte Ratten-Fibroblasten ganz spezifisch in Abhängigkeit vom Zuckerrest. Dadurch wird die Wirkung des Mittels mindestens 10 mal spezifischer in bezug auf eine bestimmte Zell-Linie (Tab. 2).

Tab. 2: Wachstumsinhibierung von SV-40 transformierten Ratten-Fibroblasten durch 10^{-6} M 5-Bromouridin (5BrU) gebunden an Serumalbumin (BSA) zusammen mit verschiedenen Zuckerresten (aus: Gabius et al. 1985). Die Aufnahme von H^3-Thymidin ist ein Maß für die Wachstumsfähigkeit der Zellen.

	H^3-Thymidin-Aufnahme (%)
5BrU	60
5BrU-BSA	5
5BrU-BSA-cell	5
5BrU-BSA-Mal	8
5BrU-BSA-Lac	12
5BrU-BSA-Fuc	22
5BrU-BSA-Man	60

Nach diesem Prinzip wurde im Pathologischen Institut der Universität Göttingen eine neue Histochemie ausgearbeitet, die auf dem Wege ist, zu einer Standardmethode für die Differenzierung verschiedener Gewebearten zu werden, und die es erlaubt, insbesondere zwischen verschiedenen Tumoren zu unterscheiden. Ein Beispiel ist in Abb. 18 aufgeführt. Man kann mit Hilfe eines fluoreszierenden Neoglycoproteins in Geweben von Bullen-Testes zwischen den verschiedenen Teilen der Spermatozoen unterscheiden. Dieses Gebiet entwickelt sich rasch. Tatsächlich sind Zuckerreste die idealen Partner für eine Schlüssel-Schloß-Erkennung, da sie eine recht wenig flexible, d. h. charakteristische Struktur besitzen und viele Möglichkeiten für Wasserstoffbrückenbindungen zu den entsprechenden Gruppen des Lektins bieten.

VII. Schlußbemerkung

Die Metapher vom Schlüssel-Schloß ist auch noch 100 Jahre nach dem Konzept von Emil Fischer so lebendig wie zu seiner Zeit. Biochemie und Molekulare Biologie haben sich in unvorstellbarer Weise entwickelt und differenziert. Aber auch die Schlüsselsysteme sind vollständig revolutioniert worden. Emil

Fischers Metapher ist gewissermaßen co-evolviert mit der technischen und wissenschaftlichen Entwicklung. Wie ist das zu verstehen? Das experimentelle Vorgehen wird durch imaginierte räumlich-bildliche Metaphern, durch *Darstellungsräume* geleitet, zu einem gewissen Grade sogar zwangsläufig bestimmt: Das Kohlenstoff-*Tetraeder*, das dem Sonnensystem nachempfundene Bohr'sche Atommodell, die π-Elektronen*wolke* aromatischer Verbindungen sind Beispiele unter vielen, die zu wichtigen Erweiterungen und neuen Theorien geführt haben. Verallgemeinernd kann man sagen, daß wirkliche Fortschritte in den Wissenschaften, Paradigmenwechsel, in der Erfindung neuer *Darstellungsräume* bestehen. Freilich müssen diese dann sinnvoll, das heißt wissenschaftlich ausgefüllt werden; je reichhaltiger sie ausgefüllt werden, um so wichtiger war das Erdenken einer neuen Metapher, eines neuen Darstellungsraums für den Gesamtzusammenhang der Wissenschaft. Dabei kann und muß die ursprüngliche Metapher oft erweitert, modifiziert, quantifiziert werden. Das Bohrsche Atommodell ist dafür ein gutes Beispiel. Emil Fischer Schlüssel-Schloß-Hypothese ist ein Beispiel für einen besonders reichhaltigen Darstellungsraum.

Literatur

Alberts, Bruce/Bray, Dennis/Lewis, Julian/Raff, Martin/Roberts, Keith/Watson, James D. (1986): Molekulare Biologie der Zelle. Weinheim, 1986.

Cramer, Friedrich (1954): Einschlußverbindungen. Heidelberg.

Cramer, Friedrich/Saenger, Wolfram/Spatz, Christoph (1967): Inclusion compounds XIX: The formation of inclusion compounds in aqueous solutions. Thermodynamics and kinetics. Journal of the American Chemical Society 89, 14–20.

Cramer, Friedrich/Mackensen, Georg (1970): Über Einschlußverbindungen XXII: Cyclodextrin-Imidazol-Verbindungen. Chemische Berichte 103, 2138–2147.

Cramer, Friedrich/Gabius, Hans-Joachim (1985): New carbohydrate binding proteins (lectins) in human cancer cells and their possible role in cell differentiation and metastasation. In: B. Pullmann, P. O. P. T'so and E. L. Schneider (eds.): Interrelation among Aging, Cancer and Differentiation. Dordrecht, 187–205.

Cramer, Friedrich/Freist, Wolfgang (1987): Molecular recognition by energy dissipation, a new enzymatic principle: The example isoleucine-valine. Acc. Chem. Res. 20, 79–84.

Cramer, Friedrich (Hrsg.) (1991): Erkennen als geistiger und molekularer Prozeß. Weinheim.

Cramer, Friedrich (1993): Chaos and Order – The Complex Structure of Living Systems. Weinheim.

Cramer, Friedrich/Freist, Wolfgang (1993): Aminoacyl-tRNA synthetases: The division into two classes predicted by the chemistry of substrates and enzymes. Angewandte Chemie, International Edition in English 32, 190–200.

Fischer, Emil (1894): Einfluss der Configuration auf die Wirkung der Enzyme. Berichte der Deutschen Chemischen Gesellschaft 27, 2985–2993.

Freist, Wolfgang/Sternbach, Hans/Cramer, Friedrich (1992): Lysyl-tRNA synthetase from yeast. European Journal of Biochemistry 204, 1015–1023.

Freist, Wolfgang (1993): Hyperspezifische Enzyme. Chemie in unserer Zeit 27, 256–266.

Freudenberg, Karl/Cramer, Friedrich (1948): Die Konstitution der Schardinger-Dextrine α, β und γ. Zeitschrift für Naturforschung 3b, 464–464.

Gabius, H.-J./Engelhardt, R./Kasper, J./Reile, D./Schumacher, S./Schmoll, H. J./Graupner, G./Cramer, F. (1985): Cell surface lectins of transplantable human hepatocarcinoma cells. Tumor Biology 6, 145–156.

Gabius, Hans-Joachim (1988): Tumorlectinologie: Ein Gebiet im Schnittpunkt von Zuckerchemie, Biochemie, Zellbiologie und Onkologie. Angewandte Chemie 100, 1321–1331.

Gabius, H.-J./Gabius, S. (1991): Lectins and Cancer. New York.

Gabius, H.-J./Gabius, S./Zemlyanukhina, T. V./Bovin, N. V./Brinck, U./Dunguy, A./Joshi, S. S./Kayser, K./ Schottelius, J./Sinowatz, F./Tietze, L. F./Vidal-Vanaclocha, F./Zanetta, J.-P. (1993): Reverse lectin histochemistry: Design and application of glycoligands for detection of cell and tissue lectins. Histology and Histopathology 8, 369.

Harada, Akira/Li, Jun/Kamachi, Mikiharu (1992): The molecular necklace: a rotaxane containing many threaded alpha-cyclodextrins. Nature 356, 325–327.

Harada, Akira/Li, Jun/Kamachi, Mikiharu (1993): Synthesis of a tubular polymer from threaded cyclodextrins. Nature 364, 516–518.

Hennrich, N./Cramer, F. (1965): Inclusion compounds XVIII: The catalysis of the fission of pyrophosphates by cyclodextrin. A model reaction for the mechanism of enzymes. Journal of the American Chemical Society 87, 1121.

Lüttringhaus, A./Cramer, F./Prinzbach, H./Henglein, F. M. (1958): Cyclisation von langkettigen Dithiolen: Versuche zur Darstellung sich umfassender Ringe mit Hilfe von Einschlußverbindungen (XIV). Liebigs Annalen der Chemie 613, 185–198.

Wolf, A. A. (1990): Diplomarbeit, Universität Göttingen.

Bruno Latour

Der Pedologenfaden von Boa Vista

Eine photo-philosophische Montage[1]

Abbildung 1. – Zur Linken die weite Savanne, zur Rechten der scharfe Saum eines Dickichts. Man könnte meinen, Landarbeiter hätten diese zwei Welten, die eine trocken und licht, die andere dicht und feucht, mit Axt und Säge voneinander geschieden. Und doch hat niemand diesen Landstrich jemals kultiviert. Kein Zaun hat je diesen Saum eingefaßt, der sich über Hunderte von Kilometern hinzieht. Zwar weidet auf der Savanne die Rinderherde eines

1 Zuerst erschienen in Latour 1993, Kapitel 11. Übersetzung und Abdruck erfolgen mit freundlicher Genehmigung von Editions La Découverte, Paris. Der Übersetzer dankt Bernward Joerges, Gustav Roßler und Bettina Wahrig-Schmidt für ihre Hilfe.
Ich danke Armand Chauvel, der mich mit dem Charme der Pedologie vertraut gemacht und René Boulet, der mit Geduld und Großmut behilflich war, meine zahlreichen Fehler auszuräumen.

Großgrundbesitzers, aber das Grasland hört abrupt am Waldrand auf, ohne daß künstliche Schranken es begrenzten.

Als wären sie von Poussin gemalt, stehen kleine Figuren verloren in der Landschaft. Mit sichtlichem Interesse richtet sich ihr Zeigefinger, ihr Blick, ihr Schreibzeug auf bestimmte Erscheinungen.

Edileusa Setta-Silva weist mit dem Finger auf Bäume und Pflanzen. Sie ist Brasilianerin und wohnt hier in der Gegend, in der kleinen Stadt Boa Vista, der Hauptstadt des Amazonas-Staates Roraima. Sie lehrt an der winzigen Universität am Ort Botanik. (Versuchen Sie nicht gleich, sich in Ihrem Geographie-Atlas zu orientieren, denn über diese Karte will ich mich später mit Ihnen beugen. Ich möchte herausfinden, was es mit der „Referenz" in den exakten Wissenschaften auf sich hat – und in jenen weicheren Wissenschaften, die den exakten bei der Arbeit zuschauen.)

Die Person zur Rechten betrachtet aufmerksam, interessiert und sichtlich vergnügt, was Edileusa ihr zeigt. Armand Chauvel ist Franzose. Er leitet eine Mission des ORSTOM, des Forschungsinstituts unseres alten Überseereiches, das ohne Änderung seiner Sigle in ein Institut zur „wissenschaftlichen Forschung über Entwicklung und Zusammenarbeit" umgewandelt wurde. Armand ist nicht Botaniker, sondern Pedologe (die Pedologie ist die Wissenschaft von der Bodenbeschaffenheit – nicht zu verwechseln mit der Geologie, der Wissenschaft der Gesteinsformationen unter der Bodenoberfläche, und der Podologie, der medizinischen Fußkunde!). Er residiert etwa tausend Kilometer von hier in Manaus, im brasilianischen Forschungszentrum INPA. Dort finanziert ihm das ORSTOM ein Labor.

Héloîse Filizola, die dritte im Bunde, schreibt Notizen in ein kleines Heft. Sie ist Geographin oder vielmehr, wie sie betont, Geomorphologin. Sie studiert die zugleich natur- und menschenbedingte Langzeitgeschichte der Reliefformen. Sie ist Brasilianerin wie Edileusa, ist aber mehrere tausend Kilometer von hier, im Süden Sao Paulos, geboren. Auch sie ist Professorin an einer naturwissenschaftlichen Fakultät, die jedoch ungleich größer ist als jene von Boa Vista.

Ich, Bruno Latour, habe das Photo gemacht, zeige Ihnen diese Szene und versehe sie mit dieser Legende. Als französischer Anthropologe besteht meine Aufgabe darin, die Wissenschaftler bei ihrer Arbeit zu begleiten. Mit Laboratorien vertraut, habe ich mich dazu entschlossen, im Auftrag des Umweltministeriums einmal eine Expedition zu begleiten. Da ich auch ein wenig Philosoph bin, will ich den Bericht über diese Expedition dazu benützen, die Erzeugung der Referenz in den Wissenschaften verstehen zu lernen. Mit diesem photo-philosophischen Essai, liebe Leser, führe auch ich Ihnen ein wenig von dem Wald von Boa Vista vor Augen. Ich zeige Ihnen einige Aspekte der wissenschaftlichen Intelligenz. Ich bemühe mich, so genau wie möglich auf die Arbeit einzugehen, die für diese Art von Transport – die Referenz – notwendig ist.

Wovon sprechen unsere Freunde an diesem Oktobermorgen 1991? Sie sind mit ihrem Landrover soeben über schlechte Pisten bis zu diesem Beobachtungsposten vorgedrungen, den Edileusea seit mehreren Jahren aufmerksam durchforstet: Sie verfolgt hier das Wachstum der Bäume, betreibt Pflanzensoziologie und Pflanzendemographie. Unsere Freunde sprechen vom Boden und vom Wald. Aber da sie zwei sehr verschiedenen Disziplinen angehören, reden sie mit mehreren Zungen.

Edileusa zeigt mit dem Finger auf bestimmte Baumarten, die dem Feuer widerstehen, nur in der Savanne wachsen und von Keimlingen umgeben sind. Genau diese Arten finden sich auch am Saum des Waldes. Dort sind sie kräftiger, dafür fehlen die Keimlinge. Auf einige von ihnen stößt man sogar mehrere Dutzend Meter weit im Wald, aber dort sterben sie wegen Lichtmangels ab. Sollte der Wald also vorrücken? Edileusa ist sich nicht sicher. Der große Baum, den wir in der Mitte des Bildes sehen, könnte ein Pionier sein, eine aus dem Wald vorpreschende Avantgarde. Er könnte aber auch eine Nachhut darstellen, die der Wald, durch die Savanne unerbittlich verdrängt, zurückgelassen hat. Dringt der Wald vor oder zieht er sich zurück?

Das ist die Frage, die Armand interessiert und die ihn von so weit hat herkommen lassen. Intuitiv glaubt Edileusa, daß der Wald vorrückt, aber sie ist sich nicht ganz sicher. Die botanischen Gegebenheiten sind zu verwickelt: Man kann den gleichen Baum entweder als Pionier oder als Relikt ansehen. Für den Pedologen Armand hingegen ist es zunächst einmal die Savanne, die den Wald nach und nach verdrängt. Sie verwandelt den tonhaltigen Boden, der für ein gutes Gedeihen der Bäume nötig ist, in einen Sandboden, auf dem schließlich nur noch Gräser und magere Gebüsche wachsen. Edileusas Zuneigung gilt aufgrund ihres ganzen botanischen Wissens dem Wald. Armand hingegen ist aufgrund seines ganzen pedologischen Wissens für die Savanne eingenommen. Der Boden verändert sich von der Tonerde in Richtung Sand und nicht umgekehrt, das weiß ein jeder. Noch nie hat jemand eine Bodenveränderung beobachtet, die nicht diesem Gradienten folgt. Und wenn nicht die Gesetze der Pedologie dafür einstünden, so würden es diejenigen der Thermodynamik besorgen.

Unsere Freunde stehen also vor einem ziemlichen Konflikt, der sowohl kognitiver als auch disziplinärer Natur ist. Um ihn zu lösen, bietet sich eine Expedition ins Gelände an. Die ganze Welt interessiert sich für den Urwald am Amazonas. Ob er bei Boa Vista an der Grenze des tropischen Feuchtgürtels vorrückt oder zurückweicht, das dürfte auch die Finanziers interessieren. Daß es bei einer solchen Mission sowohl botanischen als auch pedologischen Wissens bedarf, ist zwar ungewöhnlich, aber leicht nachzuvollziehen. Die Kette von Übersetzungsprozeduren, die das Budget zuläßt, ist allerdings nicht allzu lang. Ich lasse mich hier nicht über die Politik dieser Expedition aus. Ich möchte lieber als Philosoph der wissenschaftlichen Referenz nachspüren und nicht als Soziologe ihrem „sozialen Kontext".

Abbildung 2. – Am Morgen vor der Abfahrt treffen wir uns auf der Terrasse des kleinen Hotelrestaurants Eusebio im Zentrum von Boa Vista. Es ist ein ziemlich heruntergekommenes Nest. Hier wird das Gold verkauft, das die *Garimperos* mit Schaufel, Quecksilber[2] und Flinte dem Urwald, den Flüssen und den Yanomami-Indianern abjagen.

Armand, den man zur Rechten sieht, hat seinen Kollegen René Boulet gebeten, ihm bei der Mission behilflich zu sein. Boulet ist der Mann mit der Pfeife, Franzose wie Armand und wie er Pedologe am ORSTOM, aber in Sao Paulo ansässig. Zwei Männer, zwei Frauen. Zwei Franzosen, zwei Brasilianerinnen. Zwei Pedologen, eine Geographin, eine Botanikerin. Alle vier beugen sich über zwei Karten und weisen auf die von Edileusa abgesteckte Stelle. Auf dem Tisch steht eine orangefarbene Büchse, der unentbehrliche Geländefaden, über den ich noch sprechen werde.

Die erste, gedruckte Karte entspricht dem Blatt des Atlas von Radambrasil im Maßstab von 1:1000000, das ganz Amazonien erfaßt. Ich werde bald lernen, das Wort „erfassen" in Anführungsstriche zu setzen, denn die schönen gel-

2 Quecksilber wird beim Auswaschen des Goldes zur Amalgamierung verwendet.

ben, orangenen und grünen Farben der Karte entsprechen nach Aussage meiner Informanten nicht immer den pedologischen Gegebenheiten. Die Mitglieder der Expedition ergänzen sie daher um eine Luftaufnahme in schwarz-weiß, im Maßstab von 1:50000. Eine einzelne Inskription flößt kein Vertrauen ein, aber die Überlagerung von zweien erlaubt es, sich der Örtlichkeit zumindest in groben Zügen zu vergewissern.

Die Situation ist so banal, daß wir ihre Originalität ganz vergessen: Vier Forscher blicken auf zwei Karten eines Landes, in dessen Mitte sie sich aufhalten. (Die beiden Hände Armands und die rechte Hand Edileusas glätten die gekrümmten Ränder des Photos, sonst wäre der Vergleich nicht möglich und die Merkmale, an denen sie alle interessiert sind, verschwänden.) Man nehme die Karten weg, bringe die kartographischen Konventionen durcheinander, lösche die Zehntausende von Stunden aus, die in den Atlas von Radambrasil investiert wurden, störe die Radaranlagen der Flugzeuge, und unsere vier Forscher wären in der Landschaft verloren. Sie wären gezwungen, die ganze Erkundungs-, Ortungs-, Triangulations- und Vermessungsarbeit ihrer Hunderte von Vorgängern von neuem zu beginnen. Die Wissenschaftler beherrschen zwar die Welt, aber nur soweit, wie ihnen die Welt in Form zweidimensionaler, überlagerbarer und kombinierbarer Inskriptionen entgegenkommt. Es ist immer wieder die gleiche Geschichte, seit Thales am Fuße der Pyramiden stand.

Beachte, lieber Leser, daß der Wirt des Restaurants das gleiche Problem zu haben scheint wie unsere Forscher und wie Thales! Wenn er nicht in großen schwarzen Ziffern die Zahl „29“ auf den Tisch seiner Terrasse geschrieben hätte, wäre er nicht in der Lage, sein eigenes Restaurant zu überblicken. Er könnte die Bestellungen nicht mehr richtig zuordnen und die Rechnungen entsprechend verteilen. Obwohl er wie ein Mafioso aussieht, wenn er am Morgen seinen enormen Bauch auf den Tisch stützt, benötigt auch er Inskriptionen, um die Ökonomie seines Geschäfts im Griff zu behalten. Löscht die auf den Tisch geschriebenen Ziffern aus, und er ist in seinem Restaurant ebenso verloren wie unsere Wissenschaftler ohne ihre Karten …

Auf dem ersten Photo sahen wir unsere Freunde versunken in und beherrscht von einer Welt, der sie mit ihren Fingern Form zu geben suchten. Sie waren nicht „im Bild“. Sie zögerten. Auf dem vorliegenden Bild sind sie es. Warum? Weil sie jetzt auf etwas zeigen können, das sich mit dem Auge beherrschen läßt, indem man das institutionalisierte Wissen jahrhundertealter Disziplinen aufbietet: Trigonometrie, Kartographie, Geographie. Zu diesem so gewonnenen supplementären Wissen gehören auch die Satelliten, die Ariane-Rakete, die Datenbanken, die Zeichner, Graveure, Drucker und all jene, die durch diese Papierarbeit mobilisiert werden. Was bleibt, ist die Geste des Fingerzeigs, das *Deiktische* par excellence. „Hier, da, ich, Edileusa, ich trete aus dem Diskurs heraus und ich zeige – auf der Karte, auf dem Tisch des Restaurants – den Ort, an den wir uns sogleich begeben werden, sobald uns der Techniker Sandoval mit dem Landrover abholt.“

Wie gelangt man vom ersten Bild zum zweiten? Wie kommt man vom Nichtwissen zum Wissen, von der Schwäche zur Stärke, von der Unterlegenheit zur Beherrschung der Welt durch den Blick? Das ist die Frage, die mich interessiert. Sie hat mich hierher geführt, nicht um, wie meine Freunde, die Dynamik des Übergangs vom Urwald zur Savanne zu ergründen, sondern um diese kleine Geste zu studieren: den Fingerzeig auf den *Referenten* des Diskurses. Sprechen die Wissenschaften von der Welt? Das ist es jedenfalls, was sie zu tun vorgeben. Und doch zeigt der Finger von Edileusa lediglich auf einen photographisch festgehaltenen Punkt, der mit der Zeichnung auf der Karte nur in wenigen Merkmalen übereinstimmt. Am Tisch des Restaurants sind wir noch weit vom Urwald weg. Dennoch spricht Edileusa mit einer Bestimmtheit von ihm, als griffe sie ihn mit den Händen. Die Wissenschaften sprechen nicht von der Welt. Sie konstruieren künstliche Repräsentationen, die sich immer weiter von der Welt zu entfernen scheinen, und die sie dennoch näher bringen. Meine Freunde möchten herausfinden, ob der Urwald vordringt oder zurückweicht. Ich möchte herausfinden, wie die Wissenschaften zugleich realistisch und konstruiert, unmittelbar und vermittelt, robust und fragil sein können. Hat der Diskurs der Wissenschaften eine Referenz? Wenn ich von Boa Vista spreche, worauf verweist dieser Ausdruck? Unterscheiden sich Wissenschaft und Fiktion voneinander? Wie unterscheidet sich meine Art, über Wissenschaft in Form einer Photo-Montage zu sprechen, von der Weise, in der meine Informanten über ihren Boden reden?

Die Laboratorien sind exzellent dazu geeignet, die Produktion von Gewißheit zu verstehen, und deshalb liebe ich ihr Studium so sehr. Aber sie haben den schweren Nachteil, so wie die Karten auf einer unendlichen Sedimentation anderer Disziplinen, Instrumente, Sprachen und Praktiken zu beruhen. Man sieht die Wissenschaft hier nicht mehr stammeln, anfangen, aus dem Nichts entstehen, indem sie sich direkt mit der Welt auseinandersetzt. Im Laboratorium ist immer schon ein konstruiertes, den Wissenschaften angemessenes Universum da. Infolgedessen gleicht die Referenz hier immer einer Tautologie. Die erkannte Welt und die erkennende Welt formen einander ständig um. Nicht so in Boa Vista. Hier verschmilzt die Wissenschaft noch schlecht mit den Goldsuchern und den hellen Wassern des Rio Branco. Indem ich eine Expedition begleite, werde ich auf der Spur einer vergleichsweise armen und leichtgewichtigen Disziplin wandern, die unter meinen Augen ihre ersten Schritte tut. So hätte ich sie auch beobachten können, wenn ich im Gefolge Jussieus oder Humboldts Brasilien durchstreift hätte.

Abbildung 3. – Im Dickicht zeichnet sich vor dem einheitlich grünen Hintergrund ein querliegender Ast ab, an dem eine kleine Etikette aus Blech angebracht ist. Sie hängt an einem rostigen Nagel und trägt die Nummer „234“.

In den Tausenden von Jahren, seit menschliche Wesen diesen Wald durchstreifen und Brandrodungen bepflanzen, hat keiner jemals die komische Idee gehabt, Nummernschilder an Äste zu hängen. Dazu muß ein Wissenschaftler vorbeigekommen sein – oder allenfalls ein Förster, der durch dieses Zeichen die Bäume markiert, die abgeholzt werden sollen. In beiden Fällen muß man die Tätigkeit eines gewissenhaften Buchhalters unterstellen.

Nach einer Stunde Fahrt mit dem Landrover sind wir auf der von Edileusa abgesteckten Parzelle angekommen. Wie der Wirt des Restaurants auf dem vorhergehenden Bild hätte sie sich nicht lange an diesen Ort erinnern können, ohne ihn auf die eine oder andere Weise zu markieren. Sie hat also in regelmäßigen Abständen eine dieser kleinen Etiketten angebracht und so die paar Hektar ihres Untersuchungsfeldes mit einem Netz von kartesischen Koordinaten überzogen. Diese Nummern werden ihr später helfen, die Unterschiede im Wachstum und im Vorkommen der Arten festzuhalten. Jede Pflanze besitzt, was man eine *Referenz* nennt – sowohl eine geometrische (durch Zuschreibung von Koordinaten) als auch eine registermäßige (durch Zuschreibung einer bestimmten Nummer).

Obwohl diese Expedition keiner großen Vorarbeiten bedurfte, bin ich also nicht Zeuge der Entstehung einer Wissenschaft aus dem Nichts. Meine Kollegen Pedologen können ihre Arbeit mit einiger Aussicht auf Erfolg nur an einem Ort beginnen, der bereits durch eine andere Wissenschaft, die Botanik, sondiert wurde. Ich wähnte mich im Urwald, doch aufgrund dieser Markierungen befinden wir uns bereits in einem Laboratorium. Gewiß, es ist minimal ausgestattet, aber immerhin abgesteckt durch ein Koordinatenraster. Der quadrierte Urwald sieht sich bereits mit einer Sammlung von Informationen auf kariertem Papier konfrontiert. Ich finde die Tautologie, die ich hinter mir zu lassen glaubte, im Prozeß ihrer Entstehung wieder. Hinter jeder Wissenschaft verbirgt sich also eine weitere Tautologie. Würde ich die Etiketten entfernen oder vertauschen, so verlöre Edileusa den Kopf wie jene Riesenameisen, deren Kreise ich störe, indem ich mit dem Finger ihre chemischen Autobahnen verwische.

Abbildung 4. – Edileusa entnimmt Proben. Wir vergessen immer, daß das Wort „Referenz" vom lateinischen Verb *referre* abgeleitet ist, was so viel wie „herbeischaffen" heißt. Ist der Referent das, worauf ich mit dem Finger zeige und was außerhalb des Diskurses bleibt, oder das, was ich in den Diskurs hereinhole? Genau das ist das Problem dieser Montage.

Aus der erstaunlichen Vielfalt der Pflanzen wählt Edileusa bestimmte repräsentative Spezimen aus, die den taxonomischen Typen entsprechen: *Guatteria schomburgkiana, Curatella americana, Connarus favosus*. Sie sind ihr vertraut wie die Mitglieder ihrer eigenen Familie. Jede der Pflanzen, die sie ausliest, repräsentiert Tausende von Exemplaren der gleichen Art, die im Urwald, in der Savanne und am Waldrand vorkommen. Es ist kein Blumenstrauß, den sie pflückt, es sind Belegexemplare, die sie als *Referenz* aufbewahren möchte – eine weitere Bedeutung dieses Wortes. Und sie muß in Zukunft auf das zurückkommen, sich auf das beziehen können, was sie mit ihrem Stift in ihr Notizbuch einträgt. Wenn sie behauptet, daß die gewöhnliche Urwaldpflanze *Afulamata diasporis* auch in der Savanne vorkommt, aber nur im Schatten einiger

Baumarten, die hier überleben können, dann muß sie zwar nicht die ganze Population konservieren, aber eine Probe, die ihr stummer Zeuge sein wird.

An diesem Strauß, den Edileusa gepflückt hat, können wir zwei Eigenarten der Referenz erkennen: einerseits eine gewisse Ökonomie, Induktion, Verkürzung und Engführung, die es ihr erlauben, einen Grashalm als den einzigen Repräsentanten von Tausenden von Gräsern anzusehen; und andererseits die Konservierung eines Spezimens, auf das sie später garantiert zurückgreifen kann, wenn ihr Zweifel kommen oder wenn andere Kollegen ihre Ansichten in Zweifel ziehen.

So wie Fußnoten in wissenschaftlichen Arbeiten als Referenzen dienen – ein weiterer Gebrauch des Wortes –, damit sich die Neugierigen und die Skeptiker vergewissern können,[3] so wird auch die Handvoll von Spezimen eine Garantie für den Text ihres Arbeitsberichtes sein. Der Urwald kann den Text Edileusas nicht direkt glaubwürdig machen. Aber er kann es indirekt, durch repräsentative, sorgfältig konservierte und etikettierte Garanten, die Edileusa zusammen mit dem Notizbuch zu ihrer kleinen Sammlung nach Boa Vista zurückbringt. Man wird von ihrem Bericht auf die Pflanzennamen zurückkommen können und von diesen zu den getrockneten und klassifizierten Proben. Und dank dem Notizbuch kann man im Zweifelsfalle zu dem Ort zurückkehren, von dem sie ihre Belege heimbrachte.

Ein Text spricht von Pflanzen. Pflanzen dienen einem Text als Fußnoten. Ein Text ruht auf einem Blumenbett …

Abbildung 5. – Das dreiteilige Regal mit Fächern sieht aus wie eine Tabelle aus Spalten und Zeilen, Abszissen und Ordinaten. Wir befinden uns in einem botanischen Institut, weit weg vom Urwald, in Manaus. Jedes Fach dieses Regals dient sowohl zum Klassifizieren als auch zum Konservieren und Benennen. Dieses Möbel steht für eine Theorie. Es ist kaum komplizierter als die Plakette auf dem Photo Nummer 3, aber es organisiert das Büro, in dem wir uns befinden. Es ist ein perfektes Zwischenglied zwischen dem Materiellen (denn es schützt) und dem Logischen (denn es klassifiziert), zwischen der Schachtel und dem Baum der Erkenntnis.

Auf den Etiketten stehen die Namen der gesammelten Pflanzen. Die Dossiers, die Hüllen und Umschläge beherbergen keine Texte, administrative Formulare oder Korrespondenzen, sondern die im Urwald gesammelten Pflanzen. Die Botanikerin hat sie in einem Brutschrank bei 40 °C getrocknet, um die Pilze abzutöten, und sie dann in Zeitungspapier gewickelt.

Sind wir fern vom Urwald oder sind wir ihm nahe? Wir sind ihm nahe, denn er steckt in der Sammlung. Der ganze Wald? Nein. Weder die Ameisen sind da noch die Krebsspinnen, die Bäume nicht, der Boden, die Regenwürmer, die heulenden Affen, deren Kreischen kilometerweit in der Runde zu hören ist. In die Sammlung kamen nur einige Spezimen oder Repräsentanten, welche die Botanikerin interessierten. Also sind wir weit weg vom Urwald? Sagen wir, daß wir irgendwo dazwischen sind. Dank ein paar weniger Delegierter haben wir ihn fest im Griff, so wie die Nationalversammlung ganz Frankreich im Griff hat. Eine äußerst ökonomische Metonymie erlaubt es, in der Wissenschaft wie in der Politik, mittels eines winzigen Teils das unermessliche Ganze zu fassen.

Wozu sollte es auch dienen, den ganzen Urwald hierher zu transportieren?

3 Vgl. den Beitrag von Michael Cahn in diesem Band.

Es wäre heiß. Die Botanikerin könnte hier nicht mehr unterscheiden als dort auf ihrer Parzelle. Hier summt die Klimaanlage. Hier bilden sogar die Mauern Wandschränke, in denen die Pflanzen den Platz finden, der ihnen in einer über mehrere Jahrhunderte hinweg standardisierten Taxonomie zukommt. Der Raum ist zur Tafel geworden, die Tafel zum Wandschrank, der Wandschrank zum Begriff, der Begriff zur Institution.

Wir sind also weder sehr fern noch sehr nahe dem Ort von vorhin. Wir befinden uns in beträchtlicher Distanz, und wir haben bei seinem Verlassen eine kleine Anzahl von relevanten Spuren mitgenommen. Während des Transportes ist *etwas* bewahrt worden. Gelänge es mir, diese Invariante zu erfassen, dieses Ich-weiß-nicht-Was, dann, so glaube ich, hätte ich die wissenschaftliche Referenz begriffen.

Abbildung 6. – In dem kleinen Zimmer, in dem die Botanikerin ihre Sammlung aufbewahrt, steht ein Tisch wie der im Restaurant von vorhin. Auf ihm liegen die Spezimen ausgebreitet, die sie an verschiedenen Orten und zu verschiedenen Zeiten gesammelt hat. Die Philosophie, die Kunst des Staunens, kann angesichts dieses Tisches nur in Verlegenheit geraten: Man begreift, warum die Botanikerin beim Verlassen des Urwalds so viel mehr gewinnt als sie verliert.

Der erste Vorteil ist eine Annehmlichkeit: Der Forscher braucht nur das Zeitungspapier aufzuschlagen, und schon kommen die getrockneten Stengel und Blüten zum Vorschein. Er kann sie nach Belieben untersuchen und sie beschreiben, als druckten sie sich selbst auf das Papier oder verwandelten sich ihm zumindest an. Die große Distanz zwischen dem Geschriebenen und den Dingen ist auf wenige Zentimeter zusammengeschrumpft.

Der zweite Vorteil ist gleichermaßen kostbar: Sind die Spezimen von verschiedenen Orten und aus verschiedenen Zeiten einmal klassifiziert, so werden sie zu Zeitgenossen auf der Tischfläche und sind damit dem gleichen einenden Blick ausgesetzt. Diese vor drei Jahren klassifizierte und jene aus mehr als tausend Kilometern herangeschaffte Pflanze konspirieren auf dem Tisch und bilden ein synoptisches Tableau.

Der dritte Vorteil ist ebenso entscheidend: Der Forscher kann die Spezimen hin- und herschieben und vertauschen, so als ob er Karten legte; die Pflanzen sind noch nicht gänzlich zu Zeichen geworden, aber sie sind dennoch ebenso mobil und rekombinierbar wie die Bleilettern einer Druckerei.

Es erstaunt nicht, daß die Botanikerin nun in Ruhe, vor der Hitze geschützt und in aller Geduld ihre Blätter auslegen kann, bis ein *pattern* vor ihr entsteht, das noch keiner je gesehen hat. Die neue Erkenntnis ergibt sich wie von selbst aus der auf dem Tisch ausgebreiteten Sammlung. Im direkten Kontakt mit der Welt, im Urwald mit seinen intakten Bäumen, den Pflanzen, den Wurzeln, dem Boden, den Würmern und allem, was sonst noch dazugehört, wäre der Botanikerin nicht diese Ruhe vergönnt. Sie könnte die Geduld nicht aufbringen, die für dieses Puzzle auf dem Spieltisch nötig ist. Wenn sie so bequem am Tisch sitzt, beginnt sie Konfigurationen zu sehen, die bisher unsichtbar waren. Die in Zeit und Raum verstreuten Gewächse wären ohne ihr Zutun niemals zusammengekommen, und ihre Merkmale hätten sich nie zu neuen Kombinationen verbunden.

Sobald er mit diesen Trümpfen umgeht, wird der Wissenschaftler an seinem Spieltisch zum Strukturalisten. Man braucht nicht lange nach der Spielmethode zu suchen, die ihm einen glatten Sieg über diejenigen beschert, die im Urwald schwitzen. Sie werden erdrückt von der schieren Präsenz der komplexen Erscheinungen, die ununterscheidbar, nicht festzuhalten, nicht umzudisponieren und nicht zu beherrschen sind. Indem man den Urwald verliert, gewinnt man das Wissen über ihn.

In der Sammlung des Naturalisten geschieht mit den Pflanzen etwas, das ihnen seit Anbeginn der Welt nicht widerfahren ist. Sie werden entwurzelt, abgeschnitten, konserviert, klassifiziert und benannt. Sie werden gesammelt, zusammengelegt und umverteilt nach völlig neuen Prinzipien, die von den Forschern abhängen, von der seit Jahrhunderten standardisierten Botanik und den

Institutionen, die sie beherbergen. Sie haben so gut wie nichts mehr mit den Entstehungsprinzipien zu tun, denen die Pflanzen im unermeßlichen Urwald gehorchten. Die Botanikerin lernt neue Dinge. Sie wird durch diese selbst verändert und auch die Pflanzen verändern sich. Unter diesem Gesichtspunkt gibt es keinerlei Unterschied zwischen Beobachtung und Experiment: Es sind beides Konstruktionen. Auf diesen Tisch gezaubert, wird die Schnittstelle Wald/Savanne zu einem Mischwesen aus Wissenschaftlern, Botanik und Wald, dessen Zusammensetzung mich noch beschäftigen wird.

Aber nicht immer gewinnt der Naturforscher. In der rechten Ecke des Bildes sehe ich etwas, das mir Schrecken einjagt. Ein enormer Stoß von Zeitungspapier voller Pflanzen aus dem Gelände wartet auf Klassifizierung! Die Botanikerin ist in Rückstand geraten. Es ist immer wieder die gleiche Geschichte, in allen Laboratorien. Sobald man aufs Land fährt oder ein Insturment anschließt, erstickt man in Daten. Auch ich habe dieses Problem. Auch ich kann über diese 15tägige Mission nicht alles sagen. Man erzählt, daß Darwin, nachdem er von seiner Reise heimgekehrt war, alsbald sein Haus räumen mußte. Er wurde vertrieben durch die Kisten mit all den Schätzen, die aus der *Beagle* hervorquollen. Ist der Wald auch auf seinen einfachsten Nenner gebracht, so kann er doch innerhalb der Sammlung schnell wieder ebenso undurchdringlich werden wie das ursprüngliche, dichte Unterholz. Die Welt kann sich an jedem Punkt dieser Übersetzungskette wieder verwischen: im Haufen der Pflanzen, der inventarisiert werden muß, in den Notizen, in denen die Botanikerin zu ertrinken droht, in den Reprints, die ihr die Kollegen schicken, in der Bibliothek, wo sich die Zeitschriften stapeln. Kaum ist man angekommen, muß man schon wieder aufbrechen. Kaum hat man ein erstes Instrument angeschlossen, muß man sich schon wieder um eines kümmern, das zu verarbeiten erlaubt, was man mit dem ersten aufgezeichnet hat. Man muß das Kartenspiel immer rasch genug neu legen, um nicht aufs neue von der Welt der Bäume, der Pflanzen, der Blätter, des Papiers und der Aufzeichnungen überwältigt zu werden. Die Erkenntnis entsteht aus dieser ständigen Bewegung und nicht aus der bloßen Betrachtung eines Waldes.

Abbildung 7. – Die fünf vorangehenden Photographien haben uns nichts gelehrt, was wir nicht schon kannten.[4] Zu schnell bin ich über die Transformationen hinweggegangen, denen Edileusa den Urwald unterzog. Zu rasch habe ich die auf Bäume zeigende Botanikerin mit der Naturforscherin vertauscht, die ihre Spezimen auf dem Arbeitstisch begutachtet. Ich bin auf einen Schlag vom Feld zur Sammlung übergegangen und habe dabei den entscheidenden

4 Siehe das Kapitel 10 in Latour 1993, sowie die bemerkenswerten Artikel von Star and Griesemer 1989; Law and Lynch 1990; und Lynch 1985; vgl. auch Latour 1989, Kapitel 6.

Zwischenraum außer acht gelassen. So gelangt man niemals von den Dingen zu den Worten, von der Referenz zum Zeichen. Ich muß die dazwischen liegenden Wege sorgfältiger beschreiben. Wenn ich sage, daß „die Katze auf der Matte ist", so könnte es scheinen, als bezeichnete ich direkt eine Katze, deren tatsächliche Anwesenheit auf besagter Matte meinen Satz bestätigt. Aber wenn ich sage, daß der Wald von Boa Vista in die Savanne vordringt, wie kann ich dann mit dem Finger auf etwas zeigen, dessen tatsächliche Anwesenheit meinen Satz bewahrheitet? Wie kann man eine kompliziertere und weniger triviale Aussage als die über die berühmte Katze auf der noch berühmteren Matte mit den Dingen in Verbindung bringen? Wie kann man die Gegenstände in den Diskurs einbinden? Es gilt, zum Terrain zurückzukehren und aufmerksam nicht nur Edileusa bei ihrer Sammeltätigkeit, sondern auch unsere Freunde direkt im Wald zu beobachten. Nachdem ich mein bisheriges Wissen über das wissenschaftliche Szenarium zusammengefaßt habe, muß ich nun den anderen, bisher vernachlässigten Zwischengliedern nachspüren.

Auf diesem Photo sieht man nichts, was sich säuberlich abheben würde. Wir haben das Laboratorium verlassen und befinden uns mitten im jungfräulichen Urwald. Die Forscher heben sich nur als khakifarbene und blaue Flecken vor dem grünen Hintergrund ab. Sie bräuchten sich nur voneinander zu entfernen, und schon wären sie in ihm verloren.

René, Armand und Héloîse stehen diskutierend um ein Loch herum. Die Löcher sind für die Bodenkunde das, was die Spezimensammlung für die Botanik ist: das Hauptgeschäft und der Gegenstand der ganzen Aufmerksamkeit. Da die Bodenbeschaffenheit immer unter den Füßen des Wanderers verborgen ist, können die Pedologen sein *Profil* nur durch die Grabung eines Querschnitts freilegen. Das Profil ist die Gesamtheit der aufeinanderfolgenden Schichten, das die Bodenkundler mit dem schönen Wort *Horizont* benennen. Das Regenwasser, die Pflanzen, die Wurzeln, die Regenwürmer, die Maulwürfe und die Milliarden von Bakterien verwandeln das Muttergestein (das die Geologen untersuchen) in ebensoviele verschiedene Horizonte. Die Pedologen lernen sie zu unterscheiden, zu klassifizieren und in eine Geschichte einzuordnen, die sie „Pedogenese" nennen.

Den Gepflogenheiten ihres Metiers entsprechend vermuteten die Bodenkundler zunächst, daß sich das Muttergestein in einer gewissen Tiefe unter der Savanne und unter dem Urwald unterscheidet. Dies hätte der Kontroverse zwischen der Botanik und der Pedologie ein Ende gesetzt. Weder der Wald noch die Savanne zöge sich zurück. Die abrupte Trennlinie zwischen ihnen würde einfach eine Bodenverschiedenheit reflektieren. Das Epiphänomen ließe sich durch die Infrastruktur erklären. Es zeigt sich jedoch, daß sich ab 50 cm Tiefe der Boden unter der Savanne und unter dem Wald nicht unterscheidet. Die Infrastruktur-Hypothese läßt sich nicht halten. Das Muttergestein kann die völlige Verschiedenheit der Oberflächen-Horizonte – Ton unter dem Wald, Sand unter der Savanne – nicht erklären. Das Profil ist bizarr, sehr bizarr. Die Aufregung meiner Freunde wird dadurch nur größer.

Abbildung 8. – In der Bildmitte steht René und nimmt mich mit einem kombinierten Kompaß und Gefällemesser ins Visier, um eine erste topographische Ortung vorzunehmen. Obwohl ich die Gelegenheit ergreife, um ein Photo zu machen, spiele ich die zwar untergeordnete, aber meiner Größe angepaßte Rolle eines Richtpfostens. So kann René genau festlegen, wo die Pedologen ihren Querschnitt graben sollen. Im Wald verloren, klammern sich die Forscher an die ältesten und primitivsten Formen der Raumorganisation und machen sich den Platz durch Absteckungen verfügbar, die es ihnen erlauben, geometrische Formen vor dem strukturlosen Hintergrund zu unterscheiden, zumindest aber die Bedingung der Möglichkeit zu schaffen, solche Formen zu erkennen.

Die in den Urwald eingetauchten Forscher sind gezwungen, sich auf die älteste der Wissenschaften zu besinnen, die Winkelmessung, jene Geometrie, deren mythischen Ursprung Michel Serres mehrfach erzählt hat.[5] Wieder ein-

5 Serres 1993.

mal muß sich eine Wissenschaft, hier die Bodenkunde, im Netz einer anderen, älteren Disziplin verorten, der Feldmessung. Ohne sie erfolgte die Grabung unserer Querschnitte auf gut Glück. Sie bliebe dem Zufall überlassen, und René wäre nicht in der Lage, die Ergebnisse auf das Millimeterpapier einer Karte zu *übertragen*, die er so genau wie möglich zu zeichnen vorhat. Die Triangulationspunkte werden als Referenz dienen und die numerierten Planquadrate ergänzen, die Edileusa bereits auf ihrer Parzelle abgesteckt hat (vgl. Photo 3). Damit die botanischen und die pedologischen Daten später auf demselben Diagramm überlagert werden können, müssen ihre beiden *Referentiale* kompatibel sein. Konsequenterweise sollte man niemals von Daten (also „Gegebenem") sprechen, sondern immer von Fakten (also „Gemachtem").

René bemüht sich, das Bodenprofil entlang von Querschnitten zu rekonstruieren, deren Endpunkte möglichst verschieden sind, zum Beispiel die Sandböden unter der Savanne und die Tonböden unter dem Urwald. Dann bedient er sich der Methode der Approximation: Zuerst wählt er zwei extreme Böden aus, dann sondiert er in der Mitte, und schließlich wiederholt er die Prozedur, bis er homogene Horizonte erhält. Das Approximationsverfahren erinnert an die Artillerie, die geometrische Ortung von Horizonten, diesen veritablen „Organen" des Bodens, an die Anatomie. Würde ich mich hier nicht als Philosoph mit der Arbeit der Referenz beschäftigen, so könnte ich als Historiker eine lange Geschichte über dieses wundervolle „Paradigma“ der Pedologie erzählen, wie es sich gegen andere abgegrenzt und welche Kontroversen es ausgelöst hat.

Abbildung 9. – Um von einem Punkt zum anderen zu gelangen, können sich die Pedologen keiner Meßleine bedienen. Sie wäre nur schwer zu handhaben in einer Gegend, die kein Bauer jemals bestellt hat. Statt dessen benützen sie ein geniales Instrument, das „Topofil Chaix“, das ihre brasilianischen Kollegen zärtlich das „Pédofil“ nennen.[6] Sandoval, der die orangefarbene Schachtel öffnet, zeigt auf dem Bild seine prinzipielle Funktionsweise.

6 Im folgenden als „Pedologenfaden“ oder „Geländefaden“ übersetzt.

In regelmäßiger Bewegung rollt ein Baumwollfaden von einer Spule. Er dreht eine Riemenscheibe, die ihrerseits die Zahnräder eines Zählers aktiviert. Der Pedologe stellt den Zähler auf null, geht von einem Punkt zum anderen und wickelt dabei einen wahrhaftigen Ariadne-Faden hinter sich ab. Wenn er am Bestimmungsort angekommen ist, braucht er nur den Faden mit einer gekerbten Scheibe zu kappen, die sich am Auslaß befindet, das Ende des Fadens einklemmt und sein unzeitiges Abrollen verhindert. Mit einem Blick auf das Fenster des Zählers kann er die Distanz, die er durchmessen hat, auf den Meter genau ablesen. Ein zweifacher Vorteil: Sein Weg verwandelt sich in eine einzige Zahl, die leicht in ein Heft zu übertragen ist; und sein Weg hat sich in Form des Fadens materialisiert, der zurückgeblieben ist. Es ist unmöglich, einen Pedologen zu verlieren, der sich in der grünen Hölle verirrt hat. Entlang des Baumwollfadens wird er immer zum Lager zurückfinden. Hätte der Däumling über das „Topofil Chaix à fil perdu n° de référence I-8237" verfügt, die Geschichte hätte sich ganz anders gestaltet!

Nach einigen Tagen Arbeit ist die Parzelle voll von diesen Fäden. Man verstrickt sich in ihnen, aber das Planquadrat ist dank der Messungen mit dem Kompaß und dem Pedologenfaden zu einem Protolaboratorium geworden, zu einer euklidischen Welt, in der sich jede Erscheinung in ein Koordinatennetz eintragen läßt. Die Arbeit mit dem Pedologenfaden hätte Kant bestimmt gefallen, und er hätte in ihm die praktische Form seiner Philosophie wiedererkannt. Damit die Welt erkennbar wird, muß sie zu einem Laboratorium werden, und um einen jungfräulichen Urwald in ein Laboratorium zu verwandeln, muß er die Form eines Diagramms annehmen. Aber um aus der verwirrenden Vielfalt der Pflanzen ein Diagramm zu extrahieren, müssen beliebig verstreute Punkte in markierte und vermessene Punkte transformiert werden. Sie müssen untereinander mit Baumwollfäden verbunden werden. Sie müssen sich zu einem Netz verbinden, zu Ecken einer Folge von Dreiecken materialisieren (oder spiritualisieren). Es ist nicht möglich, die Punkte allein aufgrund der sinnlichen Erfahrung zu verbinden, ohne Kompaß, Gefällemesser und Geländefaden.

Abbildung 10. – Der Techniker Sandoval, indianischer Abstammung und somit der einzige richtige Eingeborene unter den Mitgliedern dieser Expedition, hat den Graben fast vollständig ausgehoben. Auf den Hohlbohrer gestützt, entnimmt Armand die Bohrkerne aus der Kammer an der Spitze. Im Gegensatz zu dem roten Spaten, den Sandoval nach getaner Arbeit weggelegt hat, ist der Bohrer ein integraler Bestandteil der Laborausrüstung. Dank zweier Marken im Abstand von 90 und 100 Zentimeter dient er einerseits als Instrument zur Tiefenmessung, andererseits als Grabwerkzeug, wenn man ihn dreht und in die Erde stößt. Die Pedologen betrachten die Probe. Dann packt Héloïse sie in einen Plastiksack und versieht diesen mit der Nummer des Loches sowie der Tiefenangabe.

Wie bei den Spezimen von Edileusa lassen sich die meisten Analysen nicht im Gelände, sondern erst im Labor durchführen. Die kleinen Plastiksäcke machen sich auf eine lange Reise, die sie schließlich über Manaus und Sao Paulo nach Paris führen wird. In der Tat, René und Armand können zwar selbst die Qualität des Bodens, seine Textur, seine Farbe und die von den Regenwürmern hinterlassenen Spuren beurteilen. Aber ohne kostspielige Instrumente, die weder bei den armen *Garimperos* noch bei den reichen Latifundisten vorhanden sind, können sie seine chemische Zusammensetzung, seine Körnigkeit oder seinen Gehalt an radioaktivem Kohlenstoff nicht analysieren. Die Expeditionspedologen spielen hier also die Rolle einer Avantgarde für ferne Laboratorien, die sie mit ihren Proben beliefern. Sie sind mit ihrem ursprünglichen Kontext nur noch durch das leicht zerreißbare Band von Zahlen verbunden, die mit schwarzem Filzstift auf die kleinen transparenten Säcke geschrieben wurden. Sollten Sie wie ich das Glück haben, Pedologen zu kennen, so bieten Sie ihnen niemals an, ihre gewaltigen Koffer zu tragen! Sie sind vollgestopft mit Bodenproben, die diese Leute von einem Ende der Welt zum anderen transportieren, und mit denen sie ihre Kühlschränke füllen ... Die Zirkulation ihrer Proben spinnt ein Netz über den Globus, das genauso dicht ist wie das Netzwerk ihres Geländefadens.

Was die Industriellen die „Verläßlichkeit" einer Referenz nennen, hängt hier von der Gewissenhaftigkeit Héloîses ab, die vor dem Graben sitzt und von der Gruppe beauftragt worden ist, mit aller Sorgfalt das Expeditionstagebuch zu führen. Für jede Sondierung hat sie die Ortskoordinaten einzutragen, die Nummer des Loches sowie die Zeit und die Tiefe, aus der man die Erdklumpen holt. Ihre beiden Kollegen diktieren ihr alle qualitativen Befunde, die sie an den Proben erheben, welche dann in den Säcken verschwinden.

Der ganze Erfolg der Mission beruht auf der Führung dieses kleinen Tagebuchs, dem Äquivalent des Protokollheftes, welches das Leben eines jeden Labors regelt. Dank der Eintragungen kann man auf jeden der Befunde *zurückkommen*, um seiner Herkunft nachzugehen. Héloîse verwendet für jeden Arbeitsgang das gleiche Raster, über das zuvor im Restaurant entschieden wurde, und das nun systematisch mit Informationen ausgefüllt wird. Sie ist dafür verantwortlich, daß das Standardprotokoll eingehalten wird, und daß wir an jedem Ort die gleichen Erhebungen vornehmen. Nur so ist die Kompatibilität und damit der Vergleich zwischen den Grabungen zu gewährleisten. Das Tagebuch garantiert Kontinuität in Zeit und Raum. Héloîse gibt sich übrigens nicht damit zufrieden, zu etikettieren und zu protokollieren. Als Geomorphologin kommentiert sie alles aus ihrer Sicht, was zugleich der „Triangulation" des Urteils ihrer fachfremden Kollegen dient.

Wenn ich höre und sehe, wie Héloîse uns zur Ordnung ruft, die Angaben wiederholt, die René ihr diktiert hat und die Beschriftung der Säcke zweimal nachprüft, dann wird mir klar, daß dieser Wald von Boa Vista noch niemals einer solchen Disziplin unterworfen wurde. Die Indianer, die ihn ehemals durchstreiften, befaßten sich mit anderen Ritualen, genauso penibel wie diejenigen von Héloîse, aber sicherlich nicht ebenso befremdlich. Den Indianern (wenn sie nicht alle ausgerottet worden wären) hätten wir wahrlich als Exoten erscheinen müssen: abgesandt von Institutionen in Tausenden Kilometern Entfernung, verpflichtet, um jeden Preis die Verläßlichkeit der Befunde zu erhalten, die wir diesen Institutionen mit einem Minimum an Deformationen zu übermitteln haben, obwohl wir, gerade um sie zu erhalten, die Befunde völlig umformen und von allem lokalen Kontext befreien müssen. Warum mit solcher Sorgfalt Proben entnehmen, deren Eigenschaften erst in einer Distanz sichtbar werden, die jeden Kontext zum Verschwinden gebracht hat? Warum nicht im Urwald bleiben? Warum nicht zu Ureinwohnern werden? Und ich selbst, zu nichts nütze, mit schlenkernden Armen, unfähig, das Profil eines Horizonts zu erkennen? Bin ich nicht noch viel exotischer, wenn ich aus der harten Arbeit meiner Informanten jene Minimalbedingungen einer Philosophie der Referenz zu erheben versuche, die lediglich meine Kollegen in Paris, Kalifornien oder Texas interessieren? Warum nicht Pedologe, warum nicht Eingeborener werden?

Abbildung 11. – Um diese kleinen anthropologischen Mysterien zu verstehen, müssen wir uns mit dem schönen Gegenstand auf diesem Bild, dem Pedokomparator befassen. Auf dem Gras der Savanne sehen wir eine Menge kleiner, leerer Kartonschachteln, die eine quadratische Fläche bilden. Wieder einmal kartesische Koordinaten, wieder Spalten und Reihen. Diese kleinen Kuben befinden sich in einer Art Holzrahmen, der es erlaubt, sie alle in ein Schubfach einzuschließen. Dank der Findigkeit unserer Pedologen läßt sich dieses Schubfach in einen Koffer mit Griff, Verschlüssen und einer gepolsterten Hülle (die man auf dem Photo nicht sieht) verwandeln, die all diese Kartons mit einer elastischen Schutzhülle versieht. So kann man alle in kartesische

Koordinaten verwandelten Bodenproben auf einmal transportieren und sie in einer Art Pedothek archivieren.

Wie die Plakette auf der Abbildung 5 wird der Pedokomparator uns erlauben, den praktischen Unterschied zwischen Abstraktem und Konkretem, zwischen Zeichen und Zeug zu begreifen. Mit seinem Handgriff, seinem Holzrahmen, seiner Auskleidung und seinen Kartonkuben gehört der Komparator zur Welt der Dinge. Aber mit der Gleichförmigkeit seiner Kuben, ihrer Anordnung in Kolonnen und Reihen, ihrem diskreten Charakter und der Möglichkeit, die Elemente frei zu vertauschen, gehört der Komparator zur Welt der Zeichen. Genau diese hybride Erfindung erlaubt es, die Welt der Dinge in Zeichen zu verwandeln. Die drei folgenden Bilder werden uns dabei helfen, die Tätigkeit des Abstrahierens konkret zu erfassen.

Ich werde gezwungen sein, vage Ausdrücke zu verwenden, denn um über die Einbindung der Dinge in den Diskurs zu sprechen, verfügen wir nicht über ein so präzises Vokabular wie das, welches uns für den Diskurs selbst zur Verfügung steht. Die analytischen Philosophen haben sich seit jeher mit der Frage beschäftigt, wie wir über die Welt sprechen können, und das in einer Sprache, die sich am Ende als wahrheitshaltig erweist. Obwohl sie sich auf die Struktur, Kohärenz und Geltung der Sprache konzentrieren, wartet die Welt in allen ihren Demonstrationen nur darauf, in Worte gefaßt zu werden, deren Wahrheit oder Falschheit die Welt durch ihre bloße Präsenz garantiert.[7] Die „wirkliche" Katze wartet klug auf ihrer Matte und bestätigt den Satz: „Die Katze sitzt auf der Matte." Aber um exakt zu werden, muß sich die Welt bewegen und sich in viel stärkerem Maße verändern als die Worte. Es gilt, ihr jene andere, von der analytischen Philosophie ausgesparte Hälfte hinzuzufügen.

Noch ist der Komparator leer. Er ist eine Fassung ohne Einlage. Noch eine jener leeren Formen, deren Liste seit Beginn der Expedition immer länger wird: Edileusas Absteckung der Parzelle durch die an die Bäume gehefteten, beschrifteten Etiketten; Renés Registrierung der Querschnitte durch Kompaß und Geländefaden; Héloïses Numerierung der Sondagen und ihr reglementiertes Protokoll. Alle diese leeren Formen befinden sich *hinter* den Erscheinungen, bevor sie sich manifestieren und damit sie sich manifestieren. Im Wald sind diese Phänomene alle auf einmal da und damit unsichtbar. Sie werden sich erst vor jenem Hintergrund abheben und sichtbar werden, den man listigerweise hinter sie gestellt hat. Vor meinen und meiner Freunde Augen werden ihre entscheidenden Züge ans Licht des hellen Mittags treten, das so hell gleißt wie der leere Pedokomparator oder das Millimeterpapier. Jedenfalls ist es von ganz anderer Art als das tiefe Grün und Grau des weiten und üppigen Urwalds,

7 Vgl. zum Beispiel Moore 1993.

der erfüllt ist vom vulgären Gezwitscher der Vögel, die man deshalb auch „Schürzenjäger“ nennt.

Abbildung 12. – Auf diesem Photo sieht man René bei der Arbeit der Abstraktion. Er hat mit dem Messer in der vom Protokoll vorgeschriebenen Tiefe eine Scholle ausgestochen und legt sie in eine der Kartonschachteln. Héloîse wird den Rand der Schachtel mit einer Nummer versehen und sie in ihr Heft eintragen, damit man später noch weiß, um welche Probe es sich handelt.

Werfen wir einen Blick auf diesen Erdklumpen, den René mit den Fingern der rechten Hand vorsichtig festhält. An ihm haftet noch die ganze Materialität des Bodens. „Gedenke, daß du Staub bist und wieder zu Staub werden wirst.“ Aber sobald er im Karton in seiner linken Hand liegt, wird er zum Zeichen, nimmt eine geometrische Form an, wird zum Träger einer Codenummer und wird bald durch eine Farbe definiert sein. In der Wissenschaftsphilosophie weiß die linke Hand nicht, was die rechte tut. Wir Anthropologen sind doppelhändig. Wir lenken die Aufmerksamkeit des Lesers auf die Schimäre, auf den

Augenblick der Substitution, auf den Moment, in dem man vom Boden das zukünftige Zeichen abstrahiert. Wir dürfen das materielle Gewicht dieser Handlung nicht aus den Augen verlieren. Der ganze praktische Platonismus wird auf diesem Bild sichtbar: Wir gehen nicht vom Boden zur IDEE des Bodens über, sondern von einem vielgestaltigen, massiven Erdklumpen zu einer diskreten Farbe in einem geometrischen Geviert, das durch eine Abszisse und eine Ordinate abgesteckt wird. Dennoch prägt René keine vorgefertigten Kategorien auf einen Horizont, dem solche Kategorien fremd sind: Er drückt seinem Pedokomparator die Bedeutung eines Erdklumpens auf. Was allein zählt, ist die Substitutionsbewegung, in deren Verlauf ein realer Boden zu einem von der Pedologie erfaßten Boden wird. Der unermeßliche Abgrund zwischen den Dingen und den Worten ist an allen Punkten durch solche kleinen Abgründe wie den zwischen der Bodenprobe und dem Schachtelcode des Pedokomparators geprägt.

Abbildung 13. – Was für eine Transformation, was für ein Transport, welche Deformation, Erfindung, Entdeckung! Vom Boden in das Schubfach gelangt, profitiert der Erdklumpen von einem Transportmittel, das ihn nicht weiter verändert. Auf dem vorhergehenden Photo sahen wir, wie er seinen Zustand veränderte. Auf diesem sehen wir, wie er seinen Platz wechselt. Es geht nicht mehr darum, von der Erde zum Code überzugehen, sondern darum, ohne eine erneute Veränderung sich im Raum bewegen zu können und über die Zeit intakt zu bleiben. Am Abend, zurück im Restaurant, öffnet René die Schubfächer der beiden Pedokomparatoren und betrachtet die Kartons mit den in Reihen (nach der Länge des Querschnitts) und Spalten (nach seiner Tiefe) angeordneten Proben. Das Restaurant wird zum Anhängsel einer Pedothek. Alle „Querschnitte" werden kompatibel und vergleichbar.

Die mit Bodenproben gefüllten Schachteln haben Zeichencharakter angenommen. Aber man weiß, daß die leeren Gevierte einer solchen Tafel, gleich ob es sich um eine so bescheidene wie diese oder eine so berühmte wie die von Mendelejev handelt, immer die wichtigsten sind.[8] Die leeren Schachteln zeigen uns, was uns noch fehlt. Sie geben uns einen Vorgeschmack der Arbeit von morgen. Dank ihrer sehen wir die Leerstellen unseres Protokolls. In den Worten Renés: „Der Pedokomparator *sagt* uns, ob man mit dem Querschnitt fertig ist."

Der erste, erstaunliche Gewinn des Komparators, der ebenso „rentabel" ist wie die Klassifizierung der Botaniker auf dem Photo Nummer 6, besteht darin, daß alle Sondierungspunkte in allen Tiefen zugleich sichtbar werden. Während der ganzen Woche, in der wir diese Bodenproben aushoben, konnten wir sie

8 Bensaude-Vincent 1984.

niemals synoptisch erfassen. Dank dem Komparator bilden ihre Farbunterschiede nun ein Tableau. Der Übergang vom Wald zur Savanne stellt sich nun als eine Graduierung von Braun und Beige in Kolonnen und Reihen dar, er wird faßbar durch den *Zugriff*, den uns das Instrument erlaubt.

Man betrachte René: Er beherrscht die unsichtbare Erscheinung, die noch vor wenigen Tagen im Boden verborgen lag und in einem Kontinuum aufging. Ich bin noch nie einer Wissenschaft begegnet, sei sie nun reich oder arm, hart oder weich, heiß oder kalt, die nicht die Stunde ihrer Wahrheit auf einer planen Fläche von ein oder zwei Quadratmetern gefunden hätte, welche ein Forscher, den Bleistift in der Hand, mit dem Auge inspizieren kann (vgl. die Abbildungen 2 und 6). Der Pedokomparator hat aus dem Übergang Wald/Savanne ein Laborphänomen gemacht. Es ist fast ebenso flach wie ein Diagramm, ebenso leicht zu beobachten wie eine Karte, ebenso leicht mischbar wie ein Kartenspiel und ebenso leicht transportierbar wie ein Koffer. René kann sich nun in Ruhe Notizen machen und seine Pfeife rauchen, nachdem er geduscht und den Staub und die Erde von sich abgewaschen hat, die nun nicht mehr gebraucht werden.

Und auch ich, obwohl schlecht ausgerüstet und ziemlich ungenau, berichte dem Leser über dieses bisher unsichtbare Phänomen, indem ich Photos und Legenden überlagere. Ich arbeite mit den gleichen Mitteln. Das haben die Epistemologen absichtlich verschleiert, es verschwindet aber auch in der Praxis der Wissenschaftler, es ist in das Wissen eingegangen, das ich vor einer Tasse Tee zu Hause in Paris in Ruhe ausbreite, indem ich *reportiere*, was ich am Waldrand von Boa Vista beobachtet habe …

Der zweite Vorteil des probenbestückten Pedokomparators: Ein *Muster* entsteht, und wie bei den Funden Edileusas wäre es auch hier wieder befremdlich, wenn es nicht so wäre. Eine Erfindung folgt beinahe immer auf den neuen Zugriff, den eine neue Übersetzung und ein neuer Transport nach sich ziehen. Es wäre die unverständlichste Sache der Welt, würde sie durch solche Rearrangements nicht verständlich.

Auch diese Expedition entdeckt/konstruiert vermittels des trickreichen Komparators ein bisher nicht dagewesenes Phänomen. Zwischen der sandigen Savanne und dem tonhaltigen Waldboden scheint sich ein Band von zwanzig Metern zu erstrecken, das den Waldsaum savannenseitig begrenzt. Aber dieses Band ist zweideutig: Es enthält zwar mehr Ton als die Savanne, jedoch immer noch weniger als der Wald. Man könnte sagen, daß der Urwald den ihm gemäßen Boden vor sich her schickt, um sich günstige Bedingungen zu verschaffen – wenn es sich nicht umgekehrt verhält, daß nämlich die Savanne den Humus abbaut und ihn allmählich verschlingt. Die verschiedenen Szenarios, die meine Freunde am Abend im Restaurant entwerfen, sind nun durch ein Pfand, einen Beweis gesichert. Sie werden nun zu möglichen Interpretationen einer *Tatsache*, die im Raster des Pedokomparators fest verankert ist.

Das Szenario wird sich bald in einen Text, der Pedokomparator in die Tabelle eines Artikels verwandeln. Es bedarf dazu nur noch einer winzigen Transformation.

Abbildung 14. – Auf dem Tisch des Cafés sieht man nun links die Savanne, rechts den Wald beieinander, wie auf der Abbildung 1, nur daß ein paar Transformationen dazwischenliegen. (Da der Komparator nicht genug Fächer hat, liegen die Sondierungsserien nicht direkt untereinander. Das stört die schöne Ordnung des Tableaus und zwingt, einen *ad hoc*-Lektüreschlüssel zu erfinden.) Neben den geöffneten Fächern sieht man ein Diagramm auf Millimeterpapier und eine Tabelle auf kariertem Papier. Das Diagramm repräsentiert die Sondierungen, die das Team entlang eines Querschnitts vorgenommen hat. Die Tabelle hält die Farbvariationen als Funktion der horizontalen und vertikalen Lage der Proben fest. Auf den Schachteln liegt ein transparentes Lineal, das, etwas nachlässig postiert, den Übergang vom Möbel zum Papier gewährleistet.

Auf Bild 12 sah man René, wie er mit einer flüchtigen Geste vom Konkreten zum Abstrakten, von der Sache zum Zeichen, von der dreidimensionalen Erde zum zweieinhalbdimensionalen Tableau überging. Auf Bild 13 bewegte er sich dank dem zum Koffer gewordenen Tableau von der Parzelle zum Restaurant, von einem unbequemen und schlecht ausgerüsteten Ort zum relativen Komfort eines Cafés. Nichts (außer den Zollbeamten) kann ihn daran hindern, daß er dieses Tableau von einem Ende der Welt zum anderen transportiert und daß er sein Profil mit dem aller anderen Pedotheken vergleicht.

Auf dem neuen Bild sehen wir eine weitere Transformation. Sie ist von gleicher Bedeutung wie alle anderen, hat aber unter dem Namen „Inskription“

etwas mehr Beachtung gefunden. Wir gehen vom Instrument zum Diagramm über, von der Hybride Erde/Zeichen/Schublade zum Papier.

Man hat sich oft gewundert, daß sich die Mathematik auf die Welt anwenden läßt. Hier ist nun einmal das Erstaunen fehl am Platz. Man sollte sich vielmehr fragen, um wieviel man die Welt verändern muß, damit sie zu Papier und – ohne allzu große Differenzen – mit der ebenfalls papierförmigen Geometrie zur Deckung gebracht werden kann. Den großen Abgrund zwischen den Ideen und den Dingen hat noch keine Mathematik jemals überbrückt; aber der kleine Abgrund, dieses winzige *gap* zwischen einem bereits geometrisierten Pedokomparator und dem Millimeterpapier, auf dem René die Sondierungen eingetragen hat – dieser Abgrund ist leicht zu überbrücken. Ich kann ihn sogar mit dem Plastiklineal messen. Er ist nicht größer als zehn Zentimeter!

Wie abstrakt der Pedokomparator auch sein mag, er bleibt ein Gegenstand, leichter zwar als der Urwald, aber schwerer als das Papier; nicht so verderblich wie die wimmelnde Erde, aber verderblicher als die Geometrie; beweglicher als die Savanne, aber nicht so beweglich wie das Diagramm, das ich sogar telephonisch übermitteln kann – wenn Boa Vista ein Faxgerät hätte! Wie codiert der Pedokomparator auch sein mag, René kann ihn nicht in den Text seines Berichtes einfügen. Er kann ihn nur aufbewahren, falls ihm Zweifel an seinem Artikel kommen sollten, und ihn für künftige Vergleiche archivieren. Mit dem Diagramm hingegen wird der Übergang Urwald/Savanne zu Papier. Es kann in alle Artikel der Welt aufgenommen werden, man kann es in jeden Text einfügen. Seine geometrische Form macht es mit allen geometrischen Transformationen kompatibel, die uns überliefert sind, seit man zu rechnen begonnen hat. Was wir durch die aufeinanderfolgenden Reduktionen des Bodens an Materie verlieren, gewinnen wir hundertfach wieder durch den Anschluß an die Schrift, die Berechnung und das Archiv.

Im Expeditionsbericht, den wir zu redigieren beginnen,[9] gibt es nur noch einen Bruch. Er ist zugleich unermeßlich und winzig wie alle Etappen, die wir bisher zurückgelegt haben. Es ist der Bruch, der einen Prosatext von der Abbildung in der Anlage trennt, auf die sich der Text bezieht. Wir werden vom Übergang zwischen dem Wald und der Savanne *sprechen*, den wir im Text selbst in der Form eines Graphen *zeigen*. Im Unterschied zu allen anderen Erzählformen spricht der wissenschaftliche Text bekanntlich von einem Referenten, der im Text selbst in einer anderen, nicht-prosaischen Form präsent ist – als Tabelle, Diagramm, Gleichung, Karte, Schema. Der wissenschaftliche Text mobilisiert seinen eigenen internen Referenten und verifiziert sich damit selbst.[10]

9 Vgl. Abbildung 19.
10 Vgl. das Beispiel der Niere in Latour 1993, 88.

Abbildung 15. – Hier haben wir das Diagramm vor uns, das alle während der Exkursion erhobenen Befunde zusammenfaßt. Es ist die Abbildung 3 des Expeditionsberichts, dessen Mitautor zu sein ich die Ehre habe, und dessen Titel lautet:

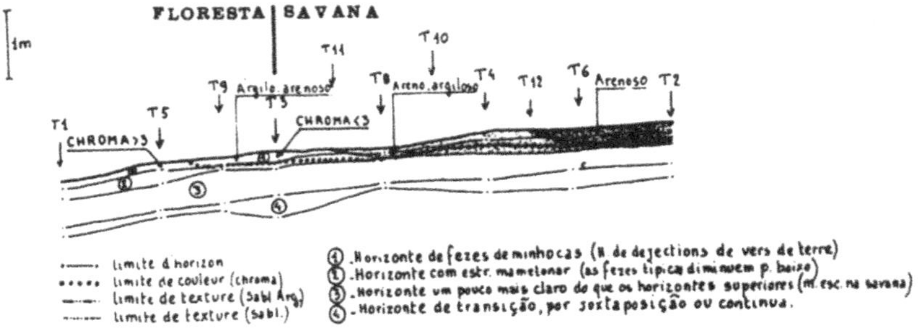

Figure 3. Coupe du transect 1

Relation entre la dynamique de la végétation et la différenciation des sols, au passage forêt-savane, dans la région de Boa Vista, Roraima, Amazonie (Brésil)
Rapport de mission dans le Roraima du 2 au 14 octobre 1991
E. L. Setta Silva (1), R. Boulet (2), H. Filizola (3), S. do N. Morais (4), A. Chauvel (5) et B. Latour (6)
(1) MIRR, Boa Vista RR, (2–3) USP, Sao Paulo, (3–5) INPA, Manaus, (6) CSI, ENSMP, (2–5) ORSTOM Brésil

Gehen wir den Weg noch einmal zurück, den wir auf den Spuren unserer Freunde durchlaufen haben. Die Prosa des Abschlußberichtes spricht von einer Zeichnung; die Zeichnung faßt die Form zusammen, die sich aus der Disposition des Pedokomparators ergab; dieser extrahierte, klassifizierte und codierte den Boden, der seinerseits durch ein Zusammenspiel von Koordinaten markiert, in Quadrate aufgeteilt und abgesteckt wurde. Man bemerkt, daß jedes beliebige Glied der Kette von seinem Ursprung her auf die Materie und von seiner Bestimmung her auf die Form bezogen ist; daß es aus einem zu konkreten Ensemble herausgenommen wird, um dann im nächsten Schritt selbst wieder als zu konkret zu erscheinen. Niemals läßt sich ein scharfer Bruch zwischen den Dingen und den Zeichen feststellen. Und niemals stoßen wir auf eine Situation, in der willkürliche und diskrete Zeichen einer unförmigen und kontinuierlichen Materie aufgezwungen würden. Immer sehen wir nur eine kontinuierliche Reihe von ineinandergeschachtelten Elementen, deren jedes die Rolle eines Zeichens für das vorangehende und die eines Dings für das nachfolgende Element spielt.

Bei jedem Zwischenschritt treffen wir auf elementare mathematische *Formen*, die ihrerseits die *Materien* aufnehmen, die wiederum vermittels trickreicher Praktiken an die *Körper* der Forscher gebunden sind. Aus dieser Hybride zwischen einer Form, einer Materie und einem geschickten Körper entsteht jedesmal ein neues Phänomen. Erinnern wir uns an René auf der Abbildung 12, wie er die braune Erde in die weiße Kartonschachtel packt, die sogleich mit einer Ziffer versehen wird. Er segmentierte den Boden nicht durch intellektuelle Kategorien wie in der Kantschen Mythologie, er verlieh vielmehr den Phänomenen Bedeutung, indem er die Materie den Schritt tun ließ, der sie von den Formen trennte.

In der Tat, wenn wir alle diese Bilder an uns vorbeiziehen lassen, so bemerken wir, daß jede Etappe, so genau meine Untersuchung auch sein mag, durch einen totalen Bruch mit der jeweils vorangehenden und folgenden gekennzeichnet ist. Auch wenn ich wie ein neuer Zenon die Zwischenschritte vermehre, so sind sie einander doch nicht so *ähnlich*, daß sie sich einfach zur Deckung bringen ließen. Man kann das überprüfen, indem man die beiden Extreme vergleicht, die auf den Abbildungen 1 und 15 zu sehen sind. Der Unterschied zwischen ihnen ist nicht größer und nicht kleiner als der zwischen der Scholle, die René in die Hand nimmt (Abbildung 12) und dem Punkt, den sie im Pedokomparator darstellt (Abbildung 13). Ob ich nun die Extreme wähle oder die Zwischenschritte vermehre, immer stoße ich auf die gleiche Diskontinuität.

Und doch ist da auch eine Kontinuität, denn alle Photos sagen das gleiche und beziehen sich auf den *gleichen* Übergang vom Wald zur Savanne, den jeder Schritt festhält und präzisiert. Unser Expeditionsbericht bezieht sich zwar auf die Abbildung 1; und er spricht von Boa Vista und von der eigenartigen Vegetationsdynamik, nach der es so aussieht, als dringe der Wald in die Savanne vor und als verwandelten die Bäume den Sandboden auf einer Breite von zwanzig Meteren in Tonboden, um dort besser wachsen zu können. Aber diese Referenz scheint umso gewisser zu werden, je weniger sie auf Ähnlichkeit und je mehr sie auf einer geregelten Abfolge von Transformationen, Transmutationen und Übersetzungen beruht. Da erhält sich etwas umso dauerhafter und wird umso weiter und schneller transportierbar, als es sich bei jedem Schritt in dieser langen Kaskade weiter verwandelt.

Es scheint, als wäre die Referenz nicht das, worauf man mit dem Finger zeigt, nicht ein externer Garant für die Wahrheit einer Aussage, sondern vielmehr das, was durch eine Serie von Transformationen hindurch konstant Die Erkenntnis spräche nicht von einer wirklichen Außenwelt, der sie sich mimetisch anverwandelte, sondern von einer wirklichen Innenwelt, deren Kohärenz und Kontinuität sie sich versicherte. Ein atemberaubendes Akrobatenstück, das bei jedem Schritt alles zu opfern scheint, nur um die gleiche Form in der raschen Folge der Transformationen intakt zu erhalten. Ein eigenartiges, widersprüchliches Verhalten, eines Waldes würdig, der sich seinen eigenen Boden schafft ... Fände ich die Lösung dieses Rätsels, so wäre meine Expedition nicht weniger produktiv gewesen als die meiner glücklichen Kollegen.

Abbildung 16. – Betrachten wir, um die Konstante in diesen Transformationen zu erfassen, einen kleinen Apparat, der ebenso genial ist wie der Geländefaden oder der Pedokomparator. Unsere Freunde geben sich nicht damit zufrieden, einfach den Boden mitzunehmen. Sie möchten die Farbe jedes Kubus mit einer Etikette versehen, idealerweise mit einer Zahl. Sie möchten die Erdproben dem Universum des Kalküls angleichen und von dem Vorteil profitieren, den das Kalkulieren dem verschafft, der mit Zeichen umgeht.

Aber wird nicht der Relativismus seine häßliche Stimme erheben, sobald man versucht, die Farbschattierungen der braunen Erde zu bestimmen? Über Geschmack und Farben läßt sich nicht streiten. Jeder hat da seinen eigenen Kopf. Auf diesem Bild sehen wir, wie René den Verheerungen des Relativismus begegnet.

Seit dreißig Jahren ist er von einem tropischen Boden der Welt zum anderen gezogen, ausgerüstet mit einem kleinen Heft aus festen Farbtäfelchen: dem Munsell-Code. Jede Tafel dieses kleinen Faszikels enthält eine dichte Skala von Farbtönen. Es gibt eine Tafel für die Rot-Violett-Töne, eine für Rot-Gelb, eine für Brauntöne. Als vergleichsweise universale Norm dient der Munsell-Code sowohl Malern als auch Farbherstellern, Kartographen und Pedologen – er ist ein gemeinsamer Standard. Er dekliniert Tafel für Tafel alle Farbnuancen des Spektrums durch und ordnet ihnen eine Zahl zu, eine Referenz, die alle Koloristen der Welt verstehen und reproduzieren können – jedenfalls wenn sie im Besitz der gleichen Sammlung und des gleichen Decodierungsrasters sind. Man kann nicht übers Telefon mit seinem Farbenhändler ein Farbmuster vergleichen. Aber man kann per Telefon die Referenznummer der Schattierung durchgeben, die im Katalog steht.

Das ist der entscheidende Vorteil des Munsell-Codes, von dem René profitiert. Verloren im lokalen, geradezu tragisch lokalen Roraima, wird er mit diesem trickreichen Code so global wie es ein schlichtes Menschenwesen nur sein kann. Die einmalige Farbe eines bestimmten Klumpens wird zu einer (relativ) universalen Chiffre.

Ausnahmsweise interessiert mich einmal weniger die Macht der Standardisierung als vielmehr der erstaunliche technische Trick, kleine Löcher über jeder Farbnuance auszustechen. Die enorme Schwelle zwischen dem Lokalen und dem Globalen kann damit augenblicklich überschritten werden. Man muß nur in der Lage sein, den Klumpen in den Munsell-Code einzufügen. Um seine Probe mit einer Chiffre zu versehen, muß René die lokale Erdscholle, die er gerade in der Hand hält, mit der als Referenz gewählten Standardfarbe *verglei-chen*, sie mit ihr zur Deckung bringen, sie ihr zuordnen. Dazu bewegt er den Klumpen hinter den Öffnungen des Heftes hin und her und wählt im Approximationsverfahren jene Farbe aus, die ihm am nächsten kommt.

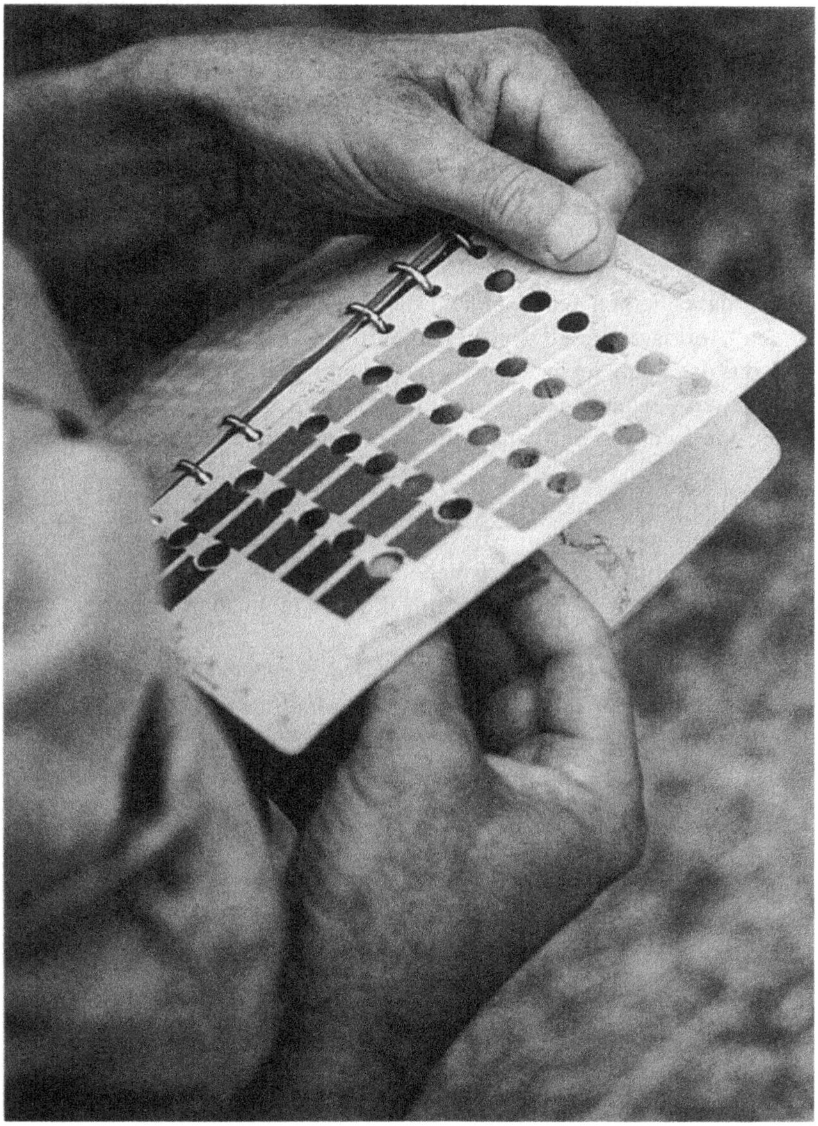

Es gibt, wie gesagt, bei jedem Schritt einen völligen Bruch zwischen dem Ding-Teil eines Objektes und seinem Zeichen-Teil, zwischen der Zahl-Seite des Klumpens und seiner Kopf-Seite. Der Abgrund ist umso größer, als unser Gedächtnis nicht in der Lage ist, sich an eine Farbe genau zu erinnern. Die Probe und der Standard müßten sich nur um zehn oder fünfzehn Zentimeter – eine Heftlänge – voneinander entfernen, und schon könnte René keine genaue Zuordnung mehr vornehmen. Die einzige Möglichkeit, die Ähnlichkeit zwischen der Probe und der normalisierten Farbe festzustellen, besteht darin, ein Loch in die Tafel zu stechen. Das Auge kann so synoptisch, Fläche an Fläche, ohne mehr als einen Millimeter Abstand, den groben Klumpen und die Farbe des glatten Eichmaßes betrachten. Ohne das Loch gäbe es keine Zuordnung, keine Präzision, keine Lektüre, und damit auch keine Transmutation der lokalen Erde in einen universellen Code. Es schlägt eine Brücke, legt einen Steg, zieht eine Verbindungslinie, wirft ein Seil über den Abgrund zwischen der Materie und der Form.

„Die Japaner haben einen Code ohne Löcher gemacht, mit dem kann ich nichts anfangen", erklärt René. Wir bewundern die Findigkeit der Wissenschaftler, und das ist auch recht so, aber viel mehr sollten wir den völligen Mangel an Vertrauen bewundern, den sie ihren eigenen kognitiven Fähigkeiten entgegenbrigen. Sie zweifeln dermaßen an ihrem Verstand, daß sie sich so listiger Erfindungen bedienen, um auf die einfältige Farbe eines armen Bodens zuzugreifen ... (Und wie könnte ich dem Leser diese Arbeit der Referenz ohne meine Photographien nahebringen, die er betrachten muß, während er die Legende liest, die ich ihm erzähle? Ich habe eine solche Angst davor, mich in meinem Kommentar zu irren, daß ich meine Photos nicht einen Moment aus dem Auge verliere.)

Der Bruch zwischen der Handvoll Staub und der gedruckten Nummer ist immer da, er ist immer total, und dennoch wird er dank des Loches unendlich klein. Vermittels des trickreichen Munsell-Code liest sich ein Klumpen wie ein Text: „10YR3/2." Wieder ein Beweis für jenen praktischen Platonismus, der unter den schwieligen Händen Renés, die das Buch/Instrument/Kaliber festhalten, den Staub zur IDEE werden läßt.

Verfolgen wir diese kleine Kette, die uns das Bild darbietet, noch ein wenig weiter. Mit ihrer Hilfe können wir den verlorenen Faden der Referenz wieder aufgreifen. René hat eine Erdprobe entnommen und den allzu komplexen, allzu reichen Boden sich selbst überlassen. Vermittels des Loches wiederum kann er das Häuflein Erde kalibrieren und nur seine Farbe bestimmen, ohne auf Volumen und Textur einzugehen. Das kleine, flache, glänzende Farbquadrat vermittelt zwischen der Erde, auf deren Farbe es nun allein noch ankommt, und der Chiffre, die unter dem Muster steht. Man kann also das Volumen des Klumpens vernachlässigen und sich auf das Farbmuster konzentrieren. Bald wird man auch dieses ignorieren, um allein die Referenznummer zu bewahren. Später, im Bericht, wird man auch diese zu konkrete, zu detaillierte und zu präzise Nummer weglassen und nur noch den Horizont, die Tendenz festhalten. Wir finden die Kaskade von vorhin wieder. Eine einzige und zugleich winzige ihrer Etappen (der Übergang von der Farbe der Scholle zur Farbe des Standards) beruht auf Ähnlichkeit, auf *adaequatio*. Alle anderen hängen allein von der Erhaltung der Spuren ab, die einen *reversiblen* Parcours markieren, auf dessen Etappen man bei Bedarf zurückkommen kann. Die Forscher bahnen sich einen Weg durch die Vielfalt der Formen/Materien. Die Reduktion, die Kompression, die Spur, die Kontinuität, die Reversibilität, die Standardisierung, die Kompatibilität mit dem Geschriebenen und der Chiffre, all das zählt unendlich mehr als die bloße *adaequatio*. Keine Etappe – bis auf eine – ähnelt der vorhergehenden, und doch halte ich am Ende, wenn ich den Expeditionsbericht lese, den Urwald von Boa Vista in meinen Händen, und es spricht ein Text wahrhaftig von der Welt. Wie kann aus dieser exotischen, so selten beschriebenen Serie von Transformationen eine solche Ähnlichkeit hervorgehen?

Abbildung 17. – In der Hocke, den Griff des Spatens noch an seinen Arm gelehnt, betrachtet Sandoval das neu ausgehobene Loch. Héloïse steht aufrecht und blickt auf den grüngrauen Urwald mit seinen seltenen Tieren. Sie trägt die Umhängetasche der Geologen über der Schulter. In den Riemen der Tasche, dessen Ösen enger sind als Kartuschen, kann man die für das Geschäft des Kartographen unerläßlichen Farbstifte stecken. In der Hand hält sie das berühmte Heft, das Protokollbuch, das einen glauben macht, man sei im Labor. Sie wird es öffnen und Notizen machen, sobald die beiden Pedologen zur Rechten und zur Linken ihre Inspektion beendet haben und zu einem gemeinsamen Schluß gekommen sind.

Unsere Freunde geben sich dem seltenen Vergnügen des „Erdschmeckens" hin. Jeder von ihnen hat ein wenig Erde in die hohle Hand genommen, aus dem neuen Loch und aus der von Héloïses Protokoll vorgeschriebenen Tiefe. Vorsichtig haben sie auf den kleinen Klumpen gespuckt, und nun kneten sie ihn sanft mit der anderen Hand. Um zum Vergnügen Figürchen zu modellieren? Nein, um sich über die Farbe hinaus ein Urteil über die Textur des Bodens zu bilden. Unglücklicherweise existiert für die Textur kein Äquivalent zum Munsell-Code, und wenn es einen gäbe, könnte man ihn nicht vor Ort bringen. Um auf standardisierte Weise Granulometrie zu betreiben, benötigte man ein halbes, gut ausgerüstetes Labor. Unsere Freunde müssen sich also mit einem qualitativen Test begnügen, der auf dreißig Jahren Erfahrung beruht, und den sie dann später mit den Laborbefunden vergleichen werden. Läßt die Erde sich leicht kneten, kann man auf Ton schließen. Zerbröselt sie unter den Fingern, hat man es mit Sand zu tun. Das ist offenbar ein sehr einfaches Beweisverfahren, das gewissermaßen ein Mini-Laborexperiment aus der hohlen Hand zaubert. Die beiden Extreme lassen sich ohne Mühe unterscheiden – sogar von mir, einem ungeschickten Anfänger. Aber die intermediären Gemenge sind schwerer zu bestimmen. Gerade sie beanspruchen jedoch alles Interesse, handelt sich am Saum doch darum, die subtilen Übergänge vom Ton zum Sand, vom Wald zur Savanne festzuhalten.

Mangels eines Kalibrierungsinstruments greifen Armand und René auf den Austausch ihrer Geschmacksurteile zurück, wie einst mein Vater, wenn er die Weine von *Corton* schmeckte. „Sandig-tonhaltig oder tonhaltig-sandig?“ – „Nein, ich würde eher sagen: ‚tonhaltig, sandig, nein sandig-tonhaltig‘.“ – „Paß auf, man muß ihn noch ein wenig kneten, ihn kommen lassen.“ – „Okay, ja, sagen wir zwischen ‚sandig-tonhaltig und tonhaltig-sandig‘.“ – „Héloîse, du kannst notieren: bei P2, zwischen 5 und 17 Zentimeter ‚areno-argiloso a argilo-arenoso‘.“

Die Diskussion, das erworbene Know-how und die physische Manipulation erlauben es, eine kalibrierte Beurteilung der Textur vorzunehmen, die im Notizbuch sogleich die Erde *ersetzt*, die man dann wegwerfen kann. Ein Wort ersetzt ein Ding. Es bewahrt eine seiner Eigenschaften, die es ausreichend definiert. Korrespondenz zwischen zwei Termen? Nein, ein Urteil ist nicht von der Art des Bodens. Metaphorische Verschiebung? Auch nicht. Metonymie? Ebenfalls nicht. Denn wenn man auch eine Handvoll Erde für den ganzen Horizont nimmt, so bleibt im Notizbuch doch nichts mehr von der Handvoll Erde, die für den Horizont stand. Datenkomprimierung? Gewiß, denn vier Worte stehen nun anstelle eines Klumpens. Aber es hat sich eine radikale Zustandsveränderung vollzogen: Ein Zeichen erscheint an der Stelle eines Dings. Es handelt sich also nicht um eine Reduktion, eher um eine Transsubstantiation.

Überschreiten wir von neuem den geheiligten *limes* zwischen der Welt und dem Diskurs? Ja, gewiß, aber wir haben ihn schon ein gutes Dutzend Mal überquert. Diese neue Schwelle ist nicht brüsker als die vorhergehende, an der René die ausgehobene Erde, von Grashalmen und dem Auswurf der Regenwürmer befreit, auf ihre Resistenz prüfte; oder die davor, an der Sandoval mit seinem Spaten den Graben P2 aushob; oder die folgende, als deren Ergebnis der ganze Horizont von 5 bis 17 Zentimetern auf dem Diagramm die gleiche Textur annimmt aufgrund einer Induktion, die von einem Punkt zu einer Fläche führt; oder die Transformation n+1, mit der das Diagramm auf Millimeterpapier überführt und damit zum internen Referenten für den Prosateil des Forschungsberichtes erhoben wird. Der Übergang zu den Worten ist nicht privilegiert, und alle Schritte können gleichermaßen dazu dienen, die Einschachtelung der Referenz zu erfassen. Bei keinem der Schritte handelt es sich darum, den vorhergehenden nachzuahmen. Immer geht es darum, ihn an den vorangehenden und den nachfolgenden *anzuschließen*, so daß man bei Bedarf vom letzten auf den ersten *zurückkommen* kann.

Wie soll man diesen Repräsentationsbezug beurteilen, diese so wenig mimetische und dennoch so geregelte, exakte, realitäts*haltige* und am Ende so realistische Stellvertretung? Wie sich die Philosophen täuschen, wenn sie die Wahrheit in der Korrespondenz zwischen den Worten und den Dingen suchen! Es gibt wohl Wahrheit und Realität, aber weder Korrespondenz noch Adäquation. Es gibt eine Bewegung, die viel besser bestätigt, was wir behaupten: Sie führt uns über Abschüsse, Traversen und im Krebsgang durch aufeinanderfolgende Transformationsschichten. Dabei verlieren wir jedesmal fast alle Elemente und gewinnen gleichzeitig neue, sooft wir den Graben zwischen Materie und Form überspringen. Nur selten hilft uns dabei eine Ähnlichkeit, die meist noch dünner ist als jene Stahlseile, die den Bergsteigern zuweilen bei allzu akrobatischen Passagen Hilfe leisten.

Abbildung 18. – Vor Ort, gegen Ende unserer Expedition, kommentiert René das Diagramm auf Millimeterpapier, das den fertigen Schnitt des Grabens zeigt. Dieses ausgebesserte, verschmutzte, schweißbefleckte, unvollständige, mit Bleistift gezeichnete Diagramm ist der direkte Vorgänger der Zeichnung in Abbildung 15. Zwar hat es eine ganze Reihe von Transformationen durchgemacht – Selektion der Daten, Formatierung, Beschriftung und Reindarstellung –, aber sie sind vernachlässigbar klein im Vergleich zu jenen, die wir bereits hinter uns haben.

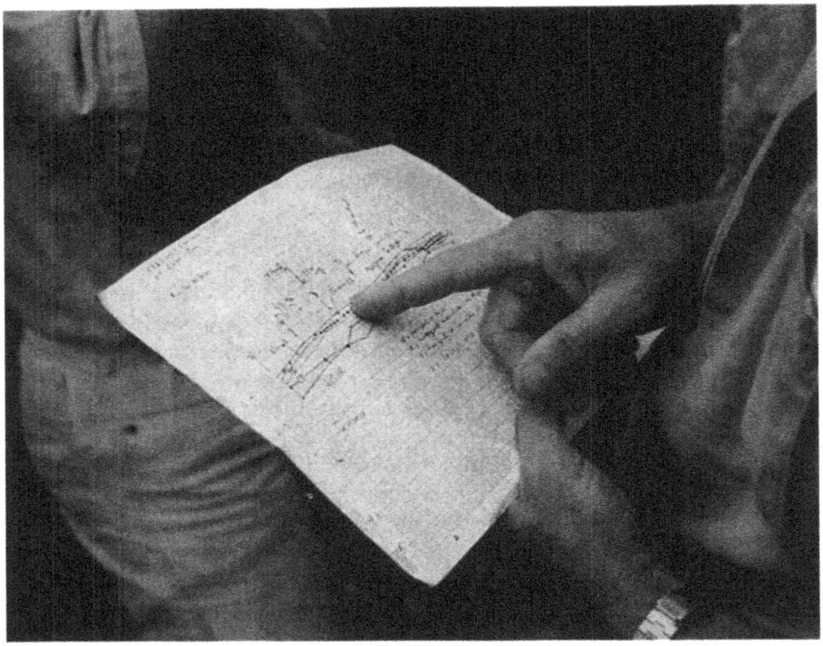

René zeigt auf einen Punkt in der Mitte des Bildes und kommentiert. Seinem Finger sind wir von Anfang an gefolgt (Abbildung 1 und 2). Wenn er nicht ausnahmsweise einmal droht, signalisiert der ausgestreckte Zeigefinger immer einen Zugang zur Wirklichkeit. Obwohl er nur auf ein Blatt Papier weist, ist auf ihm die ganze Lokalität verzeichnet. Und obwohl wir mitten in ihr stehen und schwitzen, ist sie auf dem Papier doch wie weggezaubert ... Wir beobachten hier die gleiche Umkehrung von Raum und Zeit, der wir schon wiederholt begegnet sind: Mit einem einzigen Blick beherrschen wir eine Situation, in die wir doch eingetaucht sind; wir wachsen über uns hinaus; wir fassen synoptisch die Gesamtheit unserer Tätigkeiten zusammen, die sich auf mehrere Tage verteilte, und an die wir uns vielleicht schon gar nicht mehr erinnern.

Aber das Diagramm beschränkt sich nicht darauf, den Fluß der Zeit und die hierarchische Ordnung der räumlichen Größen umzudisponieren. Es enthüllt uns auch bisher unsichtbare Züge, obwohl sie geradewegs unter unseren Pedologen-Füßen liegen. Und doch ist es uns nicht möglich, den Übergang vom Urwald zur Savanne im Schnitt zu sehen, ihn nach homogenen Horizonten zu beurteilen, ihn nach Punkten und Linien zu erfassen. Mit seinem leibhaftigen Finger lenkt René die Blicke von uns Sterblichen auf ein Profil, das keine Beobachterin hat. Sie müßte nicht nur unter der Erde wie ein Maulwurf leben, sie müßte auch wie eine Lamelle von mehreren hundert Metern Länge den Boden durchschneiden und die konfuse Vielfalt der Fromen durch eine homogene Schraffierung ersetzen können!

Dieser unmöglichen Szene zum Trotz bringt das Diagramm zusätzliche Information. Es hat die fette Erde verloren, aber etwas anderes gewonnen, und dieser Gewinn wiegt den Verlust bei weitem auf. Auf ein und derselben Papieroberfläche können wir sehr verschiedene Informationsquellen vereinen, die sich dank der Dolmetschertätigkeit einer homogenen graphischen Sprache verbinden. Die Position der Sondierungen entlang des Schnittes, die Tiefen, die Horizonte, die Texturen, die Referenznummern der Farben fügen sich zusammen und geben uns durch Überlagerung die reiche Wirklichkeit zurück, die wir eben noch verloren hatten.

René hat auch noch die Exkremente der Regenwürmer hinzugefügt, von denen ich bislang nicht gesprochen habe. Wenn ich meinen Freunden glauben darf, so bergen diese gefräßigen Würmer in ihrem Verdauungstrakt tatsächlich die Lösung des Rätsels. Wer könnte für diesen Streifen tonhaltigen Bodens in der Savanne verantwortlich sein, der den Urwald säumt? Sicher nicht der Wald, denn er fängt erst hinter jenem Schutzgürtel von zwanzig Metern mit der nährenden Feuchtigkeit der Bäume an. Aber auch die Savanne nicht, denn wir erinnern uns, sie reduziert durch Auslaugen den Ton ständig zu Sand. Warum sollte diese mysteriöse Fernwirkung des Waldes, der sich selbst den Boden vorbereitet und damit den thermodynamischen Abhang zwischen Ton und Sand hinaufklettert, nicht auf die Regenwürmer zurückzuführen sein? Warum sollten sie nicht zu Akteuren der Pedogenese aufsteigen? Das Diagramm modelliert die Situation und erlaubt es, neue Szenarios zu entwerfen, über die unsere Freunde leidenschaftlich diskutieren. Bevor sie sich entscheiden, suchen sie nach Lücken und fragen sich, wo man das nächste Loch zu graben hat und wie man mit Kreuzhacke und Hohlbohrer den elementaren „Gegebenheiten" zuleibe rücken könnte.

Ist das Diagramm, das René in der Hand hält, nun abstrakter oder konkreter als die vorhergehenden Etappen? Es ist abstrakter, denn es konserviert nur einen winzigen Teil der Situation; aber es ist auch konkreter, denn mit seiner Hilfe wird das Wesen dieses auf einige Linien reduzierten Überganges greifbar und sichtbar. Ist das Diagramm eine Konstruktion, eine Entdeckung, eine Erfindung oder eine Konvention? Alles zusammen, wie immer. Es ist hergestellt durch die harte Arbeit von fünf Personen und durch die Überlagerung aufeinanderfolgender geometrischer Konstruktionen; es fördert eine bisher verborgene Form zutage, die uns in der Retrospektive immer schon präsent erscheint, obwohl wir sehr wohl wissen, daß wir sie erfunden haben – es ist wie mit einem Schatz, der ohne uns, die Pedologen, niemals ans Tageslicht gekommen wäre; gleichzeitig, und auch das wissen wir, könnten wir ohne eine konventionelle Codierung von Urteilen, Formen, Bezeichnungen und Worten auf diesem aus der Erde extrahierten Diagramm nichts anderes sehen als ein unförmiges Gekritzel.

Alle diese widersprüchlichen Eigenschaften laden das Diagramm mit Wirklichkeit auf – zumindest in den Augen der Philosophie. Es ist nicht realistisch, und es ist nicht ähnlich. Es vollbringt etwas anderes, besseres. Es vertritt die Ausgangssituation, mit der es durch eine Serie von Transformationen verbunden bleibt, und deren Spur wir zurückverfolgen können dank dem Protokollbuch, den Etiketten, dem Pedokomparator, den Mappen, den Stangen und dem feinen Netz, das der Geländefaden gesponnen hat. Dennoch können wir das Diagramm nicht aus der Gesamtheit dieser Transformationen extrahieren. Isoliert sagt es überhaupt nichts mehr. Es ersetzt, ohne etwas zu ersetzen. Es faßt zusammen, ohne das ersetzen zu können, was es zusammenfaßt. Ein seltsames transversales Objekt, ein Ausrichtungsoperator, der nur insoweit wahrheitsgetreu ist, als er den Übergang zwischen dem erlaubt, was vorangeht und dem, was folgt.

Abbildung 19. – Am letzten Tag sind wir wieder im Restaurant, das nun in einen Tagungsraum unseres mobilen Labors verwandelt ist, in dem wir den Entwurf des Expeditionsberichts redigieren. René hält immer noch das nunmehr vervollständigte Diagramm in der Hand. Er kommentiert es mit dem Stift, Edileusa und Héloîse hören zu. Armand hat soeben die einzige über unseren Urwaldabschnitt publizierte Arbeit gelesen und hat die Seiten aufgeschlagen, auf denen die farbigen Satellitenphotos abgebildet sind. Ganz vorne liegen die Hefte des photographierenden Anthropologen – Formen der Aufzeichnung so gut wie andere Formen der Inskription. Sind wir wieder zum Ausgangspunkt der Abbildung 2 zurückgekommen? Ja, denn wieder befinden wir uns inmitten von Zeichen und Karten, von zweidimensionalen Dokumenten und publizierter Literatur, weit weg von dem Ort, an dem wir zehn Tage lang geackert haben. Aber auch wieder nicht, denn wir haben doch diese Diagramme erhalten, diese neuen Inskriptionen, die wir nun zu interpretieren suchen, sie einzufügen als Anhang und als Beweis in einen Bericht, über den wir Absatz für Absatz kollektiv und in zwei Sprachen feilschen.

„*Die Bedeutung dieses Expeditionsberichtes liegt darin, daß sich nach der ersten Arbeitsphase die Schlußfolgerungen der Botanik und der Pedologie zu widersprechen scheinen.* Ohne die Befunde der Botanik hätten die Pedologen auf das Vordringen der Savanne in den Wald geschlossen. *Aus der Zusammenarbeit der beiden Disziplinen ergibt sich jedoch, daß sich die Pedologie in diesem Fall neuen Fragen stellen muß* (S. 1).“

Hier befinden wir uns auf dem Feld der Erkenntnis, beim Schreiben von Artikeln, in der Rhetorik, im Diskurs, in der Epistemologie. Wir sind damit beschäftigt, alle Argumente für und wider das Vordringen des Waldes zu gewichten. Hier haben die Sprachphilosophen, die Konfliktsoziologen, die Semiotiker, die Rhetoriker und die Literaten keine Schwierigkeiten mehr.

So aufregend die Transformationen auch sein mögen, die Boa Vista nun von

Text zu Text durchmacht, ich will sie hier nicht weiter verfolgen.[11] Was mich interessiert, ist der Übergang vom Boden zu den Worten. Wie kann man ihn erfassen? Auch ich komme nicht darum herum, wie meine Kollegen zwar nicht ein Diagramm auf Millimeterpapier, wohl aber ein Schema zu zeichnen. Es erlaubt mir, mich zu vergewissern und auf dem Feld der Philosophie mit dem Finger auf das zu zeigen, was ich entdeckt habe und was die Schwerarbeit unserer minderen Brüder, der Regenwürmer, gewiß aufwiegt …

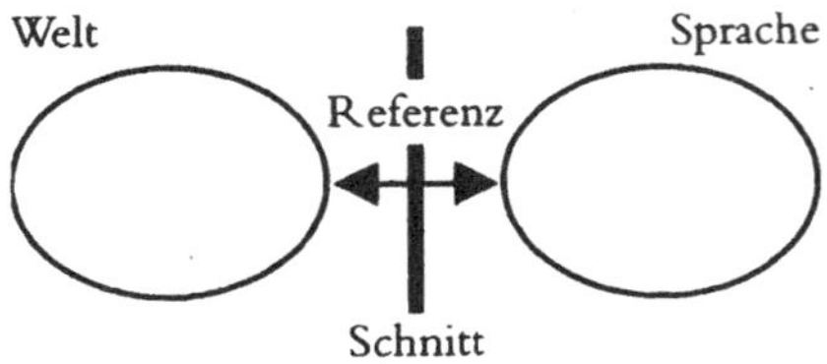

Abb. 20

Die Sprachphilosophie tut so, als gäbe es zwei Ensembles, die nichts miteinander zu tun haben und durch einen einzigen, radikalen Schnitt getrennt sind. Sie tut so, als müßte man sich darum bemühen, ihn zu reduzieren, indem man nach einer Korrespondenz, einer Referenz zwischen der Welt und den Worten sucht. Wenn wir jedoch unserer Expedition folgen, kommen wir zu einem ganz anderen Schluß.

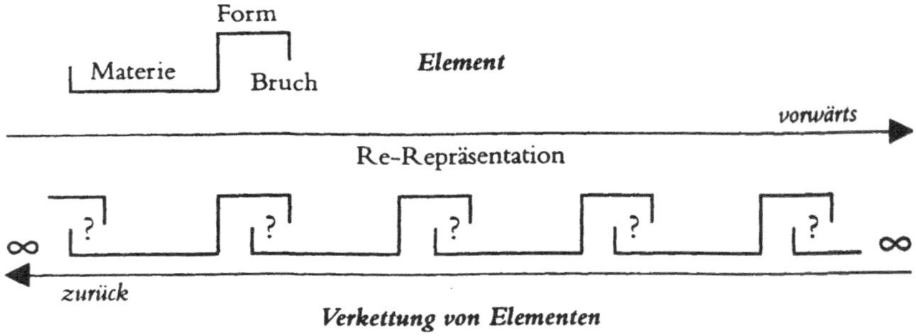

Abb. 21

Wie man sieht, beruht die Erkenntnis nicht auf einer Gegenüberstellung von Geist und Gegenstand, so wenig die Referenz eine Sache durch einen Satz bezeichnet, der durch die Sache zu verifizieren wäre. Im Gegenteil, wir sind bei jedem Schritt auf einen gemeinsamen Operator gestoßen, der die Extreme von Materie und Form verbindet und der sich vom folgenden Schritt durch einen Bruch unterscheidet, durch ein *gap*, das durch keinerlei Ähnlichkeit überbrückt werden kann. Diese Operatoren verketten sich zu einer Serie, die

11 Siehe das Kapitel „Die Nierenoper" in Latour 1993, sowie Bastide 1985.

quer zu der Differenz zwischen den Dingen und den Worten *steht.* Entlang dieser Serie mischen sich die beiden alten Ensembles der Sprachphilosophie neu: die Erde wird zu einer Pappschachtel, die Worte werden zu Papier, die Farben werden zu Chiffren und so weiter.

Essentiell ist, daß diese Kette reversibel bleibt. Die Nachvollziehbarkeit der Schritte muß es im Prinzip erlauben, sie in beiden Richtungen auszuführen. Unterbricht man sie an irgendeinem Punkt, so ist auch der Transport, die Produktion, die Konstruktion, gewissermaßen die Leitfähigkeit des Wahren unterbrochen. Die Referenz ist eine Eigenschaft der Kette in ihrer Gesamtheit und nicht der *adaequatio rei et intellectus.* Die Wahrheit zirkuliert in ihr wie die Elektrizität entlang eines Drahtes, und zwar so lange, wie er nicht zerschnitten wird.

Noch eine andere Eigenschaft kommt zum Vorschein, wenn man die beiden Schemata überlagert: Die Kette hat weder auf der einen noch auf der anderen Seite ein Ende. Während im alten Modell sowohl die Welt als auch die Sprache geschlossene Ensembles blieben, die beide in sich selbst zurückliefen, kann man im neuen Modell im Gegenteil die Kette endlos verlängern, indem man ihr an beiden Enden neue Glieder hinzufügt. Aber man darf die Kette nicht zerschneiden und auch keine Sequenz überspringen – obwohl man sie in einer einzigen *black box* zusammenfassen kann.

Um diese Kette zu verstehen, muß man sie jedenfalls der Länge nach wie auch im Schnitt betrachten. Nur so kann man die Dialektik von Gewinn und Verlust erfassen, die, wie wir gesehen haben, jede einzelne Etappe charakterisiert.

Vom Urwald bis zum Expeditionsbericht hat sich der Übergang vom Wald zur Savanne in immer neuen Formen repräsentiert, wie wenn zwei gleichschenklige Dreiecke mit der Spitze zur Grundlinie übereinandergelegt würden. Jedesmal haben wir an Ortsgebundenheit, Partikularität, Materialität, Vielfalt und Komplexität verloren, so daß uns am Schluß fast nichts mehr blieb als einige Blätter Papier. Nennen wir dieses erste Dreieck, dessen Spitze allein am Ende zählt, „Reduktion“. Aber wir haben bei jedem Schritt auch etwas gewonnen, denn wir haben durch ebendiese Arbeit der Re-Repräsentation ein Mehr an Lesbarkeit, Kompatibilität, Universalität, Überlagerung, Text und Kalkül erreicht. Am Ende halten wir mit dem Expeditionsbericht nicht nur den ganzen Wald von Boa Vista in der Hand und können uns auf ihn beziehen, sondern wir können auch seine Dynamik erklären. Bei jedem Schritt haben wir uns ein Stück mehr auf das gesamte bisher etablierte Wissen gestützt, angefangen bei der alten Geometrie „hinter“ den Erscheinungen bis zu einer ganz neuen Ökologie. Nennen wir dieses zweite Dreieck „Amplifikation“. Sie verschafft dem winzigen Querschnitt von Boa Vista eine mächtige Basis.

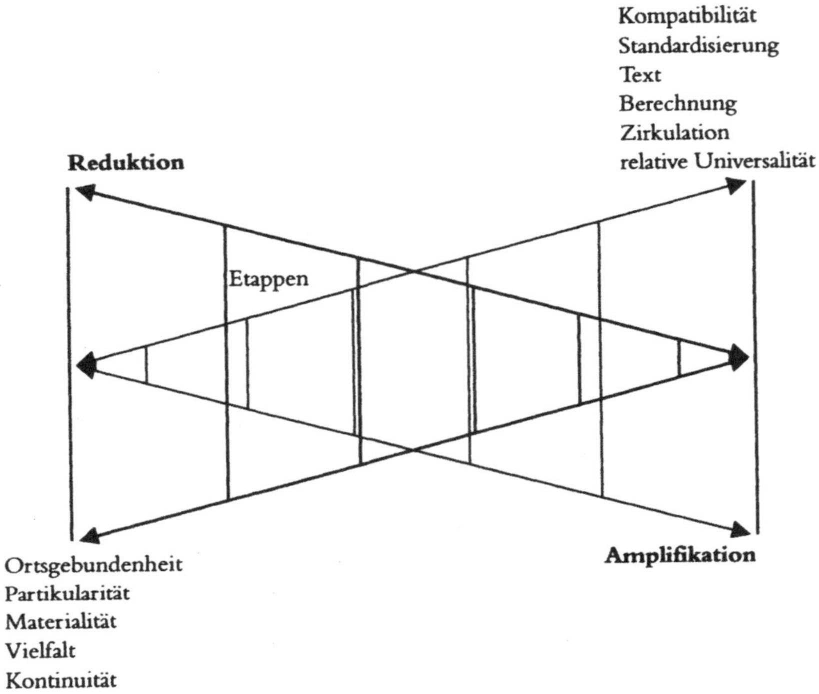
Kompatibilität
Standardisierung
Text
Berechnung
Zirkulation
relative Universalität
Reduktion
Etappen
Ortsgebundenheit
Partikularität
Materialität
Vielfalt
Kontinuität
Amplifikation

Abb. 22

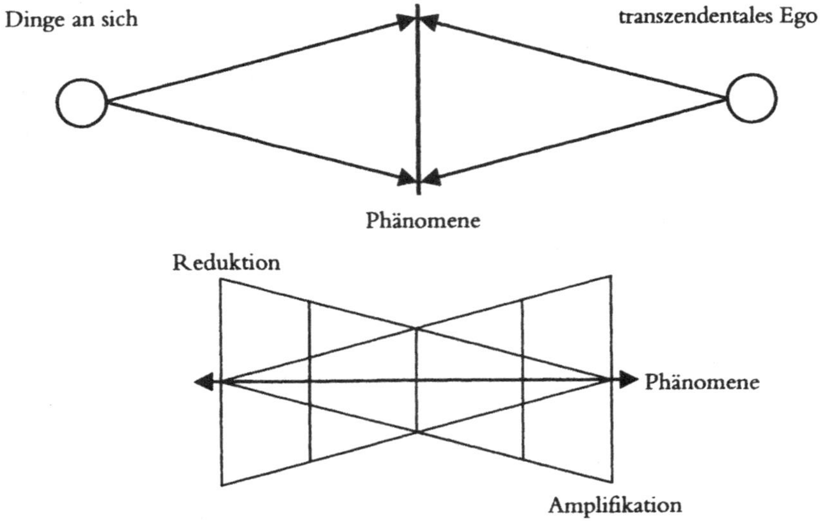
Dinge an sich
transzendentales Ego
Phänomene
Reduktion
Phänomene
Amplifikation

Abb. 23

Wie täuschte sich doch die alte philosophische Tradition, als sie in den Erscheinungen das Zusammentreffen der Dinge-an-sich und der Kategorien des menschlichen Verstandes erblicken wollte! Realisten, Empiristen, Idealisten und Rationalisten haben seitdem über dieses zweipolige Modell gestritten. Die Erscheinungen finden sich jedoch nicht am Schnittpunkt zwischen den Dingen und den Formen des menschlichen Geistes, sondern sie *erstrecken* sich entlang einer *reversiblen* Transformationskette. Von Glied zu Glied verlieren sie bestimmte Eigenschaften und nehmen andere an, die sie mit den bereits installierten Rechenzentren kompatibel machen. Anstatt sich von zwei extremen Fixpunkten her auf die Mitte, auf einen stabilen Schnittpunkt hin zu bewegen, wächst die instabile Referenz von der Mitte zu den Extremen, die sie immer weiter vor sich herschiebt. Um zu verstehen, wie die Kantsche Philosophie sich die Dreiecke zurechtlegte, genügt eine Expedition von vierzehn Tagen. (Man darf natürlich nicht verlangen, daß ich meine Arbeit ebenso ins Detail gehend bespreche wie die der Pedologen. Dann würden aus den vierzehn Tagen wohl zwanzig Jahre harter Arbeit, lebhafter Kontroversen mit Dutzenden von lieben Kollegen, die mit Hunderten von Instrumenten und Begriffen ausgestattet sind ... Die Reflexion kann nicht gleichzeitig alle Fäden verfolgen. Ich bemühe mich hier, den bloßen Betrachter zu spielen, dem das Wissen seiner Informanten offensteht – auch auf die Gefahr hin, mir zu widersprechen!)

Kann ich mit meinem Schema verstehen, sichtbar machen und entdecken, warum das Modell der Sprachphilosophen so verbreitet ist, während doch schon „die kleinste Nachforschung" seine Unmöglichkeit deutlich macht? Nichts ist leichter als das. Um vom einen zum anderen überzugehen, reicht es, nach und nach all das zu verwischen, was wir im Laufe dieser Photomontage gelernt haben.

Blockieren wir die beiden Enden dieser Kette und tun so, als wäre das erste der Referent, der Urwald von Boa Vista, und das zweite ein Satz, „der Urwald von Boa Vista". Unterdrücken wir alle Vermittlungen, die ich zu beschreiben das Vergnügen hatte. Führen wir an der Stelle dieser vergessenen Vermittlungen einen radikalen Bruch ein, der einen klaffenden Abgrund zwischen dem Satz, den ich in Paris ausspreche, und seinem 6000 Kilometer entfernten Referenten schafft. Und schon sind wir wieder bei dem alten Modell, das die entstandene Leere durch eine *adaequatio* auszufüllen sucht, eine Ähnlichkeit zwischen zwei ontologischen Entitäten, die einander nicht unähnlicher sein könnten. Es ist nicht weiter erstaunlich, daß die Philosophen sich über das Problem des Realismus und des Relativismus nicht einigen können: Sie halten die beiden provisorischen Extremitäten, die sich gegenseitig „erhellen" sollen, für die ganze Kette.

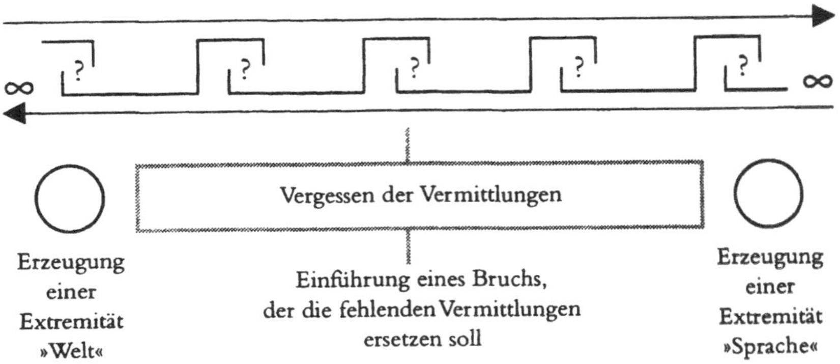

Abb. 24

Abbildung 25. – Am nächsten Morgen, *nachdem* wir den Expeditionsbericht redigiert haben, packen wir die kostbaren Schachteln mit den in Formol eingelegten Regenwürmern und den sorgfältig beschrifteten Säcken voller Bodenproben in den Landrover. Hier haben wir nun vor uns, was all die philosophischen Versuche, die Sprache durch eine einzige geregelte Transformation mit der Welt zu verbinden, nicht zu erklären vermögen. Vom Text kommen wir auf die Dinge zurück, um sie diesmal nur noch weiter wegzutransportieren. Vom Restaurant-Labor brechen wir zu einem anderen Labor auf, das 1000 Kilometer weit weg in Manaus liegt, und von da zu einem 6000 Kilometer entfernten in Jussieu. Der Techniker Sandoval wird mit seinen kostbaren Proben, die er trotz der schrecklichen Piste intakt erhalten muß, allein nach Hause fahren. Wie ich gesagt habe: Jeder Schritt ist Materie für den, der folgt und Form für den, der voraufgeht. Der Bruch zwischen den beiden ist jeweils ebenso deutlich wie der alte Abstand zwischen den alten Worten und den alten Dingen.

Wir bereiten uns darauf vor, abzureisen, aber auch *zurückzukommen*. Jede Sequenz schießt „nach oben“ und „nach unten“ über und amplifiziert so die zweigleisige Bewegung der Referenz. Erkennen ist nicht erforschen, sondern auf den hinterlassenen Spuren den Weg zurückzuverfolgen, den man sich gebahnt hat. Der Bericht, den wir gestern Abend redigiert haben, sagt es deutlich: Es ist eine weitere Expedition nötig, um auf der gleichen Parzelle die geheimnisvolle Tätigkeit der Regenwürmer zu untersuchen.

„Anzunehmen, daß der Urwald in die Savanne vorstößt, würde vom pedologischen Standpunkt aus bedeuten:

1. Daß der Wald mit der ihm eigenen biologischen Aktivität einen Sandboden bis in 15–20 Zentimeter Tiefe in einen lehmig-sandigen Boden verwandelte;

2 daß diese Transformation in der Savanne in einem Abstand von 15 bis 30 Metern vom Waldsaum begänne.

Obgleich diese beiden Annahmen vom klassischen Standpunkt der Pedologie aus schwer nachvollziehbar sind, müssen wir die Hypothesen testen, denn sie werden durch die botanischen Untersuchungen gestützt.

Die Anreicherung der oberen Schichten mit Ton kann nicht auf Neubildung zurückgeführt werden (es ist jedenfalls keine Aluminiumquelle bekannt).[12] *Als Verursacher kommen allein die Regenwürmer in Frage, die an der untersuchten Stelle aktiv sind, und die in den Schichten unterhalb von 70 Zentimeter über große Mengen an Kaolinit verfügen. Die Untersuchung der Population*

12 Aus Aluminium, zusammen mit dem im Quarz der Felsen enthaltenen Silizium, kann Ton entstehen.

dieser Würmer und die Messung ihrer Aktivität sollte demnach wesentliche Befunde für den Fortgang der Untersuchung liefern.“

Bedauerlicherweise werde ich die nächste Expedition nicht begleiten können. Alle verabschieden sich von Edileusa, und auch ich muß ihr *Adieu* sagen. Wir reisen mit dem Flugzeug ab. Sie aber bleibt da und denkt wehmütig an die intensive und freundschaftliche, ihr ungewohnte Zusammenarbeit. Sie wacht weiter über ihre Parzelle, die durch die gemeinschaftliche Aktion von Bodenkunde und Botanik an Dichte gewonnen hat und dies weiter tun wird, wenn man später die Wissenschaft von den Regenwürmern hinzufügt. Die Konstruktion eines Phänomens macht es umso reeller, je vielschichtiger sie ist. Das gilt jedenfalls innerhalb jenes Netzes, das sich aus den Verschiebungen aufbaut, die die Forscher in beide Richtungen vornehmen: den formolisierten Proben, den Graphiken, den Spezimen, den Karten, den Berichten und den Subventionierungsanträgen.

Sobald man dieses Netz jedoch irgendwo zwischen den beiden Enden zerschneidet, es nicht mehr aufrechterhält, es vom Nachschub abtrennt, es an einem beliebigen Punkt unterbricht, beginnt es zu lügen. Es referiert nicht mehr. Wenn der Landrover Sandovals umkippt und dabei die Regenwurmbehälter zerbrechen und die kleinen Pakete mit Bodenproben verschüttet werden, muß die ganze Expedition wiederholt werden. Wenn das Geld fehlt, um auf das Gelände zurückzukehren, würde man niemals herausfinden, ob der Satz des Berichtes über die Rolle der Regenwürmer eine wissenschaftliche Wahrheit, eine falsche Hypothese oder eine Fiktion ist. (Und wenn meine Diapositive bei dem Photographen abhanden kommen, bei dem ich die Papierabzüge machen lasse, wie sollte man dann wissen, ob ich gelogen habe oder nicht?)

Abbildung 26. – Endlich klimatisierte Luft! Endlich ein Zimmer, das ein wenig mehr einem Laboratorium gleicht. Wir sind in Manaus, in einem alten Arbeitsraum des INPA, der zu einem Büro umgebaut wurde. An der Wand die Amazonaskarten von Radambrasil und die Elemententafel von Mendelejev. Sonderdrucke, Dossiers, Diapositive, Kantinen, Säcke, Benzinkanister, ein Außenbordmotor. Armand raucht eine Zigarette und redigiert auf seinem tragbaren PC die endgültige Version unseres Berichts.

Der Übergang vom Wald zur Savanne in Boa Vista setzt seine Transformationen fort. Der Bericht ist nun in die Maschine getippt und wird bald über Fax, Diskette oder elektronische Post zirkulieren. Er wird den schweren Koffern mit Bodenproben und Regenwürmern vorauseilen, die in verschiedenen, von unseren Pedologen bestimmten Labors einer Reihe von neuen Analysen unterzogen werden. Deren Resultate wiederum werden in Form von Notizen und Dossiers das Büro von Armand füllen und ihm erlauben, seinen neuen Antrag auf weitere Untersuchungen vor Ort zu stellen. Das ist der endlose Zir-

kel wissenschaftlichen Kredits:[13] Jeder Durchgang zieht Amazonien tiefer in die Pedologie hinein, und jeder Stillstand würde den Sinn des Zirkels sofort in Frage stellen.

Auch ich schreibe auf dem Laptop meinen Bericht und rauche eine Zigarre. Auch ich sitze in einem Büro, das vollgestopft ist mit Büchern, Dossiers, Diapositiven, vor der immensen Karte des Amazonasbeckens. Auch ich stricke hier in Paris am Netz des Übergangs vom Wald zur Savanne. Er zirkuliert nun

13 Vgl. Latour 1993, 100.

dank meiner Aktivität auch in den Kreisen der Philosophen und Soziologen. Doch ist dieser Teil des Netzes nicht aus Referenzen konstruiert, sondern aus Anspielungen und aus Illustrationen. Meine Schemata sind weder Diagramme noch Karten. Meine Photos transportieren nicht so wie die Inskriptionen von Armand den Boden von Boa Vista. Meine empirische Philosophie re-repräsentiert ihre Beweise nicht auf die gleiche Weise wie der Diskurs meiner Freunde, der Pedologen. Meine Behauptungen sind nicht so gut nachvollziehbar, daß sie es dem Leser erlauben würden, zum Terrain zurückzukehren. Mein eigener Text ist eine Legende zu Bildern. Er kann die Sache, von der sie sprechen, nicht auf den Begriff bringen. (Ich überlasse es meinem Leser, die Distanz zu ermessen, die die exakten Wissenschaften von den weichen trennt. Dieses neue Geheimnis würde eine andere Expedition erfordern, die diesmal mich, den kleinen empirischen Philosophen studierte ...)

Sie können nun im Ortsverzeichnis der Brasilienkarte nachsehen und Boa Vista lokalisieren. Bitte suchen Sie nicht länger nach der Ähnlichkeit zwischen der Karte und dem Ort, dessen Geschichte ich Ihnen erzählt habe. Diese ganze Korrespondenzgeschichte zwischen den Worten und der Welt ist auf eine schlichte Verwechslung von Kunstgeschichte und Epistemologie zurückzuführen. Man hat die Wissenschaft für ein realistisches Gemälde gehalten und sich eingebildet, man würde exakt die Welt kopieren. Die Wissenschaft tut etwas ganz anderes – die Bilder allerdings auch.[14] Sie verbinden uns über sukzessive Schritte mit der Welt, die ihrerseits ausgerichtet, transformiert und konstruiert ist. Dabei verlieren wir zwar die Ähnlichkeit, aber wir gewinnen etwas anderes: Indem wir mit dem Zeigefinger auf die Inschrift in einem Atlas weisen, können wir uns über eine Serie von Transformationen, die alle gleichermaßen diskontinuierlich sind, auf Boa Vista beziehen. Genießen Sie diese lange Kette von Transformationen, diese Folge von Vermittlungen, anstatt den kleinen Freuden der *adaequatio* nachzujagen. Ich kann niemals eine Ähnlichkeit zwischen meinem Geist und der Welt nachweisen, aber ich kann, wenn ich bereit bin, den Preis zu bezahlen, das Netz erweitern, in dem die Referenz durch beständige Transformationen zirkuliert und sich gerade so bestätigt.[15] Ist diese Philosophie nicht in beiden Wortbedeutungen realistischer als die anderen?

Ach ja, ich habe den Baum vergessen, der im Urwald von Boa Vista umfällt, während weder Héloîse noch Edileusa, Armand, René, Sandoval oder ich vor Ort sind. Er ist so berühmt wie die Katze auf ihrer Matte. Existiert dieser Baum wirklich? Gewiß doch, aber ohne uns. Den Beobachter dem Baum hin-

14 Latour 1993, Kapitel 12.
15 Latour 1993, 83.

zuzufügen ist *keine große Sache*, es ist nicht *alles*, und es ist nicht *nichts*. Die Idealisten meinten, es sei alles. Was für eine extravagante Anmaßung, als schaffte ihn der Beobachter in allen seinen Stücken durch die bloßen Kräfte seiner Einbildung. Der Realist wiederum möchte aus Furcht, die Realität zu verlieren, wenn er ihre Konstruktion eingesteht, daß die Arbeit der Beobachter nicht zählt. Und der Idealist will mangels der Möglichkeit, die Welt aus ihm selbst zu erzeugen, daß die Dinge-an-sich für immer unerkennbar bleiben. Wie jede Existenz definiert der Baum sich durch die Verbindungen seiner Teile. Fügen Sie zwei, drei Expeditionen an den Waldrand von Boa Vista hinzu, und Sie transformieren sie alle: Bäume, Pflanzen, Regenwürmer, Pedologen und Botaniker (nicht zu sprechen von dem Anthropologen, den Lesern des Expeditionsberichts oder den Lesern dieses Artikels ...).

Übersetzung: Hans-Jörg Rheinberger

Literatur

Bastide, Françoise (1985): Iconographie des textes scientifiques: principes d'analyse. Culture technique 14, 132–151.

Bensaude-Vincent, Bernadette (1984): Le tableau de Mendeleiev. La Recherche 15, 1207–1215.

Latour, Bruno (1989): La science en action, Paris.

Latour, Bruno: La clef de Berlin et autres leçons d'un amateur de sciences, Paris 1993.

Law, John/Lynch, Michael (1990): Lists, field guides, and the descriptive organization of seeing: Birdwatching as an exemplary observational activity, in: M. Lynch und S. Woolgar (Hrsg.), Representation in Scientific Practice, Cambridge (Mass.), 267–300.

Lynch, Michael (1985): La rétine extériorisée: sélection et mathématisation des documents visuels. Culture technique 14, 108–123.

Moore, A. W. (Hrsg.) (1993): Meaning and Reference, Oxford.

Serres, Michel (1993): L'origine de la géométrie, Paris.

Star, Susan Leigh/Griesemer, James (1989): Institutional ecology, „translations" and boundary objects: Amateurs and professionals in Berkeley's Museum of Vertebrate Zoology, 1907–1939. Social Studies of Science 19, 387–420.

Hans-Jörg Rheinberger

Von der Zelle zum Gen

Repräsentationen der Molekularbiologie

I. Eine Pragmatogonie der Repräsentation

Repräsentation, Bild, Schrift: Unter diesen drei Begriffen steht meine Darstellung der Molekularbiologie und meine Annäherung an ihre Repräsentationsformen. Drei ebenso geläufige wie problematische Begriffe also, deren Bedeutung sich einem in dem Maße entzieht, wie man versucht, ihrer habhaft zu werden. Ich werde keine Definitionen vorwegnehmen, hoffe jedoch, daß im Verlauf des Textes sich diese Konzepte nach und nach artikulieren werden.

An den Anfang möchte ich ein paar kurze sprachliche Vorüberlegungen stellen. Intuitiv verbinden wir den Ausdruck ‚Repräsentation' mit der Existenz von etwas, worauf die Darstellung verweist, mit einem Repräsentierten. Wir fassen Repräsentieren als einen Vorgang auf, bei dem ‚etwas' für ‚etwas anderes' gesetzt wird. „Die Repräsentation eines Objekts beinhaltet also die Herstellung eines anderen Objekts, das auf das erste intentional bezogen ist. Dabei wird eine Codierungs-Konvention unterstellt, die bestimmt, was rechtens als ähnlich zählt."[1] Repräsentieren ist demnach Vergegenwärtigen, eine Vertretung *von* etwas an einer anderen Stelle. Interessanterweise umgibt den deutschen Begriff ‚Darstellung' aber ein Hof von Konnotationen, die je nach Gebrauch des Wortes mehr oder weniger stark in den Vordergrund treten. Wenn wir von der ‚Darstellung eines Sachverhaltes' sprechen, kommen wir damit der soeben skizzierten Bedeutung am nächsten. Wenn wir jedoch von einem Schauspieler sagen, wir hätten ihn gestern abend *als* Hamlet gesehen, so wird die Beziehung komplizierter. In diesem Falle meinen wir, daß der Darsteller das Dargestellte gewissermaßen in einem doppelten Sinne vorstellt: als Stellvertretung und als Verkörperung. Jedes Schauspiel und allgemeiner jede sinnliche Repräsentanz lebt von dieser Spannung, diesem „paradoxen Trick des Bewußtseins, der

1 Van Fraassen/Sigman 1993, 74.

Fähigkeit, etwas zur gleichen Zeit als ‚da' und als ‚nicht da' zu sehen".[2] Wenn uns schließlich ein Chemiker berichtet, er habe im Labor Schwefelsäure dargestellt, so ist die Bedeutung von ‚etwas wiedergeben' ganz in den Hintergrund getreten, und die Bedeutung von Verkörperung im Sinne der Herstellung eines spezifischen Stoffes beherrscht die Szene. Eine Darstellung im letzteren Sinne ist gewissermaßen das Wirklichwerden einer Sache. Wir haben es also mit einem Bedeutungskontinuum von einer Stellvertretung über eine darstellende Verkörperung bis zu einer dinglichen Realisierung zu tun.

Es scheint mir nun, daß diese drei Konnotationen ebenfalls eine Rolle spielen, wenn wir von Repräsentation oder Darstellung in den Wissenschaften reden. Grob gesprochen und ohne die Parallele zu stark zu strapazieren, hätten wir es im ersten Falle mit einer Analogie bzw. einem hypothetischen, mehr oder weniger willkürlichen Konstrukt (einem Symbol im Sinne von Peirce), im zweiten mit einem Modell bzw. einer Simulation (einer Peirceschen Ikone), und im dritten mit einem experimentell realisierten Sachverhalt zu tun (zu vergleichen mit einem Index in Peirces semiotischem System, also einer Spur).[3] Ähnlich argumentiert François Jacob, wenn er die Bewegung der experimentellen Biologie von „Analogien" über „Modelle" zu „konkreten Modellen" verlaufen sieht.[4] Womit wir es in einer gegebenen Situation zu tun haben, ist historisch kontingent und fallweise neu zu bestimmen. Wohlgemerkt, es geht mir hier um die Funktion der Repräsentation auf der Ebene der *Wissenschaftspraxis* selbst, so wie sie in der materiellen Laborarbeit ins Werk gesetzt wird. Der Übergang zur vermeintlich ‚rein' semiologischen Ebene und damit zum Problem, mit welchen Mitteln die Ergebnisse dieser Arbeit *sprachlich* oder *graphisch* festgehalten werden, ist dabei kein abrupter. Er vollzieht sich kontinuierlich und über beliebig viele hybride Zwischenglieder. Mir geht es also nicht in erster Linie um das Verhältnis von Theorie und Wirklichkeit, von Begriff und Sache. Damit würde ich mich auf einer anderen Ebene bewegen, einer Ebene, die von einer langen Tradition der analytischen Philosophie für die primäre und entscheidende gehalten wurde. Es geht mir vielmehr darum, den Prozeß der wissenschaftlichen Aktivität selbst als einen Prozeß der Erzeugung, Verschiebung und Überlagerung von Spuren zu begreifen, der mit den oben angedeuteten und weiteren, noch näher zu bestimmenden Darstellungsformen arbeitet, und der vom Standpunkt der ausgeformten Dichotomie von Theorie und Wirklichkeit, Begriff und Objekt möglicherweise gar nicht mehr angemessen in den Blick genommen werden kann.

2 Mitchell 1987, 17.

3 Peirce 1955, 102f.

4 Jacob 1974, 203f.

In seinem Buch *Representing and Intervening* hat Ian Hacking versucht, eine Art Pragmatogonie der Repräsentation, durchaus im Husserlschen Sinne einer Rekonstruktion des *Ursprungs der Geometrie*, zu entwickeln.[5] „Menschliche Wesen sind Darsteller", behauptet Hacking. „Nicht *homo faber*", fährt er fort, „sondern *homo depictor*. Menschen machen Repräsentationen."[6] Hacking will jedoch Repräsentationen ausdrücklich nicht primär als mentale Repräsentationen und als visuelle Abbilder verstanden wissen, sondern als physikalische Objekte, die den Charakter des Ähnelns – „likenesses" – dem Prozeß ihrer *eigenen* Replikation verdanken. Der Begriff der Realität, so Hacking, als ein Begriff zweiter Ordnung, kann überhaupt erst Gestalt annehmen vor dem Hintergrund solcher Repräsentationen erster Ordnung: als Reflexion über den Status der Replik. „Das Reale ist ein Attribut der Repräsentation."[7] Oder um es mit einem bekannten Diktum Jean Baudrillards zu formulieren: „Das Reale ist definiert als das, was sich äquivalent reproduzieren läßt."[8] Zum Problem wird es dort, wo alternative Darstellungsoptionen ins Spiel kommen. In der wissenschaftlichen Aktivität, die von solchen Alternativen, von reversiblen Repräsentationsketten lebt,[9] wird es zum Hauptproblem. In der Proliferation der Repräsentationen liegt die Dynamik jener Bewegung begründet, die den Typus der neuzeitlichen Wissenschaften auszeichnet. Ihr versuche ich, am Leitfaden der modernen Biologie an einigen Beispielen nachzugehen, die, obwohl einen Übergang in der jüngsten Geschichte der Biologie markierend, doch als Ensemble auch charakteristisch sind für das, was den Kosmos der Ähnlichkeit vom Universum der Repräsentation trennt.[10]

Zunächst will ich kurz das Unternehmen ‚Molekularbiologie' charakterisieren. Es hat zahlreiche Versuche gegeben, den Kern dessen zu bestimmen, was man heute Molekularbiologie nennt. Ist sie einfach eine biologische Disziplin unter anderen? Ist sie in einem gewissen Sinne doppelbödig, ähnlich der Evolutionsbiologie,[11] indem sich der Ausdruck gleichzeitig auf eine Spezialdisziplin bezieht, die molekulare Genetik, und auf eine allgemeine Sicht der Lebenserscheinungen auf molekularer Ebene? Ist sie vielleicht ein alle biologischen Disziplinen erfassendes, technisch-praktisches Dispositiv der Zerlegung und Synthese lebender Materie, das die klassischen biologischen Disziplinengrenzen des 19. und frühen 20. Jahrhunderts kategorisch aufweicht? Oder ist

5 Hacking 1983, besonders das Kapitel „Break: Reals and Representations". Vgl. auch Husserl 1954.
6 Hacking 1983, 132.
7 Hacking 1983, 136.
8 Baudrillard 1983, 146.
9 Vgl. den Beitrag von Bruno Latour in diesem Band.
10 Foucault 1974.
11 Lefèvre 1984, 1. Teil, 14–114.

sie nichts weiter als ein soziales Konstrukt, das eine neue Generation von Biologen um sich herum aufgebaut hat in der Absicht, ihre Forschungsinteressen wirksam durchzusetzen? Gunther Stent ist heftig kritisiert worden für das Gewicht, das er dem Informationsdenken der sogenannten Phagengruppe um Max Delbrück, deren Partisan er selbst war, für die Entstehung der Molekularbiologie beimaß.[12] Das hat andere Forschergruppen – die Funktionalisten vom Pasteur-Institut, die Strukturalisten des Cavendish-Laboratory in Cambridge – ebenfalls dazu veranlaßt, ihre Arbeit in jenes anhaltende narrative Unternehmen einzuschreiben, das als Historiographie der Molekularbiologie unter unseren Augen Gestalt annimmt.[13] Die soeben gestellen Fragen müssen hier als Fragen stehen bleiben.[14] Hier ist auch nicht der Ort, dem unvermeidlichen und zugleich illusionären Begehren nachzugehen,[15] dem historischen Entstehungsprozeß der neuen Biologie *post festum* eine narrative Kohärenz zu verleihen, ebensowenig, den Ursprüngen des Ausdrucks ‚Molekularbiologie' nachzuspüren.[16] Es geht mir hier allein um das Problem der *Repräsentation* in der Molekularbiologie.

Ich möchte, auch auf die Gefahr hin, Verwunderung auszulösen, mich dem Thema annähern, indem ich einen Text von Martin Heidegger in Erinnerung rufe. Das Zitat entstammt dem Aufsatz *Die Zeit des Weltbildes* aus dem Jahre 1938, den er später unter seine *Holzwege* eingeordnet hat. Auf das Titelwort „Weltbild" komme ich noch zu sprechen. Vorerst Heideggers Bestimmung dessen, was die neuzeitliche Wissenschaft ausmacht: „Das Wesen dessen, was man heute Wissenschaft nennt, ist die *Forschung*. Worin besteht das Wesen der Forschung? Darin, daß das Erkennen sich selbst als *Vorgehen* in einem Bereich des Seienden, der Natur oder der Geschichte, einrichtet. Vorgehen meint hier nicht bloß die Methode, das Verfahren; denn jedes Vorgehen bedarf bereits eines *offenen Bezirkes*, in dem es sich bewegt. Aber gerade das Öffnen eines solchen Bezirkes ist der Grundvorgang der Forschung."[17] Soweit Heidegger. Das Öffnen eines Bezirkes, und das Einrichten eines Vorgehens: Darin besteht nach Heidegger das Wesen der neuzeitlichen Wissenschaft überhaupt. Hat das irgendetwas zu tun mit dem Problem der Repräsentation in der Molekulabiologie? Ja. Die Molekularbiologie hat einen alternativen Raum der Repräsentation

12 Stent 1968.

13 Cairns/Stent/Watson 1966; Rich/Davidson 1968; Monod/Borek 1971. Vgl. auch Olby 1974; Portugal/Cohen 1977; Judson 1979, Kay 1993, Morange 1994.

14 Vgl. dazu Rheinberger 1997.

15 White 1987, ix; Cronon 1992.

16 Vgl. Olby 1990.

17 Heidegger 1977, 77, Hervorhebungen hinzugefügt.

des Lebendigen geöffnet, und sie hat ein neues Vorgehen in diesem Bezirk eingerichtet.

Zunächst: Welcher Bezirk wird durch die Molekularbiologie geöffnet? Der Bezirk, der es erlaubt, mit dem Lebendigen im Sinne der Speicherung, Umschreibung und Übersetzung von genetischer Information umzugehen. Stent hatte recht. Dazu überzugehen, lebende Systeme als informationsverarbeitende Strukturen zu sehen anstatt als mechanische Apparate oder als Energie wandelnde und dissipierende Maschinen, das unterscheidet die Biologie der zweiten Hälfte des 20. Jahrhunderts von den Organismusvorstellungen des 17./18. und des 19. Jahrhunderts. Den Organismus als ein Buch zu lesen ist aus einer bloßen Analogie zu einer wörtlich zu nehmenden Beschäftigung geworden. Die neue Biologie hat einen Repräsentationsraum geöffnet, in dem der Organismus, das heißt heute und für den Molekularbiologen, seine Gene, gemäß ihrem eigenen Alphabet, gelesen werden können.

Nun will es die Tradition, daß es kein Lesen ohne Deuten gibt. Das impliziert, wenn wir das molekularbiologische Vokabular ernst nehmen, eine Auffassung des Organismus als eines semantischen Dings, als eines Textes, dieser offensichtlichsten Form von semantischen Dingen in unserer Kultur. Aus der Perspektive der Molekularbiologie ist aber die Arbeit des Deutens primär das Geschäft des Organismus als eines materiellen Systems selbst. Die Selbstdeutung dieses materiellen Systems besteht in seiner eigenen, differentiellen Übersetzung. Womit uns die Molekularbiologie zu verstehen gäbe, daß das Wesen des Lesens – Schreiben ist. Im Bereich des Organischen wäre Lesen also immer schon Schreiben: ein materieller Prozeß der Transkription. Deuten wäre Umschreiben und Um-Schreiben im Sinne einer genetischen Skripturalität.

Damit kommen wir aus einer überraschenden Ecke in die Nähe jenes interpretatorischen Unternehmens, das man als *Dekonstruktion* bezeichnet hat. Aber vielleicht ist es kein Zufall, daß Jacques Derrida im einleitenden Kapitel zu seiner *Grammatologie* auf das Programm der lebenden Zelle zu sprechen kommt, wenn er versucht, die Grundeinheit der Grammatologie, das Graphem, zu definieren.[18] Organismen, nicht nur Bücher, sind geschriebene Dinge. Das hat Konsequenzen. Das Programm der Molekularbiologie geht über den Anspruch hinaus, den Organismus im traditionellen Sinne einer Interpretation zu deuten. Es läuft darauf hinaus, ihn zu schreiben und umzuschreiben. Das wird uns in dem Augenblick bewußt, wo wir gewahr werden, daß die Molekularbiologie die Möglichkeit schafft, auch unseresgleichen auf der Ebene der Gene umzuschreiben.

18 Derrida 1974, 21.

II. Repräsentation und Bild: Molekularbiologie

Soviel über die Öffnung eines Bezirks. Damit komme ich zum zweiten Punkt: der Einrichtung eines Vorgehens.

Gibt es eine Prozedur, die für die Molekularbiologie im allgemeinen und für die Gentechnolgie im besonderen charakteristisch ist? Um sich dieser Frage anzunähern, wird es sinnvoll sein, eine historische Unterscheidung zu treffen. Diese Unterscheidung wird uns auch näher an die Frage heranbringen, was Repräsentation in der Molekularbiolgie bedeutet. Wenn wir uns darauf einigen können, daß es im Bereich des Molekularen darum geht, den Organismus zu lesen, indem man ihn schreibt, stellt sich die Frage, welche skripturalen Verfahren dafür in Anschlag kommen. In bezug auf diese Vorgehensweisen gibt es eine Demarkationslinie, welche die frühe Molekularbiologie von ihrer gegenwärtigen Form als Gentechnologie unterscheidet.

Bis zum Ende der sechziger Jahre, als Gunther Stent – welche Ironie, möchte man angesichts der Entwicklungen des nächsten Jahrzehnts hinzufügen –, die Molekularbiologie in ihrer *akademischen* Phase angelangt sah,[19] basierte die neue Biologie weitgehend auf Techniken, die im traditionellen disziplinären Kontext der der Biologie als biophysikalische, biochemische und genetische Prozeduren gekennzeichnet werden können: Röntgenstrahl-Kristallographie, Ultrazentrifugation, Elektronenmikroskopie, molekulares Modellieren; radioaktive Markierung, enzymologische Kartierung, Elektrophorese und Chromatographie; Bakterien- und Phagengenetik mit ihren Verfahren des Mutantenscreening, der Konjugation oder des „mapping by mating", der Transduktion und Transfektion. Mit dieser Charakterisierung ist nicht gemeint, daß diese Verfahren bereits verfügbar waren und einfach nur aufgegriffen werden mußten auf dem Wege zu dem, was wir heute als Molekularbiologie bezeichnen. Im Gegenteil, es war gerade die Entwicklung oder zumindest die biologiespezifische Verwendung der meisten von ihnen, die das Unternehmen überhaupt erst auf den Weg brachte, lebende Systeme auf molekularer Ebene zu charakterisieren.[20]

Die klassischen biophysikalischen, biochemischen und genetischen Techniken zur Untersuchung von Organismen werden manchmal auch als *in vivo-*, *in situ-* und *in vitro-*Zugänge zu den Lebenserscheinungen apostrophiert. Diese Unterscheidungen wären es wert, im Rahmen einer Untersuchung experimenteller Repräsentationen in der Biologie näher beleuchtet zu werden. Auf ihre spezifischen Merkmale kann ich hier nicht näher eingehen. Ihnen allen ist

19 Stent 1968.
20 Vgl. dazu Kay 1993.

jedoch gemeinsam, daß sie eine experimentelle Umgebung zu schaffen versuchen, in der das Milieu der lebenden Zelle durch technische Bedingungen derart eingegrenzt oder substituiert wird, daß sich topologische Strukturen oder metabolische Prozesse vor dem Hintergrund abheben, in den sie eingebettet sind. Kurz gesagt, es geht bei diesen Techniken um eine extrazelluläre Repräsentation einer intrazellulären Konfiguration (wie typischerweise bei *in vitro*-Systemen), oder um eine phänomenologisch-makroskopische Repräsentation submikroskopischer Vorgänge (wie bei der Bakterien- und Phagengenetik). Die zum Zwecke solcher Repräsentationen entwickelten Technologien sind nach dem Muster derjenigen Wissenschaften modelliert, die von den Pionieren der Molekularbiologie als entscheidend für den molekularen Fortschritt der Biologie angesehen wurden: Physik und Chemie.

Worum geht es bei dieser Art von Repräsentationen? Ganz allgemein scheint es darum zu gehen, sich ein Bild von der Welt oder von einem Ausschnitt der Welt zu machen, also: *Repräsentation als Bild.* Aber was meint hier Bild? „Bei dem Wort Bild", sagt Heidegger, „denkt man zunächst an das Abbild von etwas." Jedoch, fährt er in seiner Charakterisierung der neuzeitlichen Wissenschaften fort: „Bild meint hier nicht einen Abklatsch, sondern jenes, was in der Redewendung herausklingt: wir sind über etwas im Bilde. Das will sagen: die Sache selbst steht so, wie es mit ihr für uns steht, vor uns."[21] Mit anderen Worten: Wir sind, vermittels unserer technischen Verfahren, über das jeweilige „Wissenschaftswirkliche",[22] selbst mit im Bild. Oder um es mit Jacques Lacan zu sagen: Im wissenschaftlichen Wissen ist das Subjekt „in innerem Ausschluß seinem Objekt eingeschlossen".[23] „Das Seiende im Ganzen", schließt Heidegger – nicht anders als Hacking –, „wird jetzt so genommen, daß es erst und nur seiend ist, sofern es durch den vorstellend-herstellenden Menschen gestellt ist."[24] Bilder, mit anderen Worten, sind *Bildungen*, Vorstellen ist *Stellen*.

Dort, wo es zur wissenschaftlichen Repräsentation kommt, sind wir also immer schon jenseits des Bildes als Abbild. Wie Nelson Goodman bemerkt: Repräsentieren heißt nicht „spiegeln", sondern „nehmen und machen". Und er fährt fort: „Die Abbildtheorie der Repräsentation ist von Anfang an durch ihre Unfähigkeit blockiert, das zu spezifizieren, was abgebildet werden soll."[25] Mein Ausgangspunkt war, daß die Experimentalwissenschaften damit beschäftigt sind, Repräsentationsräume für Dinge zu erzeugen, die andernfalls nicht

21 Heidegger 1977, 89.
22 Bachelard 1988, 11.
23 Lacan 1975, 239.
24 Heidegger 1977, 89.
25 Goodman 1968, 8f.

als epistemische Dinge zu handhaben wären – und mithin als Wissenschaftsdinge für uns nicht existierten. Biochemisch-biophysikalische Repräsentationen schaffen einen extrazellulären Raum für Reaktionen, die sich normalerweise in der Zelle abspielen sollen. Im alltagssprachlichen Umgang sagen wir von einer solchen Repräsentation, sie sei ein Modell dessen, was sich ‚in der Natur' abspielt, im Sinne der eingangs gemachten Unterscheidung also nicht eine Darstellung ‚von', sondern eine Darstellung ‚als'. *In vitro*-Systeme wären also Modelle für *in vivo*-Vorgänge. Aber was geht in der Zelle vor? Die einzige Möglichkeit, darüber Kenntnis zu erlangen, ist der Weg von Analogien über Modelle zum Wissenschaftswirklichen im Sinne eines bildenden Vor-Stellens. Das heißt, die ‚Natur selbst' wird in einem wissenschaftlich-technischen Sinne nur ‚real' als ein Hingestelltes. Die neuzeitliche Errungenschaft eines Weltbildes im Sinne eines Welt*ge*bildes selbst impliziert, daß jede Unmittelbarkeit, jede Möglichkeit von unvermittelter Evidenz immer schon vergeben ist. Der Prozeß des Analogisierens, Modellierens und Realisierens verläuft nicht von der Erscheinung zum Wesen, von der Repräsentation zum Repräsentierten, von der Oberfläche in die Tiefe; er konstituiert sich vielmehr horizontal, als ein laterales Oszillieren zwischen verschiedenen Repräsentationsräumen: als Vergleichung, Verschiebung, Marginalisierung, Hybridisierung und Propfung verschiedener Repräsentationen mit- und gegeneinander, die sich verschiedenen Vorgehensweisen in einem offenen Bezirk der Forschung verdanken. Als wissenschaftlicher Prozeß kann dieser Vorgang, wenn man ihn so auffaßt, *per definitionem* nicht zu einem Stillstand kommen, solange er jedenfalls als Forschung betrieben wird. Denn eine Repräsentation kann immer nur an einer weiteren Repräsentation abgearbeitet werden.

Man könnte versucht sein, diesen Prozeß im Sinne eines Aushandelns von Konventionen zu interpretieren und damit seine soziale Seite zu betonen. Selbst wenn ich das nicht ablehne, so möchte ich doch zu bedenken geben, daß es sich hier nicht um einen Konventionalismus handelt, bei dem die Wissenschaftler aus welchen Gründen auch immer übereinkommen, etwas als ‚das-und-das' anzusehen. Die ‚Übereinkunft' liegt eher in der rekurrenten Fähigkeit einer Repräsentation, selbst zum Bestandteil des weiteren technischen Vorgehens zu werden, also die Form eines reproduzierbaren Dings anzunehmen.

Das Gesagte möchte ich am Beispiel der Zentrifugation von homogenisierten und intakten Zellen verdeutlichen. Wenn man sich das Partitionsdiagramm einer solchen Serie von Zentrifugenläufen ansieht (Abb. 1), so muß man sich bewußt machen, daß hinter diesem Schema ein technisches Gerät steht, und daß alle Endpunkte der Partition durchaus makroskopisch in Zentrifugenröhrchen ihr materielles Dasein haben. Man sieht aber schon an der Beschriftung, daß man es hier nicht mit einem Partitionsdiagramm allein zu tun hat. Denn die

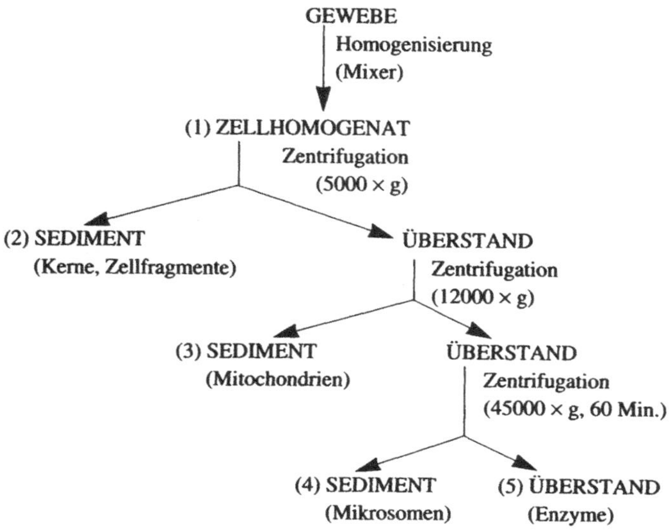

Abb. 1: Partitionsdiagramm einer Serie von Zentrifugenläufen zur Auftrennung eines Zellhomogenates in verschieden schnell sedimentierende Bestandteile. Aus Rheinberger 1992.

Bezeichnung der einzelnen Fraktionen greift auf Charakterisierungen zurück, die sich nicht aus der zentrifugalen Repräsentation ergeben. Sie verweisen auf die Inspektion der einzelnen Fraktionen etwa mit dem Elektronenmikroskop (Abb. 2). Hier wird die Partition als Partikelsuspension sichtbar gemacht. Wir haben es also – immer schon – mit einer Überlagerung mehrer Repräsentationen zu tun.

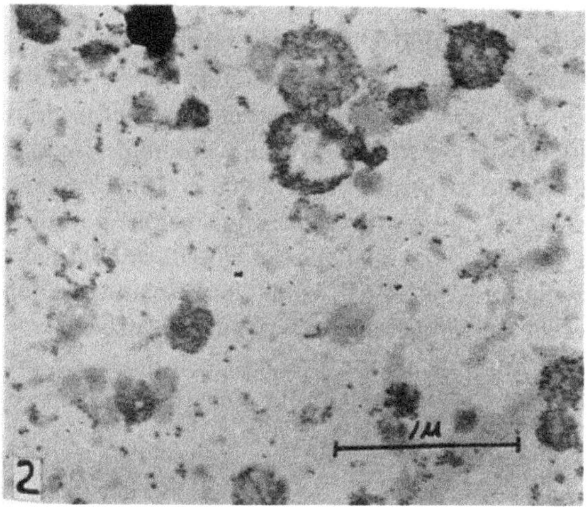

Abb. 2: Elektronenmikrographie einer resuspendierten, ungefärbten und unbeschatteten Mikrosomenfraktion, Vergrößerung 35.200×. Aus Littlefield/Keller/Gross/Zamecnik 1955, dort Tafel 1.

Sind diese Partitionen Repräsentationen des zellulären Zytoplasmas im Sinne einer Darstellung ‚von'? Nein. Die Repräsentation bildet nichts ab, sie macht vielmehr etwas verfügbar. Sie transformiert ein Gewebe, eine Agglomeration von vielen mikroskopisch kleinen Zellen, in eine Anordnung von Zellfraktionen. Sie öffnet einen zentrifugalen Repräsentationsraum, in dem mit dem Inhalt von Zellen experimentell umgegangen werden kann. Will man diese Partition näher bestimmen, so kann man sich nicht auf die Zelle, oder das Zytoplasma, ‚wie es wirklich ist', zurückbeziehen. Zur ‚zentrifugalen Vorstellung' des Wissenschaftsobjekts gehört untrennbar die Zentrifuge als die Technik des Vorstellens. Eine Rückbeziehung ist nur auf andere Repräsentationsformen möglich, beispielsweise auf die Mikroskopie der Sedimente. Aber um zu entscheiden, ob eine solche Rückbeziehung eindeutig ist, z. B. ob das Sediment X hauptsächlich aus Mitochondrien besteht, bedarf es wiederum einer weiteren Repräsentationstechnik, etwa eines Enzymtests. Und so weiter. Im Prinzip kommt eine solche Repräsentationskette nicht zu einem ‚natürlichen' Ende.

Natur ‚als solche' ist mithin kein Referenzpunkt für das Experiment, sie ist eher eine Gefahr. Sie ist eine ständige Bedrohung der Verunreinigung. Wenn Zellen fraktioniert werden, müssen unfraktionierte Zellen aus dem Repräsentationsraum ausgeschlossen werden. Wenn man mit einem in *vitro*-System arbeitet, verhält sich jede ganze Zelle in diesem als ein Fremdkörper, als ein „Ganz-Zell-Artefakt", wie Paul Zamecnik es einmal treffend nannte.[26] Wir enden also bei dem Paradox, daß etwas, das wir als ‚natürlich' zu bezeichnen pflegen, indem es in diesem Zustand bleibt, sich in etwas Artifizielles verwandelt. Der Referenzpunkt für ein experimentell kontrolliertes System kann also nichts anderes sein als ein anderes experimentell kontrolliertes System. Es ist die Eigentümlichkeit der wissenschaftlichen Repräsentation als einer Spur, daß das, was die Spuren erzeugt, nur durch weitere Spuren erfaßt werden kann. Und wenn das epistemische Objekt nicht selbst sichtbare Spuren hinterläßt, dann werden Spurenerzeuger – ‚tracer' – in es eingeführt, in Form von radioaktiven Markern, von fluoreszierenden Farben, von Pigmenten, von jedwedem Mittel, mithilfe dessen Inskriptionen hervorgerufen werden können. Es sind nicht einfach die Meßgeräte, welche die Inskriptionen erzeugen. Die Untersuchungsgegenstände selbst werden in eine spurenförmige Konfiguration gebracht. Zeitlich und räumlich *ist* ein epistemisches Ding ein Bündel von Spuren. Die Bewegung der Bezeichnungen selbst – als das Resultat einer strukturellen Notwendigkeit – verwandelt jedes angenommene Signifikat, soll es wissenschaftlich wirksam werden, in einen Signifikanten, von dem aus das Spiel weitergehen kann. Das wissenschaftliche Weltbild konstituiert sich in

26 Lamborg/Zamecnik 1960.

einem offenen Bezirk – einem Repräsentationsraum – durch ein Verfahren des Vor- und Hinstellens von epistemischen Dingen – Repräsentation – als ein Darstellen im Sinne eines Herstellens. Philosophisch gesehen ist es ein Verhängnis, daß immer wieder versucht wird, es dem Kriterium eines Wahren zu unterwerfen. Die Stabilität wissenschaftlicher Erkenntnis verdankt sich ebensowenig ihrem Status als Abbild wie der Macht einer Übereinkunft. Sie ruht auf der Nachvollziehbarkeit repräsentativer Transformationen.

III. Repräsentation und Schrift: Gentechnologie

Nun hat sich die Art und Weise, in der molekulare Strukturen und Prozesse des Organismus dem Experimentieren zugänglich gemacht werden, in der diese Strukturen und Prozesse in handhabbare Repräsentationen verwandelt und übersetzt werden, seit den siebziger Jahren mit dem Heraufkommen rekombinanter DNA-Technologien noch einmal radikal gewandelt. Nicht daß ein Teil ihrer Prozeduren nicht weiterhin als Vorgehensweisen im soeben beschriebenen Sinne wirken würden. Aber ihre eigentlichen, zentralen Werkzeuge, wie Restriktionsenzyme, Polymerasen, Plasmide und alle Arten von Vektoren, Bruchstücke von DNA und RNA, haben alle selbst den Charakter von Molekülen. Mit der Gentechnologie werden die zentralen ‚technischen' Entitäten, die Manipulationswerkzeuge des molekularbiologischen Unternehmens selbst zu molekularen Werkzeugen, sie sind ihrem Charakter nach nicht mehr zu unterscheiden von den Prozessen, mit denen sie interferieren. Auf der Ebene der Gentechnologie verschwindet der letzte Hauch der Illusion, es gäbe hier noch eine Unterscheidungsmöglichkeit zwischen etwas Natürlichem und etwas Künstlichem. Die Scheren und die Nadeln, mit denen Gene geschnitten und gespleißt werden und die Träger, mit denen man sie transportiert, sind selbst Makromoleküle. Diese Enzyme und sonstigen gereinigten Moleküle stellen eine Art ‚weicher' Technologie dar, eine molekulare Technologie, die der Lebensprozeß selbst über eine Periode von Milliarden Jahren entwickelt hat, und die in der Lage ist, innerhalb des Bezirks und des Milieus der intakten lebenden Zelle zu operieren.

Gentechnologisch zu arbeiten bedeutet, unter biochemischen Bedingungen informationstragende Moleküle zu konstruieren, die dann in das intrazelluläre Milieu eines Organismus verpflanzt werden, welcher sie transponiert, reproduziert und ihre Eigenschaften testet. Damit nimmt der Organismus selbst den Status eines technischen Objekts an, d. h. den Status eines Repräsentationsraums, in dem neue epistemische Dinge ausprobiert und artikuliert werden. Gewiß, das Leben molekular zu kontrollieren hat bereits die frühen Programme einer ‚neuen Biologie' am Ende der dreißiger und in den vierziger Jahren motiviert, wie Lily Kay überzeugend dargelegt hat.[27] Aber erst mit der Möglichkeit, das genetische Reproduktionsprogramm der Zelle mit Hilfe ihrer eigenen – modifizierten und unmodifizierten – Komponenten zu bearbeiten, verläßt der Molekularbiologe, als Gentechnologe, das Arbeitsparadigma des klassischen Biophysikers, Biochemikers und Genetikers. Er konstruiert nicht länger Reagenzglas-Bedingungen, unter denen die Moleküle des Organismus und ihre Reaktionsfolgen den Status wissenschaftlicher Objekte annehmen. Genau andersherum: Der Molekulartechnologe konstruiert informationstragende Moleküle, die nicht länger bereits im Organismus existieren müssen. Um sie zu reproduzieren, zu exprimieren und zu analysieren, benützt er das Milieu der Zelle als deren angemessene technische Einbettung. Der Organismus selbst wird damit in ein Labor verwandelt. Worum es von nun an geht, ist nicht länger die extrazelluläre Repräsentation intrazellulärer Strukturen und Prozesse, sondern die intrazelluläre Repräsentation eines extrazellulären Projekts, mit einem Wort: die Um-Schreibung des Lebens. Das zeichnet, aus einer epistemischen Perspektive, die gentechnologische Repräsentation aus, wenn auch als eine Repräsentation unter anderen. Wie Leroy Hood, einer der führenden Vertreter der biotechnologischen Entwicklung und des Human-Genome-Projekts, es kürzlich ausdrückte: Zweifellos werden zukünftige Biologen an Modellen arbeiten, um sie dann „an biologischen Systemen oder lebenden Organismen zu überprüfen".[28]

Die Molekularbiologie hat einen Bezirk geöffnet, der es erlaubt, mit dem Lebendigen als Prozeß der Speicherung, Transkription und Translation genetischer Information umzugehen. Die Gentechnologie hat sich als ein Vorgehen in diesem Bezirk eingerichtet. Wie sieht so ein gentechnologisches Schrift-Bild aus? Betrachten wir dazu das Sequenzgel eines DNA-Abschnittes (Abb. 3). Wir haben hier einen Teil eines Gens in der Form vor uns, in welcher der Genetiker mit diesen Dingen umgeht. Das primäre Produkt des Sequenzierverfahrens ist eine dünne, poröse, aus Acrylamid polymerisierte Platte, in die durch Anlegen einer Stromspannung unterschiedlich große DNA-Stücke unterschiedlich weit eingewandert sind. Durch eine vorangegangene enzymatische Manipulation, eine Synthese mit Kettenabbruch, sind diese Stücke so bearbeitet, daß sie sich statistisch um jeweils einen Baustein in ihrer Länge unterscheiden. Aufgrund der Verwendung radioaktiver Tracer zur Synthese sind sie ‚markiert' und können damit auf einer Filmplatte wie der hier gezeigten als schwarze Striche sichtbar gemacht werden. Die vier Kolonnen repräsentieren

27 Kay 1993.
28 Hood 1993, 183.

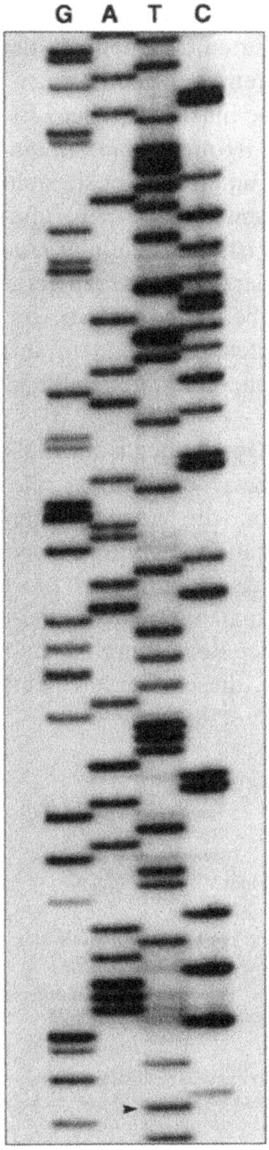

Ser	Trp	Gln	Thr	Tyr
TCG	TGG	CAA	ACA	TAC
Val	Asp	Asp	His	Leu
GTT	GAT	GAC	CAT	TTG
Met	Cys	Asp	Ile	Glu
ATG	TGT	GAC	ATC	GAA
Gly	Thr	Gly	Gln	His
GGT	ACC	GGT	CAG	CAT
Leu	Thr	Ser	Ala	Ala
CTC	ACC	TCG	GCT	GCT
		Ile	Phe	Gly
		ATC	TTT	GGT

Abb. 3: Teil einer Sequenz des Gens für das Protein Profilin aus Beifuß-Pollen, sequenziert aus dem Expressionsvektor PMW172. A, Autoradiographie eines Teils des Sequenzgels. B, Dazugehörige Nukleotid-Sequenz mit den Aminosäuren, für welche die einzelnen Triplets codieren; die erste Base der Teilsequenz des Gens ist markiert. Für die Abbildung danke ich Fátima Ferreira und Alex Jilek, Institut für Genetik und Allgemeine Biologie, Universität Salzburg.

die vier verschiedenen DNA-Bausteine G, A, T und C. Man kann diesen Schrieb vertikal lesen und erhält damit die sogenannte Sequenz des Gens. Hier ist Information als Information visualisiert, als einmalige Abfolge diskreter Charaktere. Die Schrift des Lebens ist in den Schriftraum des Labors transponiert, zum epistemischen Ding gemacht, in die Welt der mittleren Dimensionen geholt, in denen unsere Sinnesorgane operieren. Der Gentechnologe arbeitet mit experimentell in einem Repräsentationsraum produzierten Graphemen, die im vorliegenden Fall den ganz unmetaphorischen Charakter einer Schrift angenommen haben. Die Elemente dieses genetischen Bildes sind Buchstaben: Es ist ein Text. Das Unterscheidende an dieser Darstellung ist nicht, daß sie ein DNA-Stück ‚als' ein Sequenzgel repräsentiert. Als solche unterscheidet sie sich nicht wesentlich von den bereits besprochenen Repräsentationsformen, und was für diese zutraf, trifft auch hier zu. Das Interessannte ist, daß sie ein DNA-Stück in die Form eines Textes bringt, es als eine Buchstabenfolge realisiert, und zwar nicht auf der Ebene der uns vertrauten alphabetischen Schrift, im Raum der gedruckten Seite, als einen sprachlich realisierten Text, sondern auf der Ebene der genetischen Schrift, deren primäre Spuren selbst aus sichtbar gemachten Nukleotidketten bestehen.

Bilder und Texte sind die Extremalpunkte dessen, was Goodman als „dichte" und als „artikulierte" Symbolsysteme bezeichnet. Dazwischen gibt es alle möglichen Formen von diagrammatischen Übergängen, die gemäß einer „Grammatik der Differenz" das Universum der Repräsentation ausfüllen. Quer zu dieser Grammatik repräsentativer Differenzen steht das Kontinuum zwischen Analogie, Modell und realisierter Spur. Im Koordinatennetz dieser beiden Kontinua hat Ähnlichkeit aufgehört, als Kriterium der Bewertung zu dienen, und es läßt Raum für alle möglichen Hybridformen, diesen Garanten für „Innovation, Auswahl und unvorwegnehmbare Ereignisse".[29]

Literatur

Bachelard, Gaston (1988): Der neue wissenschaftliche Geist. Frankfurt am Main.

Baudrillard, Jean (1983): Simulations. New York.

Cairns, John/Stent, Gunther S./Watson, James D. (Hrsg.) (1966): Phage and the Origins of Molecular Biology. New York.

Cronon, William (1992): A place for stories: Nature, history, and narrative. The Journal of American History (March), 1347–1376.

Derrida, Jacques (1974): Grammatologie. Frankfurt am Main.

Foucault, Michel (1974): Die Ordnung der Dinge. Eine Archäologie der Humanwissenschaften. Frankfurt am Main.

Goodman, Nelson (1968): Languages of Art. Indianapolis.

Hacking, Ian (1983): Representing and Intervening. Cambridge.

Heidegger, Martin (1977): Die Zeit des Weltbildes. Gesamtausgabe, I. Abteilung, Band 5. Frankfurt am Main, 75–113.

29 Mitchell 1987, 71.

Hood, Leroy (1993): Biologie und Medizin im 21. Jahrhundert. In: Daniel J. Kevles, Leroy Hood (Hrsg.): Der Supercode. Die genetische Karte des Menschen. München, 156–183.
Husserl, Edmund (1954): Manuskript ohne Titel. In: W. Biemel (Hrsg.): Gesammelte Werke Bd. VI, Den Haag, 365–386 (1936, zuerst veröffentlicht 1939 von E. Fink: „Vom Ursprung der Geometrie", Revue Internationale de Philosophie, Brüssel, 1. Jahrgang, 2. Heft).
Jacob, François (1974): Le modèle linguistique en biologie. Critique 322 (Mars), 197–205.
Judson, Horace F. (1979): The Eighth Day of Creation. The Makers of the Revolution in Biology. New York.
Kay, Lily (1993): The Molecular Vision of Life. Oxford.
Lacan, Jacques (1975): Die Wissenschaft und die Wahrheit. In: Norbert Haas (Hrsg.): Schriften II. Olten, 231–257.
Lamborg, Marvin R./Zamecnik, Paul C. (1960): Amino acid incorporation into protein by extracts of E. coli. Biochimica et Biophysica Acta 42, 206–211.
Lefèvre, Wolfgang (1984): Die Entstehung der biologischen Evolutionstheorie. Frankfurt am Main.
Littlefield, John W./Keller, Elizabeth B./Gross, Jerome/Zamecnik, Paul C. (1955): Studies on cytoplasmic ribonucleoprotein particles from the liver of the rat. Journal of Biological Chemistry 217, 111–123.
Mitchell, W. J. Thomas (1987): Iconology. Image, Text, Ideology. Chicago.
Monod, Jacques/Borek, E. (Hrsg.) (1971): Of Microbes and Life. Ithaca.
Morange, Michel (1994): Histoire de la biologie moléculaire. Paris.
Olby, Robert (1974): The Path to the Double Helix. London.
Olby, Robert C. (1990): The molecular revolution in biology. In: R. C. Olby, G. N. Cantor, J. R. R. Christie, and M. J. S. Hodge (Hrsg.): A Companion to History of Science. London, 503–520.
Peirce, Charles Sanders (1955): Logic as semiotic: The theory of signs. In: Philosophical Writings of Peirce (selected and edited with an introduction by Justus Buchler). New York, 98–119.
Portugal, Franklin H./Cohen, Jack S. (1977): A Century of DNA. Cambridge (MA).
Rheinberger, Hans-Jörg (1992): Experiment, Differenz, Schrift. Zur Geschichte epistemischer Dinge. Marburg.
Rheinberger, Hans-Jörg (1994): Alles, was überhaupt zu einer Inskription führen kann. In: Norbert Haas, Rainer Nägele und Hans-Jörg Rheinberger (Hrsg.), Im Zug der Schrift. Liechtensteiner Exkurse I. München, 295–309.
Rheinberger, Hans-Jörg (1997): Geschichte der Molekularbiologie. In: Ilse Jahn u. a. (Hrsg.), Geschichte der Biologie. Jena, im Druck.
Rich, Alexander/Davidson, Norman (Hrsg.) (1968): Structural Chemistry and Molecular Biology. San Francisco.
Stent, Gunther S. (1968): That was the molecular biology that was. Science 160, 390–395.
Van Fraassen, Bas C./Sigman, Jill (1993): Interpretation in science and in the arts. In: George Levine (Hrsg.): Realism and Respresentation. Wisconsin, 73–99.
White, Hayden (1987): The Content of the Form. Baltimore.

Peter Galison

Die Ontologie des Feindes

Norbert Wiener und die Vision der Kybernetik[1]

I. Der Feind

Am 20. September 1940 schrieb der Mathematiker und Physiker Norbert Wiener an Vannevar Bush, den Zaren der amerikanischen Kriegsforschung: „Ich [...] hoffe, Sie können irgendeinen Tätigkeitsbereich finden, wo ich mich im Notfall nützlich machen kann." Großbritannien war ständigen Luftangriffen ausgesetzt und es sah so aus, als ob eine Invasion durch Nazi-Deutschland unmittelbar bevorstünde. Wiener durchbrach die disziplinären Grenzen, um sein Wissen und Können für die technologische Verteidigung einzusetzen. Er schlug Verfahren zur Verbesserung von Bushs Analogrechner, den sogenannten „differential analyser", vor, um Entwürfe für Kriegsgerät – das reichte von Flugzeugflügeln bis hin zu den Patronenhülsen – zu beschleunigen. Noch konkreter war sein bereits früher geäußerter Vorschlag, daß die Alliierten Behälter mit verflüssigtem Äthylen, Acetylen oder Propangas füllen sollten, die dann in der Luft explodierten, um in einer Dauer-Detonation den Himmel anzuzünden.[2] Daß solche Abwehrmaßnahmen gegen Bombenangriffe die rein wissenschaftlichen Fragen vom Tisch fegten, ist kaum weiter erstaunlich. Der 13. August 1940 war für die deutsche Luftwaffe der „Tag des Adlers" und damit auch der Beginn der Schlacht um England, der mit einem Angriff von

1 Die ursprüngliche Fassung dieses Textes ist erschienen in *Critical Inquiry* 21, 1994, 228–266. Ich danke der University of Chicago Press für die Genehmigung zum Druck dieser Übersetzung, die im Vergleich zum Original in den Fußnoten leicht gekürzt ist. Weiterhin möchte ich Arnold Davidson, Steve Heims, Gerald Holton, Caroline A. Jones, P. Masani, Howard Stein, George Stocking und Sheldon White für zahlreiche Diskussionen danken. Die Arbeit wurde zum Teil durch die Andrew W. Mellon Foundation gefördert.

2 Norbert Wiener, Brief an Vannevar Bush, 20. 9. 1940. Kasten 2, Mappe 58. Norbert Wiener Papers, collection MC-22, Institute Archives and Special Collections, Massachusetts Institute of Technology Archives, Cambridge, Mass. (hiernach abgekürzt als NWP).

beinahe 1500 Flugzeugen auf britische Fliegerhorste und Flugzeugfabriken begann. In den darauffolgenden zwei Wochen starben mehr als tausend Einwohner Londons unter dem Bombenbeschuß; im September gab es noch mehr Opfer. Allein am 7. September starben 448 Zivilisten, am 15. September schickten die Deutschen 230 Bomber und 700 Jäger gegen London, Southampton, Bristol, Cardiff, Liverpool und Manchester.[3]

In den folgenden Jahren beschäftigte sich Wiener zunehmend mit dem Problem der Zerstörung feindlicher Flugzeuge. Seine ersten Bemühungen führten zu einem höchst ambitionierten Rechner, den er den „antiaircraft (AA) predictor" nannte. Dieser sollte den Zickzackflug eines feindlichen Flugzeugs bestimmen, seine künftige Position im voraus berechnen und eine Flugabwehrrakete starten, um es abzuschießen. Wieners elektronische Eingriffe dienten jedoch nicht nur einer Beendigung der deutschen Luftangriffe. Seine Arbeiten zur Charakterisierung der Handlungen feindlicher Piloten und der Entwicklung einer Maschine, die ihre zukünftigen Bewegungen berechnete, gingen über die Piloten und sogar über den Weltkrieg hinaus. Schritt für Schritt betrachtete Wiener den Prädiktor als einen Prototyp nicht nur für die Erfassung der Gedanken eines unerreichbaren Achsenfeindes, sondern auch der Alliierten Flugabwehr-Kanoniere. Darüber hinaus integrierte er auch das große Feld der proprioceptiven und elektrophysiologischen Rückkopplungssysteme beim Menschen. Dieses Modell entwickelte sich zu einer neuen Wissenschaft, die nach dem Krieg als Kybernetik bekannt wurde, einer Wissenschaft, die Intentionalität, Lernen und viele andere Bereiche des menschlichen Geistes erfassen sollte. Schließlich wurde der AA-Prädiktor mitsamt seinen technischen Definitionen von Rückkopplungssystemen und *blackboxes* für Wiener zum Modell einer Kybernetik, die das ganze Universum umfassen sollte. Der vorliegende Aufsatz widmet sich einer Rekonstruktion dieser Universalisierung. Dabei werde ich von den ausgreifendsten ontologischen Ansprüchen der Kybernetik zurückgehen zu den Vakuumröhren, Widerständen und Kondensatoren, die konstruiert wurden, um die Aktionen eines versteckten feindlichen Piloten zu kontern.

Nicht alle Feinde waren gleich. Eine Version des feindlichen Gegenübers (nicht jene von Wiener) war im Tötungswahn des Zweiten Weltkrieges kaum mehr als menschlich zu bezeichnen. Für die Amerikaner, Engländer und Australier stellten die japanischen Soldaten oft „Läuse", „Ameisen" oder „Schädlinge" dar, die es auszumerzen galt. Wie General Sir Thomas Blamey 1942 einer Einheit in Port Moresby erklärte: „Unter der dünnen Schicht einiger Generationen von Zivilisation ist [der japanische Soldat] eine grausame Bestie,

3 Gilbert 1989, 117–125.

die den Krieg in einen primitiven Zustand zurückgeführt hat, der nach dem Faustrecht von Klauen und Zähnen kämpft, und der auch nach diesem Faustrecht geschlagen werden muß. [...] Tötet ihn, oder er wird Euch töten." Ein Jahr später betonte Blamey auf dem Schlachtfeld von Buna: „Die Japsen zu bekämpfen ist nicht so, als würdet Ihr normale Menschen bekämpfen. [...] Die Japsen sind kleine Barbaren. [...] Wir haben es nicht mit Menschen zu tun, wie wir sie sonst kennen. Wir haben es mit etwas Primitivem zu tun. Unsere Truppen haben ein richtiges Bild von den Japsen. Sie betrachten sie als Ungeziefer."[4] Diese gräßlichen, rassistischen Bilder des Hasses stellten gewiß eine Version des Feindes im Zweiten Weltkrieg dar, jedoch war dies keineswegs die einzige.

Eine andere Sichtweise der Alliierten betrachtete den Feind nicht als die rassistische Version eines gefürchteten Gegners, sondern eher als das anonyme Ziel von Luftangriffen. Hier war die Menschlichkeit des Feindes nicht dadurch kompromittiert, daß er als halbmenschlich, verderbt, anomal und primitiv galt, sondern weil er in einer bestimmten physischen und moralischen Distanz angesiedelt war. Aus der Ferne, aus eisigen Höhen von 9000 Metern wirkte eine deutsche Stadt klein, einzelne Personen waren unsichtbar und damit ihrer Eigenart teilweise beraubt. Nachdem er eine Flut von Briefen von Fliegern bekommen hatte, berichtete ein englischer Zensor des Luftwaffen-Ministeriums am 21. Juni 1942: „[Die Briefe] zeigen die Wirkung der Distanz, die zwischen den Fliegern und ihren Angriffen auf menschliche Wesen existiert. Beinahe jeder Brief drückt seine Zufriedenheit darüber aus, daß die Deutschen sich nun der Strafe unterziehen müssen, die sie bislang den anderen aufgezwungen haben. Die dabei benutzten Sätze weisen jedoch keine Spur von Rachsucht oder Fanatismus auf."[5]

Der Zweite Weltkrieg hat aber noch ein weiteres Bild des Feindes hervorgebracht, weniger bekannt, doch in vielfacher Hinsicht effektiver und dauerhafter als der rassistisch stigmatisierte oder der anonyme Feind. Konkreter als die unsichtbaren, zielscheibenartigen Einwohner einer entfernten Stadt und rationaler als der rattenartige Rassenfeind, entstand in der dritten Version ein kaltblütiger, maschinenartiger Opponent. Es war kein Feind, dem man im Bajonettkampf in den Schützengräben begegnete oder den man als optisches Ziel im Prisma einer Maschinenpistole vor sich hatte. Es war eher ein mechanisiertes feindliches Gegenüber, das in den laborgestützten Wissenschaftskriegen des Massachusetts Institute of Technology und in zahlreichen Universitäten Groß-

4 Zit. n. Dower 1986, 53, 71.

5 Zit. n. Hastings 1979, 146. Zur Bombardierung ziviler Ziele siehe auch Sherry 1987; Crane 1993, vor allem 53–59. Zum Aspekt der Distanzierung siehe den Bericht eines Bomberpiloten: Stiles 1952, 21.

britanniens und der USA – von den vielen Laboratorien in den Ländern der Achsenmächte ganz zu schweigen – erzeugt wurde.

Auf seiten der Alliierten wurden drei eng zusammenhängende Wissenschaften bei der Berechnung des feindlichen Gegenübers benutzt: *operations research*, Spieltheorie und Kybernetik. Jede hatte ihr eigenes prototypisches Aufgabenfeld. Zum Beispiel konzentrierte sich die *operations research* darauf, die Lokalisierung und Zerstörung deutscher U-Boote im Nordatlantik und an den amerikanischen Küsten zu optimieren.[6] Die Spieltheorie rückte 1944 mit dem Meisterwerk von John von Neumann und Oscar Morgenstern, *Theory of Games and Economic Behavior*, in den Mittelpunkt, obwohl ihre Wurzeln in der Mathematik der Zwischenkriegszeit zu suchen sind.[7] Strategen wendeten diese Technik zur Analyse dessen an, was zwei feindliche Kräfte tun sollten, wenn eine jede davon ausgeht, daß die andere Seite auf möglichst rationale Weise handelte, jedoch beide über die spezifischen Absichten des Feindes sowie dessen Möglichkeiten zum Bluff im unklaren waren. Wiener, Sprecher und Verteidiger der Kybernetik, teilte die Teufel, mit denen man konfrontiert ist, in zwei für ihn äußerst wichtige Kategorien ein. Die erste war der „manichäische Teufel", „der zum Sieg entschlossen ist und mit Schlauheit und Heuchelei alle Tricks einsetzen wird, um diesen Sieg zu erreichen". Wieners rationaler Manichäer konnte z. B. seine Strategie ändern, um zu gewinnen. Dagegen war der andere Teufel, der „augustinische Teufel" (und darunter zählten für Wiener auch die Naturkräfte), durch das „Übel" des Zufalls und der Unordnung charakterisiert, aber er konnte die Spielregeln nicht ändern.[8] Exemplarisch für den manichäischen Feind, postulierte von Neumanns Spieltheorie einen logischen, aber listigen Opponenten; sie sollte einen Gegner analysieren, der spielte und bluffen würde, um zu gewinnen.

Auf der Grundlage von Wieners eigener Verwendung des Begriffes *manichäisch*, der den andauernden Kampf gegen eine aktive feindliche Intelligenz bezeichnet, werde ich die drei Kriegsunternehmungen – *operations re-*

6 Siehe Fortun/Schweber 1993; Rider 1988, 1992, im Druck.

7 Von Neumann/Morgenstern 1944.

8 Wiener 1954, 34f. (hiernach abgekürzt als *HU*). An anderer Stelle stellt Wiener einen Zusammenhang zwischen irrationalem Verhalten (Freud), Zufallselementen in der physikalischen Welt (Willard Gibbs) und dem statistischen System einer Beweisführung (Henri Lebesgue) her. „Dieses Zufallselement, die organische Unvollständigkeit, können wir, ohne dem Begriff Gewalt anzutun, als das Böse bezeichnen: das negative Böse, das Augustinus weniger als das positive maliziöse Böse der Manichäer, sondern als Unvollständigkeit charakterisiert" (*HU*, 11). Wiener weist immer wieder darauf hin, daß das Böse in der Natur kein aktives Prinzip ist: „Ich habe schon darauf hingewiesen, daß der vom Wissenschaftler bekämpfte Teufel nichts mit absichtlicher Bösartigkeit zu tun hat. Vielmehr handelt es sich um den Teufel der Konfusion. Die Sichtweise, daß die Natur zur Entropie neigt, ist augustinisch, nicht manichäisch" (*HU*, 190).

search, Spieltheorie und Kybernetik – manichäische Wissenschaften nennen.[9] Dabei wähle ich die dritte Kriegswissenschaft, nämlich die Kybernetik, als Eintrittspunkt in die Mensch-Maschinen-Systeme.[10] Aufgrund des griechischen Wortes für Steuermann prägte Wiener im Sommer 1947 den Begriff *Kybernetik*. Das war der Name für eine – so hoffte er – neue Wissenschaft der Kontrollmechanismen, in welcher der Austausch von Informationen eine zentrale Rolle spielen würde.[11] Während der Anti-U-Boot-Krieg das zentrale Problem der *operations research* war, enthielt die Flugabwehrartillerie den Schlüssel zur Kybernetik.[12] Vor das Problem gestellt, schnell manövrierfähige Bomber mit Bodenartillerie zu treffen, beschäftigte sich Wiener mit Rückkopplungsmechanismen, Kommunikationstechnologie und nichtlinearen Prozessen.

Ich möchte davon ausgehen, daß das System von Waffen und Menschen, das Wiener im Sinn hatte, auf dem Bild einer bestimmten Art von Feind beruhte. Auf einem mechanisierten Schlachtfeld war der Feind weder unsichtbar noch irrational; der Feind war zu Hause in einer Welt von Strategie, Taktik und Manöver, der eigenen Seite unzugänglich, weil er durch einen Wall aus Entfernung, Geschwindigkeit und Metall abgeschottet war. In dieser Vorstellung verschmolz der feindliche Pilot derart mit der Maschine, daß die Grenze zwischen Mensch und Nicht-Mensch verwischt wurde. Bei der Bekämpfung dieses kybernetischen Feindes begannen Wiener und sein Team, sich auch die Alliierte Flugabwehr wie einen Feind vorzustellen, und es war nur ein kleiner Schritt vom Aufgeben der Unterscheidung zwischen Menschlichem und Nicht-Menschlichem bei den Alliierten bis hin zum Verschwimmen der Grenze zwischen Mensch und Maschine überhaupt. In der kybernetischen Vorstellung der 40er Jahre wurde der servomechanische Feind zum Prototyp für die menschliche Physiologie und schließlich für alles Menschliche. Später, in einem letzten Zug der Totalisierung, machte Wiener die Kybernetik zu einer Philosophie der Natur, in der die Natur selbst zu einem unfaßbaren, doch passiven Feind wurde – dem augustinischen Teufel.

Heutzutage erscheint die Kybernetik nicht länger als eine futuristische Bewegung oder als eine Weltanschauung, die bloß Mechanismen im Müll der

9 Wiener selbst weist freilich darauf hin, daß die augustinische Position leicht in eine manichäische umschlagen kann. Siehe *HU*, 191.

10 Zu früheren Verknüpfungen von Mensch und Maschine siehe Rabinbach 1990.

11 Wiener 1961.

12 Zu Wiener siehe Heims 1980. Die beste technische Zusammenfassung von Wieners AA-Prädiktor geben Masani/Phillips 1985. Vgl. auch Masani 1990, 184–193. Zu den Verbindungen zwischen Kybernetik, Biologie und Psychologie siehe Kay 1994; Keller 1995; Edwards 1996.

Geschichte hinterlassen wird, sondern sie hat uns einiges über die Wissenschaften in der Mitte des 20. Jahrhunderts zu erzählen und, wie ich annehmen möchte, auch über die postmoderne Theorie am Ende unseres Jahrhunderts.

II. Der kalkulierende Feind

Norbert Wieners Erziehung ähnelte keiner anderen so sehr wie derjenigen John Stuart Mills. Sein Vater, Leo Wiener, war ein gelehrter und betriebsamer Slawist aus Harvard, der beschlossen hatte, seinen Sohn Sprachen, Mathematik und Wissenschaften lernen zu lassen, lange bevor er zur Grundschule ging. Nachdem er mit vierzehn sein Examen an der Tufts University bestanden und mit achtzehn einen Ph. D. in Harvard gemacht hatte, fand der junge Wiener sein eigenes Arbeitsfeld in der physikalischen Mathematik. Am Ende der 30er Jahre war Wiener bereits über vierzig und eine der wichtigsten Figuren am Massachusetts Institute of Technology (MIT), wo er Beiträge zur Quantentheorie und Ballistik, zur Theorie der Integrale und zur Kommunikationstechnologie geleistet hatte. Wie so oft in seinem Leben war er auch mit seinem Engagement für die Kriegsvorbereitungen früh dran (für einen Amerikaner). Bereits im Februar 1940 schloß er sich einem Unterausschuß unter der Leitung des in Princeton lehrenden Mathematikers Marston Morse an, der darüber beratschlagte, wie die Amerikanische Gesellschaft für Mathematik ihren Beitrag in einem nationalen Notfall leisten könnte, „von dem wir hoffen, daß er nie eintreten wird".[13] Es ist überflüssig zu sagen, daß er tatsächlich eintrat. Ab dem 10. Juli wurden deutsche Bombenattacken auf britische Geleitzüge immer zahlreicher und führten zur Schlacht um England. Vom 10. bis zum 20. Juli fand der von den Deutschen so genannte Kanalkampf statt, der die britische Kampfkraft schwächen sollte und von einem massiven Angriff auf die militärischen Stützpunkte in England selbst gefolgt wurde. Es war diese Flut von deutschen Bombenangriffen, die Wieners erste Kriegsarbeiten beschleunigte. Am 23. Juli wurde ihm mitgeteilt, die Streitkräfte wüßten von seinem Vorschlag, Brandbomben zu benutzen, und von seinem wiederholten Wunsch, einen Kriegsbeitrag zu leisten.[14] Der größte Teil von Wieners militärischen Arbeiten galt jedoch einer allgemeinen theoretischen und praktischen Erforschung der Möglichkeit, die Flugabwehrtechnologie grundlegend zu verbessern. Zuerst hatte er die Idee, elektrische Netzwerke zu benutzen, um mit mehreren Sekun-

13 Dunham Jackson, Brief an Harry Bateman, E. J. McShane, M. H. Stone, J. H. van Fleck, Wiener und S. S. Wilks. 14. 2. 1940. Kasten 2, Mappe 56, NWP.

14 C. Thomas-Stahle, Brief an Wiener, 23. 7. 1940. Kasten 1, Mappe 57, NWP.

den Vorsprung festzustellen, wo ein angreifendes Flugzeug sich befinden würde, um dann die Artillerie entsprechend zu dirigieren. In einem frühen Simulationstest des AA-Prädiktors im November 1940 wollte Wiener sehen, wie seine Maschine in vier Fällen reagieren würde: Zuerst hatte der Bomber eine gerade Laufbahn; die zweite Trajektorie hatte die doppelte Neigung der ersten; die dritte hatte eine parabolische Neigung, und die vierte folgte der integrierten Fläche eines Halbkreises. Da die Schaltung selbst nicht aus Draht und Röhren bestand, erfand Wiener ein virtuelles mechanisches Äquivalent und „testete" alle vier Fälle in simulierter Form auf Vannevar Bushs Differential-Analysator.[15]

Aufgrund einer intensivierten Zusammenarbeit mit Bush, auch aufgrund seiner eigenen früheren Schaltpläne beharrte Wiener in den nächsten Monaten darauf, daß Mathematiker zu Kriegszeiten von der „Reinheit" der Vorkriegsjahre abkommen müßten. Im Januar 1941 stellte er Julian Bigelow ein, einen jungen Elektrotechniker vom MIT, um mit ihm an den Schaltplänen zu arbeiten.[16] Als Ergebnis seines Einsatzes für die Waffenforschung hatte Wiener das luftige Gebiet der Theoreme von Tauber über die mathematische Analysis zugunsten der handfesten Schemata des Technikers schon lange verlassen, bevor die amerikanischen Truppen in Pearl Harbor attackiert wurden. Als er im März 1941 an Morse in Princeton schrieb, benutzte Wiener Bushs Maschine zur Lösung partieller Differentialgleichungen als Beispiel dafür, wie weit die Mathematik gehen müsse, um Fortschritte zu erzielen. Sie könne nicht „ausschließlich in den Händen der Mathematiker" bleiben. Er benötige jemanden, der sich bereits in Rechnertechnik auskenne, z. B. einen Mitarbeiter von Remington-Rand oder von IBM. Dieser Mann (Wieners Ausdruck) solle mit Vakuumröhren vertraut sein, und er müsse sich auf jeden Fall auch mit Kommunikationstechniken wie z. B. der Telefontechnologie auskennen.

> „Wenn ich all diese Begabungen nicht in einem einzigen Menschen zusammengefaßt finde, bin ich gezwungen, eine Gruppe von Leuten zusammenzustellen, die alle besondere Begabungen in einem bestimm-

15 Siehe S. H. Caldwell, „Proposal to Section D-2, National Defense Research Committee", 22. 11. 1940, Einleitung zu Wiener, „Principles Governing the Construction of Prediction and Compensating Apparatus", Record Group 227, Office of Science and Research Development (hiernach abgekürzt als OSRD), Division 7, General Project Files, 1940–46, General Mathematical Theory of Prediction and Application, Massachusetts Institute of Technology (hiernach abgekürzt als MIT), Wiener NDCrc-83, National Archives, Library of Congress, Washington, D. C. (hiernach abgekürzt als NA-LC).

16 Siehe Wiener, Bericht an D. I. C. 5980 A. A. Directors, „Summary Report for Demonstration", 10. 6. 1942, Record Group 227, OSRD, National Defense Research Committee (hiernach abgekürzt als NDRC), Contractors' Technical Reports, Division 7, MIT, NDCrc-83, NA-LC.

> ten Gebiet sowie allgemeine Kenntnisse in den anderen haben. In dieser Gruppe wäre ich wahrscheinlich der einzige Mathematiker, so daß das Projekt als Ganzes sowohl die American Mathematical Society als auch andere Gruppen aus dem Ingenieursbereich betreffen würde. Es wäre mithin notwendig, die üblichen professionellen Grenzen zu überschreiten."[17]

Keiner, der nicht bereits ein Gefühl für Technik hatte, und sei es nur, daß er in seiner Freizeit Rundfunkgeräte baute, konnte auf ein Engagement hoffen. „Es gibt nichts in einer Zeichnung in abstrakter Algebra oder Topologie [...], was einen in irgendeiner Weise befähigen würde, an technischen Entwürfen mitzuarbeiten." Obwohl Wiener sich hierbei auf Bushs Differential-Analysator bezog, versicherte er Morse, daß das Gleiche auch für andere Projekte gelte, von der Kryptographie bis zur Ballistik. Um im Krieg nützlich zu sein, mußte die Wissenschaft sich umstellen, indem sie sich materiell verankerte und auf die Welt der Waffen einließ. Für Wiener, Morse und ihre Kollegen befand sich die Wissenschaft im Kriegszustand, auch wenn das Land es noch nicht war.

Der Umfang von Wieners Arbeiten war nicht sehr groß. Er war im Grunde unendlich klein, verglichen mit den Arbeiten des Radiation Laboratory oder von Los Alamos. Für das erste Budget von 1941 (1940 beantragt) verlangte Wieners kleine Gruppe die lächerliche Summe von 2325 Dollar, davon 1200 für den Bau von Schaltungen; drei Monatslöhne mit insgesamt 450 Dollar für Forschungen am Differential-Analysator, und den Rest für die Unkosten des Labors.[18] Der Umfang der Arbeiten kann jedoch auch anders gemessen werden. Als der AA-Prädiktor verwirklicht war, betrachtete ihn Wiener als den ausgereiften Prototyp für ein neuartiges Verständnis der Mensch-Maschine-Beziehung, der Soldat, Rechner und Feuerkraft in ein einziges integriertes System zusammenfaßte. So würden die 2000 Dollar in Verbindung mit seinen Theorien ausreichen, eine globale Wirkung zu entfalten.

Vorläufige Schalt-Diagramme zeigten, daß der AA-Prädiktor bei zwei Arten von plötzlichen Bewegungen Schwachpunkte aufwies. Es traten Unregelmäßigkeiten auf, wenn der Bediener des Kreuzfaden-Teleskops die Kanone schwenkte, um das Flugzeug zu verfolgen; und wenn der Pilot im Zickzack flog, um zu fliehen. Diese Unregelmäßigkeiten mußten herausgefiltert werden, um eine glattere Kurve zu bekommen, die der Prädiktor interpretieren konnte. Wie in vielen anderen Bereichen des Projekts stammten die grundlegenden mathematischen und rechnerischen Methoden beim Entwurf der Filter für den

17 Wiener, Brief an Marston Morse, 12. 3. 1941. Kasten 2, Mappe 59, NWP.

18 Siehe Caldwell, „Proposal to Section D-2, National Research Committee".

AA-Prädiktor aus früheren Studien von Servomechanismen, d. h. von Rückkopplungsgeräten wie Thermostaten oder selbststeuernden Torpedos. Der einzige Unterschied zwischen den beiden Arten von Rückkopplungs-Problemen lag eigentlich darin, daß im AA-Prädiktor der Zeitabstand zwischen Handlung und Wirkung größer war: die Granate brauchte mehrere Sekunden, um ihr Ziel zu erreichen. Ein deutliches Zeichen für die Übereinstimmung der technologischen Praxis bestand darin, daß Wiener ausdrücklich verlangte, für den AA-Prädiktor dieselbe Patentklausel wie bei dem früheren servomechanischen Programm zu benutzen (Abb. 1 und 2).[19]

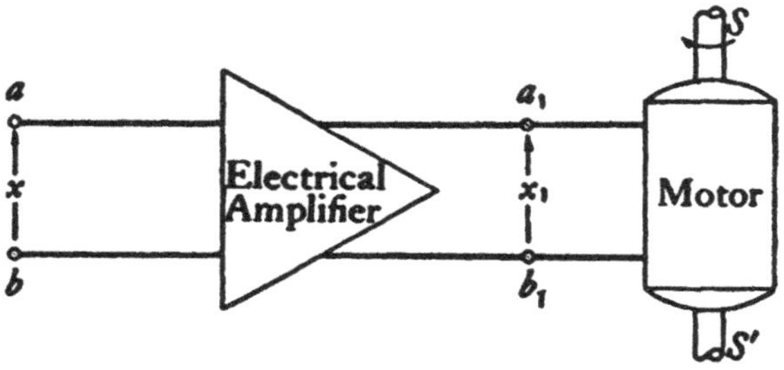

Abb. 1: Sensor, der einen Motor in Gang setzt. Aus: MacColl 1945, 5.

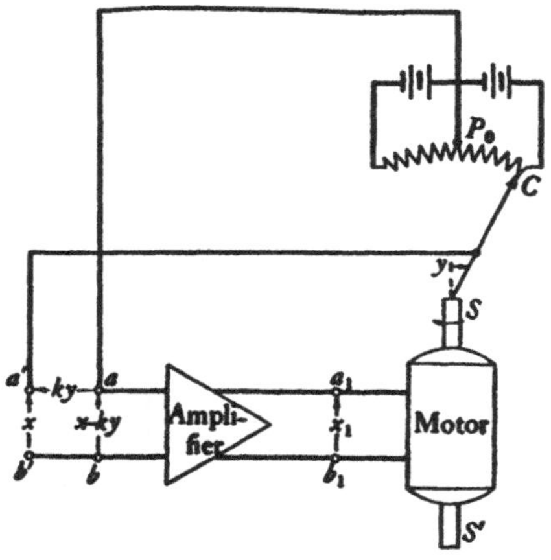

Abb. 2: Sensor mit Feedback. Für die meisten Wissenschaftler der Zeit (inklusive Wiener und MacColl) war ein Servomechanismus durch die Einbeziehung des Feedback *definiert*. Aus: MacColl 1945, 6.

Als Wiener und Bigelow im Sommer 1941 an den Bau der Maschine gingen (Abb. 3 und 4), suchten sie verzweifelt nach realistischen Informationen über die Art der Eingangsdaten:

> „Wir haben festgestellt, daß der „Zufall" oder Unregelmäßigkeiten in der Flugbahn eines Flugzeugs vom Piloten ausgehen; beim Versuch, seine

19 Ebd.; ein Standardtext zu Servomechanismen, den Wiener später häufig zitierte, war MacColl 1945.

> dynamische Kraft für ein sinnvolles Manöver zu erhöhen – etwa beim Geradeausflug oder bei einer 180-Grad-Drehung – verhält sich der Pilot *wie ein Servomechanismus*. Er versucht die intrinsische Verzögerung zu überwinden, die durch die Dynamik seines Flugzeugs als physikalisches System bedingt ist, versucht eine Antwort auf einen Stimulus zu geben, der um so intensiver ist, je mehr er seiner Aufgabe nicht gerecht wird. Weiterhin ist wichtig, daß die kinästhetische Reaktion des Piloten auf die Bewegungen des Flugzeugs völlig anders ist, als es ihn seine anderen Sinne erwarten lassen würden. Deswegen muß er beim Präzisionsflug den kinästhetischen Sinn vom Sehsinn loslösen."[20]

Hier lag ein Problem, das gleichzeitig physikalischer und physiologischer Art war: der Pilot, der mitten durch das Flakfeuer fliegt; die Luftturbulenz; und das Schwenken der Suchscheinwerfer, die ein Flugzeug zu einem bestimmten Ziel

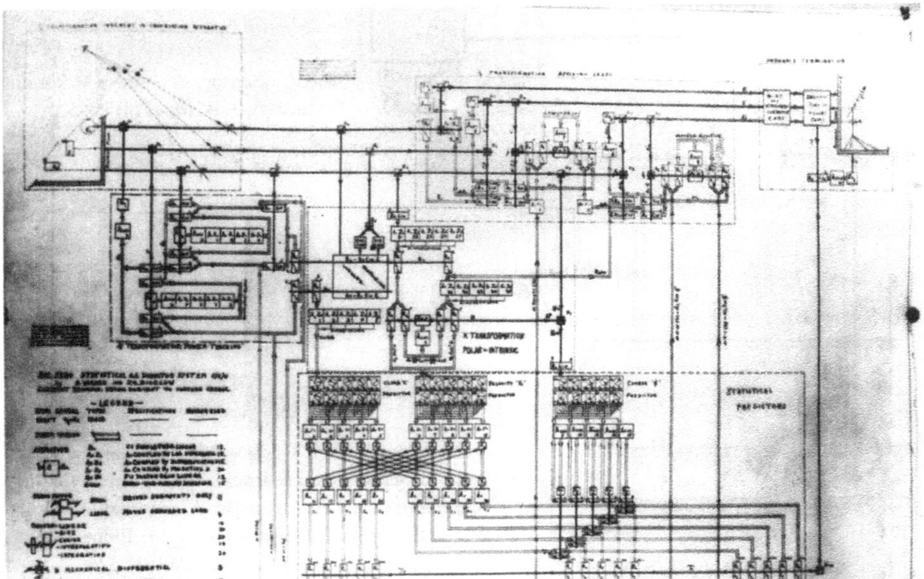

Abb. 3: Drahtschaltung für Wieners AA-Prädiktor. Aus: Norbert Wiener, Bericht an D. I. C. 5980, A. A. Directors, „Summary Report for Demonstration", 10 June 1942, Record Group 227, Office of Science and Research Development, National Defense Research Committee Contractors' Technical Reports, Division 7, MIT, NDCrc-83, National Archives, Library of Congress, Washington, D.C.

20 Wiener, „Summary Report for Demonstration", 6 [Hervorhebung hinzugefügt, P. G.].

Abb. 4: Der AA-Prädiktor. Aus: Norbert Wiener, Bericht an D. I. C. 5980 A. A. Directors, „Summary Report for Demonstration"

führen sollen. Nach Wieners Überzeugung neigten Menschen in Streßsituationen zur Wiederholung und wurden damit in ihren Handlungen berechenbar.

Um diese enge Verkettung von Mensch und Maschine zu rekonstruieren, starteten Wiener, Bigelow und Paul Mooney, ein begabter Techniker, vor Ende 1941 eine Reihe von Experimenten, um die Dateneingabe eines feindlichen Flugzeugs in den AA-Prädiktor zu simulieren. Bigelow, der ein aktiver Pilot war, kümmerte sich besonders um den Entwurf eines mechanischen Apparates, der „das ‚Gefühl' einer konkreten [Flugzeug-]Kontrolle vermitteln sollte".[21] Auf eine Laborwand wurde mittels eines Scheinwerfers ein intensiver weißer Lichtstrahl geworfen, der eine leichte, jedoch unregelmäßige Vor- und Rückbewegung ausführte und alle 15 Sekunden von einer Wand zur anderen schwenkte. Gleichzeitig wurde einer Testperson, die den Piloten simulierte, ein absichtlich schwergängiger Hebel gegeben, der die Position und die Bewegung eines zweiten, farbigen Lichtstrahls lenkte. Aufgabe des „Piloten" war es, den

21 George R. Stibitz, „Report on Visit to Prof. Norbert Wiener", 28. 10. 1941, Record Group 227, OSRD, Division 7, Records of Chiefs and Members of Section, 1940–46, George R. Stibitz, Section 7.1, Land-Based-Fire Control Problems, „Prediction I", MIT, NDCrc-83, NA-LC.

farbigen Lichtstrahl auf das „Ziel" zu richten und – wie ein damaliger Zeuge es beschrieb – „ein Flugzeug zu imitieren, das zwar ausweicht, jedoch seine Mission weiter verfolgt, d. h., der Pilot hält einen bestimmten Kurs, fliegt dabei aber weiträumige Umwege".[22] Das Experiment wurde absichtlich erschwert, indem das Ziel mit hoher Geschwindigkeit auf die Wand zu raste und im Kontrollhebel eine mechanische Verzögerung eingebaut wurde. Damit hoffte man genau die Trennung von kinästhetischem Sinn und visueller Information zu erhalten, mit der der Pilot auf dem Kriegsschauplatz konfrontiert war, und somit dieselbe Art von Problemen mit der Rückkopplung herzustellen. Inzwischen wurde die Position des Lichtsignals der Testperson zusammen mit der Position des leitenden Lichtstrahls auf Band aufgenommen. Der fluktuierende Unterschied zwischen der „geplanten" und der aktuellen Position des Lichtstrahls der Testperson lieferte „eine Möglichkeit, [...] die Eigenschaften der unregelmäßigen Bewegung eines Flugzeugs in der Luft zu replizieren".[23] Mit diesen Daten sollte dann der AA-Prädiktor gefüttert werden.[24]

Besonders die „nervösen Reaktionen" des Pseudo-Piloten zeigten zwei entscheidende Merkmale. Erstens gab es keine besondere Korrelation zwischen den aufgezeichneten Schwankungen verschiedener Testpersonen, und zweitens bestand eine hohe Autokorrelation zwischen früheren und späteren Leistungen ein und derselben Testperson. Daraus entwickelte Wiener folgende Definition für eine Voraussage. Man stelle sich eine Anzahl von Flugbahnen vor (z. B. 10), die sich eine Zeitlang decken, nach einer gegebenen Zeit t aber voneinander abweichen. Man nehme nun einen Punkt im Raum, an dem man ein Flugzeug bei z. B. $t+2$ Sekunden erwartet. Für jeden so vorhergesagten Punkt kann man das Quadrat der Differenz zwischen dem vorhergesagten Punkt und der aktuellen Position des ersten Flugzeugs bei $t+2$ Sekunden ausrechnen, und das Gleiche können wir für die neun anderen Flugzeuge tun. Der Punkt, an dem die Summe der quadrierten Fehler minimiert ist, wird von Wiener als beste Voraussage bestimmt.[25] Es stellte sich heraus, daß die Voraussage schlecht funktionierte, wenn die Daten einer Testperson für eine andere genommen wurden, doch bei ein und derselben Testperson war die Voraussage sehr beständig. „Dies spricht für den Einsatz solcher Apparate bei der Diagnose individueller

22 Stibitz, Section 2 of Division D, Diary of Chairman, 1 July 1942, Boston, Project no. 6, Record Group 227, OSRD, Division 7, General Project Files, 1940–46, General Mathematical Theory of Prediction and Application, MIT, Wiener, NDCrc-83, NA-LC (hiernach abgekürzt als D).

23 Wiener 1956, 251.

24 Siehe Wiener, „Summary Report for Demonstration".

25 Diese Methode zur Voraussage war mathematisch zutreffend, und doch gab es Meinungsverschiedenheiten darüber, ob sich der Feind tatsächlich so verhalten würde, wie es der Prädiktor voraussagte. Siehe Stibitz, „Report on Visit to Prof. Norbert Wiener".

Unterschiede im Reflexverhalten und bei pathologischen Veränderungen des Reflexbogens. Viele andere Anwendungsgebiete dieser Ideen eröffnen sich für Physiologen, Neuropathologen und Testpsychologen.“[26] Mehr auf die ursprüngliche Fragestellung bezogen, sollte ein verbesserter AA-Prädiktor die charakteristischen Flugschemata eines Piloten benutzen, um seine spezifischen zukünftigen Bewegungen zu berechnen und ihn zu töten.[27]

Die wichtigste Erkenntnis der Arbeit über die Flugabwehr bestand für Wiener darin, daß es unerläßlich war, den Piloten *und* den Artilleristen als ein einziges servomechanisches System zu konzipieren. Wie Wiener es gut zehn Jahre nach dem Krieg ausdrückte: Wir können das eine oder andere menschliche Merkmal aus einem Waffensystem eliminieren, das menschliche Verhalten des Feindes hingegen wird nicht verschwinden:

> „Es scheint in jeder Hinsicht unmöglich zu sein, den menschlichen Faktor, so wie er im feindlichen Verhalten auftritt, zu eliminieren. Um eine möglichst vollständige mathematische Behandlung des gesamten Kontrollproblems zu erhalten, müssen die verschiedenen Teile des Systems zu einer einzigen Einheit – entweder menschlich oder mechanisch – zusammengefaßt werden. Da unser Verständnis der mechanischen Elemente des präzisen Schießens unserem psychologischen Verständnis weit voraus ist, haben wir versucht, ein mechanisches Gegenstück zum Präzisionsschützen und zum Flugpiloten zu finden.“[28]

Damit wurde die servomechanische Theorie zum Maßstab für den Menschen.

Als Schlüsseldisziplin hatte sie einiges anzubieten, und zwar nicht nur den Laboratorien, die sich mit der Kontrolle der feindlichen Attacken befaßten. Wiener hielt es für ausgemacht, daß die wichtigste elektronische Aufgabe in dem riesigen, rasch wachsenden Radiation Laboratory des MIT darin bestehen müsse, Rauschen zu unterdrücken und Information zu übermitteln. Seine Ansichten stießen auf den Widerstand eines erlesenen Kreises „fundamentalistischer“ Physiker wie Lee DuBridge, M. G. White, N. F. Ramsey, I. I. Rabi, Julian Schwinger, Edward Purcell und vieler anderer. Am Abend des

26 Wiener, „Summary Report for Demonstration“, 7.

27 Da Wieners AA-Prädiktor seinen Algorithmus für die Voraussage auf den statistischen Input der vergangenen Aktionen des Piloten stützte, war die Vorrichtung eine Art lernfähige Maschine. In dieser Hinsicht betrachtete er sie als Prototyp für andere spielende und möglicherweise kriegstaugliche Maschinen. Siehe z. B. Wiener 1961a, XI–XII. Über die Bedingungen für solche Voraussagen handelt er in der wichtigen Arbeit „The Extrapolation, Interpolation and Smoothing of Stationary Time Series with Engineering Applications“, DIC Contract 6037, MIT, 1. 2. 1942, declassified, Kasten 11, Mappe 561a, NWP.

28 Wiener 1956, 251f.

21. März 1942 verkündete Wiener frustriert seinen Abschied von dem Labor, brach alle Beziehungen ab und gab seinen Dienstausweis zurück. Am nächsten Tag beschwerte er sich bei E. L. Bowles, dem Direktor des Radiation Laboratory:

> „Die neuen Mitarbeiter Ihres Labors kommen von den theoretischen Physikern oder Mathematikern unseres Landes oder sonstwo her, nur nicht aus dem Bereich der Kommunikationstechnik im strengen und eigentlichen Sinne des Wortes. [...] Rauschunterdrückung, die Formalisierung von Operationen und die Theorie der Schaltungen gehören nicht zu den Dingen, von denen ein Quantenphysiker die leiseste Ahnung zu haben braucht. Diesen individuellen Mangel in Ihrem Labor ohne besondere Ausbildung abzustellen, egal was für eine große Nummer der Betreffende in seinem eigenen Forschungsbereich sein mag, wäre genauso, als wenn man jemanden, der Hühneraugen behandelt, rufen würde, um eine Beinamputation durchzuführen. Lieber drei Wochen warten, bis die große Nummer ihr neues Geschäft gelernt hat, als drei Monate Kindereien und Dummheiten."[29]

Was Wiener bei den „großen Nummern" vermißte, war ein tieferes Verständnis beispielsweise von Brownscher Bewegung oder generalisierter harmonischer Analyse. Wiener hatte in diesen Bereichen wesentliche Beiträge geleistet und war wütend, daß er sich nun mit trivialen Problemen befassen mußte. Er prophezeite, daß ohne die erforderlichen Kenntnisse in der Kommunikation „die militärischen Bemühungen des Labors ungefähr auf dem Niveau braver Pfadfinder liegen werden".[30]

Wiener war resigniert und bedrückt. Er arbeitete wie wild und putschte sich häufig mit Benzedrin auf.[31] Einen Tag nach seinem wütenden Brief an Bowles berichte J. C. Boyce, Professor für Physik am MIT und technischer Mitarbeiter beim National Defense Research Committee (NDRC) an Warren Weaver über Wieners Gesundheitszustand:

> „Er scheint in den letzten Tagen ungewöhnlich nervös zu sein, und ich habe versucht, ihn dazu zu überreden, einige Tage Urlaub zu nehmen. Er hatte einen bedauerlichen Zusammenstoß mit einem geheimdienstlich überprüften Patentanwalt, den das MIT beauftragt hatte, sich einige

29 Wiener, Brief an E. L. Bowles, 22. 3. 1942. Kasten 2, Mappe 62, NWP.

30 Ebd.

31 Siehe Wiener 1956, 149.

von Wieners Ideen über Schaltungstheorie anzusehen. Zur gleichen Zeit hatte er den Eindruck, daß das Radiation Laboratory einige der Vorschläge, die er über die Herstellung von Filtern gemacht hatte, nicht zu würdigen wußte. Bigelow scheint etwas bestürzt zu sein, jedoch hoffe ich, daß dieser Teil des Zoos sich in Kürze wieder beruhigt haben wird."[32]

Weaver antwortete bereits am nächsten Tag, nachdem er beobachtet hatte, wie Wiener wütend in einem Raum hin und her lief, „stark schwitzte" und sich dafür entschuldigte, daß er ein Integral nicht in eine einfacher zu rechnende, schnell konvergierende Reihe umwandeln konnte, die für den großen Statistiker Jerzy Neyman von Nutzen gewesen wäre. Weaver schloß mit den Worten: „Auf Anfrage stellte sich heraus, daß [Wiener] nichts von dem gemacht hatte, worum wir ihn besonders gebeten hatten. Seine Beschäftigung bestand darin, ‚mich in Bereitschaft zu halten, falls andere Arbeiten anfallen'."[33]

Wenn Wiener auch ein schneller konvergierendes Integral nicht so rasch ausrechnen konnte, wie Weaver es wollte, begann er bereits an der Frage zu arbeiten, wie die Rückkopplungsmechanismen seiner servomechanischen Theorie weiter entfernte Forschungsbereiche umgestalten könnten. Am 22. Juni 1942 schrieb er an J. B. S. Haldane:

> „Wie wir alle wissen, ist der Behaviorismus eine anerkannte Methode in Biologie und Psychologie, aber nirgendwo habe ich einen adäquaten Versuch gesehen, die intrinsischen Möglichkeiten der Verhaltenstypen zu analysieren. Das war aber notwendig im Zusammenhang mit dem Entwurf von Apparaten, die bestimmte Zwecke bei der Wiederholung und Veränderung von Zeitmustern erfüllen sollten."[34]

Der Inhalt dieser behavioristischen Untersuchungen blieb unerwähnt. Aus Sicherheitsgründen verriet Wiener nicht, daß die Zeitmuster die Ausweichmanöver des Piloten sowie die Testverfahren betrafen, die er in seinem Labor anwandte, um diese Muster aufgrund der Reaktionen der Testpersonen nachzustellen.[35]

32 J. C. Boyce, Brief an Warren Weaver, 23. 3. 1942, Record Group 227, OSRD, Division 7, General Project Files, 1940–46, General Mathematical Theory of Prediction and Application, MIT, Wiener, NDCrc-83, NA-LC.

33 Weaver, Brief an Boyce, 24. 3. 1942, Record Group 227, OSRD, Division 7, General Project Files, 1940–46, General Mathematical Theory of Prediction and Application, MIT, Wiener, NDCrc-83, NA-LC.

34 Wiener, Brief an J. B. S. Haldane, 22. 6. 1942. Kasten 2, Mappe 62, NWP.

35 Wiener hielt sogar einen Hinweis auf die Verbindung von Statistik und Voraussage für gefährlich und schrieb angesichts eines Treffens der American Mathematical Society und des Institute of

Die Untersuchung eines Apparates „unter diesem Gesichtspunkt", so Wiener an Haldane, sei ein wesentlicher Bestandteil der Kommunikationstechnik. Sie spezifizierte die *Funktion* eines Instruments, noch bevor jemand die Zusammensetzung des Apparates in Angriff nahm. Die Betrachtung des Nervensystems als Blackbox habe bereits Informationen über apriorische Verhaltensformen geliefert, und es sei offensichtlich, daß bis zum gegenwärtigen Zeitpunkt „kein Behaviorist das Potential des Verhaltens jemals richtig verstanden hat".[36] Ob seine Bemerkungen spontaner Ausdruck seiner Erregung über die neuen Erkenntnisse waren, oder ob es sich um die kryptische Erklärung eines Prioritätsanspruchs handelte, jedenfalls betrachtete Wiener den AA-Prädiktor, bevor er überhaupt imstande war, ein Flugzeug vom Himmel zu holen, als den Prototypen für ein neues behavioristisches Verständnis des Nervensystems. Als Wiener an Haldane schrieb, war er mit den letzten Vorbereitungen für den großen Auftritt seiner Maschine beschäftigt.

Für einen kurzen und leuchtenden Moment sah es so aus, als würde der AA-Prädiktor die Zukunft voraussagen können wie eine Kristallkugel und die feindlichen Flugzeuge mit schonungsloser Effizienz abschießen. Am 1. Juli 1942 stattete G. R. Stibitz, Wieners Vorgesetzter beim NDRC, dessen Labor einen Besuch ab und hielt sein Erstaunen in seinem Arbeitstagebuch fest:

> „Die meiste Zeit des Tages verbringe ich mit Wiener, Bigelow und Mooney. Man muß zugeben, daß ihr statistischer Prädiktor Wunder vollbringt, wenn man die Eingangsdaten berücksichtigt. Ob es sich um ein nützliches oder ein nutzloses Wunder handelt, darüber ist sich W[arren] W[eaver] noch nicht im klaren. Die Tatsache, daß man zur Zeit bloß für maximal zwei Sekunden Voraussagen treffen kann, ist eine sehr ernste Einschränkung. [...] Im Bereich einer Sekunde ist das Verhalten ihres Instruments wirklich unheimlich.[37] WW hat angedroht, bei seinem

Mathematical Statistics an einen der Organisatoren, J. R. Kline, daß auch die Titel der Vorträge dem Feind von Nutzen sein könnten. Siehe Wiener an J. R. Kline, 20. 8. 1942. Kasten 2, Mappe 63, NWP.

36 Wiener, Brief an Haldane.

37 Stibitz gebrauchte den Begriff „unheimlich" genau in dem Moment, als Wieners Maschine Voraussagen zu machen begann, als ob sie belebt wäre (deswegen Weavers halb im Scherz geäußerter Hinweis auf die Säge). Für Stanley Cavell reflektiert das Unheimliche genau die philosophische Angst, die durch die Ungewißheit hervorgerufen wird, ob man es mit einem unbelebten Objekt oder mit einem lebendigen Geist zu tun hat. Siehe Cavell 1988. Hinzuzufügen wäre, daß jede Generation sich ihr eigenes Konzept vom Geist macht. Wieners Verständnis des Geistes dreht sich um Rückkopplung, Kontrolle und die Fähigkeit zur Voraussage. Da sich die Konzeptionen des Geistes wandeln, würde eine philosophisch-historische Behandlung des Unheimlichen notwendigerweise viele Epochen umfassen.

> nächsten Besuch wolle er eine Säge mitbringen und die Tischbeine absägen, um festzustellen, ob nicht irgendwo versteckte Kabel seien. [‚D'‛]"

Diese Zahlen waren noch eindrucksvoller, als sie im ersten Moment erschienen waren, da das Wiener-Bigelow-Schema die Zeit um einen Faktor von 4–5 verkürzte und so eine 2-Sekunden-Vorhersage zehn Sekunden in der Wirklichkeit entsprach. Da eine Luftabwehrgranate ungefähr zwanzig Sekunden brauchte, um einen Bomber zu erreichen, schien der Prädiktor auf dem besten Weg zum Erfolg zu sein.

Mitten in einem Kriegsprojekt, das noch nicht einmal seine Einsatztauglichkeit erreicht hatte, war Wiener bereits dabei, über weitere Verzweigungen dieser Art von Maschine nachzudenken. Am selben Tag, an dem er den Prädiktor vorgeführt bekam, also am 1. Juli 1942, realisierte Stibitz Wieners Ambitionen:

> „W[iener] weist darauf hin, daß ihre Apparatur wahrscheinlich einer der genauesten mechanischen Vorrichtungen ist, die im Hinblick auf physiologisches Verhalten je entwickelt wurde. Übrigens beruht Wieners Prädiktor auf guten behavioristischen Ideen, da er versucht, die zukünftigen Handlungen eines Organismus nicht vorauszusagen, indem er die Struktur des Organismus studiert, sondern indem er sein früheres Verhalten erforscht. [‚D'‛]"[38]

Um weiteren Zugang zum künftigen Verhalten des Bomberorganismus zu erhalten, besuchten Wiener und Bigelow im Sommer 1942 verschiedene Einrichtungen, in denen man damit beschäftigt war, die Flugbahn eines Flugzeugs exakt zu bestimmen. In Princeton und Tufts beschäftigten sie sich mit Fehlern beim Verfolgen von Bewegungen. In Langley Field gaben Experten ihnen Daten über Regelmäßigkeiten und Unregelmäßigkeiten bei Flugzeugbewegungen. Auf dem Versuchsfeld Aberdeen, beim Frankford Arsenal in Philadelphia und bei der Foxboro Instrument Company bekamen sie weitere Informationen. Doch erst beim Anti-Aircraft Board in Camp Davis, North Carolina, erhielten die beiden Prognostiker ihre wertvollsten Dokumente: Daten über die Trajektorien zweier Testflüge – die sogenannten Flüge 303 und 304 – im 1-Sekunden-Abstand.[39] Diese beiden Flugbahnen am Himmel waren entscheidend, weil sie

38 „Behaviorismus" im Sinne von Wiener, Stibitz, Boring und anderen hatte eine weitere Bedeutung als im Verständnis der behavioristischen Tradition von J. B. Watson bis B. F. Skinner. Siehe hierzu Woodworth 1931, 43–92; Heidbreder 1961, 234–286; Woodworth/Sheehan 1964, 111–213.

39 Siehe Wiener, „Statistical Method of Prediction in Fire Control", Final Report on Section D-2, Pro-

zum ersten Mal realistische Daten lieferten, die als Input für den Prädiktor und als Test für den Output benutzt werden konnten.

In den fünf darauffolgenden Monaten arbeitete Wiener daran, diese Daten zu reproduzieren – mit wenig Erfolg. Im Dezember 1942 war völlig klar, daß die allgemeine statistische Analyse trotz aller Raffinesse mit zwei einfacheren, von Hendrik Bode entworfenen geometrischen Voraussage-Maschinen nicht konkurrieren konnte. Die erste extrapolierte einfach die Zukunft aus der Ableitung der Flugbahn eines Flugzeugs von einem definierten Ausgangspunkt. Die zweite Methode Bodes berechnete ihre Voraussagen permanent neu, und zwar auf der Basis einer Flugbahnableitung, die zehn Sekunden hinter der aktuellen Position des Flugzeugs errechnet wurde. Im Dezember 1942 und Januar 1943 stellte Wiener folgende Tabelle für Weaver zusammen:[40]

Tab. 1

Flug	(1) Bode	(2) Bode (10 Sek.)	(3) Statistisch
303	6 Treffer	22 Treffer	23 Treffer
304	35 Treffer	55 Treffer	49 Treffer

Bode, der in den Bell Laboratories arbeitete, hatte einen geometrischen Prädiktor zur Flugabwehr entwickelt, dessen Vorteil darin bestand, auf einer bereits existierenden Technologie aufzubauen. Der Nachteil war, daß er die zufälligen Schwankungen und unregelmäßigen Flugbahnen der Bomber nicht erfaßte.

Ziemlich offensichtlich war Wieners eigene Methode (statistisch) kaum besser als Bodes 10-Sekunden-Methode für den Flug 303 und schlechter als Bodes Methode für den Flug 304. Angesichts dieser eindeutigen Unzulänglichkeit meinte Wiener, daß die einzige Hoffnung für seine Methode in einer stark erweiterten statistischen Basis liegen könnte, der Berechnung von mehreren zehn, wenn nicht mehreren hundert Bahnen. Da dies die Rechenkapazitäten des ganzen Landes auslasten würde, und weil ihm die Möglichkeit einer Verbesserung „zu fern [erschien], um im jetzigen Krieg von Bedeutung zu sein", zögerte Wiener, weitere Forschungen bis zum Ende des Krieges vorzuschlagen.[41] Was war falsch gelaufen? Wiener spekulierte:

ject no. 6, geschickt an Weaver, Section D-2 NDRC, 1. 12. 1942, Record Group 227, OSRD, Contractors' Reports, Division 7, NDCrc-83, OSRD Report No. 1863, MIT, NA-LC.

40 Siehe Wiener, Brief an Weaver, 15. 1. 1943. Record Group 227, OSRD, Contractors' Reports, Division 7, NDCrc-83, eingefaßt mit OSRD Report No. 1863, MIT, NA-LOC. Siehe auch Wiener, „Final Report", 1. 12. 1942, NA-LC.

41 Wiener, Brief an Weaver, 15. 1. 1943.

„Es ist noch nicht ganz klar, worauf die negativen Ergebnisse dieser Forschungen zurückzuführen sind: auf schlechte Datenaufnahme; auf die Beschränkung der benutzbaren zurückgelegten Flugbahn auf 10 Sekunden; oder auf die Tatsache, daß das feindliche Flugzeug eine gute Chance hat, seine Flugbahn in den 20 Sekunden des Geschoßflugs freiwillig oder unfreiwillig zu ändern."[42]

Es mag „noch nicht ganz klar" gewesen sein, jedoch war Wiener „überzeugt", daß vorrangig die Fähigkeit des Feindes zu Ausweichmanövern ihn vor der unvermeidlichen Vernichtung durch den Prädiktor retten würde. Der Fehlschlag war bitter, und Wiener war von den Schwächen des Prädiktors frustriert: „Ich wünsche mir immer noch, ich wäre in der Lage gewesen, etwas herzustellen, das einige Feinde getötet hätte, anstatt zu zeigen, wie man nicht versuchen sollte, sie zu töten."[43]

III. Vom AA-Prädiktor zur menschlichen Natur

Auch in den schlimmsten Kriegsjahren widmete Wiener sich den psychologischen und philosophischen Auswirkungen des Prädiktors. In ihrem 1943 erschienenen Artikel *Behavior, Purpose and Teleology* arbeiteten Wiener und Bigelow zusammen mit dem Kardiologen Arturo Rosenblueth, damals Gast an der Harvard Medical School, daran, eine neue behavioristische Beschreibung des Zweckbegriffs vorzustellen. Abgesehen von der Befriedigung, die das Klassifizieren verschaffte, freuten sich die Autoren, eine Klasse vorhersagbaren Verhaltens auszumachen, bot sie doch „die Möglichkeit, zunehmend komplexe Tests über das Verhalten der Organismen anzustellen".[44] Insbesondere behaupteten sie, daß ihre Klassifizierung Begriffe wie „Zweck" und „Teleologie" rehabilitierte, indem diese einer „einheitlichen behavioristischen Analyse" unterzogen wurden, die sich genauso gut auf lebende Organismen wie auf Maschinen anwenden ließ.

Während Darwin die Ähnlichkeiten zwischen Mensch und Tier gewissenhaft verfolgt hatte, um die Grenzen zwischen ihnen zu verwischen, waren Wieners Anstrengungen darauf gerichtet, die Unterschiede zwischen Mensch und Maschine aufzuheben. Darwins Hund empfand Reue, Wieners AA-Prädiktor hatte Weitblick. 1945 berichtete Wiener, daß die Menschen sich im Verlauf des

42 Wiener, Statistical Method of Prediction in Fire Control, 7.

43 Wiener, Brief an Weaver, 28. 1. 1943. Kasten 2, Mappe 64, NWP.

44 Rosenblueth/Bigelow/Wiener 1943, 22.

Krieges immer mehr daran gewöhnt hätten, den servomechanischen Systemen Lebendigkeit zuzuschreiben:

> „Der halb scherzhafte Aberglaube an den bösen Geist unter den Fliegern stammte wahrscheinlich, wie alles andere auch, daher, daß sie eine Maschine mit vielen eingebauten Rückkopplungsschleifen bedienten, die als freundlich oder feindlich interpretiert werden konnten. Die Flügel eines Flugzeuges sind zum Beispiel absichtlich so gebaut, daß sie das Flugzeug stabilisieren, und diese Stabilisierung, die ja eine Rückkopplung ist, kann leicht als eine Persönlichkeit empfunden werden, gegen die man sich stemmen muß, wenn das Flugzeug zu ungewöhnlichen Manövern gezwungen ist."[45]

Unser Bewußtsein vom Willen einer anderen Person war für Wiener bloß das Gefühl, einem selbständigen Mechanismus zu begegnen, der unsere Handlungen unterstützt oder behindert. Indem es einen solchen selbststabilisierenden Widerstand bietet, handelt das Flugzeug, als hätte es eine bestimmte Absicht, kurz, als wäre es von einem bösen Geist besessen.

Unter der Überschrift „zweckgerichtetes Verhalten" subsumierten Wiener und seine Mitarbeiter Bigelow und Rosenblueth solche Handlungen, die während ihres Ablaufs keine Rückkopplung aufweisen (etwa ein Frosch, der seine Zunge herausschnellen läßt, um eine Fliege zu fangen), und die Handlungen (wie eine selbstlenkende Rakete oder ein Torpedo), die Informationen sammeln, um sich selbst unterwegs zu korrigieren. Doch jede spezifische Verhaltensweise von Mensch oder Maschine verortete Wiener in seinem fest verankerten behavioristischen Weltbild. Das schloß nicht aus, daß es Kriterien für eine Unterscheidung von Mensch und Maschine gab. Offensichtlich existierte keine Maschine (im Gegensatz zu heute), die ein Sanskrit-Hochchinesisches Wörterbuch zusammenstellen konnte; auch rollte kein lebendiger Organismus auf Rädern. Doch es war der behavioristische Impuls, sich auf weitgespannte Klassen von Handlungen zu konzentrieren und sich dabei auf Input und Output, die Wiener aus der Kommunikationstechnik so gut kannte, zu stützen. Dadurch wurden die Grenzen zwischen Mensch und Maschine aufgeweicht. Eine Blackbox in Wieners Terminologie bedeutete eine Einheit, die zur Ausübung einer Funktion diente, bevor jemand wußte, wie das ganze funktionierte; bei einer Whitebox konnte man auch den inneren Mechanismus spezifizieren.

45 Wiener, Operation – Old and New (1945), Kasten 11, Mappe 570, NWP, 14–15, wo es vor allem um das Verhalten der Flügel geht. Siehe dazu auch die populäre, 1944 erschienene Anleitung zum Fliegen von Wolfgang Langewiesche (Langewiesche 1972, vor allem 125–127).

In dieser Perspektive eröffnete der raffiniertere Rückkopplungs-Mechanismus des AA-Prädiktors dem Techniker und dem Philosophen ein neues Universum von „blackboxes".[46]

Die Behavioristen wurden aufmerksam. Der berühmte, in Harvard lehrende Psychologe und Psychologiehistoriker Edwin Boring fand Wieners Vermutung, wonach alle Hirnfunktionen von elektrischen Systemen repliziert werden könnten, „sehr attraktiv". Nach genauerem Studium dieses reduktionistischen Programms schrieb Boring am 13. November 1944 an Wiener, er könnte in seiner Freizeit „eine ziemlich vollständige Liste von psychischen Funktionen" zusammenstellen, da alle psychologischen Tatsachen im Prinzip mit den Kategorien von Reiz und Reaktion erfaßt werden können. „Ein symbolischer Vorgang" sei „eine verspätete, adäquat verschobene Reaktion"; „Introspektion" sei eine Reaktion auf eine Reaktion. Wenn er Borings Herausforderung annehmen wollte, würde Wieners Aufgabe darin bestehen, diese Reiz-Reaktions-Paare zu transferieren und mit seinem eigenen passenden Katalog zu antworten, der „dieselbe Spezifizierung von Output zu Input" ergab. Wenn 14 bereits auf der Liste eingetragene psychische Eigenschaften, zu denen weitere wie „Generalisierung" und „Abstraktion" hinzukamen, in eine Studie mit solchen elektrischen Entwürfen integriert werden könnten, sei das, so Boring, von großem Nutzen für „uns operational gesinnte Psychologen". „Wollen Sie es probieren?" fragte Boring. „Ich weiß nicht, ob Sie es können, aber ich würde auf Sie wetten."[47] Die Blackbox-Technologie hatte auf einmal etwas viel Komplexeres als elektrische Verstärkungen vor Augen, nämlich den Geist selbst nachzubauen.

Innerhalb weniger Wochen gingen Wieners Ambitionen sogar über den menschlichen Geist hinaus. In Zusammenarbeit mit Howard Aiken, einem der Pioniere der Computertechnologie, und mit John von Neumann, dem überaus vielseitigen Mathematiker, der damals an der Entwicklung des Computers arbeitete, sandte Wiener am 4. Dezember 1944 einen geheimen Brief an eine Reihe von Experten, die anscheinend keinen Kontakt untereinander hatten:

> „Eine Gruppe von Leuten, die an Kommunikationstechnik, an der Technik der Rechenmaschinen, an der Technik der Kontrollvorrichtungen, an

46 Siehe Rosenblueth/Bigelow/Wiener 1943, 23f. Der Begriff „Blackbox" wurde im Radiation Laboratory des MIT während des Krieges ständig benutzt. Eingebürgert hatte er sich durch schwarze Kisten, in denen Verstärker, Empfänger, Filter usw. aufbewahrt wurden. Wiener selbst rekurrierte während des Krieges auf „boxes" mit nicht weiter spezifiziertem Inhalt, so etwa in dem oben zitierten Brief an Haldane. Nach dem Krieg differenzierte Wiener zwischen Blackbox und Whitebox in dem hier angeführten Sinne. Siehe z. B. Wiener 1961a, XI, 180 und Wiener 1961b. Über die Blackbox als Bestandteil der „Radar-Philosophie" im Radiation Laboratory siehe Galison (im Druck).

47 Edwin G. Boring, Brief an Wiener, 13. 11. 1944. Kasten 2, Mappe 66, NWP.

der Mathematik der Zeitreihen in der Statistik sowie an Kommunikations- und Kontrollaspekten des Nervensystems interessiert sind, ist zu dem vorläufigen Schluß gekommen, daß die Beziehungen zwischen diesen Forschungsbereichen derart eng geworden sind, daß ein Zusammentreffen [...] in hohem Maße wünschenswert geworden ist."[48]

Da viele relevante Entwicklungen direkt mit den Kriegsbemühungen verbunden waren, so versicherte Wiener, müßte die Versammlung unbedingt unter Ausschluß der Öffentlichkeit stattfinden. Es war eine neue Weltsicht, die aus diesem geheimen Zusammenfluß verschiedener Kriegswissenschaften entstehen sollte, und ihre Themen sollten von „technischem, physikalischem, sogar wirtschaftlichem und sozialem Interesse" sein.[49] Wiener, Aiken und von Neumann nannten die Gruppe die „Teleological Society".[50]

Das erste Treffen der Gesellschaft fand am 6. und 7. Januar 1945 statt, und Wiener war über den Verlauf sehr erfreut. Die Physiologen Rafael Lorente de Nó und Warren McCulloch, Spezialisten auf dem Gebiet der funktionellen Organisation des zentralen Nervensystems, stellten ihre Arbeiten über die Organisation des Gehirns vor. Wiener schwärmte gegenüber Rosenblueth: „Am Ende waren wir alle überzeugt, daß es ein umfassendes Themengebiet wäre, welches Aspekte der Technik und der Neurologie umschließt."[51] Er meinte, es sei an der Zeit, getrennte Arbeitsbereiche in ein integriertes dauerhaftes Forschungsprogramm umzuwandeln, das dann aus vielen Quellen gespeist würde. Dazu zählte die Rockefeller-Stiftung mit Weavers Unterstützung, und außerdem redete „von Neumann geheimnisvoll über 30 Millionen Dollar", von denen reichlich Mittel „abgesaugt" werden könnten.[52]

Von Neumann seinerseits nutzte das Treffen, um das Labor aufzuteilen: Wiener und Walter Pitts (ein Student von Rudolf Carnap, der mit Hilfe der Logik die wechselnden Eigenschaften der Neuronen analysiert hatte) würden sich mit Problemen der Filterung und der Voraussage wie etwa dem Prototypen des AA-Prädiktors befassen; der mathematische Statistiker W. Edwards Deming (der

48 Howard Aiken, von Neumann und Wiener, Brief an E. H. Vestine, 4. 12. 1944. Kasten 2, Mappe 66, NWP.

49 Ebd.; siehe auch Wiener, Brief an von Neumann, 17. 10. 1944. Kasten 2, Mappe 66, NWP.

50 Wiener, Aiken und von Neumann hielten „Intentionalität" für das Zentrum ihres gemeinsamen Interesses, wobei sie zweckhaftes Verhalten bei Mensch und Tier verstehen und mit Maschinen simulieren wollten. Sie planten die Gründung einer Gesellschaft, eine Zeitschrift, ein Patent und versuchten zudem, eine erwartete (und gewünschte) Popularisierung zu kontrollieren, um der „gefährlichen und sensationslüsternen Öffentlichkeit" zu begegnen. Siehe Aiken, von Neumann und Wiener, Brief an H. H. Goldstine, 28. 12. 1944. Kasten 2, Mappe 67, NWP.

51 Wiener, Brief an Rosenblueth, 24. 1. 1945. Kasten 2, Mappe 67, NWP.

52 Ebd.

einer der Hauptberater Japans während des Wirtschaftswunders nach dem Krieg werden sollte), von Neumann und mehrere andere würden sich mit der Anwendung schneller, mechanisierter Rechenmethoden auf statistische Probleme befassen; die Anwendung auf Differentialgleichungen (Astronomie, Hydrodynamik, Ballistik usw.) würden Aiken, H. H. Goldstine und von Neumann übernehmen; und de Nó, McCulloch und Pitts würden sich den neurologischen Untersuchungen widmen.[53] Wiener war einverstanden, obwohl ihm an von Neumanns Skizze der entscheidende Übergang von der rechnenden zur kontrollierenden Maschine fehlte. „Die dabei auftauchenden Fragen drehen sich um den Transfer von kontinuierlichen zu diskreten Daten, um den endgültigen Übergang von den diskreten Daten zu der Bewegung einer Achse; und um das Registrieren der Bewegung der Achse durch Rückkopplung oder eine andere quasi-proprioceptive Vorrichtung." Ein solches *Rückkopplungssystem*, auf das Wiener sich seit seinen frühesten Arbeiten zur Servomechanik bezogen hatte, nahm weiterhin einen zentralen Platz in seinen Überlegungen ein. Denn es war der gleiche proprioceptive Prozeß, der sich bei der mechanischen und bei der organischen Kontrolle, sowie in hybriden mechano-organischen Systemen abspielte. Von Neumann gab in diesem Punkt nach.[54]

Trotz der hervorragenden Gruppe von Anhängern, die Wieners Projekt gewann, gab es auch Widerstände. Richard Taylor, ein junger Philosoph der Brown University, fragte 1950 skeptisch, ob Wiener und seine Mitarbeiter ernsthaft eine Definition der Zweckhaftigkeit vorschlagen wollten, die ausschließlich auf dem Kulminationspunkt einer Ereigniskette basierte. Die Definition von Rosenblueth, Wiener und Bigelow war folgende:

> „Der Begriff ‚zweckhaft' soll bedeuten, daß eine Handlung oder ein Verhalten so interpretiert werden kann, daß sie auf das Erreichen eines Ziels gerichtet ist – d. h. auf einen Endpunkt hin, bei dem das sich verhaltende Objekt eine definierte Korrelation in Zeit und Raum mit bezug auf ein anderes Objekt oder eine andere Handlung erreicht. Ein zweckfreies Verhalten ist dann das, was nicht als auf ein Ziel gerichtet interpretiert wird."[55]

53 Siehe von Neumann, Memorandum an Aiken, Leland E. Cunningham, W. E. Deming, Goldstine, R. Lorente de Nó, W. S. McCulloch, Walter H. Pitts, Vestine, Wiener und Wilks, 12. 1. 1945. Kasten 2, Mappe 67, NWP.

54 Wiener, Brief an von Neumann, 24. 1. 1945. Kasten 2, Mappe 67, NWP. Vgl. von Neumann, Brief an Wiener, 1. 2. 1945. Kasten 2, Mappe 67, NWP.

55 Rosenblueth et al. 1943, 18.

Für Taylor sagte diese Definition alles und nichts, und gleichzeitig war sie so inhaltsleer, daß sie sich mit keiner der gewöhnlichen Bedeutungen des Wortes vertrug. Man kann eine Uhr jahrelang laufen lassen, nur damit sie am Silvesterabend um Mitternacht stehenbleibt. Was spräche dagegen, dies als ein Beispiel für Zweckhaftigkeit anzusehen? Ein Ziegelstein fällt von einem Gebäude und tötet einen Passanten. Soll auch dies als zweckhaft betrachtet werden? Für Taylor öffnete die Willkür der Formel „kann so interpretiert werden" Tür und Tor für ein Verständnis der fallenden Ziegelsteine und der stehengebliebenen Uhren als zweckgerichtet. Dadurch würde jede Ähnlichkeit mit unserem gewöhnlichen Verständnis zunichte gemacht.[56]

Taylor erkannte natürlich, daß Wiener und Bigelow es vor allem auf selbstregulierende Maschinen abgesehen hatten, aber das störte ihn nicht weiter. Könnten die Autoren wirklich sagen, daß ein Roulette-Rad (von seiner Konstruktion her eine zweckfreie Vorrichtung), in eine zweckgerichtete Maschine umgewandelt werden könnte, wenn man auf seinem Perimeter ein Bleigewicht installiert? Sogar eine gesteuerte Rakete, dieses Paradebeispiel für Zweckgerichtetheit, kann philosophisch kaum von nicht-selbstregulierenden Vorrichtungen unterschieden werden. Man nehme eine Rakete an, die an einem gestrafften Draht mechanisch ein Ziel ansteuert. Ein solcher Mechanismus wäre wohl weniger ätherisch als eine Radarsteuerung, doch wäre er insofern schwierig davon zu unterscheiden, da er als selbstregulierend betrachtet werden könnte. „Der Ausdruck ‚zielsuchende Rakete' ist metaphorisch", schloß Taylor. Wiener und Bigelow konnten wohl den Zweckbegriff neu definieren, aber ihre Entdeckung würde nichts weiter bringen als das Pluszeichen mit dem Multiplikationszeichen neu zu definieren: „völlig korrekt, aber kaum von Bedeutung."[57]

In seiner Antwort an Taylor mochte auch Wiener die Bezeichnung eines präparierten Roulette-Rades als zweckgerichtet nicht rechtfertigen. Aber gemeinsam mit Rosenblueth betonte er erneut, daß sich ein beschwertes Rad und ein magnetischer Kompaß von den Servomechanismen der gesteuerten Raketen und des AA-Prädiktors unterschieden, weil erstere passiv und letztere aktiv wären. Im Labor, so Wiener und Rosenblueth, seien die Physik und die Technik der selbstregulierenden Systeme völlig anders als die der Ziegelsteine und der Uhren: Erstere sind durch zeitlich reversible kausale Geschichten gesteuert, während letztere zeitlich unumkehrbar sind (z. B. macht der AA-Prädiktor seine statistischen Voraussagen aufgrund der *Geschichte* der früheren Leistungen des Piloten).[58]

56 Taylor 1950a, 311.
57 Ebenda, 316, 317.
58 Rosenblueth/Wiener 1950, 318.

Indem sie ein Füllhorn an kriegsbezogenen elektromechanischen Feedbacksystemen offerierten – u. a. gesteuerte Raketen, ihr Ziel abtastende Torpedos und Radarsuchgeräte –, sahen Wiener und Rosenblueth eine pragmatisch definierte Neuerung, wo Taylor keine erkennen wollte.[59] Doch über die Frage der Neuheit hinaus hatte Taylor einen fundamentalen Einwand gegen die behavioristische Input-Output-Analyse, die ja Wieners Programm zugrunde lag, formuliert. Hier konnten sich beide Seiten nicht einigen. Indem Wiener und Rosenblueth erklärten, daß es sie nicht kümmere, ob *in abstracto* „Maschinen Menschen sind oder wie Menschen sein können", insistierten sie darauf, daß diese Frage für wissenschaftliche Zwecke „irrelevant" sei:

> „Wir glauben, daß Menschen und andere Tiere in wissenschaftlicher Hinsicht wie Maschinen sind, weil wir glauben, daß die einzigen effektiven Methoden zum Studium des menschlichen und tierischen Verhaltens diejenigen sind, die auch auf das Verhalten mechanischer Objekte angewandt werden können. Mit der Auswahl der diskutierten Begriffe wollten wir hauptsächlich hervorheben, daß *Menschen als Gegenstände der wissenschaftlichen Forschung sich von Maschinen nicht unterscheiden.*"[60]

Letztere Bemerkung sollte kritisch und historisch gelesen werden. 1941 und 1942 hielten es Wiener und seine Mitarbeiter für sinnvoll, Menschen, d. h. Piloten und Kanonenschützen, nicht losgelöst von ihren Bombern und Flugabwehreinheiten zu betrachten. Die militärische Perspektive kannte menschlich-maschinelle *Feinde*, dementsprechend „unterscheiden sich Menschen nicht von Maschinen". Von der Betrachtung des Feindes als kybernetische Einheit war es nur noch ein kleiner Schritt, den quasi-automatisierten Alliierten Flugabwehrartilleristen auf die gleiche Weise zu sehen. Was im manichäischen Bereich des wissenschaftlich unterstützten Krieges begonnen hatte, wurde nun aus seinem Kontext herausgelöst. Um 1950 hatte Wiener seine Ansprüche globalisiert: Im starren Blick der wissenschaftlichen Forschung unterschied sich die menschliche Intentionalität nicht von der Selbstregulierung der Maschinen. Punkt.

Taylor hielt dagegen: Wie konnten Wiener und Rosenblueth einen Begriff der Zweckgerichtetheit ausschließlich auf *beobachtbares* Verhalten [Taylors

59 Taylor 1950b, 328. Taylor räumte gegenüber Wiener und Rosenblueth ein, daß sein Newtonianisches Wissenschaftskonzept von Ursachen und Kategorien den Entwicklungen der zeitgenössischen Physik angepaßt werden müßte.

60 Rosenblueth/Wiener 1950, 326 [Hervorhebung hinzugefügt, P. G.]. Psychologen hatten sich schon seit Jahrzehnten damit beschäftigt, Intentionalität in das behavioristische Konzept zu integrieren. Einen der bedeutendsten, wenn auch längst nicht allgemein akzeptierten Versuch in dieser Richtung unternahm Tolman 1932.

Hervorhebung] stützen und dabei den offensichtlichen Unterschied ignorieren, den es zwischen den verschiedenen Absichten gibt, etwa wenn ein Auto einem Mann folgt? Versucht der Fahrer des Wagens, den Mann zu überfahren? Will er einen Spaß machen? Versucht er, ihm Angst einzujagen? Oder fährt er so, um sich von einer lästigen Wespe zu befreien? Taylor räumte ein, daß die Beobachtung wohl der beste oder sogar der einzige Anhaltspunkt sein könne, aber man müsse unterscheiden zwischen einer Definition von Zweck und den Anhaltspunkten, die zur Verfügung stünden oder auch nicht, um sich zu versichern, was für ein Zweck überhaupt vorliege. Zusätzlich erschwert werde der rein behavioristische Zugang durch Fälle, in denen das Ziel als distinkte physikalische Realität nicht einmal existiert: Ritter suchen den Heiligen Gral, Alchimisten suchen den Stein der Weisen, und Leute stochern im Dunkel der Nacht nach Streichhölzern, die es gar nicht gibt. Absicht, ähnlich wie Begehren, ist genau so echt wie greifbarere Handlungen. Taylors Einwand bestand darin, daß man Konzepte nicht fallenlassen sollte, nur weil sie für die Wissenschaft nicht nützlich sind.[61]

Wiener brach die Debatte an diesem Punkt zwar ab, aber der grundlegende Konflikt blieb ungelöst. Mit der Mathematik der kybernetischen Rückkopplungssysteme, dem Formalismus der Spieltheorie und den Flußdiagrammen der *operations analysis* hatten die manichäischen Wissenschaften in gewisser Hinsicht eine Apotheose des Behaviorismus herbeigeführt – wie Boring es gehofft hatte. Im Februar 1945 versuchte Boring, trotz eines kaum überstandenen, dramatischen Zusammenbruchs infolge eines Magengeschwürs, auf ein Angebot zurückzukommen, das er Wiener drei Monate zuvor unterbreitet hatte. Fasziniert von den Fortschritten, die Wieners interdisziplinäre Forschung erreicht hatte, schrieb Boring: „Was ich vorher [vor dem Zusammenbruch] gemacht habe, war eine Liste der Dinge zusammenzustellen, die meiner Meinung nach zu den Hirnfunktionen zählen, und sie in positivistische Begriffe für organismische Reaktionen zu fassen. Diese Begriffe sollten übersetzbar sein in Input und Output und in die Justierung eines geheimnisvollen Kastens mit Klemmschrauben und Knöpfen." Seine Schlußfolgerung: „Das ist es, was eine Person ausmacht, wirklich."[62] Aus England schrieb W. Ross Ashby eine ähnliche Eloge auf Wieners Blackbox-Programm:

> „Wenn ich mir vorstelle, wie die Psychologen seit Jahrzehnten, wenn nicht seit Jahrhunderten versucht haben, genau dieses Problem – die Blackbox namens Gehirn – zu lösen, und wenn ich bedenke, wie wenig

61 Siehe Taylor 1950b.

62 Boring, Brief an Wiener, 8. 2. 1945. Kasten 2, Mappe 67, NWP.

> Aufmerksamkeit sie den darin enthaltenen Prinzipien geschenkt haben, sinkt meine Achtung vor ihnen auf ein neues Tief. Das Problem mit dem Psychologen ist, daß er zu stolz ist, das Gehen zu lernen, bevor er zu laufen versucht. So liegt er heute auf dem Rücken, fuchtelt blöde mit seinen Beinen, und gibt vor, ein Ballettänzer zu sein, während er im Grunde das Kriechen noch nicht gelernt hat. Deshalb meine ich es als großes Kompliment, wenn ich sage, daß Ihre Studie des ‚Blackbox'-Problems ein erster Schritt in Richtung auf eine wissenschaftliche Psychologie ist!"[63]

Im Gegensatz zu Boring dachte Wiener, er könnte die Hardware bauen, um eine solche spezifische Blackbox auf den Tisch zu zaubern. Eine derart radikale Sicht ließ Leute wie Taylor, die es nicht akzeptieren konnten, daß man zugunsten reiner beobachtbarer Manifestationen innere Zustände der menschlichen Intentionen und Wünsche, der Freude und Schmerzen eliminierte, notwendigerweise unbefriedigt. Doch angesichts der Macht des Kriegsmaterials und angesichts verlockender Aussichten auf zukünftigen industriellen Profit konnte sich Taylors Sichtweise natürlich nicht durchsetzen.

IV. Philosophie der Natur und Kanonenfeuer

Wenn Menschen sich in „wissenschaftlicher Hinsicht" nicht von Maschinen unterscheiden, dann deswegen, weil der wissenschaftliche Standpunkt der vierziger Jahre derjenige der Mensch-Maschinen im Krieg war. Das Mensch-Flugzeug-Radar-Prädiktor-Artillerie-System war ein geschlossenes System, in dem es möglich erschien, Menschen durch Maschinen und Maschinen durch Menschen zu ersetzen. Für einen Flugabwehroperator handelte der Feind tatsächlich wie ein autokorrelierter Servomechanismus. Erstaunlich ist die globalisierende Überführung dieses technologischen *aperçu* in ein neues Zeitalter der Menschheit und in eine allgemeine Philosophie der menschlichen Handlungen. Als Wiener 1947 über die Ereignisse des Krieges nachdachte, teilte er das Denken der Zeitalter in drei Epochen ein. Die erste Epoche war durch Uhrmacher, Geometer und Astronomen geprägt. Ihre Wissenschaft basierte auf Voraussagen nach Gesetzen, und ihre Ökonomie war die der Kaufleute. Schiffe segelten über die Weltmeere mit Hilfe von Uhren und astronomischen Berechnungen der Längengrade; dies war, wie Wiener sagte, die „Technik der Merkantilisten" (*C*, 38). Gegen Ende des 17. und im 18. Jahrhundert dämmerte ein neuer Tag

63 W. Ross Ashby, Brief an Wiener, 2. 2. 1951. Kasten 3, Mappe 134, NWP. Einige Jahre später veröffentlichte Ashby seine berühmte *Introduction to Cybernetics* (1956).

heran. Die Uhren räumten das Feld für die Dampfmaschine, die zum Symbol und Zentrum der technologischen Arbeit wurde. An die Stelle von Huygens und Newton traten nun Rumford, Carnot und Joule, und Industrielle, nicht Händler, verkörperten die neue Kultur. Schließlich war die gegenwärtige Epoche, eingeleitet durch die breite Palette elektromechanischer Kriegsgeräte, für Wiener das Zeitalter der Information und der Kontrolle. Wenn auch diese Entwicklungen auf Kelvin und Gauß zurückgingen, fanden sie ihre eigentliche Gestalt (und ihre Interpreten) nur in den Labors und Fabriken der Funkmeßtechnik und der ihr assoziierten Systeme. Diese Epoche, Wieners Epoche, war die des Servomechanismus.

Wie Wiener meinte, erzeugte jede Epoche ihr eigenes Simulacrum der Menschheit – die Uhrmacher des 18. Jahrhunderts bauten ihre tanzenden mechanischen Figuren, die Techniker des 19. Jahrhunderts verherrlichten ihre Dampfmaschinen als Spielarten des Körpers. Und die gegenwärtige Epoche? Man stellt Computer her, um Differentialgleichungen zu berechnen, um Türen mit Photozellen zu öffnen, und – was nicht erstaunlich ist – „der vorliegende Automat [...] richtet Kanonen auf die Stelle, wo ein Radarstrahl ein Flugzeug ortet" (*C*, 40). In einer durchschlagenden Totalisierung hatte Wiener innerhalb zweier Jahre am Kriegsende seinen AA-Prädiktor zum Symbol eines neuen Zeitalters des Menschen erhoben. Ob man Wieners Technoperiodisierung der Geschichte der Menschheit zustimmt oder nicht, es besteht kaum ein Zweifel, daß er und viele seiner Zeitgenossen sich an einem historischen und philosophischen Wendepunkt angelangt sahen, an dem die manichäischen Wissenschaften das kybernetische Zeitalter begründeten.

Wieners Hoffnungen und Befürchtungen gegenüber den kybernetischen Technologien waren in einem gewissen Ausmaß bereits vor Hiroshima und Nagasaki vorhanden, aber sie steigerten sich nach den Atombombenabwürfen über Japan im August 1945 um das Hundertfache. In den Wochen danach war Wiener so aufgewühlt, daß er nicht einmal einen Brief seines Freundes und Mitarbeiters, des Philosophen Giorgio de Santillana, beantworten konnte. Erst im Oktober 1945 nahm er wieder den Stift zur Hand:

> „Seitdem die Atombombe gefallen ist, erhole ich mich von einer akuten Attacke auf mein Gewissen, da ich einer der Wissenschaftler bin, der Kriegsarbeiten geleistet hat, und der diese Arbeiten als Teil eines größeren Unternehmens gesehen hat, das jedoch in einer Weise umgesetzt wird, die ich nicht billige und über die ich überhaupt keine Kontrolle habe. Ich denke, die Aussichten für einen Dritten Weltkrieg sind düster, und ich habe nicht die Absicht, meine Dienste in einem solchen Konflikt benutzt zu sehen. Ich habe ernsthaft daran gedacht, meine wissen-

schaftliche Arbeit aufzugeben, weil ich keinen Weg sehe, etwas zu veröffentlichen, ohne daß meine Erfindungen in falsche Hände geraten."[64]

In kurzen, fast telegraphischen Sätzen berichtete Wiener de Santillana über den vollen Umfang seiner kybernetischen Arbeit, von Wellenfiltern und Prädiktoren, Rechenmaschinen, der automatischen Kontrolle von Montagebändern, sowie der Kontrolle von chemischen Produktionsstätten bis hin zu Zufallsnetzen von Schaltvorrichtungen, der Quantentheorie und der Fibrillation des Herzens. Besorgt um die möglichen Anwendungen seiner Forschung, beendete Wiener den Brief mit diesen „flüchtig hingeworfenen" Beschreibungen, zum Teil aus Bescheidenheit und zum Teil, weil „ich mir in diesen unruhigen Zeiten nicht so sicher bin, ob ich unbegrenzt in der Wissenschaft weiterarbeiten werde. Ich weiß nicht, wie ich Arbeiten veröffentlichen kann, ohne daß sie in starke Hände fallen, und ich mag die starken Hände der Gegenwart nicht. Ich empfinde das sehr persönlich, besonders wenn ich eine Welt sehe, die mit der Atombombe nicht umgehen kann."[65] Zwei Tage später entwarf er einen Brief an Karl T. Compton, den Präsidenten des MIT, in dem er seine Befürchtungen wiederholte, daß die Wissenschaftler die „Kontrolle" über die zivile und militärische Anwendung der Wissenschaft verlieren würden. Er schloß damit, daß „[ich] vorhabe, die wissenschaftliche Arbeit vollständig und endgültig aufzugeben. Ich werde versuchen, irgendwie auf meiner Farm auf dem Lande zu leben. Ich glaube zwar nicht, daß es mir gelingen wird, aber ich sehe keinen anderen Weg, der sich mit meinem Gewissen vereinbaren ließe."[66] In den darauffolgenden Jahren wies Wiener ständig auf das Potential der Kybernetik hin, die Menschheit entweder zu retten oder sie zu versklaven bzw. zu zerstören. Schon in den AA-Prädiktor und seine Nachfolgemodelle waren eine Vielzahl kaum zu übersehender kultureller Bedeutungen eingraviert.

Ende 1947 war Wiener immer noch am MIT tätig, trotz seines moralischen Unbehagens gegenüber den technischen Möglichkeiten der Kybernetik. Indem er die Technologie der von ihm so genannten „Welt von Belsen und Hiroshima" aushändigte, konnte er nur hoffen, „unsere persönlichen Anstrengungen [in der Kybernetik] auf Bereiche wie Physiologie und Psychologie zu beschränken, die von Krieg und Ausbeutung weit entfernt sind" (*C*, 28). Paradoxerweise hatte Wiener während des Krieges den kybernetischen Ansatz wegen der Schwächen des AA-Prädiktors über seinen engeren Anwendungsbereich hinaus ausgeweitet. Nun, da er die Kybernetik mit der Macht der verhee-

64 Wiener, Brief an Giorgio de Santillana, 16. 10. 1945. Kasten 2, Mappe 69, NWP.

65 Ebd.

66 Wiener, Brief an Karl T. Compton, 18. 10. 1945. Kasten 2, Mappe 69, NWP.

renden Waffen assoziierte, versuchte er sie wegen ihrer tödlichen Auswirkungen aus der militärischen Arena zu entfernen. So oder so war die Assoziation der Kybernetik mit ihren Anfängen im Krieg für Wiener und viele seiner Zeitgenossen tief und fest in die kulturelle Bedeutung der neuen Wissenschaft und ihrer Maschinen eingeschrieben.

Die Josiah-Macy-Jr.-Stiftung eröffnete das kybernetische Zeitalter für die Sozialwissenschaften. Am 8. und 9. März 1946 organisierte die Stiftung ein Treffen zwischen Psychologen, Anthropologen, Mathematikern und Physikern, das dem übergreifenden Thema der kausalen Systemkreisläufe gewidmet war. Gregory Bateson, der bereits von der Wichtigkeit der neuen Ideen überzeugt war, leitete die Gruppe der nicht-physikalischen Wissenschaftler und beteiligte sich an der Organisation eines zweiten Treffens über „Teleologische Mechanismen in der Gesellschaft" am 20. September 1946, sowie eines dritten, das sich um „Feedbackmechanismen und kausale Systemkreisläufe in Biologie und Sozialwissenschaften" drehte. Eingeladen waren Paul Lazarsfeld, Margaret Mead, F. S. C. Northrop und viele andere. Mit der kräftigen Unterstützung Batesons und unter der begeisterten Leitung von Wiener, von Neumann, McCulloch und de Nó stellten die intensiven Diskussionen der Gruppe Systeme, Informationstheorie und Feedbackmechanismen ins Zentrum von Soziologie, Psychologie und Anthropologie.[67] Northrop bescheinigte der servomechanischen Theorie später Auswirkungen „von revolutionärer Bedeutung für die Naturwissenschaften, für die Moral- und Natur-Philosophie, und für die Theorie des normativen Faktors in den Rechtswissenschaften, in Politik, Religion und in den Sozialwissenschaften".[68] Für Bateson markierte die neue Terminologie der Kommunikationstheorie und der Kybernetik eine Wende in seiner Arbeit; sein Biograph David Lipset spricht von einer „theoretischen Bekehrung", in der frühere Termini wie *Schismogenese* in der Sprache der zweckgerichteten Maschinen neu gefaßt und durch einen Begriff wie „regeneratives Feedback" ersetzt wurden.[69]

Während er nach den Sozialwissenschaften griff, wollte Wiener die manichäischen Wissenschaften auch zu einer abstrakteren Philosophie erheben. Mindestens seit Anfang der 30er Jahre hatte Wiener ein starkes Interesse an der

67 Über die Macy-Treffen siehe Gregory Bateson, Memo an die Eingeladenen, 19. 6. 1946. Kasten 2, Mappe 71, NWP; McCulloch, Memo an die Mitglieder der „Macy Conference on Feedback Mechanisms, 17–19 Oct. 1946", nicht datiert, Kasten 2, Mappe 71, NWP; „Conference on Feedback Mechanisms and Circular Causal Systems in Biology and the Social Sciences", nicht datiert, Kasten 2, Mappe 71, NWP. Vgl. auch Heims 1980, 201–207. Zum Einfluß der Kybernetik auf die Sozialwissenschaften vgl. Heims 1993.

68 Northrop 1949, 414.

69 Lipset 1980, 182. Siehe auch Heims 1977.

Leibnizschen Philosophie. Er pries die Aufgeschlossenheit von Leibniz (im Gegensatz zu Newtons Dogmatismus), er feierte Leibnizens Beitrag zur Relativität, zur einer der Quantenmechanik ähnlichen Identität der nicht wahrnehmbaren Gegenstände, und sogar seine Idee der monadischen Abgeschlossenheit (analog zu einigen höher-dimensionalen Theorien des Elektrons).[70] In den Jahren nach Kriegsende sah Wiener jedoch noch etwas mehr in Leibniz. Er sah in ihm ein übergreifendes philosophisches Dach, das Kybernetik und *operations research* umfaßte und zusammenschloß.

1953 sagte er vor der Operations Research Society, Kybernetik und *operations research* basierten beide auf einer modernen Parallele zu den Monaden von Leibniz. Dessen eigene Konzeption von Monaden sei viel zu anthropomorph gewesen, versicherte Wiener. Es habe sich um ein Weltbild gehandelt, in dem „Monaden Quasi-Seelen [waren], deren Tätigkeit darauf beschränkt war, die Welt der Monaden selbst zu reflektieren". Die Kybernetik liefere „ein ähnliches Weltbild": Kommunikationsknoten interagieren durch den Austausch von Befehlen. Für den Kybernetiker ist die Welt nichts anderes als die wechselseitigen internen Beziehungen dieser eingehenden und ausgehenden Nachrichten; letztlich befördert die Kybernetik damit nach Wiener eine „quasi-solipsistische" Sichtweise des Universums. Von ihrer epistemologischen Ausrichtung her kann die Kybernetik entweder beobachtend (ausschließlich eingehende Nachrichten) oder experimentell sein (ein- und ausgehende Nachrichten). Gleichzeitig wollte Wiener klarmachen, daß die Epistemologie zwar die wissensakkumulierende Funktion der Wissenschaft erfassen konnte, die Kybernetik blieb dabei jedoch nicht stehen: „Nachrichten können gesendet werden, um das Universum zu erkunden, aber sie können genauso gut mit der Absicht gesendet werden, das Universum zu *kontrollieren.*" Eben weil er diesen doppelten Aspekt der Information akzentuieren wollte, unterschied Wiener zwischen Nachrichten, die „im Indikativ und im Imperativ" gesendet werden können.[71]

Sowohl der Hinweis auf die fensterlosen Monaden als auch Wieners Formel vom Quasi-Solipsismus machen deutlich, daß die kybernetische Philosophie auf die Undurchsichtigkeit des Anderen gebaut war. In dieser Weltsicht sind wir tatsächlich wie eine Blackbox mit Input und Output und ohne Zugang zum Innenleben – weder zu unserem, noch zu dem der anderen. Dieselbe Undurchsichtigkeit herrscht in von Neumanns Spieltheorie, in der die Opponenten nach bestimmten universellen Maximierungsprinzipien handeln, wo uns aber der Denkprozeß, der sich in jeder Bewegung realisiert, verborgen bleibt. Obwohl

70 Siehe Wiener 1932.

71 Wiener, „Delivered to the Operations Research Society", 23. 11. 1953, Kasten 12, Mappe 738, NWP, 2, 3.

Wiener späterhin von Neumanns Spieltheorie mit dem Argument ablehnte, daß sie eine inadäquate psychologische Grundlage habe,[72] sympathisierte er unmittelbar nach dem Krieg mit dem Projekt und sagte sogar, es sei vom selben „Geist" wie die Kybernetik.[73]

Die Auswirkung der manichäischen Wissenschaften nicht bloß auf die Computertechnik und auf die Theorie der Automaten, sondern auch auf die Sozialwissenschaften sollte nicht unterschätzt werden. Für Mead, Northrop und Bateson wurden Wieners Modelle von Feedback und Homöostase zu grundlegenden Bestandteilen ihrer eigenen Analysen. Sogar die Zeitschrift *Time* begrüßte Wiener 1950 als einen der führenden neuen „Computermänner", die die Grenzen zwischen den Wissenschaften vom Gehirn, von den psychischen

Abb. 5: Das kybernetische Wesen. *Time* veröffentlichte diese herrlich buchstäbliche Repräsentation eines ultimativen Cyborg. Seine drei hervorstechendsten Merkmale sind: militärische Aufmachung, Feedback durch Selbstkontrolle des Outputs und biomechanische Gestalt. Aus: *Time* vom 23. 1. 1950.

Eigenschaften und der Maschine abschafften (vgl. Karikatur in Abb. 5). Angesichts einer solchen Verherrlichung ist es wohl kein Wunder, wenn viele Sozialwissenschaftler sich mit den neuen, aus dem Krieg hervorgegangenen Wissenschaften identifizierten. Die Faszination der Sozialwissenschaftler in den 40er und 50er Jahren für Systeme mögen ihre Ursprünge in den älteren

72 Siehe Heims 1980, 305–310.
73 Siehe Wiener 1961a, 18f.

Telefon- und Kraftnetzwerken der Jahrhundertwende gehabt haben. Die neuere Faszination für informationsgestützte Rückkopplungssysteme hat dagegen viel näherliegende Wurzeln – nämlich die Radar- und Suchsysteme des Zweiten Weltkriegs.

In der fortlaufenden Geschichte der manichäischen Wissenschaften gibt es eine Phase, die an unsere eigene Gegenwart heranreicht. Überraschender als die Kontinuität zwischen den Systemtheorien während und nach dem Krieg ist die Rolle, die Wieners Kybernetik in den postmodernen Diskursen spielte und weiterhin spielt. Angefangen mit Jean-François Lyotard, dessen Buch *La condition postmoderne* (1979) zu den Schlüsseltexten der Postmoderne zählt, läßt sich eine fortlaufende Spur der kybernetischen Theorien verfolgen.[74] Lyotard selbst behauptet ziemlich markig, daß seine soziale Analyse, die im Auftrag der Regierung von Québec gemacht wurde, von der Kybernetik radikal abweiche. Ich meine im Gegenteil, daß die Verbindung zwischen den beiden geradezu schlagend und die Kontinuität nahezu vollständig ist.

Zuerst behauptet Lyotard im Gegensatz zur Kybernetik, daß „Nachrichten mit ganz verschiedenen Formen und Wirkungen ausgestattet [sind], je nachdem, ob sie zum Beispiel denotativ, präskriptiv, evaluierend, performativ usw. sind".[75] Hier schließen zumindest zwei der Kategorien Lyotards (die deskriptive und die präskriptive) unmittelbar an Wieners Unterscheidung zwischen indikativen und imperativen Nachrichten an. Zweitens behauptet Lyotard: „[...] die kybernetische Maschine verarbeitet Informationen, aber die ihr beispielsweise bei der Programmierung gegebenen Ziele hängen von präskriptiven und evaluierenden Aussagen ab, und diese – etwa die Maximierung ihrer Leistungen – wird sie während der Funktionsdauer nicht korrigieren."[76] Nichts könnte weiter am Ziel vorbeigehen. Die Selbstkorrektur ist *genau* das, was Wieners Maschinen taten. In all seinen Arbeiten zur Kybernetik, von der ersten technischen Vorstellung des AA-Prädiktors vor Pearl Harbor bis zu seinen Aufsätzen über Wissenschaft und Gesellschaft in den 60er Jahren stellte Wiener die Rückkopplung in den Vordergrund. Wieder und wieder kam er auf den Torpedo, die gesteuerten Raketen und das Flugabwehrsystem zurück. Außerdem wurden sogar im Prädiktor die Leistung *und* die die Leistung steuernden Regeln „während der Funktionsdauer" korrigiert. Drittens ist Lyotard der Ansicht, daß die „Informationstheorie in ihrer trivialen kybernetischen Version" den wichtigen „agonistischen" Aspekt der Gesellschaft beiseite lasse. In seiner postmodernen Sicht der sozialen Beziehungen meint Lyotard, daß jeder „Spie-

74 Lyotard verweist explizit auf Wiener, Ashby und von Neumann. Vgl. Lyotard 1986, 20.

75 Ebd., 57.

76 Ebd., 58.

ler" einer „Ortsveränderung" unterliegt, wenn er Nachrichten versendet und empfängt. „Spielzüge" und „Gegenzüge" kennzeichnen Lyotards Welt, wenn er betont, daß für eine postmoderne Verständigung eine „agonistische" Theorie der Kommunikation und eine Spieltheorie benötigt werden.

Wiener, von Neumann und die Analytiker der *operations research* fühlten sich gerade im agonistischen Bereich am wohlsten. Formal, militärisch und philosophisch gesehen war ihre Welt eine Welt der Auseinandersetzung zwischen Opponenten: Alliierte gegen Achsenmächte, Monade gegen Monade, Nachricht gegen Nachricht, mechanisierter „Mann" gegen servomechanischen Feind. Eine Opposition zwischen Lyotards Postmodernismus und der „trivialen kybernetischen Version" (vermutlich ist Wiener gemeint) kann nicht aufrecht erhalten werden.

Aus der Kontinuität zwischen der Kybernetik und Lyotards postmodernen sozialen Beziehungen könnten zwei Dinge folgen. Entweder waren Wiener und seine Mitarbeiter Postmodernisten *avant la lettre*; oder es verhält sich, wie ich eher vermuten möchte, umgekehrt: Lyotards postmoderne und spieltheoretische Weltanschauung läßt sich bis ins Zentrum der manichäischen Wissenschaften zurückverfolgen. Da ich mich mit der Entwicklung der Wissenschaften in der Nachkriegszeit beschäftige, scheint es mir äußerst wichtig zu sein, die zentralen Metaphern der *operations research*, der Spieltheorie und der Kybernetik nicht unkritisch zu übernehmen und sie uns anzueignen, indem wir ständig eine neue „postmoderne" Periodisierung behaupten.

Donna Haraway zitiert die Kybernetik in einer subtileren, wenn auch nicht unproblematischen postmodernen Weise. In dem Aufsatz *The Biological Enterprise: Sex, Mind, and Profit from Human Engineering to Sociobiology* von 1979 verwendet sie den Begriff *Kybernetik* zur Charakterisierung der biologischen Wissenschaften nach dem Zweiten Weltkrieg in einer Weise, die Wiener akzeptiert hätte. Vor dem Krieg (so Haraway) organisierte sich der biologische Diskurs über den Organismus um Kategorien, die aus der Medizin und der Klinik stammten. Dazu zählten Intelligenztests, menschliche Beziehungen, Physiologie und Rassenhygiene. Nach dem Krieg wurden die Biologie und auch die Soziobiologie durch die neuen Wissenschaften umgeschrieben, in denen es um Systeme ging, die auf Information und Kontrolle geeicht waren. Diese neue, kybernetisch orientierte Biologie hob Kommunikation und Feedback hervor. Nach Haraway ist E. O. Wilsons Arbeit typisch für die weiteren Entwicklungen: Dort werden Informationsaustausch zwischen Insekten, Effizienz, Rauschen und Kapazität betont.[77] Ihrer Meinung nach ist die Kybernetik, obwohl sie oft benutzt wird, um den Status quo zu zementieren, letztlich viel zugäng-

77 Siehe Haraway 1991a, 44f.

licher für eine neue und offenere Sicht der biologischen Wissenschaften als die früheren psychobiologischen und organisch-funktionalistischen Theorien. Nach Ansicht Haraways ist die kybernetisch-biologische Sicht (Soziobiologie) *weniger* anfällig für Rassismus oder Sexismus, weil in der Kybernetik der organische Körper als eine technische Einheit gefaßt wird, die stets veränderlich bleibt und nie als wesentlich definiert wird.[78]

Haraway eröffnet *A Cyborg Manifesto* (1985) mit einer teilweisen und ambivalenten Anknüpfung an die Wienerschen Themen: „Ein Cyborg ist ein kybernetischer Organismus, ein Hybrid aus Maschine und Organismus, ein Geschöpf der sozialen Wirklichkeit wie auch ein Geschöpf der Fiktion."[79] Ich meine, daß diese Anknüpfung partiell und ambivalent ist, weil die kulturelle Bedeutung, die sie den Kommunikations- und Informationstechnologien zuschreiben will, von den kulturellen Bedeutungen, die aus der Kybernetik folgen, völlig verschieden ist.[80] Haraway spielt auf die „Cyborg-Orgie" an, die „von C^3I, command-control-communication-intelligence kodiert war, ein 84 Milliarden Dollar teurer Posten im Verteidigungshaushalt der USA von 1984". Eben diese Wurzel in den militärischen Feedbacksystemen ist ihrer Meinung nach die „Hauptschwierigkeit" mit den Cyborgs: „Uneheliche Kinder sind aber oft ihren Ursprüngen sehr untreu. Ihre Väter sind schließlich unwesentlich."[81] Kann die kybernetische Sicht so einfach von ihrer militärischen Herkunft und von ihrer gegenwärtigen Lage losgelöst werden? Die eigentliche Idee eines Cyborg resultierte aus der Weiterverarbeitung von Wieners Ideen durch Auftragnehmer der Luftwaffe.[82] Ich würde meinen, daß die Verkettungen von Kybernetik und Cyborg mit Waffen, Oppositionstaktiken und dem Blackbox-Konzept der menschlichen Natur sich nicht so einfach auflösen lassen.

Für die klassischen Kybernetiker (wie Wiener, Rosenblueth, McCulloch und ihre Kollegen) eröffneten die niedergerissenen Grenzen zwischen Mensch und Maschine unendliche Möglichkeiten; wie auch Wiener betont Haraway die Möglichkeit, daß Maschinen offen und in ihrer Funktion unbestimmt sein können, daß sie reproduzieren, lernen und mit dem Menschen verbunden werden

78 Siehe ebd., 67.

79 Haraway 1991b, 149.

80 Über „kulturelle Bedeutung" siehe Galison 1993.

81 Haraway 1991b, 150f.

82 Wie Matthew Price gezeigt hat, wurde der Begriff „Cyborg" erstmals 1960 von Auftragnehmern der Luftwaffe verwendet, und zwar im Zusammenhang mit spekulativen Forschungen für biochemische Mittel zur Erhöhung der Tauglichkeit von Astronauten. Beispielsweise ging es um die Suche nach einem Stoff, der den osmotischen Druck im Körper derart änderte, daß ein ungesicherter Spaziergang im All möglich würde. Siehe Price, o. J. Damit ist ein Verbindungsglied geschaffen zwischen Wiener (der von den Auftragnehmern zitiert wird) und den bionischen Implantaten der Astronauten, die in der Science-Fiction-Literatur Cyborgs repräsentieren. Siehe Haraway 1991b, 179.

können. Aber im Gegensatz zu Haraway meinte Wiener, daß Macht und Kontrolle das absolute Herzstück einer Definition der Kybernetik, und zwar im Guten wie im Schlechten, sei. Gegen Ende seines Lebens, als wollte er dieses Thema zu seiner theologischen *Endstation* bringen, betrachtete Wiener die Beziehung zwischen Mensch und Maschine in der Tat als ein Modell, wenn nicht als eine Inkarnation der Bindung zwischen Gott und dem „Menschen". Die Paradoxien der Religion („Kann Gott einen so großen Stein schaffen, daß er ihn nicht bewegen kann?") tauchen wieder auf als Fragen über den Kybernetiker und seine Herkunft („Kann ein Mensch eine Entität schaffen, die ihn beim Schach schlagen kann?"). In den letzten Zeilen auf den letzten Seiten seines letzten Buches schrieb Wiener folgendes: „Indem ich Wert darauf gelegt habe, über die kreative Aktivität unter einer einzigen Überschrift zu berichten, und sie nicht in einzelne Teile über Gott, den Menschen und die Maschine zu zerstückeln, meine ich nicht, daß ich mir mehr als die übliche Freiheit eines jeden Autoren erlaubt habe, als ich dieses Buch

GOD AND GOLEM, Inc.

nannte".[83] Wir, die wir Cyborgs schaffen, sind letztendlich wie Götter.

Haraway dagegen nimmt die Veränderlichkeit, die nicht determinierte Natur des Cyborgs als Grundlage für die *Beschränktheit*, nicht die *Omnipotenz* des Menschlichen. Wie sie sagt, sind wir selbst bereits in vieler Hinsicht Cyborgs – durch unsere Reproduktions-Technologien, unsere Psychopharmakologie, unsere (mechanischen und elektronischen) Prothesen. Deswegen können wir uns auf die essentialistischen Definitionen der klassischen Dichotomien von Geist und Körper, Mensch und Tier, Organismus und Maschine, Öffentlich und Privat, Natur und Kultur, Mann und Frau, Primitiv und Zivilisiert nicht mehr länger berufen.[84] Ich sehe ihr Projekt im Einklang mit den kritischeren Bereichen der postmodernen Theorie: die Nostalgie für eine „natürliche" oder „weibliche" Welt, die vor der Technologie existierte, zu verabschieden, und im gleichen Zug die Welt der Technologie und der Wissenschaft anzuwenden, anstatt sie einfach zu meiden. Der Postmodernismus hält die Kybernetik in einer unbehaglichen Umarmung. Für die postmoderne Kritik einer determinierten menschlichen, rassen- oder geschlechtsbezogenen Natur bieten Cyborgs eine Alternative und einen Ausweg an. Doch Wiener und Lyotard haben auf unterschiedliche Weise betont, daß die Erfolge der Kybernetik beim Vermischen des Menschlichen mit dem Nicht-Menschlichen auf dem agonistischen Feld, wenn nicht auf dem Schlachtfeld selbst, am eindrucksvollsten waren. Die

83 Wiener 1964, 95.
84 Haraway 1991b, 163.

Wahl, augustinische oder manichäische Feinde zu bekämpfen, ist eher eine taktische Wahl, wie Wiener meinte. Indem man den Cyborg auswählt, um die Flucht aus dem Modernismus anzuführen, riskiert man, das Bild der menschlichen Fähigkeiten auf ein Bild der taktischen Züge und Gegenzüge in einer metaphorischen Ausweitung des automatischen Luftkrieges zu reduzieren.

Unabhängig davon, ob man die Ontologie der manichäischen Wissenschaften akzeptiert oder nicht; indem man über die Technologien der Kybernetik spricht, bewegt man sich in einem Bezirk mächtiger kultureller Bedeutungszusammenhänge. Das heißt nicht, daß Feedbacksysteme auf einen Schlag mit all ihren symbolischen Verweisungen auf die Welt gekommen sind. Wie bei allen artifiziellen Erzeugnissen lassen sich Bestandteile von Servomechanismen, Spieltheorie und operationalem Denken lange vor 1940 finden. Schon Wiener wies darauf hin, daß solche Bestandteile bei James Clerk Maxwell, Leibniz und vielen anderen auszumachen sind, die sich mit Fragen der Selbstregulation, der Wechselwirkung und der Kommunikation beschäftigten. Wiener wußte zum Beispiel ganz genau, daß das 19. Jahrhundert über eine gut entwickelte Theorie der Steuerung von Dampfmaschinen verfügte, und in den 20er Jahren des 20. Jahrhunderts gab es zahlreiche elektrische Nachbauten davon in Form von Spannungsregulatoren.

Wie Otto Mayr erschöpfend dargelegt hat, befanden sich die Rückkopplungssysteme vor dem 20. Jahrhundert in kultureller Hinsicht an einem anderen Punkt als die hier erwähnten Systeme. Feedbackmechanismen etwa zur Regelung von Flüssigkeitspegeln waren in der Antike recht beliebt und auch im goldenen Zeitalter des Islam durchaus geläufig. Zwischen Mittelalter und Barock ist diese Technologie in Europa dann fast ganz verschwunden. Hingegen nahmen Uhren, also keine selbstregulierenden Maschinen, die vornehmste Stellung ein. Zeitmessende Maschinen galten als kulturelles Symbol der Autorität, und die ihnen zugrundeliegenden Mechanismen wurden in Literatur und Poesie und in Philosophie und Politik gepriesen. Nach Mayr „war die autoritäre Vorstellung von Ordnung unmittelbar und offensichtlich von der Erfahrung der Gesellschaft mit der mechanischen Uhr geprägt“.[85] Als die Rückkopplungssysteme im Europa des 17. und vor allem des 18. Jahrhunderts wieder beliebter wurden, geschah dies nicht auf dem Kontinent, sondern auf den britischen Inseln. Für Mayr ist dies ein Hinweis auf eine „liberale Einstellung“, die gleichzeitig die „sozio-intellektuelle“ und die „technologische“ Seite der Kultur prägte. Regulierende Systeme, insbesondere durch Watts Einbau eines Reglers in die Dampfmaschine um 1780 populär geworden, erfuhren Seite an Seite mit Begriffen politischer Rhetorik wie „dynamisches Gleichgewicht“, „Selbst-

85 Mayr 1986, 197 (hiernach abgekürzt als *A*). Vgl. auch Mayr 1970.

regulierung", „Kontrolle und Gleichgewicht" und „Angebot und Nachfrage" eine Konjunktur (*A*, xviii).

Es gibt jedoch gravierende Unterschiede zwischen diesen Systemen und den Kriegsarbeiten am MIT oder in Los Alamos. Erstens gab es kein frühmodernes Äquivalent zu dem abstrakten Begriff der *Rückkopplungssysteme.* Es gab Regulatoren für Flüssigkeiten, Dampfmaschinen und Windmühlen in Fülle, aber es gab keinen Begriff, der eine abstrakte Kausalschleife definiert hätte.[86] Zweitens stellten weder die politischen Theoretiker noch die Erfinder des 17. und 18. Jahrhunderts irgendeine Verbindung zwischen den beiden rhetorischen Feldern her, auf denen Selbstregulation verhandelt wurde. Auch wenn Mayr eine Koexistenz von Rückkopplungs-Begrifflichkeit in Technologie und Politik plausibel machen kann, bleibt die Verbindung zwischen beiden historiographisch gesehen die eines akausalen Zeitgeistes, der allerdings räumlich und zeitlich mit dem Anbruch „liberaler Einstellungen" und einer „liberalen Vorstellung von Ordnung" verknüpft ist. Mayr schließt zurückhaltend: „Über die Einzelheiten der kausalen Verkettung zwischen dem Beginn der liberalen Vorstellung von Ordnung und dem Aufstieg der selbstregulierenden Mechanismen in der Technologie können wir zur Zeit nur spekulieren" (*A*, 199). Die Verbindungen zwischen den verschiedenen Disziplinen der Kybernetik brauchen nicht so spekulativ zu sein.

Mit der Kybernetik etablierte Wiener eine Reihe von Begriffen, die nicht auf dem Zeitgeist, sondern explizit auf Kriegserfahrungen beruhten. Mögen die Technologie der Telefonübertragung oder A. N. Kolmogoroffs Statistik vor dem Krieg noch so weit entwickelt gewesen sein – nur durch die Massenentwicklung und -ausbreitung der gesteuerten Raketen, der Torpedos und des Flakfeuers ballte sich die Technologie in den Händen der Wissenschaftler und Ingenieure zusammen. Für Tausende von Militärs, die diese neue Generation von Waffen erlebten und benutzten, erschien der „menschliche" Charakter der selbstregulierenden Maschinen nur allzu menschlich. Schließlich machte es keinen großen Unterschied, ob man eine auf London zufliegende Junkers Ju 88 oder eine V1-Rakete abzuschießen versuchte. Ein Kapitän, der einer selbstgesteuerten Rakete auszuweichen versucht, könnte legitimerweise davon reden, das Gerät habe „versucht", ihn zu töten. Ebenso könnte ein Pilot die Selbstregulation der Tragflügel auf „böse Geister" zurückführen. Und in dem konkreten Fall von Wiener, Bigelow, Weaver und ihren Kollegen ist es vielleicht nachvollziehbar, daß sie über den Piloten eines feindlichen Flugzeuges sagen

86 Im 19. Jahrhundert ging es um Geschwindigkeitsregulation und ihre theoretische Darstellung in Differentialgleichungen. Das Problem der Rückkopplung wurde erst im Zusammenhang mit den Entwicklungen zur elektrischen Selbstregulation virulent. Siehe Mayr 1970, 132.

konnten, er „verhalte sich wie ein Servomechanismus". Vor dem Krieg mochten Behavioristen gegen die Zuschreibung von inneren Zuständen polemisieren; mit dem Krieg wurden diese Zustände unmöglich. Den versteckten Feind entziffern hieß seine Handlungen entziffern. Auf dem mechanisierten Schlachtfeld, in der Konfrontation auf Leben und Tod mit einem verborgenen Feind war die Identität von Intention und Selbstkorrektur akzeptabel, vernünftig, sogar „unabweisbar".

Von Angesicht zu Angesicht mit einer anderen Person, wenn man der Tiefe und Ambivalenz der menschlichen Interaktion nicht ausweichen kann, mag das Feedback (wie es für Taylor der Fall war) als eine lächerlich simplizistische Repräsentation der Intentionalität erscheinen. Doch an jenem Tag im Juli 1942 in Wieners MIT-Labor war es für Stibitz und Weaver tatsächlich „unheimlich", wie das System des simulierten Piloten und des AA-Prädiktors in der Lage war, die nächsten Handlungen eines Piloten vorauszusagen. Der Zweite Weltkrieg machte das Verständnis der feindlichen Intentionen zu einer Frage des Überlebens. Menschliches Verhalten wurde in die Bestandteile von Verfolgung, Flucht und Irreführung zerlegt, und eine neue Klasse selbstregulierender Waffen wurde eingeführt. In diesem spezifischen Zusammenhang wurde die Identität von Intention und Selbstkorrektur hergestellt.

Symbole sind wirkmächtig: Für die Rezeption der Kybernetik war es von besonderer Bedeutung, daß ihre Anwendungen tödlich – oder potentiell tödlich – waren. Wiener hatte selbst erkannt, daß vieles an der Theorie der Servomechanismen (z. B. die Autokorrelation von zeitlichen Sequenzen) vor dem Krieg in einem nicht-militärischen Kontext entwickelt worden waren; und vieles mehr stammte aus den „reinen" statistischen Forschungen Kolmogoroffs. Doch hätten Kybernetik, Informationstheorie und Systemdenken ohne Kampfhandlungen zu derart zentralen und dauerhaften Metaphern werden können? Hätte die übergreifende Ontologie des Feindes in der Nachkriegszeit derartigen Erfolg haben können ohne den verführerischen Reiz einer siegreichen Militärmacht? Ich glaube kaum. Ohne die Angst vor den auf London abgefeuerten V2-Raketen, ohne die im Südpazifik auf japanische Kriegsschiffe abgeworfenen Raketen, oder ohne den AA-Prädiktor, der das feindliche Sperrfeuer aufhalten sollte, ist es kaum vorstellbar, daß sich die neuen Technologien den menschlichen Piloten und Artilleristen bis zur Ununterscheidbarkeit angeglichen hätten. Im Zweiten Weltkrieg stand der mechanisierte Soldat seinem Feind wie einer Maschine gegenüber, und Maschinen erschienen als Menschen. Nach dem AA-Prädiktor, aber noch vor Nagasaki trug Wiener der neuen moralischen, politischen und industriellen Macht der automatischen Kontrolle Rechnung: „Ich [...] habe den Eindruck gewonnen, daß wir hier [mit selbstregulierenden Maschinen] vor ganz anderen sozialen Möglichkeiten stehen, die von unerhörter Wichtigkeit für Gut und Böse sind" (*C*, 27). Wie wir gesehen haben, wurden Wieners Befürchtungen hinsichtlich der Gefahr und dem moralischen Gewicht der Kybernetik nach der Bombe noch größer. Der Krieg verlieh den neuen kybernetischen Technologien eine Rolle im manichäischen Weltdrama. Regler, Thermostaten und Spannungsregler konnten ein kybernetisches Zeitalter nicht einleiten – Waffen konnten es.

Meiner Ansicht nach ist die kulturelle Bedeutung von Konzepten und Praktiken normalerweise nicht von ihrer Genealogie zu trennen. Um die spezifische kulturelle Bedeutung der kybernetischen Geräte zu verstehen, muß man sie in die Kriegsvision des Piloten als Servomechanismus zurückverfolgen. Im Luft-Boden-Kampf war es für Wiener und Bigelow nur ein kleiner Schritt, aus dem Piloten als Servomechanismus direkt einen Artilleristen als Servomechanismus zu machen und dann zur Funktion des Herzens und der Proprioception überzugehen. Der Körper und in einem allgemeineren Sinne der Mensch selbst konnte in seinen Intentionen als eine selbstkorrigierende Blackbox angesehen werden, so daß letztlich die Natur zu einem korrelierten und charakteristischen Set von Input- und Outputsignalen wurde.

Wenn die kybernetische Vorstellung vom Anderen sich von bekannteren Konzeptionen des Anderen unterscheidet, ist das kein Zufall. Das kybernetische feindliche Gegenüber hat wenig gemeinsam mit dem rassistisch stigmatisierten Anderen, wie er auf widerliche Weise von Blamey beschworen und beispielsweise von Edward Said in *Orientalism* untersucht worden ist.[87] Wiener sieht den deutschen Bomberpiloten keinesfalls als ein rassisch niedriger stehendes Wesen. Auch ist der deutsche Pilot kein Anderer, weil er unsichtbar ist. Schließlich bedarf es auch keiner näheren Ausführungen, daß der servomechanische Pilot nicht der Andere im Sinne von Emmanuel Levinas ist, für den die Erkenntnis des Menschlichen außerhalb des Selbst der wesentliche Schritt zur Entwicklung einer Ethik ist.[88] Nein, Wieners Vorstellung des Feindlichen Gegenübers entspricht eher seiner Beschreibung des Spielers in von Neumanns Theorie: „vollkommen intelligente, vollkommen rücksichtslose Operatoren" (*C*, 159). Dies ist eine theoretische Darstellung, in der Information, Statistik und Strategien auf Züge und Gegenzüge angewandt werden, in einer Welt von gegnerischen, aber grundlegend *gleichartigen* Kräften.

Erstaunlicherweise ist uns der kybernetische Andere nicht als Negativfolie gegenübergestellt, und wir sind auch nicht das Modell, nach dem der Andere entscheidend geformt wäre. Vielmehr wird das kybernetische Verständnis des feindlichen Gegenübers zur Grundlage des menschlichen Selbstverständnisses.

87 Siehe Said 1978.
88 Siehe Hand 1989.

Wieners Bild der menschlichen und natürlichen Welt ist letztlich eine umfassende, sogar metaphysische Ausdehnung des epochalen Kampfes zwischen dem unerbittlichen Feind am Himmel und dem vom Boden aus operierenden AA-Prädiktor der Alliierten. Es handelt sich um ein Bild der menschlichen Beziehungen, das auf dem Entwurf und der Herstellung kriegerischer Servomechanismen und in der äußersten Verallgemeinerung auf einer Welt von blackbox-artigen Monaden beruht.

Können die kulturellen Bedeutungen der Feedbacksysteme prinzipiell von den Ursprüngen der Technologie getrennt werden? Selbstverständlich. Schließlich umfaßte die frühmoderne Rhetorik der Selbstregulation die Steuerung der Dampfmaschinen und eine liberale politische Ökonomie; 1946 verband die Rhetorik des Feedback sehr verschiedenartige Bedeutungen. Ein anderes Beispiel für den Wandel der kulturellen Bedeutungen kommt vom Fliegen selbst. In den zwanziger Jahren standen das Flugzeug und die „Luftbegeisterung" in Amerika für individuelle Freiheit, religiöse Erneuerung und inaugurierten ein neues, modernes und international orientiertes Zeitalter. Ungefähr zur selben Zeit herrschten in Deutschland entgegengesetzte Vorstellungen: Segelfliegen und motorgetriebenes Fliegen standen in einem nationalistischen Kontext; Luftbegeisterung bedeutete einen selbstbewußten Aufstand gegen Versailles und eine ständige Behauptung der Gemeinschaft gegenüber dem Individualismus.[89] Es geht nicht um die bloße Benennung von solchen Zusammenhängen, sondern um die kulturelle und historische Einschätzung ihrer Entstehung, ihrer Persistenz und ihrer Dekonstruktion.

Kulturelle Bedeutung ist weder zufällig noch ewig. Wir können uns nicht einfach durch Knopfdruck von den Verflechtungen befreien, die über Jahrzehnte hinweg im Labor, auf dem Schlachtfeld, in den Sozialwissenschaften und in der Philosophie der Kybernetik geschaffen wurden. Gleichzeitig wäre es falsch, die Kybernetik als ein logisch angetriebenes Glaubenssystem anzusehen. Nichts in einer Rückkopplungsvorrichtung impliziert eine Repräsentation des Menschen als eine behavioristische Blackbox; nichts in der Mathematik bringt ausschließlich durch Deduktion eine Welt mit sich, die auf Wieners monadische Input-Output-Analyse reduzierbar wäre. Was begriffen werden muß, ist die Macht eines halben Jahrhunderts, in dem solche und andere Assoziationen jederzeit neu in Stellung gebracht wurden, und in dem Opposition im Kern jeder menschlichen Beziehung zur Außenwelt zu liegen scheint.

Mit 20 Jahren veröffentlichte Wiener seine erste philosophische Arbeit, in der er den Begriff eines „höchsten Guten" ablehnte und die unausweichlichen inneren und äußeren Konflikte hervorhob, die unsere Vorstellung der Moral

89 Zur Popularität des Fliegens in Nordamerika siehe Corn 1983; zu Deutschland siehe Fritzsche 1992.

bestimmen. Wenn in Debatten die Vernunft versagt, *„kann ein Streit nur dann gelöst werden – wenn überhaupt –, wenn der oder die Streitenden auf einer Seite mit roher Gewalt unterdrückt werden.“*[90] Im Gegensatz zu Hobbes (Wiener glaubte nicht, daß die Menschen grundsätzlich egoistisch seien) betrachtete er dennoch Moralität als einen Konflikt, der in der Vergangenheit nicht gelöst wurde und der im Hier und Jetzt weiter bestand. Dieser unerbittliche Kampf ging in der kybernetischen Weltanschauung weiter, obwohl er eine neue, wissenschaftliche und subtilere Form annahm und nicht bloß die Moral, sondern auch unsere Beziehungen zur Welt betraf. Wiener fragt, ob die Welt ein aktiver (manichäischer) Opponent oder eher ein passiver (augustinischer) Antagonist sei, wobei der einzige Unterschied darin bestehe, daß der „manichäische Teufel“ Tricks, Schlauheit und Heuchelei anwendet, während der „augustinische Teufel“ seine Methoden nicht ändert: „Der Unterschied zwischen diesen beiden Sorten von Dämonen wird in der Taktik offenbar, die gegen sie anzuwenden ist“ (*HU*, 35). Für Wiener bestand das Wesen einer ungeschminkten Realität der Welt darin, daß das Individuum in Isolation lebte und kämpfte bzw. nach Taktiken suchte, um Ordnung aus dem Chaos zu schaffen. Die Wissenschaft selbst war ein solcher Kampf, da sie der Natur gegenüberstand: „Der Wissenschaftler“, sagte Wiener gegen Ende seines Lebens, „arbeitet ständig, um die Ordnung und die Organisation des Universums zu entdecken, und spielt so gegen den Erzfeind, nämlich die Desorganisation. Ist dieser Teufel manichäisch oder augustinisch? Ist es eine Gegenmacht, die wider die Ordnung steht, oder ist es die Abwesenheit von Ordnung selbst?“ (*HU*, 35). Die Kybernetik, diese Wissenschaft-als-Steuermann, machte aus der Kontrolle einen Engel und aus der Unordnung einen Teufel.

Vielleicht sind aber Durcheinander, Rauschen und Unkontrollierbarkeit nicht die schlimmsten Katastrophen, die uns ereilen. Vielleicht stammen unsere Katastrophen zum großen Teil aus unserem Bemühen um Superorganisation, Schweigen und Kontrolle.

Übersetzung: Michael Hagner und Jean-Michel Brouhé

90 Wiener 1914, zit. n. Wiener 1985, Bd. 4, 49.

Literatur

Ashby, W. Ross (1956): An Introduction to Cybernetics. London.

Corn, Joseph J. (1983): The Winged Gospel: America's Romance with Aviation, 1900–1950. New York.

Crane, Conrad C. (1987): Bombs, Cities, and Civilians: American Airpower Strategy in World War II. Lawrence, Kan.

Dower, John W. (1986): War without Mercy: Race and Power in the Pacific War. New York.

Edwards, Paul (1996): The Closed World: Computers and the Politics of Discourse in Cold War America. Cambridge, Mass.

Fortun, Michael/Schweber, Sylvain S. (1993): Scientists and the Legacy of World war II: The Case of Operations Research (OR). Social Studies of Science 23, 595–642.

Fritzsche, Peter (1992): A Nation of Fliers: German Aviation and the Popular Imagination. Cambridge/Mass.

Galison, Peter (1993): The Cultural Meaning of Aufbau, in: Friedrich Stadler (Hrsg.), Scientific Philosophy: Origins and Developments. Dordrecht, 75–93.

Galison, Peter (im Druck): Image and Logic: The Material Culture of Modern Physics.

Gilbert, Martin (1989): The Second World War: A Complete History. New York.

Hand, Séan (Hrsg.) (1989): The Levinas Reader. New York.

Haraway, Donna J. (1991a): The Biological Enterprise: Sex, Mind and Profit from Human Engineering to Sociobiology, in: dies., Simians, Cyborgs and Women: The Reinvention of Nature. New York, 43–68.

Haraway, Donna J. (1991b): A Cyborg Manifesto: Science, Technology, and Socialist-Feminism in the Late Twentieth Century, in: dies., Simians, Cyborgs and Women: The Reinvention of Nature. New York, 149–181.

Hastings, Max (1979): Bomber Command. New York.

Heidbreder, Edna (1961): Seven Psychologies. New York (zuerst 1933).

Heims, Steve J. (1977): Gregory Bateson and the Mathematicians: From Interdisciplinary Interaction to Societal Function. Journal of the History of the Behavioral Sciences 13, 141–159.

Heims, Steve J. (1980): John von Neumann and Norbert Wiener: From Mathematics to the Technology of Life and Death. Cambridge/Mass.

Heims, Steve J. (1993): Constructing a Social Science for Postwar America: The Cybernetics Group, 1946–1953. Cambridge/Mass.

Kay, Lily E. (1994): Wer schrieb das Buch des Lebens? Information und Transformation der Molekularbiologie, in: Michael Hagner, Hans-Jörg Rheinberger, Bettina Wahrig-Schmidt (Hrsg.), Objekte, Differenzen und Konjunkturen. Experimentalsysteme im historischen Kontext. Berlin, 151–179.

Keller, Evelyn Fox (1995): The Body of the New Machine: Situating the Organism between Telegraphs and Computers, in: Representing Life: Changing Metaphors of Twentieth-Century Biology. New York.

Langewiesche, Wolfgang (1972): Stick and Rudder: An Explanation of the Art of Flying. New York (zuerst 1944).

Lipset, David (1980): Gregory Bateson: The Legacy of a Scientist. Englewood Cliffs, N. J.

Lyotard, Jean-François (1986): Das postmoderne Wissen. Ein Bericht. Graz, Wien.

MacColl, Le Roy A. (1945): Fundamental Theory of Servomechanisms. New York.

Masani, P. (1990): Norbert Wiener, 1894–1964. Basel.

Masani, P./Phillips, R. S. (1985): Antiaircraft Fire-Control and the Emergence of Cybernetics, in: Norbert Wiener, Collected Works with Commentaries. Bd. 4. Cambridge/Mass., 141–179.

Mayr, Otto (1970): The Origins of Feedback Control. Cambridge/Mass.

Mayr, Otto (1986): Authority, Liberty and Automatic Machinery in Early Modern Europe. Baltimore.

Neumann, John von/Morgenstern, Oscar (1944): Theory of Games and Economic Behavior. Princeton.
Northrop, F. S. C. (1949): Ideological Man and His Relation to Scientifically Known Natural Man, in: ders. (Hrsg.), Ideological Differences and World Order: Studies in the Philosophy and Science of the World's Order. New Haven.
Price, Matthew (o. J.): ‚Man Must First Conceive' – A Critical Philology of the Cyborg. Unpubliziertes Manuskript.
Rabinbach, Anson (1990): The Human Motor: Energy, Fatigue, and the Origins of Modernity. New York.
Rider, Robin E. (1988): Early Development of Operations Research: British and American Contexts. Vortrag gehalten beim Joint Meeting of the British Society for History of Science and the History of Science Society, Manchester, 11.–14. Juli 1988.
Rider, Robin E. (1992): Operations Research and Game Theory: Early Connections, in: E. R. Weintraub (Hrsg.), Toward a History of Game Theory. Durham/N. C., 225–239.
Rider, Robin E. (im Druck): Capsule History of Operations Research, in: Ivor Grattan-Guinness (Hrsg.), Encyclopedia of the History and Philosophy of Mathematical Sciences.
Rosenblueth, Arturo/Bigelow, Julian/Wiener, Norbert (1943): Behavior, Purpose and Teleology. Philosophy of Science 10, 18–24.
Rosenblueth, Arturo/Wiener, Norbert (1950): Purposeful and Non-Purposeful Behavior. Philosophy of Science 17, 318–326.
Said, Edward W. (1978): Orientalism. New York.
Sherry, Michael (1987): The Rise of American Air Power: The Creation of Armageddon. New Haven.
Stiles, Bert (1952): Serenade to the Big Bird. New York (zuerst 1947).
Taylor, Richard (1950a): Comments on a Mechanistic Conception of Purposefulness. Philosophy of Science 17, 310–317.
Taylor, Richard (1950b): Purposeful and Non-Purposeful Behavior: A Rejoinder. Philosophy of Science 17, 327–332.
Tolman, Edward C. (1932): Purposive Behavior in Animals and Men. New York.
Wiener, Norbert (1914): The Highest Good. The Journal of Philosophy, Psychology, and Social Methods 11, 512–520.
Wiener, Norbert (1932): Back to Leibniz! Physics Reoccupies an Abandoned Position. Technology Review 34, 201–203, 222, 224.
Wiener, Norbert (1954): The Human Use of Human Beings. New York.
Wiener, Norbert (1956): I am a Mathematician. The Later Life of a Prodigy. Cambridge/Mass.
Wiener, Norbert (1961a): Cybernetics; or Control and Communication in the Animal and the Machine. Cambridge/Mass. (zuerst 1948).
Wiener, Norbert (1961b): Über Informationstheorie. Die Naturwissenschaften 48, 174–176.
Wiener, Norbert (1964): God and Golem, Inc.: A Comment on Certain Points where Cybernetics Impinges on Religion. Cambridge/Mass.
Wiener, Norbert (1985): Collected Works with Commentaries. Bd. 4. Cambridge/Mass.
Woodworth, Robert S. (1931): Contemporary Schools of Psychology. New York.
Woodworth, Robert S./Sheehan, Mary R. (1964): Contemporary Schools of Psychology. 3. Aufl. New York.

Gerhard Herrgott

Inter vall

Kinder- und Männerszenen von Robert Schumann

Über den Repräsentationsraum der Musik zu sprechen, ist ein fragwürdiges Vorhaben, denn man kann mit guten Gründen bezweifeln, ob es einen solchen überhaupt gibt. Musik wird zwar seit dem Ende des 18. Jahrhunderts immer wieder mit Sprache verglichen, die Substanz des Vergleichs ist jedoch nicht wesentlich über das Aufzeigen von homologen syntaktischen Strukturen (Satz ~ Phrase; Wort ~ Motiv; Silbe ~ Ton) hinausgekommen. Welchen Sinn Musik hat und ob von ihr etwas repräsentiert wird, ist dagegen sehr viel schwerer zu fassen. „So sehr Musik die Möglichkeiten ausgebaut hat, innerhalb des syntaktischen Rahmens, in dem sprachliche Aussagen gemacht werden, Sinngliederung, Satzmelodie, Spannungen und Lösungen mit ihren Mitteln zu artikulieren, die Möglichkeiten, logisch-prädikative Aussagen zu machen, hat sie weitgehend abgestoßen.“[1] Eine ausgearbeitete musikalische Semantik gibt es allenfalls für die Musiksprache der Barockzeit.[2]

Ich will den Fragen nach Sinn und Bedeutung der Musik aber nicht abstrakt nachgehen, sondern anhand eines Stückes von Robert Schumann, der Novellette in fis-moll, der achten und letzten aus einer Sammlung mit der Opuszahl 21 aus dem Jahr 1838. An dieses – nicht allzu häufig gehörte – Stück sollen die Fragen ergehen: ob in ihm etwas dargestellt wird, und wenn ja, was dieses sein könnte und wie es geschieht.

Von Schumann selbst gibt es eine kurze Charakterisierung der Novelletten. Sie sind, schreibt er in einem Brief an Clara, „innig zusammenhängend und mit großer Lust geschrieben, im Durchschnitt heiter und obenhin, bis auf einzelnes, wo ich auf den Grund gekommen.“[3]

1 Knepler 1982, 132.

2 Vgl. Dammann 1984, besonders die Kapitel über das musikalisch-rhetorische Prinzip und die Affektenlehre.

3 Zit. nach Riemann-Lexikon, 644.

Von welcher Art ist dieser Grund? Für Arnfried Edler erweckt die fis-moll-Novellette „den Eindruck grenzenloser formaler Freiheit, unbekümmert um die Regeln logischer Einheitsbildung, einzig dem schnell wechselnden Impetus der ‚erzählerischen' Laune folgend."[4]

Das läßt einige Fragen offen. Wovon handelt die Erzählung? Und wodurch vermöchte ein Erzählen – gleich welchen Inhalts – ohne jegliche formale Kohärenz, ein grenzenlos freies Drauflosspinnen, ästhetisch zu überzeugen?

Stellen wir die Frage nach dem Inhalt zunächst zurück; auch wenn man gewillt ist, textloser Musik eine semantische Dimension zuzuschreiben, ist keineswegs klar, wie man den Sinn eines solchen Musikstücks aufschließen kann. Fragen wir daher zuvor, ob nicht auch der ‚Impetus der erzählerischen Laune' irgendwelchen Regeln folgt, die sich bei einer genauen Lektüre ausfindig machen lassen. Welchen formalen Aufbau hat die Novellette?

„Die achte Novellette ist von allen die reichste. Sie ist ein ununterbrochenes Hervorstürmen von Einfällen und Formen, die sich nach einer geheimnisvollen, nur Schumann durchsichtigen Regel wechselseitig hervorrufen und ineinanderschlingen."[5]

Keine sehr ermutigende Auskunft; es gibt zwar eine Regel, doch allein Schumann kennt sie. Fragen wir aber immerhin bei Schumann nach. Leider hat er sich, außer in der oben zitierten Briefstelle, über die Novelletten nicht geäußert. Welchen Anhaltspunkt gibt es noch?

Es gibt die Tonart, in der das Stück geschrieben ist: fis-moll.[6] Und fis-moll ist eine ziemlich ungewöhnliche Tonart.

Um die Vertrautheit von Schumanns Zeitgenossen mit fis-moll zu ermessen, zähle man die bedeutenden (Klavier-)Werke, die vor Schumann in dieser Tonart geschrieben wurden. Von den 32 Klaviersonaten Beethovens steht keine in fis-moll. Schubert schreibt weder Sonaten noch Impromptus in fis-moll. Hingegen finden wir bei Beethoven eine Sonate in Fis-Dur, bei Schubert ein Impromptu im enharmonisch umgewechselten Ges-Dur; fis-moll scheint für sie noch entfernter zu sein als die Durtonart derselben Stufe. Schumann hingegen hat bereits ein großes Werk in fis-moll geschrieben, seine Sonate op. 11, ein, so Robert, „einziger Herzensschrei nach Clara".[7]

4 Edler 1982, 134.

5 Boucourechliev 1958, 73.

6 Etwas genauer muß man sagen: das gewöhnlich als fis-moll-Novellette benannte Stück beginnt in fis-moll, sein genauer Tonartenplan ist jedoch ziemlich kompliziert; es macht allerlei Umwege – über Des-Dur (Trio I) zurück nach fis-moll, D-Dur (Trio II) und h-moll („Fortsetzung") – um schließlich am Ende von Teil I bei D-Dur anzukommen. Im zweiten Teil dominiert D-Dur, mehrere Zwischenteile stehen auf schwankendem Tonartengrund.

7 Zit. bei Rehberg 1969, 165.

Über die Charakteristik der Tonarten schreibt Schumann 1835: „Man hat dafür und dagegen gesprochen: das Rechte liegt wie immer mitteninnen. Man kann ebensowenig sagen, daß diese oder jene Empfindung, um sie sicher auszudrücken, gerade mit dieser oder jener Tonart in die Musik übersetzt werden müsse (z. B. wenn man theoretisch beföhle, rechter Ingrimm verlange cis-moll u. dgl.), als dem Zeltern beistimmen, wenn er meint, man könne in jeder Tonart jedes ausdrücken ... Einfachere Empfindungen haben einfachere Tonarten; zusammengesetzte bewegen sich lieber in fremden, welche das Ohr seltener gehört ... Der sogenannte Tritonus, die Mitte der Oktave zur Oktave, also Fis,[8] scheint der höchste Punkt, die Spitze zu sein, die dann in den B-Tonarten wieder zu dem einfachen ungeschminkten C-Dur herabsinkt."[9]

Die achte Novellette beginnt also auf der entferntesten Tonartstufe, die im wohltemperierten System möglich ist, auf Fis; derjenigen, welche im tritonalen Abstand zum Ausgangspunkt C steht, wobei C-Dur als eine Art Nullpunkt für das tonale Koordinatensystem gilt. Fis-moll scheint als Paralleltonart zu A-Dur (mit 3 Kreuzen) gar nicht so weit von C-Dur entfernt zu sein. Jedoch ist nicht nur die Anzahl der Kreuze für die Entferntheit einer Tonart von Bedeutung, sondern ihr Grundton in Verbindung mit ihrem Tongeschlecht.

Schumann hat uns in seinem Text von der Tonart zum Tritonus geführt. Aber der Tritonus spielt nicht nur für die Wahl der Ausgangstonart der Novellette eine prominente Rolle. Daher zunächst ein kleiner Exkurs über den Tritonus: Er heißt so, weil er als Summe dreier Ganztonschritte aufgefaßt werden kann.

Auch in außermusikalischen Zusammenhängen ist er zu hören, aus deutschen Polizei-Sirenen etwa (zusätzlich noch verstimmt). Nicht nur dort ist er vor allem unheilverkündend: „Durch mehr als ein Jahrtausend, vom 9. Jahrhundert an, gibt es zahlreiche Beweise dafür, daß die westliche Kunstmusik den Tritonus mit Mißtrauen, wenn nicht sogar mit offenem Widerwillen betrachtete. In welchem Umfang, wenn überhaupt, die Antipathie durch etwas psychologisch oder physisch in des Menschen Natur Verwurzeltes erklärt wer-

8 Schumann formuliert etwas elliptisch; gemeint ist: das *Intervall*, das von c bis fis reicht, oder von fis bis c, bildet einen Tritonus; es ist das einzige Intervall, dessen Komplement in der Oktave ein gleichgroßes Intervall liefert. Natürlich kann der Tritonus auf andere Tonstufen, z. B. d – gis transponiert werden.

9 Schumann 1974, 65f.

den kann, ist eine Frage, die vielleicht eines Tages die vergleichende Musikwissenschaft klar beantworten wird."[10]

Im Mittelalter, heißt es weiter in „Musik in Geschichte und Gegenwart", wurde der Tritonus als Abnormität aufgefaßt. Der Kompositionstheoretiker Johann Joseph Fux führt in seiner Schrift „Gradus ad Parnassum" den Spruch an: „Mi contra fa est diabolus in musica." Zu Schumanns Zeiten ist dieser Teufel allerdings längst domestiziert; 100 Jahre vor Schumann (1728) hat der Komponist Johann David Heinichen bereits geschrieben: „daß aber die 5ta minore [eine andere Bezeichnung für das tritonale Intervall] in der Music auf angenehme Art kan gebrauchet werden, solches wiederfährt auch allen übrigen Dissonantien und eben in diesem Verstande pflegen wir zu sagen, daß die denen Alten so hart vorgekommene Dissonantien bey unserer heutigen Music das Schönste ausmachen."[11]

Wenn wir jetzt die Anfangsmelodie der Novellette betrachten,

dann sehen wir, wie sie (nach einer Auftaktquinte) von gis bis d, also um einen Tritonus, steigt. Die linke Hand spielt dazu eine Begleitfigur, die jeweils mit einem Tritonus anfängt und außerdem immer bis auf einen Tritonus-Abstand an den Melodieton andrängt, so daß wir in den ersten drei Takten eine wahre Kaskade von insgesamt 11 vertikalen und horizontalen tritonalen Beziehungen haben.

Man wird erinnert an ein anderes Werk, das mit einem ähnlichen tritonalen Komplex anfängt.[12]

10 Reese (MGG), 699.

11 Reese (MGG), 704; daß „mi contra fa" den diabolischen Tritonus hervorbringen würde, ist in bezug auf das Hexachord-System zu verstehen (701).

12 Eine Ähnlichkeit des Novelletten-Anfangs mit dem Kyrie von Bach hat Michael Jäger bemerkt, als ich ihm die Novellette (vor zehn Jahren) zum ersten Mal vorspielte.

Der Anfang der h-moll-Messe von Bach, das Kyrie. Die komplizierte Melodielinie der Chorfuge ähnelt der Novellette nicht nur in der tritonal geladenen Harmonik, sondern auch in einigen Wendungen der Melodieführung. Bachs Melodie steigt von h bis e, um dann bis zum ais zu fallen, was insgesamt einen tritonalen Rahmen bildet. Das Aufsteigen wird zweimal unterbrochen von dem klagenden Motiv g-fis, das beim erstenmal im tritonalen Abstand zum Melodieton cis steht. In der Vertikale finden wir achtmal das Tritonusintervall in verschiedenen harmonischen Bedeutungen (verminderten Akkorden, Vorhalten, Dominantseptakkorden). Das sind zusammen zehn tritonale Beziehungen in vier Takten.

Die strukturelle Ähnlichkeit der Tonsätze läßt sich so auffassen, daß Schumann die kompliziertere Melodielinie Bachs zerlegt in eine einfachere rein aufsteigende Melodie und eine Begleitfigur, in welcher die tritonale Harmonik aus Bachs Satz linearisiert wird.

Ein struktureller Vergleich der Tonsätze ist möglich, unabhängig von der Frage, ob Schumann Bachs h-moll Messe gekannt hat. Dennoch zeigen einige Daten, daß der Vergleich auch musikhistorisch bekräftigt werden kann. Im 19. Jahrhundert studierte Carl Friedrich Zelter mit der Berliner Singakademie erstmals 1811 Kyrie und Credo ein, ohne öffentliche Aufführung allerdings. Die erste öffentliche Gesamtwiedergabe des „schwierigsten aller bekannten Werke“ fand am 12. Februar 1835 in Berlin statt. Die Partitur der ersten Hälfte der Messe war vorher schon, 1833, in Zürich im Druck erschienen.[13]

Die h-moll-Messe gehört also zu den Bachschen Werken, die in jenem dritten Jahrzehnt des vergangenen Jahrhunderts wiederentdeckt und -aufgeführt wurden, in dem Schumann seine ersten 26 Opera, sämtlich Klavierwerke (von den Abegg-Variationen op. 1, 1830 bis zum Faschingsschwank aus Wien, op. 26, 1839) komponierte. Wenn Schumann damals abends im Leipziger ‚Kaffeebaum‘ mit Mendelssohn, der als erster 1829 die Matthäus-Passion wiederaufgeführt hat, sein Bier getrunken hat – worüber werden die Freunde wohl geredet haben? Daß Schumann, der in den gleichzeitig mit den Novelletten (im Februar 1838)[14] geschriebenen Kinderszenen gleich zu Anfang den Namen Bach zitiert,

13 Blankenburg 1974, 13ff. Über eine Aufführung der h-moll-Messe zu Bachs Zeiten gibt es keine Nachrichten.

14 Boucourechliev 1958, 72. Die Kinderszenen sollten mit den Novelletten ursprünglich ein gemeinsames Opus bilden (Edler 1982, 131f.).

daß Robert Schumann von Text und Wiederaufführung des „größten musikalischen Kunstwerks aller Zeiten und Völker“[15] nicht leidenschaftlich Kenntnis genommen hat, ist schwer vorstellbar. „Über die Bachsche Musik, die gegeben, läßt sich wenig sagen; man muß sie in den Händen haben, studieren möglichst, und er bleibt unergründlich wie vorher.“[16]

‚Kyrie eleison‘ heißt der Text in der lateinischen Messe: Herr erbarme Dich. An wen geht die Bitte um Erbarmen in Schumanns Novellette? In einem Brief aus dem Jahr 1838 über die Zeit Anfang 1837 lesen wir: „Aber dann brach der alte Schmerz wieder auf – dann rang ich die Hände – da sagte ich oft des Nachts zu Gott – nur das Eine laß geduldig vorübergehen ... dann wollte ich mich heilen, mich mit Gewalt in eine Frau verlieben ...“[17]

Auf den sehnsüchtigen Ruf nach Erlösung, mit dem die Novellette beginnt, folgt ein erstes Zwischenspiel (Trio I). Sein Rhythmus charakterisiert es als Galopp, einen im 19. Jahrhundert beliebten Paartanz (einer von den damals entstehenden nationalen Gesellschaftstänzen wie Walzer, Polka, Mazurka, Bolero). Die Galoppe trugen Titel wie „Wilde Jagd“, „Leichts Blud“, oder „Krupp'scher Kanonen-Galopp“. Aber hier wird kein großer Gesellschaftsgalopp und kein Kanonengalopp geritten. Es ist ein kleiner Galopp für einen kleinen Reiter, ein niedlicher Galopp für einen Ritter vom Steckenpferd.

Nach der kindlichen Galoppszene kommt wieder das Kyrie, dann erneut eine Art Galopp.

15 So der Schweizer Musikschriftsteller, Komponist und Verleger Nägeli, der die erste Hälfte der Partitur der h-Moll-Messe 1833 publizierte. Auch Zelter äußert sich derart enthusiastisch: Es sei dieses „wahrscheinlich das größte musikalische Kunstwerk, das die Welt gesehen hat“, schreibt er 1811 (zit. nach Blankenburg 1974, 16f.).

16 „Rückblick auf das Leipziger Musikleben im Winter 1837–1838“ (Schumann 1974, 137). Über eine Aufführung von Teilen der h-moll-Messe in Leipzig schreibt Schumann erst 1841 (202).

17 Zit. bei Rehberg 1969, 176.

Er gleicht dem ersten in Tempo und Rhythmus, ist allerdings kräftiger geworden, ein bißchen mehr erwachsen, und mit seinen aufsteigenden Dreiklängen im hellen D-Dur verbreitet er rechte Aufbruchstimmung. Zur Jagd wird in solchen Dreiklangsfanfaren gerufen, auch zum Krieg, obwohl es da nicht nur „hell und lustig" zugeht. Und wohin geht der jugendliche Aufbruch in der Novellette?

„Stimme aus der Ferne" hat Schumann selbst über dieser Stelle in den Notentext eingefügt. Eine absteigende Melodie aus fünf Tönen. Sie spielt in vielen Klavierwerken Schumanns eine Rolle. In allen drei Klaviersonaten taucht sie auf, und in der großen Phantasie in C-Dur ist sie Hauptthema:

Wessen Stimme mag das sein? Schumann verrät es in seiner Klaviersonate (op. 14): Natürlich ist es die Stimme von Clara. Seine Clara hat ein Notturno komponiert und Robert schreibt Variationen darüber, in der Novellette und anderswo.

R. Schumann, Sonate op. 14, 3. Satz

Wenn wir genau hinhören, ist die Stimme aus der Ferne so neu auch innerhalb der Novellette nicht. Eigentlich ist sie schon in der Anfangsmelodie enthalten, sie ist nichts anderes als ihre zweite Hälfte, der Abstieg nach dem flehentlichen Aufstieg.

Donald Tovey schreibt über die Stimme aus der Ferne: „Wer auch immer der Held sein mag, dessen Sturm-und-Drang-Zeit Schumann im ersten Teil der Novellette darstellt – für einen Moment ist er eines Ideals ansichtig geworden, das es ihm unmöglich macht, zu seinem früheren Zustand zurückzukehren.“[18] Und auch Robert hat zu dem Zeitpunkt, als er die Novellette schreibt, von seiner fernen Geliebten ein „Ewiges JA“ bekommen. So endet der erste Teil der Novellette im verklingenden Aufbruch, voller Hoffnung, und darüber tönt in sechs seligen Seufzern Claras Melodie.

Szenen- und Taktwechsel: Der zweite Teil der Novellette – „Fortsetzung und Schluß“ – beginnt im hellen D-Dur des Aufbruchs und mit den aufsteigenden Dreiklängen, die ihn im zweiten Galopp signalisiert haben. Obgleich doch gegenüber jener Episode einiges verändert ist. Die aufsteigende Dreiklangslinie in D-Dur (d – fis – a) wird sofort durch eine Zwischendominante (mit gis in der Oberstimme)[19] nach A-Dur umgelenkt; erst recht zusammen mit dem doppelten Anfangston d läßt sie den Tritonus in diesen Anfang hineinklingen. Auch in der Bewegungsart hat sich etwas verändert. Aus der jugendlichen Jagd wird ein Tanz im 3/4-Takt, der Galopp mit seinen schnellen zwei Vierteln ist

18 „Whoever the hero may be whose period of ‘Sturm und Drang’ we may (…) suppose Schumann to represent in the first section, he has now had a glimpse of some ideal, that makes a return to his former condition impossible“ (Tovey 1944, 146).

19 Takt 282, 3. Viertel mit Vorhalt; e-h-d′-gis′.

um ein Viertel gemächlicher geworden, er kommt zwar immer noch „munter", jedoch „nicht zu rasch" daher – das wäre bei dem breiten und massigen Klaviersatz auch nicht mehr so passend.

Tovey kommentiert das so: „Der Charakter dieses ganzen zweiten Teils mit seinen robusten Harmonien, den aufsteigenden Sequenzen und den soliden achttaktigen Phrasen ist hochgradig derjenige eines Mannes, der in ein rauhes praktisches Leben seine Ideale hineinträgt."[20] Von Kinder- und Jugendszenen sind wir jetzt also bei Männerszenen angekommen. Nur daß der männliche Tanz, kaum daß er begonnen hat, ins Stocken gerät:

(Takt 290 und 294)

Robuste Harmonien sind das nicht gerade, eher ziemlich instabile, der Tritonus wird da- und dorthin geschoben, das rauhe Leben macht den Helden nachdenklich, und das Nachdenken kehrt zurück zu den Tönen, die wir von Anfang an kennen, zum Tritonus von d und gis, und sogar zu der ganzen Kyrie-Melodie, die in der Tenorstimme erinnert wird.

20 „The character of this whole movement with its strong harmonies, rising sequences, and square 8-bar-phrases is eminently that of a man, who carries his ideals with him into a rigorous practical and social life" (Tovey 1944, 147).

Sämtliche thematische Einsätze im zweiten Teil der Novellette, so weit weg sie auch vom Gestus, von der Bewegung, von der Tonart daherkommen mögen, so verschieden die harmonischen und melodischen Wendungen sind, die sich um sie legen: alle haben sie diesen Klang in sich:

Der Tritonus d-gis klingt in einem E^7-Akkord über einem A, das hier ostinat mitklingt. Im nächsten Takt wird der doppelte Tritonus d – gis – d in der Oberstimme durch den Durchgang e – eis – fis in einen verminderten Akkord eis-d-gis eingebaut, der nach fis-moll weitergeführt wird.

Der reine B-Dur-Anfangsakkord B – f – d bekommt durch das völlig heterogene Element gis einen Tritonus eingesetzt; klanggleich mit den Tönen eines B^7-Akkordes wird er jedoch nicht wie ein solcher aufgelöst (nach Es-Dur), sondern ganz anders weitergeführt: Durch eine Halbtonrückung des klanglich labilen Gebildes wird die Instabilität gesteigert (und erst recht in den kommenden Takten, in denen mit einer chromatisch aufsteigenden Tonleiter mehr als eine Oktave harmonisch durchmessen wird).

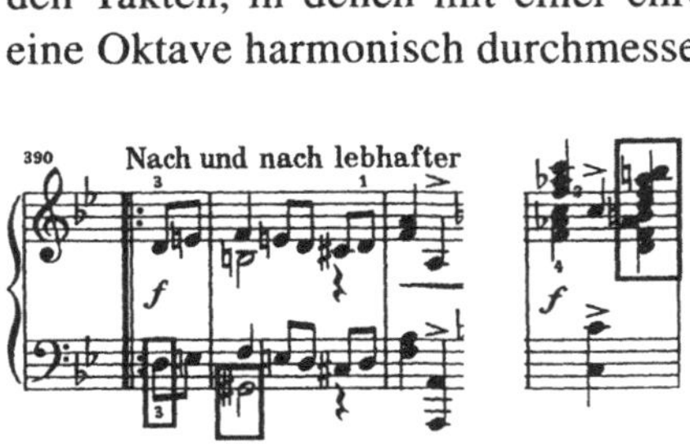

Der ‚nach und nach lebhaftere' Teil stürzt gleich zu Anfang von d nach gis; und im weiteren Verlauf (Takt 395) hören wir d und gis (enharmonisch verwechselt in as) gleich zweimal übereinander, in einer schneidenden Durchgangsharmonie.

Die disparaten Stücke, aus denen sich die Novellette zusammensetzt, deren Inhomogenität die Kommentatoren verblüfft, sind davon durchzogen: Überall in diesem zweiten Teil der Novellette finden wir die Tonbuchstaben d-gis, das Intervall, in welcher der Aufschrei aus dem ersten Teil nachhallt – bis endlich die ersehnte Stimme wieder ertönt, laut diesmal, in Oktaven. Die Stimme aus der Ferne ist nah gerückt:

Und wohin führt die innige Nähe?

In tritonale Intervallik und letztlich zu denselben Tönen, zum Tritonus von d und gis.

Was soll das bedeuten? Hören wir noch einmal Tovey: „Die Ideale haben im aktiven Leben wieder einmal die Oberhand gewonnen“,[21] meint er zur Stimme in der Nähe und dem, was danach kommt. Aber was geschieht danach, nach

21 „The ideals have prevailed in active life once more“ (Tovey 1944, 149). Toveys Artikel ist der einzige der Novellette gewidmete Aufsatz, den ich finden konnte.

der großen Begegnung? Es wird wörtlich wiederholt, was vorher bereits gesagt worden ist, der Komposition will nach dem Erklingen der ersehnten Stimme nichts Neues mehr einfallen.

Seltsamer Sieg der Ideale, der so leer ausgeht. Wird denn in der Novellette ebenso banal wie wirklichkeitsfremd davon erzählt, wie einer zum Mann heranwächst, wie er sich mit einem Ideal identifiziert und wie dieses Ideal dann auch noch siegt? Was es heißen soll, daß das Ideal, dessen er ‚ansichtig' geworden ist, den ‚Sieg davongetragen hat', bleibt Toveys Geheimnis. Männer können Frauen idealisieren, vielleicht kommt daher die Konfusion zwischen dem ‚Frauenideal' und den ‚Idealen' eines Mannes, die seiner Deutung zugrundeliegt. Schumann schreibt dagegen – das gibt es auch bei ihm nicht so oft – unmißverständlich in Noten und Worten: Es geht um die Sehnsucht nach der Frau (die durch ihre ‚Stimme' repräsentiert ist). Und es geht nicht um den Sieg, sondern um die Sackgasse, in die dieses Begehren führt. Siege hören sich in der Musik gewöhnlich anders an. Nein, die fis-moll-Novellette ist weder eine „Familienscene mit Vätern", wie Robert an Clara schreibt,[22] noch die Saga, die Tovey in sie hineinliest, daß Papa trotz des rauhen Lebens ein guter Kerl geblieben ist. Die Novellette erzählt nicht einfach eine „abenteuerliche Geschichte",[23] sie spricht vom Scheitern einer Geschichte.

Da schreit einer nach Erlösung, da sind Erinnerungen – an Kinderspiele, wie er als Jugendlicher in die Welt gestürmt ist, und wie er von einer Sehnsucht erfaßt wurde, die ihn nicht mehr verließ. Dann die in Leben und Liebe üblichen Verwirrungen, bis die Sehnsucht sich schließlich im Mannesalter erfüllt. Nur daß sich dann etwas verändert hat. Der Schrei nach Erlösung, verkürzt auf das Tritonus-Intervall, durchzieht wie ein Monogramm den zweiten Teil der Novellette. Nur untergründig ist es hörbar, aber sein Tonfall ist allgegenwärtig. Das Unerfülltsein wird buchstäblich in die Träume von der Erfüllung hineingestickt.

Kein Schrei mehr, sondern ein Grübeln. Die Komposition hat nach der Erlösung gerufen und sie herbeibeschworen, jetzt dreht sie sich um ein Rätsel. Der Komponist Schumann schreibt etwas, von dem Robert, der verliebte junge Mann, nichts wissen will.

Aber in der fis-moll-Novellette ist er auf den Grund gekommen. Wovon die Novellette spricht, es wird Robert und Clara als Erfahrung nicht erspart bleiben.[24] Es gibt etwas zwischen Mann und Frau, das nicht geht. Was das ist,

22 Brief vom 6. Februar 1838, zit. bei Boucourechliev 1958, 72.

23 So charakterisiert Schumann die Novelletten in einem Brief an J. Fischhof vom 3. 4. 1838. Schumann 1886, 98.

24 Umfangreiche Berichterstattung darüber findet sich in Eva Weissweilers Buch über Clara Schumann. Weissweiler 1990.

warum das so ist, und ob das notwendigerweise so ist – das ist hundertfünfzig Jahre danach nicht weniger ein Rätsel. „Die Sprache, von der es geschlagen ist, setzt das menschliche Wesen an die Stelle dessen, was absolut nicht zu umgehen ist: kein Geschlechtsverhältnis beim menschlichen Wesen."[25]

Schumann verfügt nicht über die Formeln Lacans, um das, was nicht geht, wenigstens in dieser Unmöglichkeit zu begreifen, er schreibt davon in seiner Sprache. Das ‚Erlöse mich' aus dem ersten Teil der Novellette wird zur Unter-Schrift des zweiten Teils, in der Art eines Hypogramms, wie Starobinski in seiner Analyse lateinischer Verse das genannt hat. Das hypogrammatische Dichtungsverfahren zerschneidet ein Wort, zerlegt es in seine Phoneme, macht es als Wort-Einheit unkenntlich und unterlegt das so zerstückelte Wort einem anderen Text. „Es handelt sich im ‚Hypogramm' sehr wohl darum, einen Namen, ein Wort zu unterstreichen, indem alle Kräfte aufgeboten werden, um seine Silben zu wiederholen, indem ihm solcherart eine zweite Seinsweise gegeben wird, eine künstliche, eine gleichsam dem Original des Wortes hinzugefügte."[26]

In Schumanns hypogrammatischer Kompositionstechnik steht das thematische Wort, das Kyrie an Clara, am Anfang, dann verschwindet es, wird nicht mehr als solches hörbar, und was es repräsentierte, entschwindet dem Bewußtsein. Die Bitte ist erhört, die Stimme ist nah. Und dennoch bleibt da eine Kluft, und sie wird im Intervall des Tritonus gemessen. Stimmung und Atmosphäre der Novellette bleiben im Anklang ihres Anfangs gefangen.

Je weiter die melodische und rhythmische Erzählung geht, desto weniger wird ihr Zusammenhang noch durch einen Gegenstand gestiftet, und statt dessen immer mehr vom Repräsentanten selbst. Das ist die Untergrundmusik unter dem fröhlichen Finale: Das Wort, das am Anfang eine klare Bedeutung trug, wird aufgelöst, verwandelt sich in einen insistierenden Klang, der, je öfter er

25 „Par ce langage dont il (l'humain) est affligé, il supplée à ce qui est absolument incontournable: pas de rapport sexuel chez l'humain" (Lacan 1976, 18; Ü. d. Verf.). Lacans symbolische Algebra versucht diese Unmöglichkeit nach dem Modell der Mathematik als eine Inkompatibilität zweier symbolischer Systeme zu begreifen. So wie die Quadratur des Kreises aufgrund einer Inkompatibilität zwischen geometrischen und arithmetischen Operationen nicht möglich ist, gibt es in den symbolischen Systemen, die sich als Unbewußtes beim Mann und bei der Frau herausstellen, etwas, was die ‚Schreibung' des Geschlechtsverhältnisses unmöglich macht. Vgl. dazu auch sein Seminar „Encore".

26 Starobinski 1971, 24. In Schumanns „Carnaval" op. 9 spielen die Tonbuchstaben a – es – c – h eine vergleichbare Rolle. ASCH ist der anagrammatisch mit ‚Schumann' verbundene Name des Familienguts der Ernestine von Fricken, in die Schumann zwischenzeitig verliebt war. Edler (1982, 122) nennt die Tonbuchstaben ein „unterschwelliges Zentrum", das „bald direkt hörbar, bald nur in entfernten harmonischen Zusammenhängen anklingt". Bei den Davidsbündlertänzen finden wir ähnlich ein „untergründiges Zentrum" (129).

sich wiederholt, desto sinnloser wird, der nichts mehr repräsentiert – außer, vielleicht: ein Fehlen, ein Aufklaffen. Ein Klang, der selbst zu einem Realen wird, um das herum sich ein Text schreibt.

Das Unbewußte der Novellette kreist um diesen Klang.

Literatur

Blankenburg, Walter (1974): Einführung in Bachs h-moll-Messe. Kassel.

Boucourechliev, André (1958): Robert Schumann. Hamburg.

Dammann, Rolf (^{2}1984): Der Musikbegriff im deutschen Barock. Laaber.

Edler, Arnfried (1982): Robert Schumann und seine Zeit. Laaber.

Knepler, Georg (1982): Geschichte als Weg zum Musikverständnis. Leipzig.

Lacan, Jacques (1976): Conférences et entretiens dans des universités nord-américains. Scilicet 6/7, Paris, 5–63.

Lacan, Jacques (1986): Encore. Weinheim – Berlin.

Reese, Gustave (1966): „Tritonus". In: Musik in Geschichte und Gegenwart (MGG), Kassel, Bd. 13, 699–712.

Rehberg, Paula und Walter (1954, ^{2}1969): Robert Schumann. Zürich.

Riemann-Musiklexikon, Sachteil. Artikel ‚Novellette'.

Schumann, Robert (1886): Briefe, Bd. 2 (Hrsg. von R. G. Jansen). Leipzig.

Schumann, Robert (1974): Gesammelte Schriften über Musik und Musiker. Leipzig.

Starobinski, Jean (1971): Wörter unter Wörtern. Die Anagramme von Ferdinand de Saussure. Berlin.

Tovey, D. F. (1944): Schumann, Novellette in F sharp minor op. 21 no. 8. Essays in Musical Analysis: Chamber Music. London.

Weissweiler, Eva (1990): Clara Schumann. Hamburg.

Michael Hagner

Zwei Anmerkungen zur Repräsentation in der Wissenschaftsgeschichte

I. Repräsentation – ein unscharf gewordener Begriff

Repräsentation in der wissenschaftlichen Praxis – so lautet der Titel eines vor wenigen Jahren erschienenen Buches, in dem es um eine soziologische, semiologische und historische Annäherung an Repräsentationspraktiken in den Wissenschaften geht. Der gemeinsame Nenner der recht verschiedenen Untersuchungen besteht in der Annahme, daß Repräsentation an materielle Vorrichtungen gebunden ist, die wissenschaftliches Wissen überhaupt erst zur Sprache bringen. Zu solchen Vorrichtungen zählen die Herausgeber Graphen, Diagramme, Gleichungen, Modelle, Computerprogramme, Photographien, instrumentelle Inskriptionen, geschriebene Berichte und Mischformen zwischen all diesen.[1]

Schon diese Aufzählung deutet an, daß von der einstmals unproblematischen Beziehung zwischen einem Gegenstand und seiner Bezeichnung durch die praktische Wende im Gebrauch des Repräsentationsbegriffs nicht mehr allzuviel übrig bleibt. Es scheint kaum mehr möglich, den Begriff zu spezifizieren, da Repräsentation überall stattfindet: vom ersten Zusammenmischen zweier Chemikalien, die als Testsubstanz in einem Experiment benutzt werden sollen, bis hin zum Aufkleben von Tabellen und Diagrammen auf ein Poster, das dann bei einem wissenschaftlichen Kongreß vorgestellt wird. Dementsprechend widmet sich ein ganzer Bereich der neueren Wissenschaftsstudien einer Analyse der Ressourcen, die den Wissenschaftlern zur Verfügung stehen, sowie der Frage, in welcher Weise sie damit hantieren. In diesem Kontext gilt *repräsentationale* Aktivität als fundamentale Tätigkeit in den modernen Wissenschaften. Ohne die Ressourcen, ohne die Mittel und Wege, diese anzuwenden, meint Bruno Latour, mag ein Wissenschaftler wohl über Theorien, Methoden, Para-

1 Siehe Lynch/Woolgar 1990, 1.

digmen verfügen, er kann aber nichts damit anfangen. Der *repräsentationale* Vorgang, als „inscription, or practice of inscribing“[2] definiert, ist somit als eine Tätigkeit zu verstehen, bei der Konglomerate von Daten, Informationen und Differenzen in eine stabile, aussagefähige Form gebracht werden. Deswegen ist die Inskription gerade nicht in den Kategorien von Visualisierung und Schrift anzusiedeln. Darum geht es zwar auch, aber sie sind gleichsam nur Bestandteil einer komplexen Strategie zur Durchsetzung wissenschaftlicher Erkenntnisse. Dazu müssen die Wissenschaftler nach Latour Verbündete finden, und zur Rekonstruktion dieses Vorgangs kommt es darauf an, „to look at the way in which someone convinces someone else to take up a statement, to pass it along, to make it more of a fact“.[3] Auch wenn das beinahe so klingt, als finde Wissenschaft nach den Regeln politischer Rhetorik statt, konstatiert Latour gleichwohl, daß im *Parlament der Wissenschaftsdinge* andere Aspekte relevant sind. Experimentelle Befunde (z. B. physiologische Funktionen, chemische Reaktionen) und Objekte (z. B. Zellen, Bakterien oder DNS) müssen mobilisierbar sein, d. h., sie dürfen auf ihrem Weg zu öffentlich präsentablen Ergebnissen und Erkenntnissen nicht verschwinden, auch wenn die Dinge selbst nicht anwesend sind. Der Neurophysiologe bringt auf einen Kongreß nicht die im Experiment feuernden Nervenzellen mit, sondern Diagramme und Tabellen, auf denen die Aktivität jener Zellen verzeichnet ist. Um ein Beispiel Latours zu nehmen: die Küste Tasmaniens in ihrem Verlauf kann zwar unmöglich nach Europa transportiert werden, wohl aber eine Landkarte, in die ihr Verlauf eingezeichnet ist. Die Landkarte wäre dann eine Inskription, wenn sie „mobile, but also immutable, presentable, readable and combinable“ ist, wobei Mobilität nicht bloß auf räumliche Veränderung bezogen ist, sondern auch technische Modifikationen, Reproduktionen und Rekombinationen einschließt.[4] Solche Gebilde sind nach Latour „immutable mobiles“ – mithin Gebilde, bei denen das Spannungsverhältnis von Transformation und unbeschädigtem Transport aufrechterhalten wird. Dieser Weg läßt sich als Ereigniskette ansehen, die im Prinzip reversibel zu sein hat. Der Prozeß muß nachvollziehbar sein in dem Sinne, daß jedes einzelne Glied der Kette nach vorne wie nach hinten einen *passenden* Anschluß vorweist. Mithin sind „immutable mobiles“ auch Gebilde, die den Wissenschaftsprozeß durchsichtig machen, ohne daß jeder, der mit ihnen umgeht, an beiden Extremen zugleich anwesend sein muß.

Bemerkenswerterweise fehlt in den entsprechenden Passagen bei Latour der Begriff, auf den man eigentlich gewartet hat – Repräsentation. Man könnte

2 Latour 1990, 22.
3 Ebd., 24.
4 Ebd., 26. Siehe auch 44–47.

argumentieren, daß dieser Verzicht gezielt auf die Krise der traditionellen Vorstellung einer konventionalistischen oder ontologischen Korrespondenz zwischen Wörtern, Zeichen oder Bildern und einem unabhängigen Gegenstand anspielt. Auf der anderen Seite jedoch nimmt die Inskription nun den Platz ein, den die Korrespondenz leer gelassen hat. Es gibt keine unproblematischen Entsprechungen mehr zwischen medialer Repräsentation und unabhängiger Realität. Die Verbindungsbahnen, die Ereignisketten müssen in einem komplexen Prozeß erst gebaut werden. Ob eine Repräsentation als akzeptabel oder nicht, als richtig oder falsch angesehen wird, ist demnach nicht eine Frage der ontologischen Gewißheit, die als platonische Parabel von Ort zu Ort reicht, sondern wird *unterwegs* entschieden. „Immutable mobiles" sind gewissermaßen materialisierte Kettenglieder. Der Vorgang der Repräsentation wird zum Transportphänomen.

Woher kommt diese Einschreibung und Umschreibung der Repräsentation in eine Geschichte der Dinge und – eng damit verbunden – in eine Geschichte des Machens, in der es um Aufbewahren und Transportieren, Verschieben und Umstellen, Modifizieren und Reproduzieren geht? Allgemein gesprochen kommt darin die vielbeschworene Abwendung von einem theoriegeleiteten Wissenschaftsverständnis zum Ausdruck. Es geht nicht mehr so sehr darum, was Wissenschaftler sagen und was sie als ihre wissenschaftlichen Resultate präsentieren, sondern wie sie dorthin gelangen, was sie machen; und es geht auch nicht mehr so sehr um die Rekonstruktion eines logischen, rationalen Denkwegs oder einer Theorie, sondern um das Abschreiten des unübersichtlichen, von Nebenwegen und Unvorhersehbarkeiten gesäumten Geländes der wissenschaftlichen Praxis. Wie aber ließe sich diese Tätigkeit beschreiben, wenn der Wissensraum derart fragil ist?

Im Zusammenhang seiner Begriffsbestimmungen des mythischen oder magischen Denkens und der wissenschaftlichen Erkenntnisweise hat Claude Lévi-Strauss eine grundlegende Unterscheidung zwischen Ingenieur und Bastler („bricoleur") vorgenommen. „Im Unterschied zum Ingenieur macht [der Bastler] seine Arbeiten nicht davon abhängig, ob ihm die Rohstoffe oder Werkzeuge erreichbar sind, die je nach Projekt geplant und beschafft werden müßten: die Welt seiner Mittel ist begrenzt, und die Regel seines Spiels besteht immer darin, jederzeit mit dem, was ihm zur Hand ist, auszukommen, d. h. mit einer stets begrenzten Auswahl an Werkzeugen und Materialien, die überdies noch heterogen sind, weil ihre Zusammensetzung in keinem Zusammenhang zu dem augenblicklichen Projekt steht."[5] Der Ingenieur – und Lévi-Strauss redet wahlweise auch vom „Mann der Wissenschaft" und vom „Physiker" – schafft sich

5 Lévi-Strauss 1977, 30. Vgl. auch Lynch/Woolgar 1990, 8.

einen festen Plan und eine Gesamtheit von Strukturen, mittels derer er seine Probleme und Aufgaben zu lösen versucht. Der Bastler arbeitet mit Resten, Bruchstücken und Fragmenten, „odds and ends“, die zur Improvisation zwingen und ihn in viel höherem Maße als den Ingenieur mit unvorhersehbaren Ereignissen konfrontieren, so daß er stets ein Gleichgewicht zwischen Stabilität und Oszillation zu halten hat.[6] Die Beschränktheit der Ressourcen hat aber noch eine weitere Konsequenz. Während der Ingenieur seinen Materialien klare Orte zugewiesen hat, geht es bei der Bastelei darum, daß in der „unaufhörlichen Rekonstruktion mit Hilfe der gleichen Materialien immer vergangene Zwecke berufen sind, die Rolle von Mitteln zu spielen: die Signifikate werden zu Signifikanten und umgekehrt“.[7] Das bedeutet, daß die verwendeten Dinge eine Geschichte haben, und ihre Bedeutung bzw. ihre Funktion kann in verschiedenen Kontexten oder Projekten eine ganz andere Richtung nehmen. Was in einem bestimmten experimentellen Zusammenhang – etwa ein Enzym oder eine Aminosäure – Gegenstand der Beobachtung ist, kann in einem anderen Zusammenhang als Tracer oder als Testsubstanz benutzt werden, um einer anderen Substanz, Struktur oder Funktion auf die Spur zu kommen. Das Objekt wird zu einem Instrument, und dieser Prozeß ist im Prinzip reversibel.

Trotz der verführerischen Überlegung, daß Objekte überraschende neue Funktion erhalten können, daß Materialien nicht notwendigerweise eine genaue Zweckbestimmung haben, kommt man doch nicht um die Frage herum, ob damit die Charakterisierung (eines wichtigen Teils) der modernen Wissenschaft als Bastelei gerechtfertigt ist. Lévi-Strauss' Bild des Ingenieurs dürfte vermutlich durch *big sciences* wie Atomphysik oder Weltraumforschung inspiriert worden sein, die 1961, als *Das wilde Denken* entstand, wie keine andere Disziplin das Bild einer reifen, exakten, aus dem Vollen Schöpfenden, grenzenlos befähigten Wissenschaft geprägt haben. Gleichwohl weist Lévi-Strauss darauf hin, daß die zwei Vorgehensweisen des Ingenieurs und des Bastlers nicht unterschiedliche Entwicklungsstadien einer Wissenschaft darstellen, sondern gleichermaßen gültige Tätigkeitsformen. Daß etwa gegenwärtig Physik und Chemie eher nach dem Prinzip des Ingenieurs funktionieren, ist nicht als Ausdruck eines Reifezustandes anzusehen. Im Gegenteil: Man kann nicht ausschließen, daß diese Wissenschaften irgendwann wieder nach dem Prinzip der bricolage verfahren werden. Demnach müßten die unterschiedlichen Disziplinen der Naturwissenschaften eine interne Geschichte haben, die sie an bestimmten Punkten ihrer Entwicklung zur einen oder zur anderen Seite tendieren läßt.

6 Siehe Lévi-Strauss 1977, 35.
7 Ebd., 34.

Mit seinen wenigen Andeutungen hat Lévi-Strauss den Wissenschaftsstudien eine Vorlage gegeben, die den kleinen Schönheitsfehler hat, daß sie seinen eigenen Trennungsvorschlag zu unterminieren droht. Wenn es stimmt, daß der Aspekt der Bastelei in den Naturwissenschaften bislang völlig unterschätzt worden ist – und die neueren Wissenschaftsstudien haben alle erdenkliche Mühe auf diesen Nachweis verwendet – dann fragt sich erstens, welche Rolle das Ingenieurswesen, das Verfügen über die „Gesamtheit von Strukturen", überhaupt in den Wissenschaften spielt. Und zweitens wird man kaum ernsthaft behaupten können, daß bricolage ein hinreichendes Beschreibungsinventar für das bereit hielte, was in den Naturwissenschaften passiert. Zieht man das Bild der beschränkten Mittel des Bastlers in Betracht, kommt man nicht ganz umhin, an eine Verharmlosung zu denken, wenn etwa die soziale Praxis in einer Großforschungsanlage oder auch nur in einem molekularbiologischen Labor als reine Bastelei beschrieben wird. Was ist dann mit den erheblichen finanziellen Aufwendungen, den Apparaturen und Instrumenten und nicht zuletzt mit den weitreichenden Konsequenzen, die aus jener Forschung entstehen können?

Gewiß läßt sich argumentieren, daß bricolage keine verschlafene, dilettantische Hobbybeschäftigung ist, die sich selbst nicht so ganz ernst nimmt, sondern eine Tätigkeit, die bei der Durchführung ihrer Projekte nicht weniger ambitioniert ist als das Ingenieurswesen. Auch ist mit Recht darauf hinzuweisen, daß wissenschaftliche Innovation keineswegs immer an große technische Apparaturen und Aufwendungen gebunden ist. Man denke nur an Robert Kochs bakteriologische Verfahrensweisen oder an die minimalen finanziellen Aufwendungen für Norbert Wieners AA-Prädiktor, der zudem in seinem engeren sachlichen Kontext ein Fehlschlag war. Aber wenn auf beiden Wegen gleichartige, ähnlich weitreichende Resultate erzielt werden können, so wird der strukturelle Unterschied in einem wichtigen Punkt aufgeweicht. Wenn man also die Typologie des Bastlers nicht überstrapaziert und Attribute wie Mangel und Primitivität der Ressourcen ernst nimmt, so ist der Vergleich im Hinblick auf die soziale Realität nicht allzu überzeugend oder müßte zumindest dahingehend modifiziert werden, daß reine Bastelei oder Ingenieurswesen seltener vorkommen als Mischformen zwischen beiden.

Lynch und Woolgar sehen einen Ausweg in der Überlegung, die Opposition von Bastler und Ingenieur in eine Genealogie umzuwandeln, die nicht die Reifung des Faches, sondern die Tätigkeitsstufen innerhalb einer wissenschaftlichen Arbeit selbst avisiert.[8] Am Beginn der experimentellen Tätigkeit steht die Bastelei: Es existiert kein festgelegter Plan, nach dem die experimentelle Dynamik abzulaufen hat. Die Anordnung ist vielmehr auf die Produktion

8 Lynch/Woolgar 1990, 8.

unvorhergesehener Ereignisse angelegt, rechnet auf Kontingenzen, und erst zu einem späteren Zeitpunkt erfolgt die Formung des Ganzen zu einem planmäßigen Ablauf, in dem sämtliche Elemente ihren festen Platz haben. Bei einem solchen Zwei-Phasen-Modell wird man an ein praktisches Gegenstück zu der logischen Differenzierung zwischen context of discovery und context of justification erinnert, womit man in Kauf nimmt, daß eine solche Trennung keinen Platz für das Spannungsverhältnis zwischen Stabilisierung und Kontingenz läßt und auch das an *allen* Punkten des Forschungsprozesses mögliche Jonglieren von Repräsentat und Repäsentant nicht angemessen zu artikulieren vermag.

Die Attraktivität des bricolage-Konzeptes scheint mir an einer anderen Stelle gelegen zu sein, nämlich dort, wo es gemeinsam mit dem oben beschriebenen Begriff der Repräsentation *als* Inskription ein Bedeutungsfeld aufschließt, in dem Improvisation und Unvorhersehbarkeit, Strukturierung und Restrukturierung von Wissenschaftsobjekten, Kontingenz und Stabilisierung vorherrschen. Der Gestalt-switch in den Wissenschaftsstudien von der Theorie zur Praxis hat eine Ausmusterung von Begriffen wie Rationalität, Wahrheit, Falsifikation, Repräsentation als Abbild der Realität oder Wertfreiheit der Wissenschaft als *absolute* Referenzpunkte für ein Verständnis der wissenschaftlichen Dynamik mit sich gebracht und gleichzeitig eine Reihe von neuen Verbindungsmöglichkeiten geschaffen, die die Konturen einer Kulturgeschichte der Wissenschaften erkennen lassen, in der die Trennung von inneren und äußeren Bedingungen der Wissenschaftsentwicklung selbst porös wird. Wenn Wissenschaft zuvor als monolithisches, mit anderen sozialen Strukturen inkommensurables Gebilde angesehen wurde, hat sie mit der praktischen Wende ihren Ausnahmestatus verloren. Sie wird vergleichbar mit anderen Aktivitäten und Praktiken, mit anderen kulturellen Formationen und Diskursen, womit sich ganz neue Überschneidungsbereiche auftun, in denen die Wissenschaft zu einem historisch und kulturell variablen Phänomen wird. Rationalität, Objektivität, Theorie, Hypothese oder Falsifikation landen dabei keineswegs auf dem Müllhaufen, doch bilden sie nicht mehr den epistemologischen Startpunkt für wissenschaftshistorische Untersuchungen. Vielmehr gilt es, diese Begriffe selbst einer historischen Analyse zu unterziehen, ihre jeweiligen Bedeutungen und Anwendungsbereiche und deren Wandlungen zu spezifizieren.

Es ist kaum übertrieben, festzustellen, daß der an der wissenschaftlichen Praxis orientierte Begriff der Repräsentation oder genauer: der repräsentionalen Aktivität zum Zauberwort der neueren Wissenschaftsstudien geworden ist. Das geht so weit, daß inzwischen sogar schon erste Einwände erhoben werden: „Representation is overrated", meint ausgerechnet Michael Lynch und kritisiert, daß konstruktivistische Wissenschaftsstudien die Forschungspraktiken allzuoft so behandelt hätten, als ob sie kohärente philosophische Programme wären.[9] Wer könne garantieren, so Lynch weiter, daß eine soziologische Theorie die Wissenschaftspraxis adäquater beschreibe als eine rationalistische oder eine realistische Theorie? So berechtigt diese Frage auch sein mag, wenn sie gegen den Sozialkonstruktivismus im engeren Sinne gerichtet ist; daß die Überbewertung der Repräsentation dafür verantwortlich sein soll, unterschlägt die Pluralität und die Unschärfe des neuen Umgangs mit dem Begriff. Diese kommt beispielsweise darin zum Ausdruck, daß die vom Dekonstruktivismus formulierte scharfe Kritik am traditionellen Repräsentationsbegriff von den *science studies* zwar geteilt wird, daß aber eine Verpflichtung auf einen an der Sprache orientierten Repräsentationsbegriff, der für den Dekonstruktivismus bindend ist, nicht notwendigerweise unterschrieben wird. Kaum zufällig wird in jüngerer Zeit verstärkt die bildliche Repräsentation epistemologisch in Stellung gebracht, und kaum zufällig finden in der Wissenschaftsgeschichte non-verbale Repräsentationsformen wie Naturalienkabinette, Sammlungen, Dioramen, bildliche Darstellungen usw. große Aufmerksamkeit. Von einer einheitlichen theoretischen Herangehensweise kann dabei keine Rede sein. Vielmehr ist eine gewisse Heterogenität beabsichtigt und führt unterschiedliche Perspektiven von der Ethnomethodologie, Kunstgeschichte und Semiotik bis zur Dekonstruktion und Hermeneutik zueinander. Der Begriff der Repräsentation kommt dabei in unterschiedlicher Weise zum Zuge: die Darstellung eines Objekts in einem experimentellen Zusammenhang; die Transformationen von unsicheren Zeichen in publikationsfähige Daten, etwa der Weg von einem eben fixierten, dann wieder verschwindenden Bakterium unterm Mikroskop zur Photographie; die historischen Veränderungen in der visuellen Repräsentation des Gehirns oder auch der Hautaffektionen der Syphilis; die Umschreibung des Organismus in der Gen-Technologie; die Einpassung von funktionell interagierenden Strukturen im Sinne des Schlüssel-Schloß-Prinzips; die Darstellung von Tieren mittels Taxidermie – all das weist darauf hin, daß ***Repräsentation*** in der Wissenschaftsgeschichte als ein ***unscharfer Begriff*** verwendet wird, mit dem der epistemische und der soziale Charakter von *science in action* einzuholen versucht wird.[10]

Mit dieser Vielfalt finden die Wissenschaftsstudien Anschluß an den postmodernen Diskurs, laufen aber auch Gefahr, ein wenig den Boden unter den Füßen zu verlieren. Wenn Repräsentation so vielfältige Aspekte der Wissen-

9 Lynch 1994, 147.

10 Ich beziehe mich hier auf die Begriffsdefinition von Löwy 1993 und die ursprüngliche Konzipierung von „boundary objects" bei Star/Griesemer 1988, die aufschlußreicherweise im Zusammenhang mit der soziologischen Analyse des Aufbaus von naturhistorischen Museen steht.

schaftspraxis einfängt, droht der Begriff zum einen in Beliebigkeit zu versinken, zum anderen wäre es nicht das erste Mal, daß die Favorisierung eines möglichst breit gefaßten Konzeptes zum Verlust der historischen Tiefenschärfe führt. Eine historisch invariante Auffassung von „Objektivität" oder „Theorie" führt zu einem wenig erhellenden Verständnis der Wissenschaftsentwicklung. Wenn jedoch eine Geschichte der Theorie einzufordern ist, die die jeweiligen historischen Ränder des Theorie-Begriffs markiert, dann wäre dasselbe billigerweise von der Repräsentation zu fordern. Unterhalb dieser Schwelle sollte die Selbstreflexion in den Wissenschaftsstudien bei der Frage einsetzen, welche Art von Repräsentation in welchem historischen Kontext wirksam wird, was also gemeint ist, wenn von Repräsentationen die Rede ist. Nur dann vermag die in den Wissenschaftsstudien vollzogene transdisziplinäre Öffnung das Versprechen einzulösen, Territorien des Wissens einander anzunähern, ohne ihre Eigenständigkeit als beliebig hinzustellen und damit preiszugeben.

Daran anschließend mag man die Frage aufwerfen, was durch die Analyse der Karriere des Repräsentationsbegriffs in den Wissenschaftsstudien und durch die präzise Verortung der Schnittstellen zu anderen Wissensbereichen gewonnen werden kann. Die Antwort hat mit der Befindlichkeit der Wissenschaftsstudien selbst zu tun, denn diese sind in ein Stadium getreten, in dem ihre Gültigkeit und Nützlichkeit im Ensemble der Geistes- und der Naturwissenschaften zunehmend durch eine methodologische Selbstverortung mitbestimmt wird. Ich will nicht darauf hinaus, daß die Wissenschaftsstudien in eine Legitimationskrise geraten wären; das sind sie von Anfang an gewesen, denn jeglicher nicht-rationalistische bzw. nicht-realistische Ansatz ist bei der Mehrzahl der Naturwissenschaftler und Wissenschaftsphilosophen stets in dem Verdacht gewesen, das Eigentliche der Wissenschaft mit dem historischen Kontext unzulässigerweise zu vermischen und damit die Objektivität der Wissenschaft zu bestreiten bzw. zu relativieren. Das ist – nebenbei bemerkt – nicht zuletzt der Grund dafür, daß die Wissenschaftsstudien immer wieder höchst sorgfältige und detaillierte Fallstudien hervorgebracht haben, um dem möglichen Vorwurf, inkompetent und böswillig Relativismus zu betreiben, vorzubeugen. Eine allgemeine Diskussion dieser Problematik ist bislang nicht notwendig gewesen, doch seitdem sich mehr und mehr herumspricht, daß die traditionelle Wissenschaftsgeschichte durch die neueren Ansätze verdrängt wird, beginnt sich eine Front zur Apologie der Naturwissenschaften zu formieren.[11] Bevor hier neue Gräben zur weiteren Spaltung der zwei Kulturen ausgehoben werden, sollte *science as culture* zum Gegenstand einer übergrei-

11 Siehe Gross/Levitt 1994, die behaupten, daß die gegenwärtige Wissenschaftsgeschichte weitgehend von anti-wissenschaftlichen Impulsen geprägt sei.

fenden Diskussion werden.[12] Repräsentation in der wissenschaftlichen Praxis sollte ein zentraler Bestandteil dieser Diskussion sein, ebenso wie die Reflexion über die Unschärfe des Repräsentationsbegriffs in den Wissenschaftsstudien, die wie ein Reflex auf die postmoderne Pluralisierung von einer Geschichte in viele Geschichten daherkommt.

II. Einige Überlegungen zur Stratigraphie des Menschen

Bislang war hauptsächlich die Rede von Repräsentation als Vorgang, als Ereignis, wodurch die dynamische Komponente einer *Wissenschaft im Machen* hervorgehoben wird. Was dabei nicht zur Sprache kam und doch zu den drängendsten Problemen gehört, ist die Frage nach den existentiellen Dimensionen der Repräsentationspraxis, die sich in erster Linie für die Humanwissenschaften stellt. Spätestens seit Computerwissenschaften, moderner Hirnforschung und Gen-Technologie wird die Möglichkeit einer neuen, radikalen Veränderung des Menschen(bildes) virulent; und das um so mehr, als hier die politische Dimension des Repräsentationsbegriffs ins Spiel kommt. Diese Problemlage ist jedoch nicht erst durch die neuesten Technologien geschaffen worden, sondern gehört zu den Fundamenten der Moderne.

In seiner *Verfassungslehre* von 1928 gibt Carl Schmitt die folgende Definition von Repräsentation: „Repräsentation ist kein normativer Vorgang, kein Verfahren und keine Prozedur, sondern etwas Existentielles. Repräsentieren heißt ein unsichtbares Sein durch ein öffentlich anwesendes Sein sichtbar machen und vergegenwärtigen. Die Dialektik des Begriffes liegt darin, daß das Unsichtbare als abwesend vorausgesetzt und doch gleichzeitig anwesend gemacht wird.“[13] Gewiß ist dieser Begriff der Repräsentation im Kontext einer antiprotestantischen und technikfeindlichen politischen Theologie zu lesen, in der der symbolische Machtanspruch eines Staatsoberhauptes mit seiner tatsächlichen Machtausübung verklammert werden soll. Die Repräsentation ist existentiell, weil das verborgene Sein des Herrschers seine eigentliche Legitimität ausmacht. Ohne Repräsentation wird Herrschaft zu einer technischen Maschinerie, die nur noch den Möglichkeiten der Präzision gehorcht und damit auch den Menschen zu einem auf Leistung geeichten Automaten macht.[14]

12 Ein Beispiel hierfür wäre der Artikel von Labinger 1995 und die daran anschließende Diskussion, in der u. a. Harry Collins, Steve Fuller, Michael Lynch und Trevor Pinch antworten.

13 Schmitt 1928, 209–210.

14 Siehe hierzu Breuer 1993, 72.

Die antimoderne Stoßrichtung ist nicht mein Problem, und auch nicht die Frage nach dem möglichen Gegensatz zwischen Repräsentation als „Prozedur" und als „etwas Existentielles". Vielmehr interessiert mich die öffentliche, also offizielle Sichtbarmachung eines Unsichtbaren. Die Darstellung eines anderen, unsichtbaren und abwesenden Seins des Menschen gehört zu den zentralen Anliegen der modernen Humanwissenschaften. In immer neuen Anläufen wurde der Versuch unternommen, eine tiefere, zurückliegende historische Schicht des Menschen in seiner aktuellen Existenz zu repräsentieren. Diesen Vorgang möchte ich versuchsweise als die Stratigraphie des Menschen bezeichnen. In diesem Szenario wurde nach und nach eine „unbewältigte Vergangenheit des Menschengeschlechts" (R. Bilz) sichtbar, die es bis dahin gar nicht gegeben hatte. Auch wenn das 18. Jahrhundert auf mehreren Ebenen eine Wissenschaft vom Menschen zu konzipieren suchte, was ein Verständnis des Menschen als Naturwesen einschloß, verschafften und beließen die taxonomischen Ordnungsräume jedem Lebewesen seinen festgefügten Platz in der Naturkette. Erst das 19. Jahrhundert versetzt den Menschen in einen neuartigen kulturellen und historischen Raum. Längst vergangene Epochen der menschlichen Entwicklung haben ihre Entsprechung in verschiedenen Funktionssystemen des Körpers und des Geistes sowie deren Störungen. Vergangene zeitliche Schichten rücken in die unmittelbare Gegenwart des Menschen hinein, indem sie in räumlichen Schichten des Organismus repräsentiert werden. Insbesondere durch Krankheiten und Abnormitäten greifen die vergangenen Schichten in die aktuelle Existenz ein. „Das Kranke ist das Primitive" – hat Freud nach gut einem Jahrhundert Stratigraphie des Menschen zusammengefaßt und mit der Psychoanalyse ein eigenes Kapitel zu dieser Geschichte beigetragen. Die Grundkonstellation besteht also darin, daß das unsichtbare Primitive als abwesend vorausgesetzt und doch gleichzeitig im Abnormen und Kranken anwesend gemacht wird. In diesem Oszillieren zwischen An- und Abwesenheit bewegt sich der moderne Mensch;[15] und genau an dieser Stelle liegt die Koinzidenz einer politischen und einer wissenschaftlichen Hantierung des Repräsentationsbegriffs.

Die Wissenschaftsgeschichte des 19. und 20. Jahrhunderts hält genügend Beispiele bereit, um verschiedene Versionen der Stratigraphie zu illustrieren. Das reicht von Morels Degenerationstheorie und der Atavismustheorie Lombrosos, der die Verbrechernatur als einen Rückfall in eine frühere, bestialische

15 Gegen diese Überschneidung zwischen der Stratigraphie und dem Spiel von Anwesenheit und Abwesenheit, in der das Kranke bzw. das Abnorme als Dokument für das Vergangene steht und es auf diese Weise transparent macht, bringt Foucault seine Archäologie in Anschlag, in der es gerade nicht darum geht, daß ein Zeichen für etwas anderes steht. Die Archäologie „sucht nicht einen ‚anderen Diskurs', der besser verborgen wäre" (Foucault 1981, 198).

Entwicklungsstufe des Menschen ansah, bis hin zur Rekapitulationstheorie Haeckels und zur Konzeption des Unbewußten bei Freud. Natürlich kann es nicht darum gehen, diese in ihren Bedingungen und Ambitionen ganz unterschiedlichen Entwürfe über einen Kamm zu scheren. Doch unabhängig davon haben sie auf ihre Weise dazu beigetragen, den modernen Menschen als ein Schichtenwesen zu konzipieren.

Im folgenden möchte ich kursorisch auf zwei historische Daten aufmerksam machen, die vielleicht weniger bekannt sind als die eben angeführten, denen aber gleichwohl eine Schlüsselfunktion für die Stratigraphie des Körpers und des Geistes und damit für die Repräsentation des Menschen zukommt. Das eine Beispiel entnehme ich der Embryologie um 1800, das andere der Neurologie um 1860.

Die letzten Jahrzehnte des 18. Jahrhunderts zeigen einen tiefgreifenden Wandel im Verständnis der Natur und der Lebewesen, der von Foucault bekanntlich als Übergang von der Naturgeschichte zur Geschichte der Natur markiert worden ist.[16] In der Theorie der Lebensentstehung ist dieser Prozeß als Übergang von der Präformation zur Epigenesis gekennzeichnet worden, wobei Epigenesis für einen Mentalitätenwandel steht, der von der Biologie über die Theorie der Sprache bis hin zum Geschlechterverhältnis reicht. Zeugung, und damit die spezifische Zuweisung von polaren Rollen, ist die eine Seite der Repräsentation von dynamischen Entwicklungen; das Aufbrechen eines einheitlichen historischen Raumes die andere.

Als zentrale Disziplin dieses neuen Diskurses erweist sich die Embryologie, in der die Suche nach Entwicklungsregeln für einen nicht mehr geschaffenen Körper, sondern für einen prozeßhaft wachsenden, in verschiedene Organsysteme unterteilten Organismus dazu führt, daß die einzelnen Wachstumsschritte des Embryos als Wegweiser für die Entwicklung genommen werden. Ein wichtiges Element in diesen Untersuchungen sind die Abweichungen und Fehlbildungen, die sog. Monstrositäten, die bis dahin quer standen zu den Bemühungen um eine naturhistorische Klassifikation.[17] Erst in der Epigenesis sind Monstrositäten keine präformierten oder mechanisch veränderten Wesen mehr, sondern werden nach der „Art der abweichenden Kraft vom Normal“ bestimmt.[18] Diese Abweichung wiederum deutet auf einen bestimmten Standort innerhalb der embryonalen Entwicklung hin. Damit ergeben sich neue Zuordnungsmöglichkeiten und Verbindungslinien im Verständnis der Lebewesen, die auch sogleich genutzt werden.

16 Foucault 1974, 203.

17 Detailliert hierzu und zum Folgenden siehe Hagner 1995.

18 Meckel 1812, 45.

Für den Anatomen Johann Friedrich Meckel bestehen die von ihm so bezeichneten „Hemmungsbildungen" darin, „daß es einen Zustand in der Entwickelung des Fötus gebe, wo die Organe, welche man in Missgeburten dieser Art fehlend oder abnorm entwickelt findet, sich wirklich normgemäß auf diese Weise verhalten. Die Missgeburt entsteht dann dadurch, daß diese Organe allein sich nicht auf die gewöhnliche Weise fort entwickeln, indess andere mehr oder weniger alle ihre Perioden durchlaufen."[19] Jeder Teil des Körpers durchläuft seine eigene Geschichte, jedes Stehenbleiben auf einer früheren Entwicklungsstufe repräsentiert eine scheinbar überwundene Vergangenheit, „jedes Abweichen des Embryos von der menschlichen Form [ist] ein Zurückfallen in die Thierbildung, und daher gleicht jede Missgeburt, wenn nicht immer im Aeussern, doch im Innern mehr oder weniger einem Thier".[20] Mit solchen Überlegungen wird die Kontiguität der Lebewesen in der Entwicklungsreihe in ein Kontinuum des Lebens umgeschrieben, wobei es die Lebensprozesse selbst sind, die über die Differenz zwischen Mensch und Tier entscheiden. Im schlimmsten Fall kann diese Differenz aufgehoben werden. Eine Monstrosität ist somit die *richtige* Erscheinung zum falschen Zeitpunkt, denn in einem frühen Entwicklungsstadium des Embryos mochte jene Gestalt völlig normal sein. Das bereits eine Generation zuvor von Caspar Friedrich Wolff postulierte Nacheinander in der Entwicklung der einzelnen Organe und Körperteile wird in der Embryologie des frühen 19. Jahrhunderts in einen umfassenden Verzeitlichungsprozeß eingefügt, der die Individualentwicklung von der Zeugung bis zur Geburt mit der Entwicklungsreihe im Tierreich von den primitiven Lebewesen bis zum Menschen auf eine Meßlatte spannt. Monstrositäten werden dadurch zu einem wirkungsvollen Instrument im Diskurs der Lebenswissenschaften: Sie repräsentieren Zwischenstufen auf dem Weg vom Tier zum Menschen und sind damit, auch wenn sie dem Betrachter nicht gerade einen Spiegel vorhalten, nicht mehr das Andere und Einzigartige, das sie vordem gewesen waren. In ihrer Abweichung kalibrieren sie gewissermaßen die neue Ordnung des Lebens.

Dieser veränderte epistemologische Status der Monstrositäten läßt noch eine weitere Facette sichtbar werden, die unmißverständlich klar macht, daß der neue Diskurs vom Leben gleichzeitig ein Diskurs vom Menschen ist. Bereits im 18. Jahrhundert war den Anatomen aufgefallen, daß die Mehrzahl der beschriebenen kopflosen Mißgeburten weiblich wäre, ohne daß man sich jedoch einen Reim darauf machen konnte. Der Physiologe Friedrich Tiedemann nimmt den Faden auf und begründet dieses Phänomen damit, daß alle

19 Meckel 1809, 159.
20 Tiedemann 1808, 178.

Embryonen zunächst nur weibliche Geschlechtsorgane hätten, woraus sich die männlichen dann später entwickelten. Dementsprechend betrachtet er nicht nur Hermaphroditismus als ein „Stehenbleiben der Bildung der Genitalien auf den verschiedenen früheren, dem Embryo normalen Stufen", die normalen weiblichen Genitalien selbst sind „ein Stehenbleiben des Embryos auf einer niedern Bildungsstufe".[21] Von da aus ist es nur noch ein kleiner Schritt zu der bis weit ins 20. Jahrhundert hinein geradezu gebetsmühlenartig wiederholten Formel, „daß offenbar das Weib dem Foetus bei weitem mehr als der Mann ähnlich ist, und daß folglich das Weib auf einer niederen Bildungsstufe steht als der Mann".[22]

Diese knappe Skizze mag genügen, um zu zeigen, daß die Repräsentation einer unsichtbaren Vergangenheit, wie sie in der Embryologie konstruiert wird, das Medium wird für eine Festschreibung von höherer und minderer Entwicklung, Normalität und Anomalität, Bildung und Bildungsabweichung, männlicher und weiblicher Organe und Rangfolgen.

Das zweite Beispiel betrifft die Stratigraphie des geistigen Lebens. Wissenschaftsgenealogisch ist der englische Neurologe John Hughlings Jackson im Fahrwasser der Evolutionstheorie von Herbert Spencer anzusiedeln, der postulierte, daß eine aszendierende Organisation in der Natur wie in der Gesellschaft vom Einfachen hin zum Komplexen erfolge.[23] Dieses Prinzip macht Jackson zum Ausgangspunkt seiner Neurologie, indem er das Gehirn im Sinne einer hierarchischen Organisation auffaßt und drei evolutionäre Stufen der sensomotorischen Mechanismen annimmt, die in etwa drei anatomisch und funktionell differenzierbaren Teilen des Gehirns entsprechen. Entscheidend ist dabei das funktionelle Verhältnis der Levels untereinander, das heißt, daß ein niedrigeres Level von dem jeweils höheren repräsentiert und reflektiert wird, was zugleich einer Steigerung des Bewußtseins entspricht, so daß Jackson als höchste Stufe konsequenterweise das „organ of mind" konzipiert.[24] Analog dazu ist die diesen Regionen zugeordnete Verhaltensentwicklung von automatischen zu zweckmäßigen Bewegungen gegliedert. Voraussetzung für ein Verständnis der pathologischen Erscheinungen des Nervensystems ist nach Jackson eine inhibitorische Kontrolle der niedrigeren Levels durch die höheren. Das faszinierende und neuartige an diesem Gedanken besteht darin, daß das Gehirn trotz seiner ganzheitlichen Funktion doch eine Ungleichzeitigkeit aufweist, indem die verschiedenen Levels verschiedene Stufen der evolutionären Entwicklung darstel-

21 Tiedemann 1813, 84.
22 Ebd., 87.
23 Siehe Smith 1982a, b.
24 Jackson 1932, 99.

len. Nur im gesunden Zustand ist ein kontrolliertes Miteinander dieser Levels möglich.

Die höchsten Levels im Gehirn sind die komplexesten und die am meisten modifizierbaren, d. h., sie erlauben die größten Freiheitsgrade. Sie sind nicht lebensnotwendig, aber sie entsprechen den höchsten und edelsten Eigenschaften des Menschen. In ihrer Veränderbarkeit und Offenheit sind sie aber zugleich die empfindlichsten und ungeschütztesten Regionen. Krankheit und Läsion richten hier am ehesten Schaden an. Umgekehrt sind die untersten Levels die primitivsten und kompaktesten, dadurch aber auch viel besser organisiert und geschützt. Im gesunden Zustand verrichten sie – inhibiert durch die höheren Zentren – quasi unbemerkt ihre Arbeit, und erst beim Ausfall der oberen Zentren treten sie in Erscheinung. Dem stufenweisen Verlust der Nervenfunktion entspricht es, daß die phänomenologischen Äußerungen der Krankheit nicht Ausdruck der geschädigten Hirnanteile, sondern Ausdruck der Funktion der niedrigeren, nicht von der Läsion betroffenen Levels des Nervensystems, die nun keiner Kontrolle mehr unterworfen sind.

Selbstverständlich sind diese beiden Beispiele in mancherlei Hinsicht nicht miteinander vergleichbar. Der Begriff der Inhibition beispielsweise spielt um 1800 zwar schon eine gewisse Rolle in der Hirnforschung, hat aber bei Meckel und Jackson genau die entgegengesetzte Bedeutung. Erst im späteren 19. Jahrhundert wird er zum Zentralbegriff einer prä-kybernetischen Kontrollvorstellung, die von oben nach unten funktioniert. Sodann gibt es gravierende strukturelle Unterschiede: im einen Falle geht es um den Entwicklungsgrad körperlicher Organe, im anderen um die Schichtung innerhalb eines Organs. Doch in beiden Fällen lenkt die pathologische Veränderung den Blick auf den Menschen. Erst dadurch wird eine synchrone und diachrone Durchleuchtung seiner Existenz möglich. Das Entscheidende an der Repräsentation liegt darin, daß das Unsichtbare in der Monstrosität bzw. in der Hirnläsion zum Vorschein kommt. In beiden Fällen handelt es sich um aktuell anwesende, materielle Repräsentanten, anhand derer das Vergangene und das Abseitige vergegenwärtigt wird. Die Moderne konstruiert die Vergangenheit des Menschen als Abenteuer *und* als Bürde, als ein Risiko, das die natürliche und kulturelle Ordnung immer wieder bedroht. Aus diesem Grunde können hybride Begriffe wie Fortschritt, Kontrolle, Inhibition, Selektion und Anpassung, die zur Erklärung von Natur- und Kulturprozessen permanent hin- und hergeschleust werden, eine so zentrale Stellung im Geflecht der Moderne erhalten.

Abschließend möchte ich diese Konstellation in knappen Worten in Beziehung setzen zu den Repräsentationsformen, die die Wissenschaftslandschaft in näherer Zukunft bestimmen werden. Dazu bediene ich mich analoger Beispiele, denn wo früher die Embryologie und die klassische Hirnforschung waren, stehen jetzt die Gen-Technologie und die mit computergesteuerten Visualisierungen arbeitende Hirnforschung.

Wenn das genetic screening erst einmal ausgereift ist, wird die vererbbare, tödlich ausgehende Krankheit Chorea Huntington, die im embryonalen Stadium unsichtbar und bloß potentiell ist, durch eine Veränderung in der genetischen Information vergegenwärtigt, oder genauer: vor-verlegt. Die mittels computerisierter bildgebender Verfahren erstellten Hirnbilder vermögen, wenn der technische Reifungsprozeß weiterhin so fortschreitet, unsichtbare geistige Aktivitäten – etwa das Denken an eine bestimmte Person – sichtbar zu machen, selbst wenn die Untersuchungsperson diesen Gedanken bestreitet. Auch Krankheiten lassen sich mittels bildgebender Verfahren vorverlegen. Minimale Veränderungen im Computerbild können einen Menschen zum Proto-Patienten machen.

Was folgt aus diesen Möglichkeiten? Man wird nicht behaupten können, daß das Repräsentierte durch die Repräsentationsverfahren überhaupt erst hergestellt wird. Chorea Huntington und geistige Aktivität hat es längst vor der Gen-Technologie und der Positronen-Emissions-Tomographie gegeben. Nichtsdestoweniger gibt es gravierende Unterschiede zu den Zeiten von Meckel und Jackson. In einem universalen genetic screening würde Chorea Huntington ihre ausschließliche Anwesenheit in der Abbildung eines bestimmten DNA-Abschnittes erhalten, in einer universalen computerisierten „Einbildung“ (V. Flusser) des geistigen Lebens würde das, was wir bislang als Realität angesehen haben, zunehmend durch eine virtuelle Realität überzogen werden. Für die weitere historische Relevanz einer Krankheit im genetic screening und einer cerebralen Funktion ist es nicht entscheidend, daß es ein Sein vor der Repräsentation gibt. Vielmehr ist die Vergegenwärtigung insoweit ein Herstellen, als das Sein nachher ganz anders wahrgenommen und operational eingesetzt wird. Die Umdeutung solcher Phänomene wie Krankheit, geistiger Prozesse und anderer Bereiche des Lebens wird nicht lange auf sich warten lassen. Wenn die Gen-Technologie ihre Möglichkeiten ausschöpft, wird sie nicht mehr nosologisch definierte Krankheiten bekämpfen, sondern Informationen umschreiben. Zum Zeitpunkt der Geburt wäre der Mensch dann nicht mehr bloß ein Produkt der Natur, sondern auch ein Produkt des gentechnologischen Schreibens.[25] Wenn die „Einbildung“ in der Hirnforschung weiter geht, könnten die Hirnbilder zunehmend darüber befinden, ob jemand zu diesem oder zu jenem befähigt wäre. Wenn Musikalität oder Fähigkeit zur Mathematik im Hirnbild darstellbar werden, wird sich die Konfiguration des Persönlich-

25 Siehe hierzu Rheinberger 1995.

keitsprofils mehr oder weniger auf der Ebene der Visualisierungen abspielen.[26] Der Preis für eine solche Entwicklung besteht darin, daß „das Erforschen der tieferen Zusammenhänge, das Erklären, Aufzählen, Erzählen, Berechnen, kurz das historische, wissenschaftliche, textuell lineare Denken von einer neuen, einbildenden, ‚oberflächlichen' Denkart verdrängt wird".[27]

Der Mensch in seiner ganzen Tiefe und Breite, mit seinen Defiziten und Abseiten, Gefährdungen und Machtpotentialen wird in Formen von Repräsentation wahrgenommen. Das Unsichtbare wird als das eigentlich Prägende konstruiert, und das ist nur möglich als Repräsentation. Die Monstrosität repräsentiert die vergangenen Stufen und Formen der menschlichen Entwicklung; der Hirngeschädigte die archaischen Automatismen; der neurotisch Gestörte die frühkindlichen Erlebnisse; der sexuell Perverse die primitiven Triebe; der AA-Prädiktor den perfekt kalkulierenden Zerstörungstrieb. Auch in der Gegenwart und in der Zukunft geht es um Repräsentationen. Das Hirnbild repräsentiert den Geist bei der Arbeit; das Gen den in funktionale Segmente zerlegten Menschen als Virtualität. Sobald sich ein solches Segment als defizitär erweist, wird es umgeschrieben. Ein Cyborg schließlich wäre genau das Wesen, bei dem alle Malformationen, Risiken und Gefahrtenquellen von vornherein ausgeschaltet sind.

All diese Beispiele zeigen, daß es sowohl in der Moderne als auch in der Postmoderne um Repräsentation geht, daß die Verortung des Menschen dadurch in entscheidender Weise geprägt wird. Der moderne Mensch ist ein Tiefenwesen, vor dem man sich in acht zu nehmen hat, geheimnisvoll und unberechenbar, in verschiedenen historischen Räumen beheimatet. Der postmoderne Mensch könnte sich als ein Oberflächenwesen herausstellen, gesättigt und harmlos, zurechtgeschneidert, bevor überhaupt etwas Unvorhersehbares in seine historische Existenz tritt. In dieser Spannbreite hat auch die Prozedur der Repräsentation tiefgreifende Wandlungen durchgemacht, die es zu verstehen gilt, wenn der existentielle Charakter der Repräsentation zur Verhandlung ansteht.

26 Siehe hierzu Hagner 1996.
27 Flusser 1992, 44.

Literatur

Breuer, Stefan (1993): Anatomie der Konservativen Revolution. Darmstadt.

Flusser, Vilém (1992): Ins Universum der technischen Bilder. 4. Aufl. Göttingen.

Foucault, Michel (1974): Die Ordnung der Dinge. Eine Archäologie der Humanwissenschaften. Frankfurt a. M.

Foucault, Michel (1981): Archäologie des Wissens. Frankfurt a. M.

Gross, Paul R./Levitt, Norman (1994): Higher Superstition. Baltimore.

Hagner, Michael (1995): Vom Naturalienkabinett zur Embryologie. Wandlungen des Monströsen und die Ordnung des Lebens, in: ders. (Hrsg.), Der *falsche* Körper. Beiträge zu einer Geschichte der Monstrositäten. Göttingen, 73 –107.

Hagner, Michael (1996): Der Geist bei der Arbeit. Überlegungen zur visuellen Repräsentation cerebraler Prozesse, in: Cornelius Borck (Hrsg.), Anatomien medizinischen Wissens. Frankfurt a. M., 259–286.

Jackson, John Hughlings (1932): Remarks on evolution and dissolution of the nervous system (1887), in: Selected Writings. Band 2. London, 92–118.

Labinger, Jay A. (1995): Science as Culture. A View from the Petri Dish. Social Studies of Science 25, 285–306.

Latour, Bruno (1990). Drawing things together, in: Michael Lynch, Steve Woolgar (Hrsg.), Representation in Scientific Practice. Cambridge/Mass., 19–68.

Lévi-Strauss, Claude (1977): Das wilde Denken. Frankfurt a. M.

Löwy, Ilana (1993): Unscharfe Begriffe und föderative Experimentalstrategien. Die immunologische Konstruktion des Selbst, in: Hans-Jörg Rheinberger, Michael Hagner (Hrsg.), Die Experimentalisierung des Lebens. Experimentalsysteme in den biologischen Wissenschaften 1850/1950. Berlin, 188–206.

Lynch, Michael (1994): Representation is Overrated: Some Critical Remarks about the Use of the Concept of Representation in Science Studies. Configurations 2, 137–149.

Lynch, Michael; Woolgar, Steve (1990): Introduction. Sociological orientation to representational practice in science, in: dies. (Hrsg.), Representation in Scientific Practice. Cambridge/Mass., 1–18.

Meckel, Johann Friedrich (1809): Beyträge zur vergleichenden Anatomie. 1. Band, 2. Heft. Leipzig.

Meckel, Johann Friedrich (1812): Handbuch der pathologischen Anatomie. Bd. 1. Leipzig.

Rheinberger, Hans-Jörg (1995): Beyond Nature and Culture: A Note on Medicine in the Age of Molecular Biology. Science in Context 8, 249–263.

Schmitt, Carl (1928): Verfassungslehre. München/Leipzig.

Smith, C. U. M. (1982a): Evolution and the Problem of Mind. Part I. Herbert Spencer. – Journal of the History of Biology 15, 55–88.

Smith, C. U. M. (1982b): Evolution and the Problem of Mind. Part II. John Hughlings Jackson. – Journal of the History of Biology 15, 241–262.

Star, Susan Leigh/Griesemer, James R. (1988): Institutional ecology, 'translations' and boundary objects: Amateurs and professionals in Berkeley's Museum of Vertrebrate Zoology 1907–1939. Social Studies of Science 19, 387–420.

Tiedemann, Friedrich (1808): Zoologie. Zu seinen Vorlesungen entworfen. Bd. 1. Allgemeine Zoologie, Mensch und Säugethiere. Landshut.

Tiedemann, Friedrich (1813): Anatomie der kopflosen Mißgeburten. Landshut.

Autorenverzeichnis

Prof. Dr. Horst Bredekamp, Kunstgeschichtliches Seminar, Humboldt-Universität zu Berlin

Dr. Michael Cahn, Cambridge (UK)

Prof. Dr. Friedrich Cramer, Max-Planck-Institut für Experimentelle Medizin, Göttingen

Prof. Dr. Peter Galison, Department of the History of Science, Harvard University, Cambridge (MA)

PD Dr. Michael Hagner, Max-Planck-Institut für Wissenschaftsgeschichte, Berlin

Gerhard Herrgott, Berlin

Prof. Dr. Sybille Krämer, Institut für Philosophie, Freie Universität Berlin

Prof. Dr. Bruno Latour, Centre de Sociologie de l'Innovation, Ecole Nationale Supérieure des Mines, Paris

Prof. Dr. Helmut Müller-Sievers, Department of German, Northwestern University, Evanston

Prof. Dr. Hans-Jörg Rheinberger, Max-Planck-Institut für Wissenschaftsgeschichte, Berlin

Dr. Thomas Schlich, Robert-Bosch-Institut für Geschichte der Medizin, Stuttgart

Dr. Wolfgang Schäffner, Zentrum für Literaturforschung, Berlin

Dr. Bettina Wahrig-Schmidt, Institut für Medizin- und Wissenschaftsgeschichte, Medizinische Universität zu Lübeck

PD Dr. Gerhard Wolf, Biblioteca Hertziana, Rom

Namenverzeichnis

Printed and bound by CPI Group (UK) Ltd, Croydon, CR0 4YY

30/09/2026

14973049-0004